洪永淼《概率论与统计学》
习题详解

许杏柏　王亚辰　张文轩　陈佳婧 ● 编著

厦门大学出版社 XIAMEN UNIVERSITY PRESS
国家一级出版社
全国百佳图书出版单位

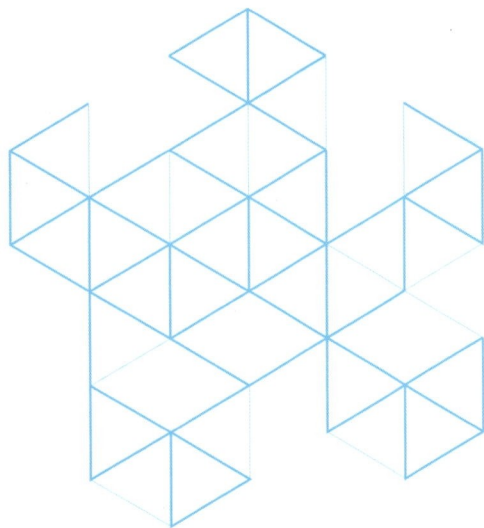

图书在版编目（CIP）数据

洪永淼《概率论与统计学》习题详解 / 许杏柏等编著. -- 厦门 ：厦门大学出版社，2025. 3. -- ISBN 978-7-5615-9528-2

Ⅰ. O211-44 ；C8-44

中国国家版本馆 CIP 数据核字第 2024N6Q029 号

责任编辑　江珏玙
美术编辑　李嘉彬
技术编辑　朱　楷

出版发行　厦门大学出版社
社　　址　厦门市软件园二期望海路 39 号
邮政编码　361008
总　　机　0592-2181111　0592-2181406(传真)
营销中心　0592-2184458　0592-2181365
网　　址　http://www.xmupress.com
邮　　箱　xmup@xmupress.com
印　　刷　厦门市金凯龙包装科技有限公司

开本　787 mm×1 092 mm　1/16
印张　20.5
插页　1
字数　445 千字
版次　2025 年 3 月第 1 版
印次　2025 年 3 月第 1 次印刷
定价　62.00 元

厦门大学出版社
微信二维码

厦门大学出版社
微博二维码

序　言

洪永淼

现代统计学是一门关于数据的方法论科学，包括描述统计学和推断统计学。在人类认识世界与改造世界的过程中，由于获取整个系统或过程全部信息的成本太高、时间太长，或者受客观条件限制而无法实现，因此，需要根据有限的样本信息推断整体的特征和规律，这就是推断统计学的核心任务。而概率论则为这种推断提供了理论基础和方法支持。概率论与统计学相辅相成，概率论通过数学模型描述随机现象的规律性，统计学则利用这些规律性对实际数据进行分析和推断。

作为现代科学研究的通用语言，概率论与统计学不仅深刻影响着自然科学与工程技术的发展，更渗透于经济管理、社会分析乃至日常决策的方方面面。从人工智能的算法优化到金融市场的风险建模，从气候变化研究到政策有效性评估，概率与统计的工具与方法正在以前所未有的广度和深度重塑我们的认知方式与实践能力。尤其是在数字化浪潮席卷全球的今天，数据要素已成为驱动社会进步的核心生产力，掌握统计思维与概率工具的重要性日益凸显，成为当代人才的核心竞争力。

在国外很多高校中，“概率论与统计学”通常是经济学博士研究生计量经济学核心课程系列的第一门课。该课程为“计量经济学”“微观经济学”“宏观经济学”“金融经济学”等核心课程的学习提供了必要的概率论与数理统计学基础。

为了推动国内相关课程教学的深化与专业化，助力中国自主知识体系的构建，提升高素质经济与统计专业人才的自主培养水平，2017年，我基于在康奈尔大学经济学系长期为一年级博士研究生讲授“概率论与统计学”课程的教学经验与英文讲义进行整理，由中国统计出版社出版了中文版教材《概率论与统计学》，并于同年由新加坡世界科技出版集团出版其英文版 *Probability and Statistics for Economists*。2021 年，《概率论与统计学》第二版修订发行，结合统计学科的最新进展与笔者近年来的研究成果进行了增补和修订，该教材入选全国统计教材编审委员会“十四五”全国统计规划教材。

《概率论与统计学》不仅提供概率论与统计学的基本理论、方法与工具，还非常注重随机思想与统计思维的训练，并且从经济学、金融学视角对概率论与统计学的重要概念、理论、方法与工具进行直观解释，以推动数学方法在经济学研究中的应用。该教材以经济学、金融学实例，说明如何应用概率论与统计学分析经济金融问题，如主观概率的经济解释及其应用，累积分布函数与收入分配测度，统计关联性与经济因果关系，独立性与有效市场假说，数学期望与理性期望学说，均值、方差与投资组合理论，分位数与量化风险管理，相关性与风险分散原理，样本均值的方差趋零与资本资产定价模型，大数定律与购买并持有交易策略回报率，线性回归模型 R^2 的经济解释等。与此同时，该教材在每一章末都提供了丰富的习题供读者练习，旨在启发读者思考，帮助读者深入了解计量经济学和统计学理论。其中，有一部分习题具有相当的挑战性，能够为有钻研精神的读者提供进一步拓展思维的机会。

为进一步帮助读者深入学习，厦门大学王亚南经济研究院与邹至庄经济研究院许杏柏教授牵头并推动《概率论与统计学》配套习题详解（简称“习题详解”）的出版工作。许杏柏教授是一位受过统计学和计量经济学系统训练的青年计量经济学家，长期从事计量经济学与统计学的研究与教学，具有丰富的教学经验，在概率论与统计学的教研实践中形成了深刻而独到的见解。他带领团队成员，对书中习题进行全面梳理和优化，并对其中的部分问题进行修正和内容延伸，如第五章习题解答中使用的一般情况下的重积分变元替换公式，以及第八章习题解答中使用的 Lehmann-Scheffe 定理等。

习题详解的设计旨在满足多方面的需求。第一，为学生提供了核对习题解答的途径，帮助学生准确评估自己对课程内容的掌握程度，便于学生自主学习；第二，为教师布置习题提供了参考，方便教师根据课程设置和学生背景，灵活布置难度适宜的习题或安排习题课的内容；第三，有效服务线上教学、混合式教学、双语教学等新型教学模式。此外，针对那些改编自经典的概率论或统计学论文或者问题的习题，读者可以通过阅读习题解答以及对应的参考文献，深入了解一些富有启发性的结论，进一步拓展学术视野并加深对学科前沿的理解，激发探索与研究学习的兴趣。

与此同时，这本习题详解还可作为经济学和统计学专业学生学习概率论与统计学的参考书。该书在每一章的习题解答前专设栏目，帮助读者回顾解答该章题目所需的核心知识点。在此基础上，读者不仅可以通过习题解答快速掌握极大似然估计、假设检验等参数推断的核心知识点，还可以进一步提升解题技巧，为后续学习计量经济学夯实基础。此外，熟练掌握概率论部分的内容，也将为读者日后学习经济理论中涉及不确定性条件下的最优决策问题提供坚实的理论支撑。

在数学学习中，实践与思考始终是不可或缺的环节。许杏柏教授出版这本习题详解的目标并不是取代读者的独立思考，而是作为辅助工具帮助读者加深理解。因此，我建议读者在阅读教材时应保持主动思考的习惯，并在尝试独立解答习题后再参考答案进行对照和总结。采用这样的学习方式，相信读者不仅能够更好地掌握概率论与统计学的核心知识，还可能发现更加精妙的解题思路，为后续学习计量经济学奠定坚实的基础。

近年来，人工智能特别是大模型的快速发展为学术研究和教学带来了新的机遇与挑战，同学们在学习上遇到困难时，越来越习惯于向大语言模型求助。新近的长链思维 Long CoT（长链思维）模型，如 DeepSeek-R1、Kimi k1.5 长思考模型等，在数学推理上取得了显著进步，虽然给出的答案并非总是准确无误，但思考和推理的步骤仍能给我们提供有益的启示。人工智能高速发展带给我们便利的同时，也提醒我们，在合理使用技术辅助的同时，更要夯实基础理论的学习，保持对科学前沿的热情。

最后，我要感谢许杏柏教授及其习题详解编写团队的付出与奉献。他们编写的这本习题详解，内容严谨、系统且独具特色，将与《概率论与统计学》中英文教材、课程网站、中英文教学视频、中英文教学课件等课程资源有机结合，共同构建一个全方位、立体化的概率论与统计学教学服务体系。在此，我也特别感谢厦门大学教务处和厦门大学出版社对习题详解出版工作的资助与支持。

前　言

本书是洪永淼教授所著《概率论与统计学》（中国统计出版社 2021 年版）一书中文版的配套习题解答。

首先，本书的直接目标是为厦门大学经济学科开设的高级计量经济学系列课程服务，为此本书对《概率论与统计学》教材的课后习题作了详尽的解答。一方面，学生可以通过核对习题解答来确定自己对课程内容的掌握程度；另一方面，也方便教师根据课程设置和学生背景布置难度恰当的习题以供学生练习或安排习题课的内容。

其次，本书也可作为经济学和统计学学生学习概率论和数理统计的参考书。在每一章的习题解答前，本书将帮助读者回顾解答该章节题目所需的核心知识点。对于具备初等概率论知识的读者，抑或对准备报考相关专业研究生的读者来说，在掌握每章章节回顾的基础上，不仅可以通过学习习题解答快速掌握极大似然估计、假设检验等参数推断的核心知识点，还可以进一步提高解题技巧，为后续学习计量经济学夯实基础。除此以外，配合使用《概率论与统计学》教材中的概率论部分的内容，也能为读者日后学习经济理论中不确定性条件下的最优决策问题提供必要的基础。

《概率论与统计学》教材中有一部分具有相当难度的习题，安排这部分习题的目的在于启发读者思考，并且帮助有兴趣的读者了解计量经济学和统计学理论，如第五章习题 5.19，第八章习题 8.5、习题 8.9、习题 8.28，第九章习题 9.7、习题 9.8 等。这类习题改编自一些经典的概率论或统计学的论文或者问题，读者可以通过阅读习题解答以及对应的参考文献了解一些优美且有力的结论。在习题解答中，本书还对《概率论与统计学》教材中的一些内容作了适当的延伸，如第五章习题解答中使用的一般情况下的重积分变元替换公式，第八章习题解答中使用的 Lehmann-Scheffe 定理等。希望本书对这类习题的解答能起到抛砖引玉的作用，为感兴趣的读者提供进一步研究学习的契机。本书还对《概率论与统计学》教材中极少数存在问题或难度过大的题目进行了修订。

本书的编写得到了厦门大学经济学院的资助。由于水平有限，解答过程中难免有错漏或烦琐之处，编者殷切期望广大读者不吝指正。希望通过与读者的共同努力，日后进行修订，以使本书趋于完善。

编　者

2024 年 5 月于厦门大学

目　　录

第一章

导　　论

概率论是描述社会经济系统不确定性现象的最佳数学分析工具，而数理统计学则为不确定性现象的建模与推断提供了科学的方法论基础。本章将介绍现代经济统计分析的两个基本公理，强调统计分析在经济学中的重要作用，并指出其局限性。

1. 概率论与现代统计学

概率论是现代统计学的基础，通过数学方法描述和分析随机现象，提供统计推断所需的理论工具。现代统计学分为两个主要领域：

（1）描述统计学：涉及数据的收集、整理、加工、表示和分析，旨在总结和描述数据的特征。

（2）推断统计学：基于样本数据对总体或系统进行推断，通过估计、假设检验等方法得出关于总体的结论。

现代统计学的发展不仅依赖于数学学科中的概率论，还受到社会经济管理需求的推动。这使得统计学在多个领域得到了广泛应用，从而成为研究和解决实际问题的重要工具。

2. 经济学的定量分析

定量分析在经济学中具有关键作用，经济学家通过数学建模和实证研究来解释和预测经济现象。定量分析的主要内容包括：

（1）数学建模：通过数学形式表示经济理论，确保理论的逻辑一致性。经济理论的数学表达使得假设、推论更加严谨。

（2）实证研究：基于经济数据检验经济理论的有效性，并预测未来经济发展趋势。实证研究依赖于数据的准确性和分析方法的科学性。

定量分析使经济学能够像自然科学一样进行精确预测，推动了数学在经济学中的广泛应用。

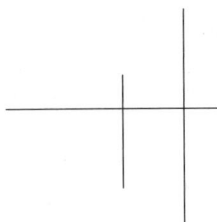

3. 经济统计分析的基本公理

经济统计分析的基本公理是统计推断和分析的基石。两个基本公理为：

（1）随机抽样公理：确保样本具有代表性，是推断总体特征的前提。

（2）公平性和独立性公理：保证数据的客观性和独立性，防止偏差和关联性对分析结果的影响。

通过这些公理，统计学家可以建立数学模型，进行参数估计和假设检验，从而揭示经济变量之间的关系和规律。这些公理确保了统计推断的科学性和可靠性。

4. 统计分析在经济学中的作用

统计分析在经济学中应用广泛且十分重要。统计分析不仅用于描述经济现象，还用于解释和预测经济趋势。

（1）数据特征分析：通过统计方法总结和描述数据的基本特征，为理解经济现象提供基础。

（2）理论检验和预测：利用统计模型检验经济理论的适用性，并根据数据预测未来的经济走势。

（3）政策评估：评估经济政策的效果，提供科学依据，支持决策制定。

统计分析在经济学研究中发挥着关键作用，帮助经济学家理解复杂的经济现象，并作出科学的决策。

5. 统计分析在经济学中的应用局限

统计分析在经济学应用中的局限性体现在：

（1）数据质量依赖：统计分析高度依赖数据的质量，低质量的数据会导致分析结果不准确或具有偏差。

（2）模型假设简化：统计模型通常基于简化的假设，这可能无法完全反映复杂的经济现实，从而限制模型的适用性。

（3）相关性与因果性：统计分析主要揭示变量之间的相关性，但无法确定因果关系，这在解释经济现象时是一大挑战。

尽管存在这些局限性，统计分析仍然是经济学研究中不可或缺的工具。通过改进数据质量和模型方法，其应用效果可以得到提高。

第二章

概率论基础

章节回顾

本章介绍了以下集合论和概率论中的基本概念。

1. 德摩根律

对于集合列 $\{A_\lambda\}_{\lambda\in\Lambda}$，其中 Λ 是某一指标集，那么

$$\left(\bigcup_{\lambda\in\Lambda} A_\lambda\right)^c = \bigcap_{\lambda\in\Lambda} A_\lambda^c \tag{2.1}$$

2. σ 代数

设 S 是样本空间，$\mathbb{B} \subseteq P(S)$ 是由 S 的子集构成的集类①，称 $\mathbb{B}$ 是 S 上的一个 σ 代数，称 $(S, \mathbb{B})$ 为一个可测空间。如果 $\mathbb{B}$ 满足以下条件：

（1）$\varnothing \in \mathbb{B}$；

（2）若 $A \in \mathbb{B}$，则 $A^c \in \mathbb{B}$；

（3）若 $\{A_n\}_{n=1}^{+\infty} \subseteq \mathbb{B}$，则 $\bigcup\limits_{n=1}^{+\infty} A_n \in \mathbb{B}$，

则 $\mathbb{B}$ 中的元素称为可测集。在概率论中，可测集通常称为事件。

3. 柯尔莫哥洛夫的公理化概率定义

设一个随机试验具有样本空间 S，$\mathbb{B}$ 是 S 上的一个 σ 代数，称 $P:\mathbb{B}\to[0, 1]$ 为该随机试验的概率函数或概率测度。若 P 满足：

（1）非负性：对于任一事件 $A \in \mathbb{B}$，$0 \leqslant P(A) \leqslant 1$；

（2）完备性：$P(S) = 1$；

① $P(S)$ 是 S 的幂集，即 $P(S) = \{A|A \subseteq S\}$。

（3）可列可加性：若 $\{A_n\}_{n=1}^{+\infty}$ 是 $\mathbb{B}$ 中的互不相交的事件列，那么 $P\left(\bigcup_{n=1}^{+\infty} A_n\right) = \sum_{n=1}^{+\infty} P(A_n)$。

4. 概率空间

一个随机试验对应的概率空间是指一个满足以下条件的三元组（S，$\mathbb{B}$，P）：

（1）S 是随机试验对应的样本空间；

（2）$\mathbb{B}$ 是 S 上的一个 σ 代数；

（3）$P:\mathbb{B} \to [0,\ 1]$ 是一个概率测度。

若无特殊声明，本书以后的叙述都建立在概率空间的基础上，所遇到的 S 的子集都假设是某一个 $\mathbb{B}$ 中的事件。

5. 概率的加法性质

（1）$P(\varnothing) = 0$；

（2）$\forall A \in \mathbb{B}$，$P(A^c) = 1 - P(A)$；

（3）$\forall A \subseteq B \in \mathbb{B}$，$P(A) \leqslant P(B)$；

（4）$\forall A \subseteq B \in \mathbb{B}$，$P(A \cup B) = P(A) + P(B) - P(A \cap B)$；

（5）$\forall A \subseteq B \in \mathbb{B}$，我们有 Bonferroni 不等式

$$P(A \cup B) \geqslant P(A) + P(B) - 1 \tag{2.2}$$

证明见《概率论与统计学》教材例 2.20；

（6）设 $\{A_k\}_{k=1}^{n}$ 是 $\mathbb{B}$ 中的某一事件列，记 $p_k = \sum_{1 \leqslant j_1 < j_2 < \cdots < j_k \leqslant n} P(A_{j_1} \cap A_{j_2} \cap \cdots \cap A_{j_k})$，那么

$$P\left(\bigcup_{k=1}^{n} A_k\right) = \sum_{k=1}^{n} (-1)^{k-1} p_k \tag{2.3}$$

这一结果也称为若当公式；

（7）设 $\{A_n\}_{n=1}^{+\infty} \subseteq \mathbb{B}$ 是样本空间的一个划分，即 $\bigcup_{n=1}^{+\infty} A_n = S$，并且 $\forall i \neq j$，$A_i \cap A_j = \varnothing$，那么对于任一事件 $B \in \mathbb{B}$，

$$P(B) = \sum_{n=1}^{+\infty} P(B \cap A_n) \tag{2.4}$$

样本空间的划分 $\{A_n\}_{n=1}^{+\infty}$ 也称为完备事件列；

（8）概率的次可加性，布尔不等式：对于 $\mathbb{B}$ 中的任一事件列 $\{A_n\}_n^{+\infty}$，成立

$$P\left(\bigcup_{n=1}^{+\infty} A_n\right) \leqslant \sum_{n=1}^{+\infty} P(A_n)$$

6. 条件概率

（1）设概率空间（S，$\mathbb{B}$，P），A、$B \in \mathbb{B}$ 是两个事件。在已知 B 发生的条件下，A 发生的概率记作 $P(A|B)$，简称为条件概率。若 $P(B) > 0$，我们有条件概率公式

$$P(A|B) = \frac{P(A \cap B)}{P(B)} \tag{2.5}$$

一般地，对于事件 $B \in \mathbb{B}$ 且 $P(B) > 0$。定义 $P_B(A) = P(A|B)$，$\forall A \in \mathbb{B}$，$P_B(\cdot)$ 也是可测空间 $(S$，$\mathbb{B})$ 上的概率测度，称为条件概率测度，简称为条件概率。

（2）对于条件概率 $P_B(\cdot)$，任一 $A_1 \in \mathbb{B}$ 满足 $P(A_1 \cap B) > 0$，那么对于任意 $A_2 \in \mathbb{B}$ 成立

$$P_B(A_2|A_1) = P(A_2|A_1 \cap B)$$

7. 概率的乘法性质

设 A，$B \in \mathbb{B}$，$\{A_k\}_{k=1}^n \subseteq \mathbb{B}$，以下公式成立：

（1）$P(A \cap B) = P(B)P(A|B)$；

（2）$P\left(\bigcap_{k=1}^{n} A_k\right) = \prod_{i=1}^{n} P\left(A_i \middle| \bigcap_{k=1}^{i-1} A_k\right)$，其中 $P\left(\bigcap_{k=1}^{i-1} A_k\right) > 0$。

8. 独立性

（1）对于概率空间 $(S$，$\mathbb{B}$，$P)$，设 A 和 B 是 $\mathbb{B}$ 中的两个事件，若 $P(A \cap B) = P(A)P(B)$，那么称 A 和 B 相互独立，简称为 A 和 B 独立。

（2）若对于任意 $1 \leqslant j_1 < \cdots < j_k \leqslant n$，下式成立：

$$P\left(\bigcap_{t=1}^{k} A_{j_t}\right) = \prod_{t=1}^{k} P(A_{j_t})$$

称事件 A_1，…，A_n 相互独立。

（3）对于 $\{A_n\}_{n=1}^{+\infty} \subseteq \mathbb{B}$，若 $\forall\, n \in \boldsymbol{N}$，事件 A_1，…，A_n 相互独立，则称 $\{A_n\}_{n=1}^{+\infty}$ 是独立事件列。

9. 全概率公式

（1）若事件 A_1，A_2，…互不相交，而且事件 $B \subseteq \bigcup_{n=1}^{+\infty} A_n$，那么 $P(B) = \sum_{k=1}^{+\infty} P(A_n) \cdot P(B|A_n)$；

（2）若 $\{A_n\}_{n=1}^{+\infty}$ 是样本空间的一个划分，那么 (2.4) 式也可写作

$$P(B)=\sum_{n=1}^{+\infty}P(A_n)P(B|A_n)$$

10. 贝叶斯公式

（1）若事件 A_1，A_2，$\cdots$ 互不相交，事件 $B\subseteq\bigcup_{n=1}^{+\infty}A_n$ 并且 $P(B)>0$，那么

$$P(A_n|B)=\frac{P(A_n)P(B|A_n)}{\sum_{k=1}^{+\infty}P(A_k)P(B|A_k)},\quad \forall n\geqslant 1 \tag{2.6}$$

（2）若 $n=2$，对于任意两个事件 A 和 B，$P(A)>0$ 且 $P(B)>0$，可以得到常用的贝叶斯公式如下：

$$P(A|B)=\frac{P(A)P(B|A)}{P(A)P(B|A)+P(A^c)P(B|A^c)}$$

习题解答

习题 2.1

对于事件 A 和 B，用 $P(A)$、$P(B)$ 和 $P(A\cap B)$，描述以下事件的概率计算公式：

（1）A 或 B 或二者兼有；

（2）A 或 B，但并非二者兼有；

（3）至少 A 或 B 其中之一；

（4）最多 A 或 B 其中之一。

解答：

（1）“A 或 B 或二者兼有”指的是事件 $A\cup B$，故

$$P(A\cup B)=P(A)+P(B)-P(A\cap B)$$

（2）“A 或 B，但并非二者兼有”指的是事件 $(A\cap B^c)\cup(B\cap A^c)$，则

$$\begin{aligned}P\left[(A\cap B^c)\cup(B\cap A^c)\right]&=P(A\cap B^c)+P(B\cap A^c)\\&=\left[P(A)-P(A\cap B)\right]+\left[P(B)-P(A\cap B)\right]\\&=P(A)+P(B)-2P(A\cap B)\end{aligned}$$

（3）“至少 A 或 B 其中之一”指的是事件 $A \cup B$，则

$$P(A \cup B) = P(A) + P(B) - P(A \cap B)$$

（4）“最多 A 或 B 其中之一”指的是事件 $(A \cap B)^c$，则

$$P\left[(A \cap B)^c\right] = 1 - P(A \cap B)$$

习题 2.2

构建并证明可应用于有限个集合 A_1，…，A_n 的德摩根律，参见《概率论与统计学》教材定理 2.1（5）。

解答：

对 n 使用数学归纳法。$n=1$ 时，显然成立；当 $n=2$ 时，由定理 2.1，亦成立。不妨设命题对 $n-1$ 成立，即 $\left(\bigcup_{i=1}^{n-1} A_i\right)^c = \bigcap_{i=1}^{n-1} A_i^c$，其中 $n \geqslant 3$。对于 n，有

$$\left(\bigcup_{i=1}^{n} A_i\right)^c = \left[\left(\bigcup_{i=1}^{n-1} A_i\right) \cup A_n\right]^c = \left(\bigcup_{i=1}^{n-1} A_i\right)^c \cap A_n^c = \bigcap_{i=1}^{n-1} A_i^c \cap A_n^c = \bigcap_{i=1}^{n} A_i^c$$

根据数学归纳法，命题成立。

证毕。

一般地，我们可以证明形如章节回顾中的德摩根律式 (2.1)。根据定义，可以知道

$$x \in \bigcup_{\lambda \in \Lambda} A_\lambda \Longleftrightarrow \exists\, \lambda \in \Lambda \quad \text{s.t. } x \in A_\lambda$$

$$x \in \bigcap_{\lambda \in \Lambda} A_\lambda \Longleftrightarrow \forall\, \lambda \in \Lambda \quad \text{s.t. } x \in A_\lambda$$

根据定义，$x \notin A_\lambda$ 等价于 $x \in A_\lambda^c$。因此，式 (2.1) 左边可以写为 $x \notin \bigcup_{\lambda \in \Lambda} A_\lambda$，即对 $x \in \bigcup_{\lambda \in \Lambda} A_\lambda$ 取否。因此我们知道 $x \notin \bigcup_{\lambda \in \Lambda} A_\lambda$ 当且仅当 $\forall\, \lambda \in \Lambda$，$x \notin A_\lambda$，即 $\forall\, \lambda \in \Lambda$，$x \in A_\lambda^c$。因此，有 $x \in \left(\bigcup_{\lambda \in \Lambda} A_\lambda\right)^c$ 当且仅当 $x \in \bigcap_{\lambda \in \Lambda} A_\lambda^c$，得证。

习题 2.3

令 S 为样本空间。

（1）证明集合 $\mathbb{B}=\{\varnothing, S\}$ 是 σ 代数；

（2）令 $\mathbb{B}=\{$ 样本空间 S 的所有子集，包括 $S\}$，证明 $\mathbb{B}$ 是 σ 代数；

（3）证明两个 σ 代数的交集也是 σ 代数。

证明：

（1）根据定义，$\varnothing \in \mathbb{B}$，$S=\varnothing^c \in \mathbb{B}$，$\varnothing \cup S = S \in \mathbb{B}$。故 $\mathbb{B}$ 是 σ 代数。

（2）根据定义，此时 $\mathbb{B}$ 是 S 的幂集。因此 $\varnothing \in \mathbb{B}$，$\forall A \subseteq S$，$A^c \subseteq S$，即 $A \in \mathbb{B}$，则 $A^c \in \mathbb{B}$。对于 S 的任一子集列 $\{A_n\}_{n=1}^{+\infty}$，其中 $A_n \subseteq S$，$n=1, 2, \cdots$，$\bigcup_n A_n \subseteq S$，即 $\bigcup_n A_n \in \mathbb{B}$。故 $\mathbb{B}$ 是 σ 代数。

（3）设 $\mathbb{B}_1$ 和 $\mathbb{B}_2$ 是 S 上的两个 σ 代数，根据定义我们知道 $\varnothing \in \mathbb{B}_1$、$\varnothing \in \mathbb{B}_2$，故 $\varnothing \in \mathbb{B}_1 \cap \mathbb{B}_2$。$\forall A \in \mathbb{B}_1 \cap \mathbb{B}_2$，$A \in \mathbb{B}_1$ 且 $A \in \mathbb{B}_2$。因为 $\mathbb{B}_1$ 和 $\mathbb{B}_2$ 是 σ 代数，根据定义有 $A^c \in \mathbb{B}_1$ 且 $A^c \in \mathbb{B}_2$，因此 $A^c \in \mathbb{B}_1 \cap \mathbb{B}_2$。设 $\{A_n\}_{n=1}^{+\infty}$ 是 S 中的任一子集列，满足 $A_n \in \mathbb{B}_1 \cap \mathbb{B}_2$，那么 $A_n \in \mathbb{B}_1$ 且 $A_n \in \mathbb{B}_2$，$\forall n=1, 2, \cdots$。因为 $\mathbb{B}_1$ 和 $\mathbb{B}_2$ 是 σ 代数，所以 $\bigcup_n A_n \in \mathbb{B}_1$ 且 $\bigcup_n A_n \in \mathbb{B}_2$，有 $\bigcup_n A_n \in \mathbb{B}_1 \cap \mathbb{B}_2$。因此，$\mathbb{B}_1 \cup \mathbb{B}_2$ 也是 σ 代数。

证毕。

习题 2.4

有两个事件 A 和 B，其中 $P(A)=\frac{1}{3}$，$P(B)=\frac{1}{2}$。求以下情况 $P(B \cap A^c)$ 的值：（1）A 与 B 不相交；（2）$A \subset B$；（3）$P(A \cap B)=\frac{1}{8}$。

解答：

注意到 $S=A \cup A^c$，因此式 (2.4) 可以写成 $P(B)=P(B \cap A)+P(B \cap A^c)$。可得到：

（1）当 A 与 B 不相交时，$P(B \cap A)=0$，则 $P(B \cap A^c)=P(B)=\frac{1}{2}$。

（2）当 $A \subset B$，有 $P(A \cap B)=P(A)$，则 $P(B \cap A^c)=P(B)-P(A)=\frac{1}{6}$。

（3）当 $P(A \cap B)=\frac{1}{8}$，则 $P(B \cap A^c)=P(B)-P(A \cap B)=\frac{3}{8}$。

习题 2.5

令 A 和 B 为两个事件。检验以下关系是否成立：

（1）$A \cup B = A \cup (A^c \cap B)$；

（2）$B=(A \cap B) \cup (A^c \cap B)$。请给出推理过程。

证明：

（1）令 S 为样本空间，根据集合运算的分配律，注意到 $A \cup A^c = S$，有

$$A \cup (A^c \cap B) = S \cap (A \cup B) = A \cup B$$

（2）令 S 为样本空间，根据集合运算的分配律，注意到 $A \cup A^c = S$，有

$$(A \cap B) \cup (A^c \cap B) = S \cap B = B$$

习题 2.6

假设事件 A 和 B 互斥。

（1）A^c 和 B^c 互斥吗？请给出推理过程。

（2）举出若干 A^c 和 B^c 互斥的例子。

解答：

（1）不一定。不妨设 $S = \{1，2，3\}$，$A = \{1\}$，$B = \{2\}$，则 $A^c = \{2，3\}$，$B^c = \{1，3\}$。显然 $A^c \cap B^c = \{3\}$，A^c 与 B^c 不互斥。

（2）若 $A \cup B = S$，A 和 B 互斥，则 A^c 和 B^c 互斥。事实上，若 $A \cup B = S$，由德摩根律可知，$A^c \cap B^c = (A \cup B)^c = S^c = \varnothing$，即 A^c 和 B^c 互斥。设 $S = \{1，2，3\}$，$A = \{1\}$，$B = \{2，3\}$，显然 A 和 B 互斥。此时 $A^c = \{2，3\}$，$B^c = \{1\}$，A^c 和 B^c 也互斥。

习题 2.7

假设 $P(A) = \dfrac{1}{3}$ 且 $P(B^c) = \dfrac{1}{4}$。请问 A 和 B 是否有可能互斥？

解答：

没有可能。因为 $P(B^c) + P(B) = 1$，因此由 $P(B^c) = \dfrac{1}{4}$ 可知 $P(B) = \dfrac{3}{4}$。根据 Bonferroni 不等式 (2.2) 有

$$P(A \cap B) \geqslant P(A) + P(B) - 1 = \frac{1}{12} > 0$$

即 A 和 B 不互斥。

习题 2.8

以下陈述是否成立？若成立，给予证明；否则，提供反例。

（1）若 $P(A) + P(B) + P(C) = 1$，则事件 A、B、C 互斥；

（2）若 $P(A \cup B \cup C) = 1$，则事件 A、B、C 互斥。

解答:

设概率空间为 $(S, P(S), P)$，其中 $S=\{1, 2, 3, 4\}$。$P(S)$ 是 S 的幂集，由习题 2.3 可知 $P(S)$ 是 σ 代数。P 是概率测度，使得 $\forall A \in P(S)$，$P(A)=\frac{|A|}{4}$，其中 $|A|$ 表示 A 的基数，即 A 中元素的个数。显然这一概率空间是良定的。

（1）不成立。设 $A=\{1, 2\}, B=\{2, 3\}, C=\varnothing$，则 $P(A)+P(B)+P(C)=\frac{1}{2}+\frac{1}{2}+0=1$。但是 $P(A\cap B)=P(\{2\})=\frac{1}{4}$，故 A、B、C 不互斥。

（2）不成立。设 $A=B=\{1, 2\}$，$C=A^c=\{3, 4\}$，则 $P(A\cup B\cup C)=P(S)=1$，但是

$$P(A\cap B)=P(\{1, 2\})=\frac{1}{2}\neq 0$$

故 A、B、C 不互斥。

习题 2.9

考察如下陈述是否成立。若成立，给予证明；否则，提供反例。

（1）若事件 A 发生的概率为 1，则 A 是样本空间；

（2）若事件 B 发生的概率为 0，则 B 是空集；

（3）若 $P(A)=1$ 且 $P(B)=1$，则 $P(A\cap B)=1$。

解答:

（1）不成立。设随机变量 $X\sim U[0, 1]$ 且 $A=\{X\in[0, 1)\}$，此时事件 A 发生的概率为 1，但 A 不是样本空间。

（2）不成立。设随机变量 $X\sim U[0, 1]$ 且 $B=\{X=1\}$，此时事件 B 发生的概率为 0，但 B 不是空集。

（3）成立。根据 Bonferroni 不等式 (2.2)，有 $P(A\cap B)\geqslant 1$。由概率的公理化定义，有 $P(A\cap B)\leqslant 1$。因此，$P(A\cap B)=1$。

习题 2.10

假设三个事件 A、B、C 满足 A 和 B 互斥、A 和 C 独立，且 B 和 C 独立。又 $4P(A)=2P(B)=P(C)$，$P(A\cup B\cup C)=5P(A)$，且 $P(A)>0$。求 $P(A)$ 的值。

解答:

因为 $0\leqslant P(A\cap B\cap C)\leqslant P(A\cap B)$，由 A 和 B 互斥可知 $P(A\cap B\cap C)=0$。由公式 (2.3) 可知

$$
\begin{aligned}
5P(A) &= P(A \cup B \cup C) \\
&= P(A) + P(B) + P(C) - P(A \cap B) - P(B \cap C) - P(A \cap C) + P(A \cap B \cap C) \\
&= 7P(A) - P(A \cap B) - P(B \cap C) - P(A \cap C) + P(A \cap B \cap C) \\
&= 7P(A) - 0 - P(B)P(C) - P(A)P(C) + 0 \\
&= 7P(A) - 12\left[P(A)\right]^2
\end{aligned}
$$

即 $5P(A) = 7P(A) - 12\left[P(A)\right]^2$，因为 $P(A) > 0$，解得 $P(A) = \frac{1}{6}$。

习题 2.11

两个游戏参与者 A 和 B，依次独立抛硬币，第一个抛得正面朝上者获胜。假设参与者 A 先抛硬币。

（1）若硬币质地均匀，则 A 获胜的概率有多大?

（2）假设 $P(\text{正面朝上}) = p$，而不一定为 $\frac{1}{2}$。A 获胜的概率有多大?

（3）证明对所有 $0 < p < 1$，有 $P(A\text{获胜}) > \frac{1}{2}$。

提示：尝试将 $P(A\text{获胜})$ 用事件 A_1，A_2，$\cdots$ 表达，其中 $A_i = \{\text{首次正面朝上出现在第 } i \text{ 次抛掷}\}$。

解答：

令 $A_i = \{\text{首次正面朝上出现在第}i\text{次抛掷}\}$，设 $P(\text{正面朝上}) = p$，其中 $0 < p < 1$。可以得到 $P(A_i) = (1-p)^{i-1}p$。由题意可得，$P(A\text{获胜}) = P\left(\bigcup_{i=1}^{+\infty} A_{2i-1}\right)$。由概率的可列可加性可知

$$
\begin{aligned}
P(A\text{获胜}) &= P\left(\bigcup_{i=1}^{+\infty} A_{2i-1}\right) = \sum_{i=1}^{+\infty} P(A_{2i-1}) \\
&= \sum_{i=1}^{+\infty}(1-p)^{2i-2}p = p\sum_{i=0}^{+\infty}\left[(1-p)^2\right]^i \\
&= \frac{p}{1-(1-p)^2} \\
&= \frac{p}{2p-p^2} = \frac{1}{2-p} > \frac{1}{2}
\end{aligned}
$$

当 $p = \frac{1}{2}$ 时，A 获胜的概率为 $\frac{2}{3}$。

习题 2.12

一对夫妇有两个孩子，其中至少有一个是男孩。请问两个孩子都是男孩的概率有多大?

解答:

定义事件 A = {两个孩子都是女孩}，B={至少有一个孩子是男孩} 和 C = { 两个孩子都是男孩 }。那么 $P(A)=P(C)=\frac{1}{2}\times\frac{1}{2}=\frac{1}{4}$，$P(B)=1-P(A)=\frac{3}{4}$，且 $P(B\cap C)=P(C)$。由贝叶斯公式，可知

$$P(C|B)=\frac{P(B\cap C)}{P(B)}=\frac{P(C)}{P(B)}=\frac{1}{3}$$

习题 2.13

证明如下陈述成立。假设任何条件事件的概率均为正。

（1）若 $P(B)=1$，证明对任意 A 有 $P(A\cap B)=P(A)$；

（2）若 $A\subset B$，证明 $P(B|A)=1$ 且 $P(A|B)=\frac{P(A)}{P(B)}$；

（3）若 A 和 B 互斥，证明 $P(A|A\cup B)=\frac{P(A)}{P(A)+P(B)}$。

证明:

（1）由习题 2.4 以及习题 2.5，式 (2.4) 可以写为

$$P(A)=P(A\cap B)+P(A\cap B^c)$$

当 $P(B)=1$ 时，有 $P(B^c)=0$，故 $P(A\cap B^c)=0$。因此，$P(A)=P(A\cap B)$。

（2）由题意可知，$P(A)>0$。若 $A\subset B$，则 $A\cap B=A$。因此

$$P(A|B)=\frac{P(A\cap B)}{P(B)}=\frac{P(A)}{P(B)}$$

$$P(B|A)=\frac{P(A\cap B)}{P(A)}=\frac{P(A)}{P(A)}$$

（3）A 和 B 互斥，即 $P(A\cap B)=0$，有 $P(A\cup B)=P(A)+P(B)$ 且 $A\cap(A\cup B)=A$。因此

$$P(A|A\cup B)=\frac{P\left[A\cap(A\cup B)\right]}{P(A\cup B)}=\frac{P(A)}{P(A)+P(B)}$$

习题 2.14

在概率论中，若 $P(A|B) > P(A)$，则称事件 A 和 B 正相关；若 $P(A|B) < P(A)$，则称之为负相关。请证明 $P(A|B) > P(A)$ 与 $P(B|A) > P(B)$ 等价，假设 $P(A)$，$P(B) > 0$。

证明：

根据条件概率定义，有

$$P(A|B) > P(A) \Leftrightarrow \frac{P(A \cap B)}{P(B)} > P(A) \Leftrightarrow \frac{P(A \cap B)}{P(A)} > P(B) \Leftrightarrow P(B|A) > P(B)$$

即 $P(A|B) > P(A)$ 与 $P(B|A) > P(B)$ 等价。

习题 2.15

举出一个满足 $P(A \cap B) < P(A)P(B)$ 的例子。

解答：

以抛掷一枚质地均匀的硬币为例。定义事件 $H = \{$硬币正面朝上$\}$, $T = \{$硬币反面朝上$\}$，则

$$P(H \cap T) = 0 < \frac{1}{4} = P(H)P(T)$$

习题 2.16

若 $P(A_1|A_3) \geqslant P(A_2|A_3)$ 和 $P(A_1|A_3^c) \geqslant P(A_2|A_3^c)$ 成立，证明 $P(A_1) \geqslant P(A_2)$。

证明：

由题目条件可知 $P(A_3) > 0$。根据全概率公式，有 $P(A_i) = P(A_i|A_3)P(A_3)+P(A_i|A_3^c)P(A_3^c)$，$i = 1$，2。根据题目条件，进一步可得：

$$\begin{aligned} P(A_1) &= P(A_1|A_3)P(A_3) + P(A_1|A_3^c)P(A_3^c) \\ &\geqslant P(A_2|A_3)P(A_3) + P(A_2|A_3^c)P(A_3^c) \\ &= P(A_2) \end{aligned}$$

习题 2.17

令 A、B、C 为定义在样本空间 S 的任意三个事件。用 $P(A)$、$P(B)$、$P(C)$、$P(A \cap B)$、$P(B \cap C)$、$P(C \cap A)$ 和 $P(A \cap B \cap C)$ 表示 $P(A \cup B \cup C)$，并给出推理过程。

解答：

令 $D = B \cup C$ ，有

$$\begin{aligned} P(A \cup D) &= P(A) + P(D) - P(A \cap D) \\ &= P(A) + P(B \cup C) - P\left[A \cap (B \cup C)\right] \\ &= P(A) + \left[P(B) + P(C) - P(B \cap C)\right] - \\ &\quad \left\{P(A \cap B) + P(A \cap C) - P\left[(A \cap B) \cap (A \cap C)\right]\right\} \\ &= P(A) + P(B) + P(C) - P(A \cap B) - P(A \cap C) - P(B \cap C) + P(A \cap B \cap C) \end{aligned}$$

习题 2.18

令 A_1、A_2、A_3 和 A_4 为定义在样本空间 S 上的四个事件。用 $P(A_i)$、$P(A_i \cap A_j)$、$P(A_i \cap A_j \cap A_k)$ 和 $P(A_1 \cap A_2 \cap A_3 \cap A_4)$ 表示 $P(A_1 \cup A_2 \cup A_3 \cup A_4)$。

解答：

由若当公式 (2.3)，有

$$P\left(\bigcup_{i=1}^{4} A_i\right) = \sum_{i=1}^{4} P(A_i) - \sum_{1 \leqslant i < j \leqslant 4} P(A_i \cap A_j) + \sum_{1 \leqslant i < j < k \leqslant 4} P(A_j \cap A_j \cap A_k) - P\left(\bigcap_{i=1}^{4} A_i\right)$$

习题 2.19

令 $A_i(i=1, 2, \cdots, n)$ 表示 n 个事件的序列，其中 n 是正整数。证明 $P\left(\bigcup_{i=1}^{n} A_i\right) \leqslant \sum_{i=1}^{n} P(A_i)$ 成立。

证明：

$$\begin{aligned} P\left(\bigcup_{i=1}^{n} A_i\right) &= P\left\{A_1 \bigcup \left(A_2 \bigcap A_1^c\right) \bigcup \left[A_3 \bigcap \left(A_1 \bigcap A_2\right)^c\right] \bigcup \cdots \bigcup \left[A_n \bigcap \left(\bigcup_{i=1}^{n-1} A_i\right)^c\right]\right\} \\ &= P(A_1) + P\left(A_2 \bigcap A_1^c\right) + P\left[A_3 \bigcap \left(A_1 \bigcap A_2\right)^c\right] + \cdots + P\left[A_n \bigcap \left(\bigcup_{i=1}^{n-1} A_i\right)^c\right] \\ &\leqslant P(A_1) + P(A_2) + P(A_3) + \cdots + P(A_n) \\ &= \sum_{i=1}^{n} P(A_i) \end{aligned}$$

习题 2.20

令 A_i ($i=1$，2，⋯，n) 表示 n 个事件的序列，其中 n 是正整数。证明 $P\left(\bigcap_{i=1}^{n} A_i\right) \geqslant 1-\sum_{i=1}^{n} P(A_i^c)$ 成立。

证明：

根据定义，可知 $P\left(\bigcap_{i=1}^{n} A_i\right) = 1-P\left[\left(\bigcap_{i=1}^{n} A_i\right)^c\right]$。由德摩根律，$P\left[\left(\bigcap_{i=1}^{n} A_i\right)^c\right] = P\left(\bigcup_{i=1}^{n} A_i^c\right)$。由习题 2.19，可知对于任一事件列 $\{A_i\}_{i=1}^n$，$P\left(\bigcup_{i=1}^{n} A_i\right) \leqslant \sum_{i=1}^{n} P(A_i)$。因此对于事件列 $\{A_i^c\}_{i=1}^n$，有 $P\left(\bigcup_{i=1}^{n} A_i^c\right) \leqslant \sum_{i=1}^{n} P(A_i^c)$。因此

$$P\left(\bigcap_{i=1}^{n} A_i\right) = 1-P\left[\left(\bigcap_{i=1}^{n} A_i\right)^c\right] = 1-P\left(\bigcup_{i=1}^{n} A_i^c\right) \geqslant 1-\sum_{i=1}^{n} P\left(A_i^c\right)$$

习题 2.21

一位秘书给 4 个人写了 4 封信并分别将其放入 4 个信封。若他随机地将信放入信封，每个信封放一封信。问恰好有两封信放对信封的概率是多少？恰好有 3 封信放对信封的概率是多少？

解答：

首先，将 4 封信分别放入 4 个信封，共 $4! = 24$ 种不同的情况。要使恰好有两封信放对信封，那么剩下的两封信一定要放错。因此只要指定好哪两封信放对信封，信件的装配方式就唯一确定。恰好两封信放对信封的情况有 $\binom{4}{2} = 6$ 种，故 P(恰好两封信放对信封) $= \frac{6}{24} = \frac{1}{4}$。若有 3 封信放对信封，在一共只有 4 封信的情况下，第 4 封信也会放对，则“恰好有 3 封信放对”是不可能事件。因此 P(恰好 3 封信放对信封) $= 0$。

习题 2.22

一栋楼的电梯载客 5 人，电梯在 7 个楼层各停一次。若每个人在每层楼都可能下电梯，其概率相同且彼此独立，请问没有两位乘客在同一楼层下电梯的概率是多少？

解答：

首先，让 5 个人依次随机选取其下电梯时所在的楼层，由于每个人有 7 层楼可供选择，共有 7^5 种不同的情况。接下来考虑事件“没有两位乘客在同一楼层下电梯”。我们需要分两步来考察该事件下所有可能的情况。第一步，从 7 个楼层中选出 5 个不同的楼层，共有 $\binom{7}{5}$ 种不同的情况；第二步，将 5 个乘客分配给在第一步中选中的 5 个楼层，共有 5! 种不同的情况。根据分步乘法计数原理，事件“没有两位乘客在同一楼层下电梯”共包含 $\binom{7}{5}5!$ 种不同的情况。因此，有

$$P(\text{没有两位乘客在同一楼层下电梯}) = \frac{\binom{7}{5}5!}{7^5} = 0.1499$$

习题 2.23

某对冲基金公司在国内市场投资了 6 支基金，在海外市场投资了 4 支基金。某投资者欲投资 2 支国内市场基金和 2 支海外市场基金。

（1）该投资者在这家基金公司可能投资的不同基金组合有多少种？

（2）投资者并不了解该公司投资的基金中有 1 支国内市场基金和 1 支海外基金的表现将极差。若投资者随机购买基金，其购买的基金中至少 1 支在明年表现极差的概率是多大？

解答：

（1）该投资者在这家基金公司可能投资的不同基金组合有 $\binom{6}{2}\binom{4}{2} = 15 \times 6 = 90$ 种。

（2）由于公司投资的基金中有 1 支国内市场基金和 1 支海外基金的表现将极差，则投资者随机购买基金时，有 $\binom{5}{2}\binom{3}{2}$ 种情况将不会购买到表现极差的基金，因此

$$P(\text{购买的基金中至少1支在明年表现极差}) = 1 - \frac{\binom{5}{2}\binom{3}{2}}{90} = \frac{2}{3}$$

习题 2.24

假设班里有 k 名学生，求至少两人生日是 4 月 1 日的概率。假设学生之间没有双胞胎，一年只有 365 天，每一天的出生概率相同。

解答:

记生日为 4 月 1 日的学生人数为 K，可以得到

$$P(K=0)=\left(\frac{364}{365}\right)^k,\ P(K=1)=\binom{k}{1}\cdot\frac{1}{365}\cdot\left(\frac{364}{365}\right)^{k-1}$$

因此

$$P(K\geqslant 2)=1-P(K=0)-P(K=1)=1-\left(\frac{364}{365}\right)^k-\frac{k}{365}\left(\frac{364}{365}\right)^{k-1}$$

习题 2.25

假设一个盒子中有 r 个红色球和 w 个白色球，现从盒中不放回地随机取球，每次取一个。

（1）在任何白球被取出之前，r 个红球被全部取出的概率是多少?

（2）全部 r 个红球被取出后才取出 2 个白球的概率是多大?

解答:

（1）记 $A=\{$在任何白球被取出之前，r个红球被全部取出$\}$。事件 A 等价于“所取出的前 r 个球全是红球”。考虑前 r 次抽取，在 r 个红球中取出 r 个红球有 P_r^r 种排列方式，在总共 $r+w$ 个球中取出 r 个球有 P_{r+w}^r 种排列方式，因此 $P(A)=\dfrac{P_r^r}{P_{r+w}^r}=\dfrac{r!w!}{(r+w)!}$。也可以直接计算如下

$$P(A)=\frac{r}{r+w}\,\frac{r-1}{r+w-1}\,\frac{r-2}{r+w-2}\cdots\frac{1}{r+w-(r-1)}=\frac{r!}{\dfrac{(r+w)!}{w!}}=\frac{r!w!}{(r+w)!}$$

（2）题目中所考察的事件等价于“在前 $r+1$ 次抽取中抽到 r 个红球和 1 个白球”的概率。考虑前 $r+1$ 次抽取，在前 $r+1$ 次抽取中抽到 r 个红球和 1 个白球共有 wP_{r+1}^{r+1} 种排列方式，在总共 $r+w$ 个球中抽取 $r+1$ 个球有 P_{r+w}^{r+1} 种排列方式。因此

$$P(\text{全部 } r \text{ 个红球被取出后才取出 2 个白球})=\frac{wP_{r+1}^{r+1}}{P_{r+w}^{r+1}}=\frac{(r+1)!w!}{(r+w)!}$$

习题 2.26

假设 5%的男性和 0.25%的女性有色盲，现随机选出一人且发现是色盲。问：此人是男性的概率是多少？假设男性和女性人数相等。

解答:

定义事件 M = {此人是男性}，F={此人是女性}，CB = {此人患有色盲}，显然 M 和 F 构成样本空间的一个划分。根据题意可得 $P(M) = P(F) = 0.5$，$P(CB|M) = 0.05$ 和 $P(CB|F) = 0.0025$。根据贝叶斯公式 (2.6) 可得

$$P(M|CB) = \frac{P(CB|M)P(M)}{P(CB|M)P(M) + P(CB|F)P(F)} = \frac{0.05 \times 0.5}{0.05 \times 0.5 + 0.0025 \times 0.5} \approx 0.952$$

习题 2.27

若某城市 50%的家庭订阅了晨报，65%的家庭订阅了晚报，85%的家庭至少订阅了两种报纸之一。问：同时订阅了两种报纸的家庭占比有多少？

解答:

本题考察概率的频率解释。定义以下事件：

$$A = \{\text{随机抽取一户家庭，该家庭订阅了晨报}\}$$

$$B = \{\text{随机抽取一户家庭，该家庭订阅了晚报}\}$$

那么有

$$A \cup B = \{\text{随机抽取一户家庭，该家庭至少订阅了两种报纸之一}\}$$

$$A \cap B = \{\text{随机抽取一户家庭，该家庭同时订阅了两种报纸}\}$$

依题意，有 $P(A) = 0.5$，$P(B) = 0.65$ 和 $P(A \cup B) = 0.85$。因此

$$P(A \cap B) = P(A) + P(B) - P(A \cup B) = 0.5 + 0.65 - 0.85 = 0.3$$

同时订阅了两种报纸的家庭占比为 30%。

习题 2.28

在射击实验中，击中目标的概率为 $\frac{1}{5}$，现独立发射 5 枪，求目标被至少击中 2 次的概率。若给定至少击中目标 1 次的前提下，求至少击中 2 次的条件概率。

解答:

记 K 为被击中的次数,则 $P(K = k) = \binom{5}{k}\left(\frac{1}{5}\right)^k\left(\frac{4}{5}\right)^{5-k}$,$k = 0，1，2，3，4，5$。

（1）

$$P(K \geqslant 2) = 1 - P(K=0) - P(K=1) = 1 - \left(\frac{4}{5}\right)^5 - 5\left(\frac{1}{5}\right)^1\left(\frac{4}{5}\right)^4 \approx 0.263$$

（2）$P(K \geqslant 1) = 1 - \left(\frac{4}{5}\right)^5 \approx 0.672$，则

$$P(K \geqslant 2 | K \geqslant 1) = \frac{P(K \geqslant 2,\ K \geqslant 1)}{P(K \geqslant 1)} = \frac{P(K \geqslant 2)}{P(K \geqslant 1)} \approx \frac{0.263}{0.672} \approx 0.391$$

习题 2.29

标准化考试是概率论的一个经典应用。首先假设某考试有 20 道选择题，每题有 4 个选项，并且仅有一个选项正确。若学生每题都猜，那么考试可视为 20 个独立的事件集。问：在学生猜题的前提下，至少答对 10 题的概率有多大？

解答：

$$P(\text{至少答对10题}) = \sum_{k=10}^{20}\binom{20}{k}\left(\frac{1}{4}\right)^k\left(\frac{3}{4}\right)^{20-k} \approx 0.01386$$

习题 2.30

两个事件 A 和 B 相互独立，且 $B \subset A$。求 $P(A)$。

解答：

由于 $B \subset A$，我们知道 $A \cap B = B$。又因为 A 和 B 独立，有 $P(A \cap B) = P(A)P(B)$。于是可以得到 $P(B) = P(A \cap B) = P(A)P(B)$。化简后可以得到 $P(B)[1 - P(A)] = 0$。当 $P(B) > 0$ 时，有 $P(A) = 1$；当 $P(B) = 0$ 时，根据公理化概率的定义，有 $0 \leqslant P(A) \leqslant 1$。

习题 2.31

假设 $0 < P(B) < 1$，证明当且仅当 $P(A|B) = P(A|B^c)$ 时，事件 A 和 B 独立。

证明：

首先证明必要性。当 $P(A|B) = P(A|B^c)$ 时，

$$\begin{aligned} P(A) &= P(A \cap B) + P(A \cap B^c) \\ &= P(B)P(A|B) + P(B^c)P(A|B^c) \end{aligned}$$

$$= P(B)P(A|B) + P(B^c)P(A|B)$$

$$= \left[P(B) + P(B^c)\right]P(A|B)$$

$$= P(A|B)$$

因此，事件 A 和 B 独立。

再证明充分性。当事件 A 和 B 独立时，事件 A 和 B^c 也独立，因此 $P(A|B) = P(A) = P(A|B^c)$ 成立。

习题 2.32

给定 A、B、C 三个事件，举例说明 $P(A \cap B \cap C) = P(A)P(B)P(C)$ 不等价于 $P(A \cap B) = P(A)P(B)$。

解答：

以抛掷一枚质地均匀的硬币为例。定义事件 $A = \{$硬币正面向上$\}$，$B = \{$硬币反面向上$\}$，$C = \varnothing$。容易知道

$$P(A \cap B \cap C) = P(C) = 0 = P(A)P(B)P(C)$$

但是 $P(A \cap B) = 0 \neq P(A)P(B) = \dfrac{1}{4}$。

习题 2.33

A 和 B 两人独立地向相同目标射击，A 击中目标的概率是 0.8，B 击中目标的概率是 0.9。求目标被击中的概率。

解答：

依题意得，A 没击中目标的概率是 0.2，B 没击中目标的概率是 0.1，则

$$P(\text{目标被击中}) = 1 - 0.2 \times 0.1 = 0.98$$

习题 2.34

警方计划在市区 4 个不同的位置 L_1、L_2、L_3、L_4 放置测速雷达来达到限速的目的。这 4 个位置的雷达每天分别工作 40%、30%、20%、30%的时间，而且它们的工作时间是独立的。如果一个超速驾驶去上班的人会经过所有这些位置，那他收到超速罚单的概率是多少？请解释。

解答：

依题意得，当且仅当这 4 个雷达均不工作时，该超速驾驶去上班的人不会收到超速罚单。因此有

$$P(\text{收到超速罚单}) = 1 - (1-0.4)\times(1-0.3)\times(1-0.2)\times(1-0.3) = 1 - 0.2352 \approx 0.765$$

习题 2.35

在某大城市中，数据显示有 0.5%的人口感染艾滋病 (AIDS)。现有检测给出正确诊断的概率对健康人群是 80%，对患病人群是 98%。假设某人经检查后发现染病。求诊断错误，即此人实际是健康人的概率。

解答：

定义事件 $A = \{\text{此人检测患有艾滋病}\}$，$B = \{\text{此人实际上是健康的}\}$，根据题意可得 $P(B) = 99.5\%$，$P(B^c) = 0.5\%$，$P(A|B) = 1 - 80\% = 20\%$，以及 $P(A|B^c) = 98\%$。根据贝叶斯定理可得

$$\begin{aligned} P(B|A) &= \frac{P(A|B)P(B)}{P(A|B^c)P(B^c) + P(A|B)P(B)} \\ &= \frac{0.2\times 0.995}{0.98\times 0.005 + 0.2\times 0.995} \\ &\approx 0.976 \end{aligned}$$

习题 2.36

某银行对雇员进行工作测试。在圆满完成工作的员工中，有 65% 通过了测试。而在未能圆满完成工作的员工中，有 25% 通过测试。根据银行记录，有 90% 的员工圆满完成了工作任务。问：一个通过测试的员工未能圆满完成工作任务的概率是多大?

解答：

定义事件 $A = \{\text{员工圆满完成工作}\}$，$B = \{\text{员工通过测试}\}$。根据题意，可以得到 $P(B|A) = 65\%$，$P(B|A^c) = 25\%$，$P(A) = 90\%$，以及 $P(A^c) = 1 - 90\% = 10\%$。根据贝叶斯定理可得

$$P(A^c|B) = \frac{P(B|A^c)P(A^c)}{P(B|A^c)P(A^c) + P(B|A)P(A)} = \frac{0.25\times 0.1}{0.25\times 0.1 + 0.65\times 0.9} = \frac{5}{122} \approx 0.041$$

习题 2.37

某市场研究团队评估在商业中心开设新的服装店的前景。评估分三个等级：好、中、差。统计发现，目前所有经营良好的服装店中，60% 被评为好，30% 被评为中，10% 被评为差。而所有经营不善的服装店中，10% 被评为好，30% 被评为中，60% 被评为差。此外，服装店中 70% 经营良好，30% 经营不善。问：

（1）若随机选择一个店铺，其经营前景被评估为良好的概率有多大？

（2）若某店经营前景被评估为良好，其经营良好的概率有多大？

解答：

定义事件 $A=\{$该服装店经营良好$\}$，$B=\{$该服装店经营前景被评估为良好$\}$。根据题意，可以得到 $P(B|A^c)=10\%$，$P(B|A)=60\%$，$P(A)=70\%$，以及 $P(A^c)=30\%$。

（1）由全概率公式，知道

$$P(B)=P(A^c\cap B)+P(A\cap B)=P(B|A^c)P(A^c)+P(B|A)P(A)$$

$$=0.1\times 0.3+0.6\times 0.7=0.45$$

（2）由条件概率的定义得

$$P(A|B)=\frac{P(A\cap B)}{P(B)}=\frac{P(B|A)P(A)}{P(B)}=\frac{0.6\times 0.7}{0.45}=\frac{14}{15}\approx 0.93$$

第三章

随机变量和一元概率分布

章节回顾

本章介绍了随机变量以及相关的基础概念。

1. 随机变量

随机变量 $X(\cdot)$ 是从样本空间 S 到实数集 $\mathbf{R}$ 的 $\mathbb{B}$ 可测映射（或 $\mathbb{B}$ 可测函数），满足对每个基本结果 $s \in S$，都存在唯一的实数 $X(s)$ 与之对应。随机变量 X 可能取的所有实数值的集合，也称为 X 的值域，构成了新的样本空间，记为 Ω。

2. 累积分布函数（cumulativge distribution function，CDF）

累积分布函数表示随机变量 X 小于或等于某一特定值的概率。对于随机变量 X，其 CDF$F_X(x)$ 为

$$F_X(x) = P(X \leqslant x)$$

它具有以下性质：

（1）$\lim\limits_{x\to-\infty} F_X(x) = 0$，$\lim\limits_{x\to+\infty} F_X(x) = 1$。

（2）$F_X(x)$ 为单调非递减函数，即对任意的 $x_1 < x_2$，有 $F_X(x_1) \leqslant F_X(x_2)$。

（3）$F_X(x)$ 为 x 的右连续函数，即对任意 x 以及 $\delta > 0$，有

$$\lim_{\delta\to 0^+} \left[F_X(x+\delta) - F_X(x)\right] = 0$$

如果一个函数 $F_X(x)$ 满足如上三条性质，那么可以称这个函数为某一随机变量的 CDF。

3. 离散型随机变量和连续型随机变量

若随机变量 X 的累积分布函数 $F_X(x)$ 是阶梯函数，则称 X 为离散型随机变量。反之，若 $F_X(x)$ 是实数集上的连续函数，则称其为连续型随机变量。简单说，离散型随机变量的取值是有限个或可数个数值点，而连续型随机变量的取值范围是区间（可能不止一个区间）。

4. 概率质量函数（probability mass function，PMF）

PMF 表示离散随机变量在某一特定值处的概率。对于离散型随机变量 X，其 PMF $f(x)$ 非负并且满足

$$f(x) = P(X = x)，对所有 x \in \mathbf{R}$$

它具有以下性质：

（1）对所有 $x \in \mathbf{R}$，$0 \leqslant f_X(x) \leqslant 1$；

（2）$\sum_{x \in \Omega_X} f_X(x) = 1$。

5. 概率密度函数（probability density function，PDF）

PDF 表示连续随机变量在某一特定值的一个小的邻域内取值的概率与这个邻域的区间长度的比值的近似值。假设连续随机变量 X 的分布函数 $F_X : \mathbf{R} \to \mathbf{R}$ 绝对连续。则存在函数 $f_X(x)$，使得

$$F_X(x) = \int_{-\infty}^{x} f_X(y)\mathrm{d}y，对所有 x \in (-\infty，+\infty)$$

其中，函数 $f_X(x)$ 称为 X 的概率密度函数 (PDF)。上述定义关系式是微积分的一个基本结果。当 $F_X(x)$ 不满足绝对连续条件时，X 可能不具有上述关系。本书假设 $F_X(x)$ 是绝对连续函数。若 $F_X(x)$ 在 x 可导，由上述定义可得

$$f_X(x) = \frac{\mathrm{d}F_X(x)}{\mathrm{d}x} = F_X'(x)$$

函数 $f_X(x)$ 是某随机变量 X 的 PDF，当且仅当 $f_X(x)$ 满足以下条件：（1）$f_X(x) \geqslant 0$，$\forall x \in \mathbf{R}$；（2）$\int_{-\infty}^{+\infty} f_X(x)\mathrm{d}x = 1$。

6. 支撑（Support）

随机变量 X 的支撑 Ω_X 定义为

$$\Omega_X = \{x \in \mathbf{R} | f_X(x) > 0\}$$

其中 $f_X(x)$ 为 X 的 PDF 或 PMF。

7. 随机变量函数的概率分布

已知随机变量 X 的概率分布，设 g 是任一实值可测函数，那么 $Y = g(X)$ 也是随机变量。Y 的概率分布可以通过以下方法求解。

（1）对离散随机变量 X，通用的方法是使用如下公式：

$$f_Y(y) = \sum_{x \in \Omega_X(y)} f_X(x)$$

其中，对任意给定实数值 y，$\Omega_X(y)$ 是 X 的支撑 Ω_X 中满足约束条件 $g(x)=y$ 的所有可能取值 x 的集合，即 $\Omega_X(y)=\{x\in\Omega_X|g(x)=y\}$。

（2）对于连续型随机变量，介绍两种方法：CDF 方法与变换法。

① CDF 方法：

该方法的基本思想是先求得 Y 的 CDF $F_Y(y)$，后对其求导，得 PDF $f_Y(y)=F_Y'(y)$。

步骤一：用 $F_X(x)$ 表示 $F_Y(y)$，即

$$F_Y(y)=P(Y\leqslant y)=P\left[g(X)\leqslant y\right]=P\left[X\in\Omega_{g^{-1}}(y)\right]$$

其中

$$\Omega_{g^{-1}}(y)=\{x\in\Omega_X|g(x)\leqslant y\}$$

为 X 的支撑 Ω_X 的一个子集，包含满足不等式 $g(x)\leqslant y$ 的所有点 x 的集合。步骤一的基本思想是，借助 $Y=g(X)$ 将关于 Y 的概率表述为关于 X 的概率表述。

步骤二：对 CDF $F_Y(y)$ 关于 y 求导，得

$$f_Y(y)=F_Y'(y)$$

步骤三：检验 $f_Y(y)$ 是否为 PDF（即对任意实数 y，检验 $f_Y(y)\geqslant 0$ 和 $\int_{-\infty}^{+\infty}f_Y(y)\mathrm{d}y=1$ 是否成立）。

② 变换法：

假设连续随机变量 X 的 PDF 为 $f_X(x)$，且函数 g：$\mathbf{R}\to\mathbf{R}$ 为严格单调且在 X 的支撑集上可导。则对随机变量 $Y=g(X)$ 在其支撑上的任意取值 y，有

$$f_Y(y)=f_X(x)\frac{1}{|g'(x)|}$$

其中 x 是 X 的支撑集上满足 $g(x)=y$ 的唯一数值；对不在 Y 的支撑上的点 y，则 $f_Y(y)=0$。

8. 数学期望

假设随机变量 X 的 PMF 或 PDF 为 $f_X(x)$，则可测函数 $g(X)$ 的期望为

$$E\left[g(X)\right]=\int_{-\infty}^{+\infty}g(x)\mathrm{d}F_X(x)=\begin{cases}\sum\limits_{x\in\Omega_X}g(x)f_X(x), & X\text{ 为离散随机变量}\\ \int_{-\infty}^{+\infty}g(x)f_X(x)\mathrm{d}x, & X\text{ 为连续随机变量}\end{cases}$$

我们假设式中的求和或积分存在。

9. 矩

$E(X^k)$ 被称作随机变量 X 的 k 阶原点矩，$E\left[(X-EX)^k\right]$ 被称作随机变量 X 的 k 阶中心矩。其中，X 的一阶原点矩被称作 X 的均值，记作 μ_X。X 的二阶中心矩被称作 X 的方差，记作 σ_X^2。这两个值分别刻画了随机变量 X 的集中趋势和离散程度。特别地，我们有以下结论：

$$\mu_X = \arg\min_a E(X-a)^2$$

对随机变量 X，三阶中心矩 $E\,(X-\mu_X)^3$ 度量其概率分布的非对称性。随机变量 X 的偏度定义为标准化的三阶中心矩：

$$S_X = \frac{E\,(X-\mu_X)^3}{\sigma_X^3}$$

通过除以 σ_X^3 的标准化处理，偏度不受分布尺度的影响。S_X 为正意味着概率密度函数的右侧尾部比左侧更长，S_X 为负则情况相反。

峰度定义为标准化的四阶中心矩：

$$K_X = \frac{E\,(X-\mu_X)^4}{\sigma_X^4}$$

标准化使得峰度不受分布尺度的影响。分布的峰度度量了分布的突起或平坦程度。换言之，它揭示了概率分布在中心的集中程度。$K_X < 3$ 的概率分布称为低峰态 (platykurtic)（平坦或细尾），$K_X > 3$ 的概率分布称为尖峰 (leptokurtic)（细长或厚尾）。若概率分布有 $K_X = 3$，则称为常峰态 (mesokurtic)。特别地，正态分布 $N(\mu，\sigma^2)$ 的峰度为 3。

10. 矩生成函数和特征函数

对于 $t \in \mathbf{R}$，定义函数 $M_X(t) = E\left[\mathrm{e}^{tX}\right] = \int_{-\infty}^{+\infty} \mathrm{e}^{tx}\mathrm{d}F(x)$。$M_X(t)$ 被称作随机变量 X 的矩生成函数（moment generating function，MGF）。

类似地，定义特征函数 $\phi_X(t) = E\left[\mathrm{e}^{itX}\right] = \int_{-\infty}^{+\infty} \mathrm{e}^{itx}\mathrm{d}F(x)$，其中 i 为虚数单位。

一个随机变量一定有特征函数，但不一定有矩生成函数。如果两个随机变量的矩生成函数（如果存在的话）或特征函数相等，那么它们有相同的分布。

矩生成函数和特征函数都包含了随机变量 X 的全部矩的信息。当 $M_X(t)$ 在 0 的一个邻域存在时，$M_X^{(k)}(0) = E(X^k)$，其中 $M_X^{(k)}(0)$ 是 $M_X(t)$ 在 $t=0$ 处的 k 阶导数。类似地，我们有 $\phi_X^{(k)}(0) = i^k E\left[X^k\right]$。注意，两个随机变量的各阶矩相等并不能得出这两个随机变量具有相同的分布。

11. α 分位数

对于随机变量 X，设它的累积分布函数为 $F_X(x)$，那么 α 分位数 $Q_X(\alpha)$ 定义为

$$Q_X(\alpha) = \inf\left\{x \in \mathbf{R} | P\left[\alpha \leqslant F_X(x)\right]\right\}$$

特别地，中位数为 0.5 分位数。中位数还具有如下性质：

$$Q_X(0.5) = \arg\min_a E\,|X - a|$$

习题解答

习题 3.1

将 7 个球分配到 7 个单元格中。令 X_i = 恰好有 i 个球的单元格数目。分别求出 $X_i(i=0,\ \cdots,\ 7)$ 的概率分布［即对任意可能的 x，求 $f_X(x) = P(X = x)$］。

解答：

本题中，共有 7^7 种等概率结果。接下来将分别计算 $X_i(i=0,\ \cdots,\ 7)$。在计算过程中，将详细计算 X_0，并给出 X_1 至 X_7 的答案。

$X_0 = 0$ 时，表示每个单元格中正好有一个球，则需要将这 7 个球全排列，共有 7! 种，因此

$$P(X_0 = 0) = \frac{7!}{7^7} = \frac{720}{7^6}$$

$X_0 = 1$ 时，表示 7 个球被分配到 6 个单元格中，因此有 1 个单元格含有 2 个球，即 $7 = 1+1+1+1+1+2$，则需要首先确定哪个单元格是空的，共有 $\binom{7}{1}$ 种可能；再确定哪 2 个球被组合在一起，共有 $\binom{7}{2}$ 种可能；最后将这 6 个对象（5 个单个的球和 1 个由 2 个球形成的小组）全排列，共有 6! 种可能。因此

$$P(X_0 = 1) = \frac{\binom{7}{1}\binom{7}{2}6!}{7^7} = \frac{2160}{7^5}$$

$X_0 = 2$ 时，表示 7 个球被分配到 5 个单元格中，因此可能的划分有 2 种：

$$7 = 1+1+1+1+3 = 1+1+1+2+2$$

则需要首先确定哪 2 个单元格是空的，共有 $\binom{7}{2}$ 种可能；再分 2 种情况将这 7 个球组合成 5 个对象。在第一种情况下，需要确定哪 3 个球被组合在一起，共有 $\binom{7}{3}$ 种可能；在第二种情况下，需要先从 7 个球中取出 2 个球构成一组，共有 $\binom{7}{2}$ 种可能，再从剩下的 5 个球中取出 2 个球构成一组，共有 $\binom{5}{2}$ 种可能。在第二种情况下，取球的时候使用了分步乘法计数原理，但是我们的目的是分组，分组这一行为本身是没有步骤的，因此上述计数过程重复计算了。为了修正这一偏差，必须对其进行消序，即除以 2!。最后将这 5 个对象全排列，共有 5! 种可能。因此

$$P(X_0=2)=\frac{\binom{7}{2}\left[\binom{7}{3}+\binom{7}{2}\binom{5}{2}\frac{1}{2!}\right]5!}{7^7}=\frac{7200}{7^5}$$

对于其他情况同理可得，重要的是，确定空单元格的数量后，确定分组情况，再根据不同情况对单元格和球进行排序。

$X_0=3$ 时，表示 7 个球被分配到 4 个单元格中，可能分组情况有 3 种，即 $7=1+1+1+4=1+1+2+3=1+2+2+2$ 则

$$P(X_0=3)=\frac{\binom{7}{3}\left[\binom{7}{4}+\binom{7}{3}\binom{4}{2}+\binom{7}{2}\binom{5}{2}\binom{3}{2}\frac{1}{3!}\right]4!}{7^7}=\frac{6000}{7^5}$$

$X_0=4$ 时，表示 7 个球被分配到 3 个单元格中，可能分组情况有 4 种，即 $7=1+1+5=1+2+4=1+3+3=2+2+3$，则

$$P(X_0=4)=\frac{\binom{7}{4}\left[\binom{7}{5}+\binom{7}{4}\binom{3}{2}+\binom{7}{3}\binom{4}{3}\frac{1}{2!}+\binom{7}{2}\binom{5}{2}\frac{1}{2!}\right]3!}{7^7}=\frac{1290}{7^5}$$

$X_0=5$ 时，表示 7 个球被分配到 2 个单元格中，可能的分组情况有 3 种，即 $7=1+6=2+5=3+4$，则

$$P(X_0=5)=\frac{\binom{7}{5}\left[\binom{7}{1}+\binom{7}{2}+\binom{7}{3}\right]2!}{7^7}=\frac{54}{7^5}$$

$X_0=6$ 时，表示 7 个球被分配到 1 个单元格中，有唯一分组情况，即 $7=7$，则

$$P(X_0=6)=\frac{\binom{7}{6}\binom{7}{7}1!}{7^7}=\frac{1}{7^6}$$

表 3-1～表 3-7 列出了其他 X_i 的答案，可以使用表 3-8 的相关数据进行验证。表 3-8 中 A 代表选择非空单元格的方法数，B 代表将 7 个球进行分组的方法数，C 代表将分好的组全排列的方法数。

表 3-1 X_1 的概率分布

X_1	0	1	2	3	4	5	7
P	$\frac{3487}{7^6}$	$\frac{2556}{7^5}$	$\frac{3690}{7^5}$	$\frac{6000}{7^5}$	$\frac{1800}{7^5}$	$\frac{2160}{7^5}$	$\frac{720}{7^6}$

表 3-2 X_2 的概率分布

X_2	0	1	2	3
P	$\frac{2929}{7^5}$	$\frac{6228}{7^5}$	$\frac{5850}{7^5}$	$\frac{1800}{7^5}$

表 3-3 X_3 的概率分布

X_3	0	1	2
P	$\frac{10627}{7^5}$	$\frac{5880}{7^5}$	$\frac{300}{7^5}$

表 3-4 X_4 的概率分布

X_4	0	1
P	$\frac{15727}{7^5}$	$\frac{1080}{7^5}$

表 3-5 X_5 的概率分布

X_5	0	1
P	$\frac{16699}{7^5}$	$\frac{108}{7^5}$

表 3-6 X_6 的概率分布

X_6	0	1
P	$\frac{16801}{7^5}$	$\frac{6}{7^5}$

表 3-7 X_7 的概率分布

X_7	0	1
P	$\frac{117648}{7^6}$	$\frac{1}{7^6}$

表 3-8 相关数据

不同分组情况	A	B	C	$A \cdot B \cdot C$
7	$\binom{7}{1}$	$\binom{7}{0}$	1!	7
6+1	$\binom{7}{2}$	$\binom{7}{1}$	2!	294
5+2	$\binom{7}{2}$	$\binom{7}{2}$	2!	882
4+3	$\binom{7}{2}$	$\binom{7}{3}$	2!	1470
5+1+1	$\binom{7}{3}$	$\binom{7}{5}$	3!	4410

续表

不同分组情况	A	B	C	$A\cdot B\cdot C$
4+2+1	$\binom{7}{3}$	$\binom{7}{4}\binom{3}{2}$	3!	22050
3+3+1	$\binom{7}{3}$	$\binom{7}{3}\binom{4}{3}\frac{1}{2!}$	3!	14700
3+2+2	$\binom{7}{3}$	$\binom{7}{2}\binom{5}{2}\frac{1}{2!}$	3!	22050
4+1+1+1	$\binom{7}{4}$	$\binom{7}{4}$	4!	29400
3+2+1+1	$\binom{7}{4}$	$\binom{7}{3}\binom{4}{2}$	4!	176400
2+2+2+1	$\binom{7}{4}$	$\binom{7}{2}\binom{5}{2}\binom{3}{2}\frac{1}{3!}$	4!	88200
3+1+1+1+1	$\binom{7}{5}$	$\binom{7}{3}$	5!	88200
2+2+1+1+1	$\binom{7}{5}$	$\binom{7}{2}\binom{5}{2}\frac{1}{2!}$	5!	264600
2+1+1+1+1+1	$\binom{7}{6}$	$\binom{7}{2}$	6!	105840
1+1+1+1+1+1+1	$\binom{7}{7}$	$\binom{7}{0}$	7!	5040

习题 3.2

证明下列函数为累积分布函数 (CDF)：

（1）$\frac{1}{2}+\frac{1}{\pi}\tan^{-1}(x)$，$x\in(-\infty,\ +\infty)$；

（2）$(1+\mathrm{e}^{-x})^{-1}$，$x\in(-\infty,\ +\infty)$；

（3）$\mathrm{e}^{-\mathrm{e}^{-x}}$，$x\in(-\infty,\ +\infty)$；

（4）$(1-\mathrm{e}^{-x})\cdot\mathbf{1}(x>0)$，$x\in(-\infty,\ +\infty)$.

证明：

依次检验函数是否满足 CDF 的三个基本性质。

可以发现所有函数都是连续的，因此满足右连续性，只需检验函数的极限以及单调性。

（1）

$$\lim_{x\to-\infty}\left[\frac{1}{2}+\frac{1}{\pi}\tan^{-1}(x)\right]=\frac{1}{2}+\frac{1}{\pi}\left(\frac{-\pi}{2}\right)=0,\quad \lim_{x\to+\infty}\left[\frac{1}{2}+\frac{1}{\pi}\tan^{-1}(x)\right]=\frac{1}{2}+\frac{1}{\pi}\left(\frac{\pi}{2}\right)=1$$

$$\frac{\mathrm{d}}{\mathrm{d}x}\left[\frac{1}{2}+\frac{1}{\pi}\tan^{-1}(x)\right]=\frac{1}{\pi\left(1+x^2\right)}>0$$

（2）

$$\lim_{x\to-\infty}(1+\mathrm{e}^{-x})^{-1}=0,\quad \lim_{x\to+\infty}(1+\mathrm{e}^{-x})^{-1}=1$$

$$\frac{\mathrm{d}}{\mathrm{d}x}(1+\mathrm{e}^{-x})^{-1}=\frac{\mathrm{e}^{-x}}{(1+\mathrm{e}^{-x})^2}>0$$

（3）

$$\lim_{x\to-\infty}\mathrm{e}^{-\mathrm{e}^{-x}}=0,\quad \lim_{x\to+\infty}\mathrm{e}^{-\mathrm{e}^{-x}}=1$$

$$\frac{\mathrm{d}}{\mathrm{d}x}\mathrm{e}^{-\mathrm{e}^{-x}}=\mathrm{e}^{-x}\mathrm{e}^{-\mathrm{e}^{-x}}>0$$

（4）为方便起见，令 $F(x)=(1-\mathrm{e}^{-x})\cdot\mathbf{1}(x>0)$。

$$\lim_{x\to-\infty}F(x)=0,\quad \lim_{x\to+\infty}F(x)=1$$

当 $x\leqslant 0$ 时，$F(x)=0$。当 $x>0$ 时，$F(x)\geqslant 0$。故只需验证当 $x>0$ 时，$F(x)$ 单调递增。

$$\frac{\mathrm{d}}{\mathrm{d}x}F(x)=\mathrm{e}^{-x}>0,\quad \forall x>0$$

习题 3.3

若对所有的实数 t，有 $F_X(t)\leqslant F_Y(t)$，并且对某些 t，有 $F_X(t)<F_Y(t)$，则称 CDFF_X 随机大于 CDFF_Y。证明若 $X\sim F_X$ 且 $Y\sim F_Y$，则对任意 t 有 $P(X>t)\geqslant P(Y>t)$，并且对某些 t，有 $P(X>t)>P(Y>t)$，即 X 倾向于大于 Y。

证明：

依题意得，CDFF_X 随机大于 CDFF_Y，则 $F_X(t)\leqslant F_Y(t)$ 对任意 t 成立，$F_X(t)<F_Y(t)$ 对某些 t 成立。又因为 $F_X(t)=P(X\leqslant t)=1-P(X>t)$，则

$$1-P(X>t)\leqslant 1-P(Y>t)\ \text{对任意}\ t\ \text{成立，}$$

$$1-P(X>t)<1-P(Y>t)\ \text{对某些}\ t\ \text{成立，}$$

即

$$P(X > t) \geqslant P(Y > t) \text{ 对任意 } t \text{ 成立,}$$

$$P(X > t) > P(Y > t) \text{ 对某些 } t \text{ 成立,}$$

故 X 倾向于大于 Y。

证毕。

习题 3.4

某电器专卖店收到 30 台微波炉，其中 5 台为不合格品（经理不知情）。该店经理不放回地随机选出 4 台，并检验其是否为不合格品。令 X 为发现的不合格品数目。

请推导 X 的 PMF 和 CDF，并画出 CDF 的图。

解答:

当 $x = 0, 1, 2, 3, 4$ 时，$f_X(x) = \dfrac{\dbinom{25}{4-x}\dbinom{5}{x}}{\dbinom{30}{4}}$。代入数字，得到 PMF。

$$f_X(x) = \begin{cases} \dfrac{2530}{5481}, & x = 0 \\ \dfrac{2300}{5481}, & x = 1 \\ \dfrac{600}{5481}, & x = 2 \\ \dfrac{50}{5481}, & x = 3 \\ \dfrac{1}{5481}, & x = 4 \end{cases} \Rightarrow \text{CDF:} \quad F_X(x) \begin{cases} 0, & x < 0 \\ \dfrac{2530}{5481}, & 0 \leqslant x < 1 \\ \dfrac{4830}{5481}, & 1 \leqslant x < 2 \\ \dfrac{5430}{5481}, & 2 \leqslant x < 3 \\ \dfrac{5480}{5481}, & 3 \leqslant x < 4 \\ 1, & 4 \leqslant x \end{cases}$$

CDF 图如图 3-1 所示。

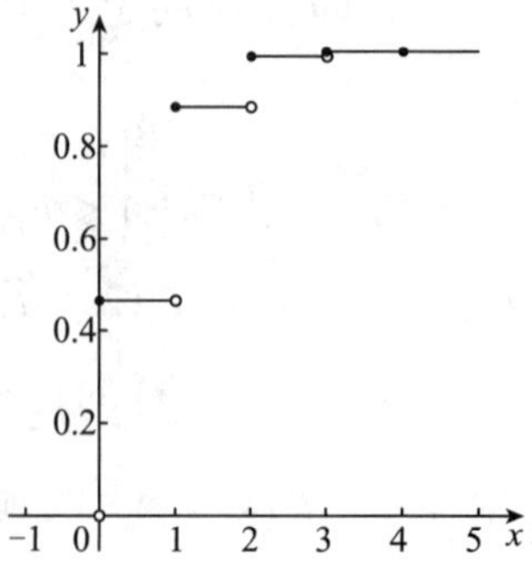

图 3-1　CDF 图

习题 3.5

假设随机变量 X_1 和 X_2 的 CDF 分别为 $F_1(x)$ 和 $F_2(x)$。此外，随机变量 $X = X_1$ 的概率为 p，$X = X_2$ 的概率为 $1-p$，其中 $p \in (0,\ 1)$，且 $\{X = X_1\}$ 和 $\{X = X_2\}$ 为互斥事件，求 X 的 CDF。

解答:

$$
\begin{aligned}
F_X(x) &= P(X \leqslant x) = P(X \leqslant x|X = X_1) \cdot P(X = X_1) + P(X \leqslant x|X = X_2) \cdot P(X = X_2) \\
&= p \times P(X_1 \leqslant x) + (1-p) \times P(X_2 \leqslant x) \\
&= pF_1(x) + (1-p)F_2(x)
\end{aligned}
$$

习题 3.6

令 $F_1(x)$ 和 $F_2(x)$ 为两个 CDF，定义 $F(x) = F_1(x)F_2(x)$，问：$F(x)$ 是否为 CDF? 请给出推理。

解答:

$F(x)$ 是 CDF。依次检验 $F(x)$ 满足 CDF 的三个基本性质：

（1）

$$F_1(+\infty) = F_2(+\infty) = 1 \Rightarrow F(+\infty) = 1$$

$$F_1(-\infty) = F_2(-\infty) = 0 \Rightarrow F(-\infty) = 0$$

（2）对 $\forall x_1 < x_2$，有

$$\begin{cases} 0 \leqslant F_1(x_1) \leqslant F_1(x_2) \\ 0 \leqslant F_2(x_1) \leqslant F_2(x_2) \end{cases} \Rightarrow F_1(x_1)F_2(x_1) \leqslant F_1(x_2)F_2(x_2) \Rightarrow F(x_1) \leqslant F(x_2)$$

（3）

$$\lim_{\delta \to 0^+} F_i(x+\delta) = F_i(x) \quad (i = 1,\ 2) \Rightarrow \lim_{\delta \to 0^+} F(x+\delta) = \lim_{\delta \to 0^+} F_1(x+\delta)F_2(x+\delta) = F_1(x)F_2(x)$$

故 $F(x)$ 右连续。

证毕。

习题 3.7

令 $f(x)=\dfrac{c}{x}$，其中 $x=1$，2，⋯ 且 c 为常数。可否找到一个有限值常数 c，使 $f(x)$ 为有效的 PMF？若可，给出 c 值。否则，请解释。

解答：

有限值常数 c 不存在。采用反证法证明。假设有限值常数 c 存在，使得 $f(x)=\dfrac{c}{x}$ 是有效的 PMF，则 $c\geqslant 0$。若 $c=0$，则 $\sum\limits_{x=1}^{+\infty}\dfrac{c}{x}=0\neq 1$，与 PMF 的定义矛盾；若 $c>0$，则 $\sum\limits_{x=1}^{+\infty}\dfrac{c}{x}=\infty\neq 1$，矛盾。因此，有限值常数 c 不存在。

证毕。

习题 3.8

某投资公司为客户提供若干不同到期年限的政府债券。令 T 为某随机选取的债券的到期年限，其累积概率分布为

$$F(t)=\begin{cases}0, & t<1\\ \dfrac{1}{4}, & 1\leqslant t<3\\ \dfrac{1}{2}, & 3\leqslant t<5\\ \dfrac{3}{4}, & 5\leqslant t<7\\ 1, & t\geqslant 7\end{cases}$$

求：（1）$P(T=5)$；（2）$P(T>3)$；（3）$P(1.4<T<6)$。请给出推理过程。

解答：

（1）

$$\begin{aligned}P(T=5)&=\lim_{\delta\to 0^+}\left[P(T\leqslant 5)-P(T\leqslant 5-\delta)\right]\\&=\lim_{\delta\to 0^+}\left[F(5)-F(5-\delta)\right]\\&=\frac{3}{4}-\frac{1}{2}=\frac{1}{4}\end{aligned}$$

（2）

$$P(T>3)=1-P(T\leqslant 3)=1-\frac{1}{2}=\frac{1}{2}$$

（3）

$$P(1.4<T<6)=P(T<6)-P(T\leqslant 1.4)=\frac{3}{4}-\frac{1}{4}=\frac{1}{2}$$

习题 3.9

某食杂店每天卖出 100X 千克大米，其中 X 的累积分布函数为

$$F(x)=\begin{cases}0, & x<0\\ kx^2, & 0\leqslant x<3\\ k(-x^2+12x-3), & 3\leqslant x<6\\ 1, & x\geqslant 6\end{cases}$$

假设该食杂店在一天内销售的大米总数不足 600 千克。

（1）求 k 的值；

（2）求该食杂店在下周四的大米销售量介于 200 千克和 400 千克之间的概率；

（3）求该食杂店在下周四的大米销售量超过 300 千克的概率；

（4）已知该食杂店在上周五销售的大米至少为 300 千克，求该食杂店在上周五的大米销售量不超过 400 千克的概率。

解答：

（1）依题意得，该食杂店在一天销售的大米总数不足 600 千克，则 $P(X\geqslant 6)=0$ 且 $P(X<6)=1$，因此由 $\lim\limits_{x\to 6^-}F(x)=1$，得 $k=\frac{1}{33}$。

（2）依题意求 $P(2<X\leqslant 4)$，即

$$P(2<X\leqslant 4)=F(4)-F(2)=29k-4k=25k=\frac{25}{33}$$

（3）依题意求 $P(X>3)$，即

$$P(X>3)=1-F(3)=1-\frac{24}{33}=\frac{3}{11}$$

（4）依题意求 $P(X\leqslant 4|X\geqslant 3)$，则先求得

$$P(X\geqslant 3)=1-P(X<3)=1-\frac{9}{33}=\frac{8}{11}$$

$$P(X>4)=1-P(X\leqslant 4)=\frac{4}{33}$$

故由条件概率的定义得

$$P(X>4|X\geqslant 3)=\frac{P(X>4)}{P(X\geqslant 3)}=\frac{\frac{4}{33}}{\frac{8}{11}}=\frac{1}{6}$$

因此

$$P(X\leqslant 4|X\geqslant 3)=1-P(X>4|X\geqslant 3)=1-\frac{1}{6}=\frac{5}{6}$$

习题 3.10

如果对实数集上的任意 x，有 $P(X\geqslant x)=P(X\leqslant -x)$，则称随机变量 X 是对称的。证明：若 X 是对称的，则对任意 $x>0$，其 CDF $F(\cdot)$ 满足如下关系：

（1）$P(|X|\leqslant x)=2F(x)-1$；

（2）$P(|X|>x)=2[1-F(x)]$；

（3）$P(X=x)=F(x)+F(-x)-1$。

证明：

（1）因为 X 对称，$\forall x>0$，$P(X\geqslant x)=P(X\leqslant -x)$，并且 $P(X\geqslant -x)=P(X\leqslant x)$。根据 CDF 定义，$\forall x>0$，$F(x)=P(X\leqslant x)=P(X\geqslant -x)=1-P(X<-x)$，因此

$$\begin{aligned}P(|X|\leqslant x)&=P(-x\leqslant X\leqslant x)\\&=P(X\leqslant x)-P(X<-x)\\&=F(x)-[1-F(x)]=2F(x)-1\end{aligned}$$

（2）由（1）可知 $P(|X|\leqslant x)=2F(x)-1$，因此

$$P(|X|>x)=1-P(|X|\leqslant x)=1-[2F(x)-1]=2[1-F(x)]$$

（3）$P(X\geqslant x)=1-F(x)+P(X=x)$，$P(X\leqslant -x)=F(-x)$。由 X 对称，$1-F(x)+P(X=x)=F(-x)$，故

$$P(X=x)=F(x)+F(-x)-1$$

习题 3.11

求使以下 $f(x)$ 成为 PDF 的 c 值：

（1）$f(x)=c\sin x$，$0<x<\frac{\pi}{2}$；

（2）$f(x)=c\mathrm{e}^{-|x|}$，$-\infty<x<+\infty$。

解：

（1）依题意得，c 需满足 $\int_0^{\frac{\pi}{2}} c\sin x\mathrm{d}x = 1$。因 $\int_0^{\frac{\pi}{2}} \sin x\mathrm{d}x = 1$，故 $c = 1$。

（2）依题意得，c 需满足 $\int_{-\infty}^{+\infty} c\mathrm{e}^{-|x|}\mathrm{d}x = 1$。因 $\int_{-\infty}^{+\infty} \mathrm{e}^{-|x|}\mathrm{d}x = \int_{-\infty}^{0} \mathrm{e}^{x}\mathrm{d}x + \int_{0}^{+\infty} \mathrm{e}^{-x}\mathrm{d}x = 1 + 1 = 2$，故 $c = 0.5$。

习题 3.12

假设 X 有 PMF $f_X(x) = \frac{1}{3}\left(\frac{2}{3}\right)^x$，$x = 0, 1, 2, \cdots$，求 $Y = \frac{X}{X+1}$ 的概率分布。此处，X 和 Y 均为离散随机变量，求解 Y 的概率分布。

解答：

$$P(Y = y) = P\left(\frac{X}{X+1} = y\right) = P\left(X = \frac{y}{1-y}\right) = \frac{1}{3}\left(\frac{2}{3}\right)^{\frac{y}{1-y}}$$

$$y = 0,\ \frac{1}{2},\ \frac{2}{3},\ \frac{3}{4},\ \cdots,\ \frac{x}{x+1},\ \cdots$$

习题 3.13

对下述情形，求 Y 的 PDF，并证明 Y 的 PDF 的积分为 1：

（1）$f_X(x) = \frac{1}{2}\mathrm{e}^{-|x|}$，$-\infty < x < +\infty$；$Y = |X|^3$；

（2）$f_X(x) = \frac{3}{8}(x+1)^2$，$-1 < x < 1$；$Y = 1 - X^2$。

解答：

（1）由 $Y = |X|^3$ 可得 Y 的支撑集为 $\Omega_Y = \{y \in \mathbf{R} | y > 0\}$。根据 CDF 和 PDF 的定义，可得

$$\begin{aligned} F_Y(y) &= P(Y \leqslant y) = P(|X|^3 \leqslant y) = P(|X| \leqslant y^{\frac{1}{3}}) \\ &= P(-y^{\frac{1}{3}} \leqslant X \leqslant y^{\frac{1}{3}}) = F_X(y^{\frac{1}{3}}) - F_X(-y^{\frac{1}{3}}) \end{aligned}$$

$$f_Y(y) = \frac{\mathrm{d}F_Y(y)}{\mathrm{d}y} = f_X(y^{\frac{1}{3}}) \cdot \frac{1}{3}y^{-\frac{2}{3}} - f_X(-y^{\frac{1}{3}}) \cdot \left(-\frac{1}{3}\right) y^{-\frac{2}{3}} = \frac{1}{3}\mathrm{e}^{-y^{\frac{1}{3}}} y^{-\frac{2}{3}}$$

因此，Y 的 PDF 为

$$f_Y(y)=\begin{cases}\dfrac{1}{3}\mathrm{e}^{-y^{\frac{1}{3}}}y^{-\frac{2}{3}}, & y>0\\ 0, & 其他\end{cases}$$

下面证明 Y 的 PDF 的积分为 1，即

$$\int_0^{+\infty} f_Y(y)\mathrm{d}y=\int_0^{+\infty}\frac{1}{3}\mathrm{e}^{-y^{\frac{1}{3}}}y^{-\frac{2}{3}}\mathrm{d}y=\int_0^{+\infty}\mathrm{e}^{-y^{\frac{1}{3}}}\mathrm{d}y^{\frac{1}{3}}=-\mathrm{e}^{-y^{\frac{1}{3}}}|_0^{+\infty}=1$$

证毕。

（2）由 $Y=1-X^2$ 可得 Y 的支撑集为 $\Omega_Y=\{y\in\mathbf{R}|0<y<1\}$。根据 CDF 和 PDF 的定义，可得

$$\begin{aligned}F_Y(y)&=P(1-X^2\leqslant y)=P(X^2\geqslant 1-y)\\&=P(X\geqslant\sqrt{1-y})+P(X\leqslant-\sqrt{1-y})\\&=1-F_X(\sqrt{1-y})+F_X(-\sqrt{1-y})\\ f_Y(y)&=\frac{\mathrm{d}F_Y(y)}{\mathrm{d}y}=f_X(\sqrt{1-y})\cdot\frac{1}{2}(1-y)^{-\frac{1}{2}}+f_X(-\sqrt{1-y})\cdot\frac{1}{2}(1-y)^{-\frac{1}{2}}\\&=\frac{3}{16}(1-y)^{-\frac{1}{2}}\left[(1+\sqrt{1-y})^2+(1-\sqrt{1-y})^2\right]\\&=\frac{3}{16}(1-y)^{-\frac{1}{2}}(4-2y)=\frac{3}{8}(1-y)^{-\frac{1}{2}}(2-y)\\&=\frac{3}{8}(1-y)^{-\frac{1}{2}}(1+1-y)=\frac{3}{8}(1-y)^{-\frac{1}{2}}+\frac{3}{8}(1-y)^{\frac{1}{2}}\end{aligned}$$

因此，Y 的 PDF 为

$$f_Y(y)=\begin{cases}\dfrac{3}{8}(1-y)^{-\frac{1}{2}}+\dfrac{3}{8}(1-y)^{\frac{1}{2}}, & 0<y<1\\ 0, & 其他\end{cases}$$

下面证明 Y 的 PDF 的积分为 1，即

$$\begin{aligned}\int_0^1 f_Y(y)\mathrm{d}y&=\frac{3}{8}\int_0^1(1-y)^{-\frac{1}{2}}\mathrm{d}y+\frac{3}{8}\int_0^1(1-y)^{\frac{1}{2}}\mathrm{d}y\xlongequal{z=1-y}\frac{3}{8}\int_0^1 z^{-\frac{1}{2}}\mathrm{d}z+\frac{3}{8}\int_0^1 z^{\frac{1}{2}}\mathrm{d}z\\&=\frac{3}{8}\cdot(2z^{\frac{1}{2}})\Big|_0^1+\frac{3}{8}\cdot\left(\frac{2}{3}z^{\frac{3}{2}}\right)\Big|_0^1\\&=\frac{3}{4}+\frac{1}{4}=1\end{aligned}$$

证毕。

习题 3.14

假设 X 的 PDF 为 $f_X(x) = \dfrac{2}{9}(x+1)$， $-1 \leqslant x \leqslant 2$。求 $Y = X^2$ 的 PDF。

解答：

根据 CDF 和 PDF 的定义，可得

$$
\begin{aligned}
F_Y(y) &= P(Y \leqslant y) = P(X^2 \leqslant y) \\
&= \begin{cases} P(-\sqrt{y} \leqslant X \leqslant \sqrt{y}), & y > 0 \\ 0, & y \leqslant 0 \end{cases} \\
&= \begin{cases} F_X(\sqrt{y}) - F_X(-\sqrt{y}), & y > 0 \\ 0, & y \leqslant 0 \end{cases}
\end{aligned}
$$

则对任意 $y > 0$，有

$$
\begin{aligned}
f_Y(y) = \frac{\mathrm{d}F_Y(y)}{\mathrm{d}y} &= \left[f_X(\sqrt{y}) + f_X(-\sqrt{y})\right] \cdot \frac{1}{2\sqrt{y}} \\
&= \begin{cases} \dfrac{1}{2\sqrt{y}} \cdot \dfrac{2}{9} \cdot 2, & 0 < y < 1 \\ \dfrac{1}{2\sqrt{y}} \cdot \dfrac{2}{9}(\sqrt{y}+1), & 1 \leqslant y < 4 \\ 0, & 4 \leqslant y \end{cases} \\
&= \begin{cases} \dfrac{2}{9\sqrt{y}}, & 0 < y < 1 \\ \dfrac{1}{9} + \dfrac{1}{9\sqrt{y}}, & 1 \leqslant y < 4 \\ 0, & 4 \leqslant y \end{cases}
\end{aligned}
$$

因此，Y 的 PDF 为

$$
f_Y(y) = \begin{cases} \dfrac{2}{9\sqrt{y}}, & 0 < y < 1 \\ \dfrac{1}{9} + \dfrac{1}{9\sqrt{y}}, & 1 \leqslant y < 4 \\ 0, & \text{其他} \end{cases}
$$

习题 3.15

若随机变量 X 的 PDF 为

$$f_X(x) = \begin{cases} \dfrac{x-1}{2}, & 1 < x < 3 \\ 0, & 其他 \end{cases}$$

求单调函数 $u(x)$，使得随机变量 $Y = u(X)$ 服从支撑为区间 (0，1) 的均匀分布。

解答：

令 $u(x) = \int_{-\infty}^{x} f(t)\mathrm{d}t$，则由牛顿–莱布尼茨公式，有

$$\begin{aligned} u(x) &= \int_{-\infty}^{x} f(t)\mathrm{d}t \\ &= \begin{cases} 0, & x \leqslant 1 \\ \dfrac{x^2-2x+1}{4}, & 1 < x < 3 \\ 1, & x \geqslant 3 \end{cases} \end{aligned}$$

此时，$u(\cdot)$ 是 X 的 CDF。以下证明 $Y = u(X)$ 服从支撑为区间 (0，1) 的均匀分布。注意到 $u(\cdot)$ 在支撑 (1，3) 上从 0 单调递增至 1，则 $u(\cdot)$ 存在 (0，1) 上的反函数 $u^{-1}(\cdot)$。当 $0 < y < 1$ 时，

$$F_Y(y) = P(Y \leqslant y) = P\left[u(X) \leqslant y\right] = P\left[X \leqslant u^{-1}(y)\right] = u\left[u^{-1}(y)\right] = y$$

因此 $Y = u(X)$ 服从支撑为区间 (0，1) 的均匀分布。

习题 3.16

令 $g(\cdot)$ 为满足 $\int_{-\infty}^{+\infty} g(u)\mathrm{d}u = 1$ 的非负函数。证明对于随机变量 X，若随机变量 $Y = \int_{-\infty}^{X} g(u)\mathrm{d}u$ 服从均匀分布，则 $g(\cdot)$ 是 X 的 PDF。

证明：

令 $G(x) = \int_{-\infty}^{x} g(u)\mathrm{d}u$。容易得到 $Y \in [0, 1]$，故 $Y \sim U[0, 1]$。下面说明对于任意 $x \in \mathbf{R}$，$X \leqslant x$ 当且仅当 $G(X) \leqslant G(x)$。一方面，由于 $\forall x \in \mathbf{R}$，$g(x) \geqslant 0$。故当 $X \leqslant x$ 时，$G(X) \leqslant G(x)$ 显然成立。另一方面，注意到 $G(X) - G(x) = \int_{x}^{X} g(u)\mathrm{d}u$。$G(X) \leqslant G(x)$ 等

价于 $\int_x^X g(u)\mathrm{d}u \leqslant 0$。由于 $g(x)$ 非负，故 $X \leqslant x$。因此

$$F_X(x) = P(X \leqslant x) = P\left[G(X) \leqslant G(x)\right] = F_Y\left[G(x)\right]。$$

由链式法则及概率密度函数的定义，可知 $\forall x \in \mathbf{R}$，$f_X(x) = 1 \cdot G'(x) = g(x)$。

习题 3.17

证明当且仅当 $1 - X$ 在 $[0,\ 1]$ 上服从均匀分布，随机变量 X 在 $[0,\ 1]$ 上服从均匀分布。

证明：

一方面，若 $X \sim U[0,\ 1]$，记 $Y = 1 - X$，则

$$F_Y(y) = P(Y \leqslant y) = P(1 - X \leqslant y) = P(X \geqslant 1 - y) = 1 - F_X(1 - y)$$

$$f_Y(y) = \frac{\mathrm{d}F_Y(y)}{\mathrm{d}y} = f_X(1 - y) = \begin{cases} 1, & 0 \leqslant y \leqslant 1 \\ 0, & \text{其他} \end{cases}$$

故 $1 - X = Y \sim \mathrm{U}[0,\ 1]$。

另一方面，若 $(1 - X) \sim \mathrm{U}[0,\ 1]$，则 $X = 1 - (1 - X)$，易得 $X \sim \mathrm{U}[0,\ 1]$。因此

$$X \sim \mathrm{U}[0,\ 1] \Leftrightarrow (1 - X) \sim \mathrm{U}[0,\ 1]$$

习题 3.18

令 $Y = a + bX$，其中随机变量 X 的 PDF 为 $f_X(x)$，求 Y 的 PDF $f_Y(y)$。

解答：

当 $b > 0$ 时，

$$F_Y(y) = P(Y \leqslant y) = P(a + bX \leqslant y) = P\left(X \leqslant \frac{y - a}{b}\right) = F_X\left(\frac{y - a}{b}\right)$$

$$f_Y(y) = \frac{\mathrm{d}F_Y(y)}{\mathrm{d}y} = f_X\left(\frac{y - a}{b}\right) \cdot \frac{1}{b}$$

类似地，当 $b < 0$ 时，

$$F_Y(y) = P(Y \leqslant y) = P(a + bX \leqslant y) = P\left(X \geqslant \frac{y - a}{b}\right) = 1 - F_X\left(\frac{y - a}{b}\right)$$

$$f_Y(y)=\frac{\mathrm{d}F_Y(y)}{\mathrm{d}y}=f_X\left(\frac{y-a}{b}\right)\cdot\frac{1}{-b}$$

综上，当 $b\neq 0$ 时，

$$f_Y(y)=\frac{\mathrm{d}F_Y(y)}{\mathrm{d}y}=f_X\left(\frac{y-a}{b}\right)\cdot\frac{1}{|b|}$$

习题 3.19

假设随机变量 X 的 PDF 为

$$f_X(x)=\frac{4}{\beta^3\sqrt{\pi}}x^2\mathrm{e}^{-x^2/\beta^2},\qquad 0<x<+\infty$$

其中常数 $\beta>0$。验证 $f_X(x)$ 确实为 PDF。

提示：可运用正态随机变量 PDF 的积分为 1 这一性质。

证明：

由题目，显然 $f_X(x)\geqslant 0$，$\forall x>0$。下面验证 $\int_{-\infty}^{+\infty}f(x)\mathrm{d}x=1$。

$$\begin{aligned}\int_{-\infty}^{+\infty}f(x)\mathrm{d}x&=\int_0^{+\infty}\frac{4}{\beta^3\sqrt{\pi}}x^2\mathrm{e}^{-x^2/\beta^2}\mathrm{d}x=\frac{4}{\sqrt{\pi}}\int_0^{+\infty}\left(\frac{x}{\beta}\right)^2\mathrm{e}^{-\left(\frac{x}{\beta}\right)^2}\mathrm{d}\left(\frac{x}{\beta}\right)\\&\overset{z=\frac{x}{\beta}}{=\!=}\frac{4}{\sqrt{\pi}}\int_0^{+\infty}z^2\mathrm{e}^{-z^2}\mathrm{d}z\overset{t=z^2}{=\!=}\frac{4}{\sqrt{\pi}}\int_0^{+\infty}t\mathrm{e}^{-t}\mathrm{d}\sqrt{t}\\&=\frac{4}{\sqrt{\pi}}\int_0^{+\infty}t\mathrm{e}^{-t}\frac{1}{2\sqrt{t}}\mathrm{d}t=\frac{2}{\sqrt{\pi}}\int_0^{+\infty}t^{\frac{1}{2}}\mathrm{e}^{-t}\mathrm{d}t\\&=\frac{2}{\sqrt{\pi}}\Gamma\left(\frac{3}{2}\right)=1\end{aligned}$$

其中 $\Gamma\left(\frac{3}{2}\right)=\frac{1}{2}\Gamma(\frac{1}{2})=\frac{\sqrt{\pi}}{2}$。

习题 3.20

设对于 $-\pi<x<\pi$，有 $f_X(x)=c\left[1+2\sin(x)\right]$，否则 $f_X(x)=0$。是否存在一个 c 值，使得 $f_X(x)$ 为 PDF？若存在，求出 c 值；若不然，说明原因。

解答：

不存在 c 值使得 $f_X(x)$ 为 PDF。以下进行证明。

根据已知条件可以得到 $f(0)\cdot f\left(-\frac{\pi}{2}\right)=-c^2\leqslant 0$ 恒成立。若 $c=0$，则 $\int_{-\pi}^{\pi}f_X(x)\mathrm{d}x=$

$0 \neq 1$；故 $c \neq 0$，则 $f(0) < 0$ 或 $f\left(-\frac{\pi}{2}\right) < 0$，而 PDF 不可能取负值。

证毕。

习题 3.21

k 取什么值可使以下函数为 PDF：

$$f(x) = \begin{cases} \frac{1}{2} + kx, & -1 \leqslant x \leqslant 1 \\ 0, & 其他 \end{cases}$$

并证明。

解答：

首先，易得 $\int_{-1}^{1} f(x)\mathrm{d}x = 1$ 恒成立。要使得该函数为 PDF，只需要保证 $f(x) \geqslant 0$ 恒成立即可。注意到 $f(x)$ 在其支撑 $[-1, 1]$ 上单调，有

$$\forall x \in \boldsymbol{R},\quad f(x) \geqslant 0 \iff f(-1) \geqslant 0,\quad f(1) \geqslant 0 \iff \frac{1}{2} - k \geqslant 0,\quad \frac{1}{2} + k \geqslant 0$$

因此 $k \in \left[-\frac{1}{2}, \frac{1}{2}\right]$。

习题 3.22

假设 $f_X(x)$ 和 $f_Y(y)$ 为两个 PDF。令 $g(z) = \int_{-\infty}^{+\infty} f_X(z-y) f_Y(y)\mathrm{d}y$。问：$g(z)$ 是否为 PDF？请解释。

解答：

首先，易得 $g(z) \geqslant 0$ 恒成立。接下来证明 $\int_{-\infty}^{+\infty} g(z)\mathrm{d}z = 1$，则

$$\begin{aligned}\int_{-\infty}^{+\infty} g(z)\mathrm{d}z &= \int_{-\infty}^{+\infty}\int_{-\infty}^{+\infty} f_X(z-y) f_Y(y)\mathrm{d}y\mathrm{d}z \\ &= \int_{-\infty}^{+\infty} f_Y(y)\left[\int_{-\infty}^{+\infty} f_X(z-y)\mathrm{d}z\right]\mathrm{d}y \\ &= \int_{-\infty}^{+\infty} f_Y(y)\mathrm{d}y \\ &= 1\end{aligned}$$

证毕。

习题 3.23

假设 $f_X(x)$ 为 PDF，$f_Y(y)$ 为 PMF，Y 的支撑集为 $\{y_1, \cdots, y_k\}$。

令 $f(z)=\sum_{i=1}^{k} y_i^{-1} f_X(z/y_i) f_Y(y_i)$，其中对任意 $y_i>0$，$i=1, \cdots, k$。问：$f(z)$ 是否为 PDF？请解释。

解答：

$f(z)$ 是 PDF。首先，易得 $f(z) \geqslant 0$ 恒成立。接下来证明 $\int_{-\infty}^{+\infty} f(z) \mathrm{d}z=1$，则

$$
\begin{aligned}
\int_{-\infty}^{+\infty} f(z) \mathrm{d}z &= \sum_{i=1}^{k} y_i^{-1} f_Y(y_i) \int_{-\infty}^{+\infty} f_X(z/y_i) \mathrm{d}z \\
&= \sum_{i=1}^{k} f_Y(y_i) \int_{-\infty}^{+\infty} f_X(z/y_i) \mathrm{d}(z/y_i) \\
&= \sum_{i=1}^{k} f_Y(y_i) \cdot 1 = 1
\end{aligned}
$$

习题 3.24

假设 X 的 PDF 为 $f_X(x)$。令 Y 取值在 a 和 b 之间，其中 a 和 b 为常数，$a<b$，当且仅当 $a \leqslant Y \leqslant b$ 时，$Y=X$。这称为截断分布。证明 Y 的 PDF 为

$$
f_Y(y)=\frac{f_X(y)}{F_X(b)-F_X(a)}, \quad a \leqslant y \leqslant b
$$

证明：

当 $a \leqslant Y \leqslant b$ 时，

$$
\begin{aligned}
F_Y(y) &= P(Y \leqslant y) \\
&= P(Y=X \leqslant y \mid a \leqslant Y=X \leqslant b) \\
&= \frac{P(a \leqslant X \leqslant y)}{P(a \leqslant X \leqslant b)} \\
&= \frac{F_X(y)-F_X(a)}{F_X(b)-F_X(a)}
\end{aligned}
$$

故 $f_Y(y)=\frac{\mathrm{d}F_Y(y)}{\mathrm{d}y}=\frac{f_X(y)}{F_X(b)-F_X(a)}$。

习题 3.25

对 $0<x<2$，$f(x)=\dfrac{1}{2}$。求 $Y=X(2-X)$ 的 PDF。

解答：

由 $x\in(0,\ 2)$ 得 $y\in(0,\ 1]$。根据 CDF 和 PDF 的定义，可得

$$\begin{aligned}F_Y(y)&=P(Y\leqslant y)=P\left[X(2-X)\leqslant y\right]\\&=P(X\leqslant 1-\sqrt{1-y})+P(X\geqslant 1+\sqrt{1-y})\\&=F_X(1-\sqrt{1-y})+1-F_X(1+\sqrt{1-y})\end{aligned}$$

$$f_Y(y)=\frac{\mathrm{d}F_Y(y)}{\mathrm{d}y}=\frac{1}{2}\cdot\frac{1}{2\sqrt{1-y}}+\frac{1}{2}\cdot\frac{1}{2\sqrt{1-y}}=\frac{1}{2\sqrt{1-y}}$$

因此，$f_Y(y)=\begin{cases}\dfrac{1}{2\sqrt{1-y}}, & y\in(0,\ 1)\\ 0, & \text{其他}\end{cases}$

习题 3.26

若在原假设 H_0 下，连续随机变量 X 的 PDF 和 CDF 分别为 $f(x)$ 和 $F(x)$，而在备择假设 H_A 下，其 PDF 和 CDF 分别为 $g(x)$ 和 $G(x)$，其中 $F(x)$ 和 $G(x)$ 均严格递增。令

$$Y=\int_{-\infty}^{X}f(x)\mathrm{d}x=F(X)$$

（1）证明在备择假设 H_A 下，Y 的 CDF 为

$$H(y)=P(Y\leqslant y)=G\left[F^{-1}(y)\right]$$

其中 $F^{-1}(y)$ 为 $F(x)$ 的反函数。

（2）证明在备择假设 H_A 下，Y 的 PDF 为

$$h(y)=\frac{g\left[F^{-1}(y)\right]}{f\left[F^{-1}(y)\right]},\quad 0<y<1$$

证明：

（1）

$$H(y)=P(Y\leqslant y)=P\left[F(x)\leqslant y\right]=P\left[X\leqslant F^{-1}(y)\right]=G\left[F^{-1}(y)\right]$$

（2）

$$h(y)=\frac{\mathrm{d}G\left[F^{-1}(y)\right]}{\mathrm{d}y}=g\left[F^{-1}(y)\right]\frac{\mathrm{d}F^{-1}(y)}{\mathrm{d}y}=\frac{g\left[F^{-1}(y)\right]}{f\left[F^{-1}(y)\right]}$$

证毕。

习题 3.27

假设随机变量 X 的 PDF 为 $f_X(\cdot)$，并且 $Y=g(X)$，其中 $g(\cdot)$ 为严格递增函数。证明 Y 的 α 分位数为 $Q_\alpha(Y)=g\left[Q_\alpha(X)\right]$，其中 $Q_\alpha(X)$ 为 X 的 α 分位数，$\alpha\in(0，1)$。

证明：

根据定义，$Q_\alpha(Y)=\inf\limits_t\{t\in\boldsymbol{R}|P(Y\leqslant t)\geqslant\alpha\}$。由于 $g(\cdot)$ 严格递增，因此 $g(\cdot)$ 的反函数存在且严格递增。由 $Y=g(X)$ 可知

$$\begin{aligned}Q_\alpha(Y)&=\inf_t\left\{t\in\boldsymbol{R}|P\left[X\leqslant g^{-1}(t)\right]\geqslant\alpha\right\}\\&=\inf_t\left\{g\left[g^{-1}(t)\right]\in\in\boldsymbol{R}|P\left[X\leqslant g^{-1}(t)\right]\geqslant\alpha\right\}\\&=g\left(\inf_t\left\{g^{-1}(t)\in\in\boldsymbol{R}|P\left[X\leqslant g^{-1}(t)\right]\geqslant\alpha\right\}\right)\\&=g\left[Q_\alpha(X)\right]\end{aligned}$$

习题 3.28

（1）假设 X 为连续非负随机变量，并且对 $x<0$ 有 $f(x)=0$。证明 $E(X)=\int_0^{+\infty}\left[1-F_X(x)\right]\mathrm{d}x$，其中 $F_X(x)$ 为 X 的 CDF。

（2）令 X 为离散随机变量，其可能取值均为非负整数。证明 $E(X)=\sum\limits_{k=0}^{+\infty}\left[1-F_X(k)\right]$，其中 $F_X(k)=P(X\leqslant k)$，并与（1）比较。

证明：

（1）

$$\begin{aligned}\int_0^{+\infty}\left[1-F_X(x)\right]\mathrm{d}x&=\int_0^{+\infty}\left[\int_x^{+\infty}f_X(y)\mathrm{d}y\right]\mathrm{d}x=\int_0^{+\infty}\left[\int_0^{y}f_X(y)\mathrm{d}x\right]\mathrm{d}y\\&=\int_0^{+\infty}f_X(y)\left(\int_0^{y}\mathrm{d}x\right)\mathrm{d}y=\int_0^{+\infty}f_X(y)y\mathrm{d}y=E(X)\end{aligned}$$

上述计算交换了积分的顺序，积分的区域如图 3-2所示。

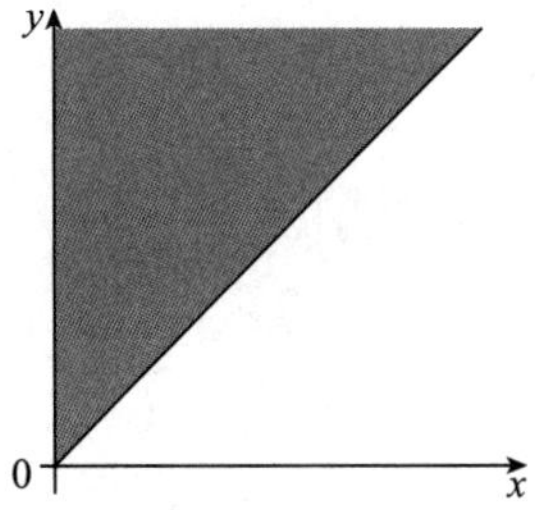

图 3-2 积分区域

（2）

$$\begin{aligned}\sum_{k=0}^{+\infty}\left[1-F_X(k)\right] &= \sum_{k=0}^{+\infty}P(X>k)=\sum_{k=0}^{+\infty}\sum_{i=k+1}^{+\infty}P(X=i)\\ &=\sum_{k=1}^{+\infty}kP(X=k)=\sum_{k=1}^{+\infty}kP(X=k)+0\cdot P(X=0)\\ &=E(X)\end{aligned}$$

证毕。

习题 3.29

假设非负随机变量 X 的 CDF 为 $F(\cdot)$。令指示函数在 $X>t$ 时取值为 $1(t)=1$，否则取值为 0。

（1）证明 $\int_0^{+\infty}1(t)\mathrm{d}t=X$；

（2）对（1）所示的等式两边取期望，证明 $E(X)=\int_0^{+\infty}\left[1-F(t)\right]\mathrm{d}t$；

（3）对于 $k>0$，应用（2）的结果证明 $E(X^k)=k\int_0^{+\infty}t^{k-1}\left[1-F(t)\right]\mathrm{d}t$。

证明：

（1）

$$\int_0^{+\infty}1(t)\mathrm{d}t=\int_0^X 1\mathrm{d}t+\int_X^{+\infty}0\mathrm{d}t=\int_0^X 1\mathrm{d}t=X$$

（2）

$$\begin{aligned}E(X)=E\left[\int_0^{+\infty}1(t)\mathrm{d}t\right] &= \int_0^{+\infty}\int_0^{+\infty}1(t)\mathrm{d}t\mathrm{d}\left[F_X(x)\right]\\ &=\int_0^{+\infty}\int_0^{+\infty}1(t)\mathrm{d}\left[F_X(x)\right]\mathrm{d}t\end{aligned}$$

$$= \int_0^{+\infty} \int_t^{+\infty} \mathrm{d}\left[F_X(x)\right] \mathrm{d}t$$

$$= \int_0^{+\infty} \left[1 - F(t)\right] \mathrm{d}t$$

（3）

$$F_{X^k}(x) = P(X^k \leqslant x) = P(X \leqslant x^{\frac{1}{k}}) = F_X(x^{\frac{1}{k}})$$

$$E(X^k) = \int_0^{+\infty} \left[1 - F_X(x^{\frac{1}{k}})\right] \mathrm{d}x$$

$$= \int_0^{+\infty} \left[1 - F(t)\right] \mathrm{d}t^k$$

$$= k \int_0^{+\infty} t^{k-1} \left[1 - F(t)\right] \mathrm{d}t$$

证毕。

习题 3.30

证明对任意连续随机变量 X 的 CDF $F(\cdot)$ 和 PDF $f(\cdot)$，有 $E(X) = \int_0^{+\infty} \left[1 - F(t)\right] \mathrm{d}t - \int_0^{+\infty} F(-t) \mathrm{d}t$。

证明：

方法一：根据 $E(X) = \int_{-\infty}^{+\infty} x f(x) \mathrm{d}x = \int_{-\infty}^{0} x f(x) \mathrm{d}x + \int_0^{+\infty} x f(x) \mathrm{d}x$，先求得

$$\int_0^{+\infty} x f(x) \mathrm{d}x = \int_0^{+\infty} \int_0^{+\infty} 1(t < x) f(x) \mathrm{d}t \mathrm{d}x$$

$$= \int_0^{+\infty} \int_0^{+\infty} 1(t < x) f(x) \mathrm{d}x \mathrm{d}t$$

$$= \int_0^{+\infty} \int_t^{+\infty} f(x) \mathrm{d}x \mathrm{d}t$$

$$= \int_0^{+\infty} \left[1 - F(t)\right] \mathrm{d}t$$

$$\int_{-\infty}^{0} x f(x) \mathrm{d}x = -\int_{-\infty}^{0} \int_{-\infty}^{0} 1(t > x) f(x) \mathrm{d}t \mathrm{d}x$$

$$= -\int_{-\infty}^{0} \int_{-\infty}^{0} 1(t > x) f(x) \mathrm{d}x \mathrm{d}t$$

$$= -\int_{-\infty}^{0} \int_{-\infty}^{t} f(x) \mathrm{d}x \mathrm{d}t$$

$$= -\int_{-\infty}^{0} F(t)\mathrm{d}t$$

$$= -\int_{0}^{+\infty} F(-t)\mathrm{d}t$$

故

$$E(X) = \int_{-\infty}^{+\infty} xf(x)\mathrm{d}x = \int_{-\infty}^{0} xf(x)\mathrm{d}x + \int_{0}^{+\infty} xf(x)\mathrm{d}x = \int_{0}^{+\infty} \left[1 - F(t)\right]\mathrm{d}t - \int_{0}^{+\infty} F(-t)\mathrm{d}t$$

方法二：记 $X^+ = \max\{X, 0\}$，$X^- = \max\{-X, 0\}$。由于 X^+、$X^- \geqslant 0$，由习题 3.29 有

$$E(X^+) = \int_{0}^{+\infty} \left[1 - F_{X^+}(t)\right]\mathrm{d}t, \quad E(X^-) = \int_{0}^{+\infty} \left[1 - F_{X^-}(t)\right]\mathrm{d}t$$

其中

$$F_{X^+}(t) = P(\max\{X, 0\} \leqslant t) = P(0 \leqslant t)P(X < t) = 1(t \geqslant 0)F(t),$$

$$F_{X^-}(t) = 1(t \geqslant 0)\left[1 - F(-t)\right]$$

故

$$E(X) = E(X^+) - E(X^-) = \int_{0}^{+\infty} \left[F_{X^-}(t) - F_{X^+}(t)\right]\mathrm{d}t = \int_{0}^{+\infty} \left[1 - F(t)\right]\mathrm{d}t - \int_{0}^{+\infty} F(-t)\mathrm{d}t$$

证毕。

习题 3.31

一个分布的中位数 m 满足 $P(X \leqslant m) \geqslant \frac{1}{2}$ 和 $P(X \geqslant m) \geqslant \frac{1}{2}$（若 X 为连续随机变量，则 m 满足 $\int_{-\infty}^{m} f(x)\mathrm{d}x = \int_{m}^{+\infty} f(x)\mathrm{d}x = \frac{1}{2}$）。求如下分布的中位数：

（1）$f(x) = 3x^2$，$0 < x < 1$；

（2）$f(x) = \dfrac{1}{\pi\left(1 + x^2\right)}$，$-\infty < x < +\infty$。

解答：

（1）由中位数的定义得 $\int_{0}^{m} 3x^2\mathrm{d}x = m^3 = \frac{1}{2}$，故 $m = 2^{-\frac{1}{3}}$。

（2）方法一：同理，由中位数的定义得

$$\int_{-\infty}^{m} \frac{1}{\pi\left(1 + x^2\right)}\mathrm{d}x = \frac{1}{\pi}\left(\arctan m + \frac{\pi}{2}\right) = \frac{1}{2}$$

故 $m=0$。

方法二：可以发现 PDF $f(x)=\dfrac{1}{\pi\left(1+x^2\right)}$，$-\infty<x<+\infty$ 关于 0 对称，因此中位数为 0。

习题 3.32

证明若 X 为连续随机变量，则

$$\min_a E|X-a|=E|X-m|$$

其中 m 为 X 的中位数。

证明：

根据 $E(X)$ 的定义可得

$$\begin{aligned}E|X-a|&=\int_{-\infty}^{a}(a-x)f(x)\mathrm{d}x+\int_{a}^{+\infty}(x-a)f(x)\mathrm{d}x\\&=a\int_{-\infty}^{a}f(x)\mathrm{d}x-\int_{-\infty}^{a}xf(x)\mathrm{d}x+\int_{a}^{+\infty}xf(x)\mathrm{d}x-a\int_{a}^{+\infty}f(x)\mathrm{d}x\end{aligned}$$

有

$$\begin{aligned}\frac{\mathrm{d}}{\mathrm{d}a}E|X-a|&=\int_{-\infty}^{a}f(x)\mathrm{d}x+af(a)-af(a)-af(a)-\int_{a}^{+\infty}f(x)\mathrm{d}x+af(a)\\&=\int_{-\infty}^{a}f(x)\mathrm{d}x-\int_{a}^{+\infty}f(x)\mathrm{d}x=0\end{aligned}$$

又因为 $\int_{-\infty}^{a}f(x)\mathrm{d}x+\int_{a}^{+\infty}f(x)\mathrm{d}x=1$，因此有 $\int_{-\infty}^{a}f(x)\mathrm{d}x=\dfrac{1}{2}$，故 a 为 X 的中位数，即 $a=m$。二阶条件为

$$\frac{\mathrm{d}^2}{\mathrm{d}a^2}E|x-a|=2f(a)>0$$

因此 $m=\arg\min\limits_a E|X-a|$。

习题 3.33

假设 X 的 PDF 为

$$f(x)=\frac{4}{\beta^3\sqrt{\pi}}x^2\mathrm{e}^{-x^2/\beta^2}\text{，}\quad 0<x<\infty$$

其中常数 $\beta>0$。求 $E(X)$ 和 $\mathrm{var}(X)$。

解答：

（1）

$$
\begin{aligned}
E(X) &= \frac{4}{\beta^3\sqrt{\pi}}\int_0^{+\infty} x\cdot x^2 \mathrm{e}^{\frac{-x^2}{\beta^2}}\mathrm{d}x \\
&= \frac{4\beta^4}{\beta^3\sqrt{\pi}}\int_0^{+\infty}\frac{1}{2}\frac{x^2}{\beta^2}\mathrm{e}^{-\frac{x^2}{\beta^2}}\mathrm{d}\frac{x^2}{\beta^2} \\
&= \frac{2\beta}{\sqrt{\pi}}\int_0^{+\infty} z\mathrm{e}^{-z}\mathrm{d}z \\
&= \frac{2\beta}{\sqrt{\pi}}\Gamma(2) \\
&= \frac{2\beta}{\sqrt{\pi}}
\end{aligned}
$$

其中 $z=\frac{x^2}{\beta^2}$，$\Gamma(2)=1\Gamma(1)=1$。

（2）

$$
\begin{aligned}
E(X^2) &= \frac{4}{\beta^3\sqrt{\pi}}\int_0^{+\infty} xx^3\mathrm{e}^{-\frac{x^2}{\beta^2}}\mathrm{d}x \\
&= \frac{4\beta^5}{\beta^3\sqrt{\pi}}\int_0^{+\infty}\frac{1}{2}\frac{x^3}{\beta^3}\mathrm{e}^{-\frac{x^2}{\beta^2}}\mathrm{d}\frac{x^2}{\beta^2} \\
&= \frac{2\beta^2}{\sqrt{\pi}}\int_0^{+\infty} z^{\frac{3}{2}}\mathrm{e}^{-z}\mathrm{d}z \\
&= \frac{2\beta^2}{\sqrt{\pi}}\Gamma(\frac{3}{2}+1) \\
&= \frac{2\beta^2}{\sqrt{\pi}}\frac{3}{4}\sqrt{\pi} \\
&= \frac{3}{2}\beta^2
\end{aligned}
$$

其中 $z=\frac{x^2}{\beta^2}$，$\Gamma(\frac{3}{2}+1)=\frac{3}{2}\Gamma(\frac{3}{2})=\frac{3}{2}\Gamma(\frac{1}{2}+1)=\frac{3}{2}\frac{1}{2}\Gamma(\frac{1}{2})=\frac{3}{4}\sqrt{\pi}$。因此，

$$
\mathrm{var}(X)=E(X^2)-E^2(X)=\frac{3}{2}\beta^2-\frac{4}{\pi}\beta^2
$$

习题 3.34

假设 $X\sim N(0,\ 1)$，即 X 的 PDF 为

$$f_X(x)=\frac{1}{\sqrt{2\pi}}\mathrm{e}^{-\frac{1}{2}x^2},\qquad -\infty<x<+\infty$$

定义

$$Y=\frac{1}{\sqrt{2\pi}}\mathrm{e}^{-\frac{1}{2}X^2}$$

（1）求 Y 的均值 μ_Y；

（2）求 Y 的概率密度函数 $f_Y(y)$。

解答：

（1）由于 $Y=\frac{1}{\sqrt{2\pi}}\mathrm{e}^{-\frac{1}{2}X^2}=y(x)$，根据均值的定义可得

$$\mu_Y=\int_0^{+\infty}yf(y)\mathrm{d}y=\int_{-\infty}^{+\infty}y(x)f_X(x)\mathrm{d}x=\int_{-\infty}^{+\infty}\left(\frac{1}{\sqrt{2\pi}}\mathrm{e}^{-\frac{x^2}{2}}\right)^2\mathrm{d}x=\frac{1}{2\pi}\int_{-\infty}^{+\infty}\mathrm{e}^{-x^2}\mathrm{d}x$$

以下有三种方式求解 $\int_{-\infty}^{+\infty}\mathrm{e}^{-x^2}\mathrm{d}x$。

方法一：

$$\int_{-\infty}^{+\infty}\mathrm{e}^{-x^2}\mathrm{d}x=\sqrt{\int_{-\infty}^{+\infty}\mathrm{e}^{-x^2}\mathrm{d}x\int_{-\infty}^{+\infty}\mathrm{e}^{-y^2}\mathrm{d}y}=\sqrt{\int_{-\infty}^{+\infty}\int_{-\infty}^{+\infty}\mathrm{e}^{-x^2-y^2}\mathrm{d}x\mathrm{d}y}$$

通过极坐标变换 $\begin{cases}x=\rho\cos\theta\\ y=\rho\sin\theta\end{cases}$，可得

$$\int_{-\infty}^{+\infty}\mathrm{e}^{-x^2}\mathrm{d}x=\sqrt{\int_0^{2\pi}\mathrm{d}\theta\int_0^{+\infty}\mathrm{e}^{-\rho^2}\rho\mathrm{d}\rho}=\sqrt{2\pi\cdot\frac{1}{2}}=\sqrt{\pi}$$

方法二：

$$\int_{-\infty}^{+\infty}\mathrm{e}^{-x^2}\mathrm{d}x=\int_{-\infty}^{+\infty}\frac{1}{\sqrt{2\pi}\cdot\sqrt{\frac{1}{2}}}\cdot\mathrm{e}^{-\frac{x^2}{2\cdot\frac{1}{2}}}\cdot\sqrt{\pi}=\sqrt{\pi}\cdot\int_{-\infty}^{+\infty}g(x)\mathrm{d}x$$

其中，$g(\cdot)$ 为正态分布 $N\left(0,\ \frac{1}{2}\right)$ 的 PDF，故 $\int_{-\infty}^{+\infty}\mathrm{e}^{-x^2}\mathrm{d}x=\sqrt{\pi}$。

方法三：

$$\int_{-\infty}^{+\infty} e^{-x^2} dx = 2\int_0^{+\infty} e^{-x^2} dx \xlongequal{t=x^2} \int_0^{+\infty} t^{-\frac{1}{2}} e^{-t} dt = \Gamma\left(\frac{1}{2}\right) = \sqrt{\pi}$$

因此，Y 的均值 $\mu_Y = \dfrac{1}{2\sqrt{\pi}}$。

（2）

$$\begin{aligned} F_Y(y) &= P(Y \leqslant y) = P\left(\frac{1}{\sqrt{2\pi}} e^{-\frac{X^2}{2}} \leqslant y\right) \\ &= P\left[X \geqslant \sqrt{-2\ln(\sqrt{2\pi}y)}\right] + P\left[X \leqslant -\sqrt{-2\ln(\sqrt{2\pi}y)}\right] \\ &= 2P\left[X \leqslant -\sqrt{-2\ln(\sqrt{2\pi}y)}\right] = 2F_X\left[-\sqrt{-2\ln(\sqrt{2\pi}y)}\right] \end{aligned}$$

因此

$$f_Y(y) = \frac{dF_Y(y)}{dy} = 2 \cdot y \cdot \frac{1}{y\sqrt{-2\ln(\sqrt{2\pi}y)}} = \frac{2}{\sqrt{-2\ln(\sqrt{2\pi}y)}}$$

故

$$f_Y(y) = \begin{cases} \dfrac{2}{\sqrt{-2\ln(\sqrt{2\pi}y)}}, & y \in \left(0,\ \dfrac{1}{\sqrt{2\pi}}\right) \\ 0, & \text{其他} \end{cases}$$

习题 3.35

假设 X 的 PDF 为

$$f_X(x) = \begin{cases} \dfrac{2}{\sqrt{2\pi}} e^{-\frac{1}{2}x^2}, & 0 < x < \infty \\ 0, & \text{其他} \end{cases}$$

（1）求 X 的均值和方差；

（2）求 $Y = X^2$ 的 PDF。

解答：

（1）

$$E(X) = \int_0^{+\infty} \frac{2x}{\sqrt{2\pi}} e^{-\frac{x^2}{2}} dx \xlongequal{\frac{x^2}{2}=t} \int_0^{+\infty} \frac{2}{\sqrt{2\pi}} e^{-t} dt = \sqrt{\frac{2}{\pi}}$$

$$E(X^2)=\int_0^{+\infty}\frac{2x^2}{\sqrt{2\pi}}\mathrm{e}^{-\frac{x^2}{2}}\mathrm{d}x=\int_{-\infty}^{+\infty}\frac{x^2}{\sqrt{2\pi}}\mathrm{e}^{-\frac{x^2}{2}}\mathrm{d}x=\int_{-\infty}^{+\infty}x^2\phi(x)\mathrm{d}x=1$$

故 $\mathrm{var}(X)=E(X^2)-E^2(X)=1-\frac{2}{\pi}$，其中 $\phi(x)$ 是标准正态分布的 PDF。

（2）当 $y>0$ 时，由 $X>0$ 可得 $F_Y(y)=P(X^2\leqslant y)=P(X\leqslant\sqrt{y})=F_X(\sqrt{y})$。根据定义，可以得到 $f_Y(y)=\frac{1}{2\sqrt{y}}f_X(\sqrt{y})=\frac{1}{\sqrt{2\pi y}}\mathrm{e}^{-\frac{y}{2}}$。当 $y\leqslant 0$ 时，有 $f_Y(y)=0$。因此，

$$f_Y(y)=\begin{cases}\frac{1}{\sqrt{2\pi y}}\mathrm{e}^{-\frac{y}{2}}, & y>0\\ 0, & y\leqslant 0\end{cases}$$

习题 3.36

假设 PDF $f_X(x)$ 为偶函数［若对任意 x 有 $f_X(x)=f_X(-x)$，则 $f_X(x)$ 为偶函数］。证明：

（1）X 和 $-X$ 同分布；

（2）假设 $M_X(t)$ 存在，则 $M_X(t)$ 关于 0 对称。

证明：

（1）方法一：根据定义有

$$F_X(x)=P(X\leqslant x)=\int_{-\infty}^{x}f_X(t)\mathrm{d}t$$

$$F_{-X}(x)=P(-X\leqslant x)=P(X\geqslant -x)=\int_{-x}^{+\infty}f_X(t)\mathrm{d}t$$

因此 $F_X(x)-F_{-X}(x)=\int_{-\infty}^{x}f_X(t)\mathrm{d}t-\int_{-x}^{+\infty}f_X(t)\mathrm{d}t$。对 x 求导可得：

$$\frac{\mathrm{d}}{\mathrm{d}x}\left[F_X(x)-F_{-X}(x)\right]=f_X(x)-f_X(-x)=0$$

因此 $F_X(x)-F_{-X}(x)$ 的值为常数，即 $F_X(x)-F_{-X}(x)=C$。另外，

$$\lim_{x\to+\infty}F_X(x)-F_{-X}(x)=1-1=0$$

故 $C=0$，即 X 和 $-X$ 同分布。

方法二：由于 $f_X(x)$ 是偶函数，可以得到 $\forall x\in\boldsymbol{R}$，

$$F_{-X}(x)=\int_{-x}^{+\infty}f_X(t)\mathrm{d}t\overset{t=-u}{=\!=\!=}\int_{x}^{-\infty}f_X(-u)\mathrm{d}(-u)=\int_{-\infty}^{x}f_X(-u)\mathrm{d}u=\int_{-\infty}^{x}f_X(u)\mathrm{d}u=F_X(x)$$

（2）由于 $M_X(t)$ 存在，有

$$M_X(t)-M_X(-t)=\int_{-\infty}^{+\infty}(\mathrm{e}^{xt}-\mathrm{e}^{-xt})f_X(x)\mathrm{d}x$$

由于 $f_X(x)$ 为偶函数，可得 $(\mathrm{e}^{xt}-\mathrm{e}^{-xt})f_X(x)$ 为奇函数，因此 $\int_{-\infty}^{+\infty}(\mathrm{e}^{xt}-\mathrm{e}^{-xt})f_X(x)\mathrm{d}x=0$，即 $M_X(t)-M_X(-t)=0$，因此 $M_X(t)$ 关于 0 对称。

习题 3.37

假设 $f(x)$ 为 PDF，并且存在常数 a 满足对所有 $\varepsilon>0$，有 $f(a+\varepsilon)=f(a-\varepsilon)$，则称 PDF $f(x)$ 关于点 a 对称。

（1）给出三个关于 a 对称 PDF 的例子；

（2）证明若 $X\sim f(x)$ 关于 a 对称，则 X 的中位数为 a；

（3）证明若 $X\sim f(x)$ 关于 a 对称，且 $E(X)$ 存在，则 $E(X)=a$。

解答：

（1）三个关于 a 对称 PDF 的例子有：

① $\mathrm{U}[0，1]$，其 PDF 关于 $x=\frac{1}{2}$ 对称；

② Cauchy(0，1)，其 PDF$f(x)=\frac{1}{\pi(1+x^2)}$ 关于 $x=0$ 对称；

③ 正态分布 $N(0，1)$，其 PDF 关于 $x=0$ 对称。

（2）只需证 $\int_{-\infty}^{a}f(x)\mathrm{d}x=\int_{a}^{+\infty}f(x)\mathrm{d}x=\frac{1}{2}$。由于

$$\int_{-\infty}^{a}f(x)\mathrm{d}x\xlongequal{\varepsilon=a-x}\int_{0}^{+\infty}f(a-\varepsilon)\mathrm{d}\varepsilon=\int_{0}^{+\infty}f(a+\varepsilon)\mathrm{d}\varepsilon\xlongequal{\varepsilon=a-x}\int_{a}^{+\infty}f(x)\mathrm{d}x$$

又因为 $\int_{-\infty}^{a}f(x)\mathrm{d}x+\int_{a}^{+\infty}f(x)\mathrm{d}x=1$，有 $\int_{-\infty}^{a}f(x)\mathrm{d}x=\int_{a}^{+\infty}f(x)\mathrm{d}x=\frac{1}{2}$，即 X 的中位数为 a。

证毕。

（3）$E(X)=a \iff E(X)-a=0$，注意到

$$\begin{aligned}E(X)-a=E(X-a)&=\int_{-\infty}^{+\infty}(x-a)f(x)\mathrm{d}x\\&=\int_{-\infty}^{a}(x-a)f(x)\mathrm{d}x+\int_{a}^{+\infty}(x-a)f(x)\mathrm{d}x\\&=\int_{0}^{+\infty}(-\varepsilon)f(a-\varepsilon)\mathrm{d}\varepsilon+\int_{0}^{+\infty}\varepsilon f(a+\varepsilon)\mathrm{d}\varepsilon\end{aligned}$$

$$= -\int_0^{+\infty} \varepsilon f(a+\varepsilon)\mathrm{d}\varepsilon + \int_0^{+\infty} \varepsilon f(a+\varepsilon)\mathrm{d}\varepsilon$$

$$=0$$

证毕。

习题 3.38

（1）假设概率密度函数 $f(x)$ 关于常数 a 对称，即对于所有的 x，$f(x-a) = f[-(x-a)]$。证明均值 $E(X)=a$，并且偏度为 0。

（2）如果一个概率分布的偏度为 0，那么该分布是关于均值对称的吗？若是，给出理由。若不然，给出一个反例。

证明：

（1）因为 $f(x)$ 关于常数 a 对称，$f(t+a)$ 为偶函数，因此 $tf(t+a)$ 和 $t^3f(t+a)$ 均为奇函数，故其积分为 0。首先计算均值：

$$E(X) = \int_{-\infty}^{+\infty} xf(x)\mathrm{d}x = \int_{-\infty}^{+\infty}(x-a)f(x)\mathrm{d}x + a\int_{-\infty}^{+\infty} f(x)\mathrm{d}x \overset{x-a=t}{=\!=\!=} \int_{-\infty}^{+\infty} tf(t+a)\mathrm{d}t + a = a$$

然后计算偏度

$$E(X-a)^3 = \int_{-\infty}^{+\infty}(x-a)^3 f(x)\mathrm{d}x \overset{x-a-t}{=\!=\!=} \int_{-\infty}^{+\infty} t^3 f(t+a)\mathrm{d}t = 0$$

（2）该分布不一定关于均值对称。下面构造反例：假设存在随机变量 Y 满足 $E(Y)=E(Y^3)=0$，且不关于 0 对称。

令 Y 以概率 p 满足 $Y\sim\exp(1)$，且以概率 $1-p$ 满足 $Y=a<0$。令 $E(Y)=E(Y^3)=0$，可以解得

$$\begin{cases}(1-p)a+p=0\\(1-p)a^3+6p=0\end{cases} \Rightarrow \begin{cases}a=-\sqrt{6}\\p=\dfrac{6-\sqrt{6}}{5}\end{cases}$$

此时 Y 不关于 0 对称。因此，反例是：存在随机变量 Y，以概率 $p=\dfrac{6-\sqrt{6}}{5}$ 满足服从 $\exp(1)$ 指数分布；以 $1-p=\dfrac{\sqrt{6}-1}{5}$ 的概率满足 $Y=-\sqrt{6}$，即 $P(Y=-\sqrt{6})=\dfrac{\sqrt{6}-1}{5}$。

习题 3.39

假设连续随机变量 X 的 PDF 为

$$f(x)=\begin{cases}\dfrac{1}{\sqrt{2\pi}}\mathrm{e}^{-\frac{x^2}{2}}, & x<0\\ \dfrac{1}{\sqrt{8\pi}}\mathrm{e}^{-\frac{x^2}{8}}, & x\geqslant 0\end{cases}$$

求：（1）$E(X)$；（2）$\mathrm{var}(X)$。

提示：对所有常数 μ 和 $\sigma^2>0$，$\displaystyle\int_{-\infty}^{+\infty}\frac{1}{\sqrt{2\pi\sigma^2}}\mathrm{e}^{-\frac{(x-\mu)^2}{2\sigma^2}}\mathrm{d}x=1$。

解答：

因为 $\Gamma\left(\dfrac{3}{2}\right)=\dfrac{1}{2}\Gamma\left(\dfrac{1}{2}\right)\dfrac{\sqrt{\pi}}{2}$，所以有

$$I_1(m)=\int_0^{+\infty}\frac{x}{\sqrt{m\pi}}\mathrm{e}^{-\frac{x^2}{m}}\mathrm{d}x\overset{t=\frac{x^2}{m}}{=\!=\!=}\int_0^{+\infty}\frac{\sqrt{m}}{2\sqrt{\pi}}\mathrm{e}^{-t}\mathrm{d}t=\frac{\sqrt{m}}{2\sqrt{\pi}}$$

$$I_2(m)=\int_0^{+\infty}\frac{x^2}{\sqrt{m\pi}}\mathrm{e}^{-\frac{x^2}{m}}\mathrm{d}x\overset{t=\frac{x^2}{m}}{=\!=\!=}\int_0^{+\infty}\frac{m}{2\sqrt{\pi}}\sqrt{t}\mathrm{e}^{-t}\mathrm{d}t=\frac{m}{2\sqrt{\pi}}\Gamma\left(\frac{3}{2}\right)=\frac{m}{4}$$

因此

$$E(X)=\int_{-\infty}^{0}\frac{1}{\sqrt{2\pi}}x\mathrm{e}^{-\frac{x^2}{2}}\mathrm{d}x+\int_0^{+\infty}\frac{1}{\sqrt{8\pi}}x\mathrm{e}^{-\frac{x^2}{8}}\mathrm{d}x=-I_1(2)+I_1(8)=-\frac{1}{\sqrt{2\pi}}+\frac{\sqrt{2}}{\sqrt{\pi}}=\frac{1}{\sqrt{2\pi}}$$

$$E(X^2)=\int_{-\infty}^{0}\frac{1}{\sqrt{2\pi}}x^2\mathrm{e}^{-\frac{x^2}{2}}\mathrm{d}x+\int_0^{+\infty}\frac{1}{\sqrt{8\pi}}x^2\mathrm{e}^{-\frac{x^2}{8}}\mathrm{d}x=I_2(2)+I_2(8)=\frac{1}{2}+2=\frac{5}{2}$$

$$\mathrm{var}(X)=E(X^2)-E^2(X)=\frac{5}{2}-\frac{1}{2\pi}=\frac{5\pi-1}{2\pi}$$

习题 3.40

若随机变量 X 的 PDF 为

$$f_X(x)=\begin{cases}A\mathrm{e}^{-(x-\alpha)^2/(2\sigma_1^2)}, & x\leqslant\alpha\\ A\mathrm{e}^{-(x-\alpha)^2/(2\sigma_2^2)}, & x>\alpha\end{cases}$$

则称该随机变量是参数为 α，σ_1，σ_2 的两部分正态分布。求：

（1）常数 A；（2）X 的均值；（3）X 的方差。

解答：

（1）显然 $A \geqslant 0$。令 $\int_{-\infty}^{+\infty} f_X(x)\mathrm{d}x = 1$，可以得到

$$\int_{-\infty}^{+\infty} f_X(x)\mathrm{d}x = A\int_{-\infty}^{\alpha} \mathrm{e}^{-\frac{(x-\alpha)^2}{2\sigma_1^2}}\mathrm{d}x + A\int_{\alpha}^{+\infty} \mathrm{e}^{-\frac{(x-\alpha)^2}{2\sigma_2^2}}\mathrm{d}x$$

$$= A\cdot\sqrt{2\pi}\sigma_1\cdot\int_{-\infty}^{\alpha}\frac{1}{\sqrt{2\pi}\sigma_1}\mathrm{e}^{-\frac{(x-\alpha)^2}{2\sigma_1^2}}\mathrm{d}x + A\cdot\sqrt{2\pi}\sigma_2\cdot\int_{-\infty}^{\alpha}\frac{1}{\sqrt{2\pi}\sigma_2}\mathrm{e}^{-\frac{(x-\alpha)^2}{2\sigma_2^2}}\mathrm{d}x$$

$$= A\cdot\sqrt{2\pi}\sigma_1\cdot\frac{1}{2} + A\cdot\sqrt{2\pi}\sigma_2\cdot\frac{1}{2}$$

$$= A\sqrt{\frac{\pi}{2}}(\sigma_1+\sigma_2) = 1$$

解得 $A = \dfrac{\sqrt{\frac{2}{\pi}}}{\sigma_1+\sigma_2}$。

（2）根据均值的定义，可得

$$E(X) = \int_{-\infty}^{+\infty} x f_X(x)\mathrm{d}x = A\int_{-\infty}^{\alpha} x\mathrm{e}^{-\frac{(x-\alpha)^2}{2\sigma_1^2}}\mathrm{d}x + A\int_{\alpha}^{+\infty} x\mathrm{e}^{-\frac{(x-\alpha)^2}{2\sigma_2^2}}\mathrm{d}x$$

$$= A\int_{-\infty}^{\alpha}(x-\alpha)\mathrm{e}^{-\frac{(x-\alpha)^2}{2\sigma_1^2}}\mathrm{d}x + A\int_{\alpha}^{+\infty}(x-\alpha)\mathrm{e}^{-\frac{(x-\alpha)^2}{2\sigma_2^2}}\mathrm{d}x +$$

$$A\alpha\int_{-\infty}^{\alpha}\mathrm{e}^{-\frac{(x-\alpha)^2}{2\sigma_1^2}}\mathrm{d}x + A\alpha\int_{\alpha}^{+\infty}\mathrm{e}^{-\frac{(x-\alpha)^2}{2\sigma_2^2}}\mathrm{d}x$$

$$= -A\sigma_1^2\int_{-\infty}^{\alpha}\frac{-2(x-\alpha)}{2\sigma_1^2}\mathrm{e}^{-\frac{(x-\alpha)^2}{2\sigma_1^2}}\mathrm{d}x - A\sigma_2^2\int_{\alpha}^{+\infty}\frac{-2(x-\alpha)}{2\sigma_2^2}\mathrm{e}^{-\frac{(x-\alpha)^2}{2\sigma_2^2}}\mathrm{d}x +$$

$$A\alpha\cdot\sqrt{2\pi}\sigma_1\cdot\int_{-\infty}^{\alpha}\frac{1}{\sqrt{2\pi}\sigma_1}\mathrm{e}^{-\frac{(x-\alpha)^2}{2\sigma_1^2}}\mathrm{d}x + A\alpha\cdot\sqrt{2\pi}\sigma_2\cdot\int_{-\infty}^{\alpha}\frac{1}{\sqrt{2\pi}\sigma_2}\mathrm{e}^{-\frac{(x-\alpha)^2}{2\sigma_2^2}}\mathrm{d}x$$

$$= -A\sigma_1^2\mathrm{e}^{-\frac{(x-\alpha)^2}{2\sigma_1^2}}\Big|_{-\infty}^{\alpha} - A\sigma_2^2\mathrm{e}^{-\frac{(x-\alpha)^2}{2\sigma_2^2}}\Big|_{\alpha}^{+\infty} + A\alpha\cdot\sqrt{2\pi}\sigma_1\cdot\frac{1}{2} + A\alpha\cdot\sqrt{2\pi}\sigma_2\cdot\frac{1}{2}$$

$$= A(\sigma_2^2-\sigma_1^2) + A\alpha\sqrt{\frac{\pi}{2}}(\sigma_1+\sigma_2)$$

$$= \frac{\sqrt{\frac{2}{\pi}}}{\sigma_1+\sigma_2}(\sigma_2^2-\sigma_1^2) + \frac{\sqrt{\frac{2}{\pi}}}{\sigma_1+\sigma_2}\cdot\alpha\sqrt{\frac{\pi}{2}}(\sigma_1+\sigma_2)$$

$$= \sqrt{\frac{2}{\pi}}(\sigma_2-\sigma_1)+\alpha$$

(3)根据方差的定义，先计算 $E(X^2)$ 可得

$$
\begin{aligned}
E(X^2) &= \int_{-\infty}^{+\infty} x^2 f_X(x)\mathrm{d}x \\
&= A\int_{-\infty}^{\alpha} x(x-\alpha)\mathrm{e}^{-\frac{(x-\alpha)^2}{2\sigma_1^2}}\mathrm{d}x + A\int_{\alpha}^{+\infty} x(x-\alpha)\mathrm{e}^{-\frac{(x-\alpha)^2}{2\sigma_2^2}}\mathrm{d}x + \\
&\quad A\alpha\int_{-\infty}^{\alpha} x\mathrm{e}^{-\frac{(x-\alpha)^2}{2\sigma_1^2}}\mathrm{d}x + A\alpha\int_{\alpha}^{+\infty} x\mathrm{e}^{-\frac{(x-\alpha)^2}{2\sigma_2^2}}\mathrm{d}x \\
&= -A\sigma_1^2\int_{-\infty}^{\alpha} x\mathrm{d}\mathrm{e}^{-\frac{(x-\alpha)^2}{2\sigma_1^2}} - A\sigma_2^2\int_{\alpha}^{+\infty} x\mathrm{d}\mathrm{e}^{-\frac{(x-\alpha)^2}{2\sigma_2^2}} + \alpha E(X) \\
&= -A\sigma_1^2\left\{x\mathrm{e}^{-\frac{(x-\alpha)^2}{2\sigma_1^2}}\Big|_{-\infty}^{\alpha} - \int_{-\infty}^{\alpha}\mathrm{e}^{-\frac{(x-\alpha)^2}{2\sigma_1^2}}\mathrm{d}x\right\} - \\
&\quad A\sigma_2^2\left\{x\mathrm{e}^{-\frac{(x-\alpha)^2}{2\sigma_2^2}}\Big|_{\alpha}^{+\infty} - \int_{\alpha}^{+\infty}\mathrm{e}^{-\frac{(x-\alpha)^2}{2\sigma_2^2}}\mathrm{d}x\right\} + \alpha E(X) \\
&= -A\sigma_1^2\left[\alpha - \sqrt{2\pi}\sigma_1\int_{-\infty}^{\alpha}\frac{1}{\sqrt{2\pi}\sigma_1}\mathrm{e}^{-\frac{(x-\alpha)^2}{2\sigma_1^2}}\mathrm{d}x\right] - \\
&\quad A\sigma_2^2\left[-\alpha - \sqrt{2\pi}\sigma_2\int_{\alpha}^{+\infty}\frac{1}{\sqrt{2\pi}\sigma_2}\mathrm{e}^{-\frac{(x-\alpha)^2}{2\sigma_2^2}}\mathrm{d}x\right] + \alpha E(X) \\
&= -A\sigma_1^2\left(\alpha - \sqrt{\frac{\pi}{2}}\sigma_1\right) - A\sigma_2^2\left(-\alpha - \sqrt{\frac{\pi}{2}}\sigma_2\right) + \alpha E(X) \\
&= -A\sigma_1^2\alpha + A\sigma_2^2\alpha + \sqrt{\frac{\pi}{2}}A\sigma_1^3 + \sqrt{\frac{\pi}{2}}A\sigma_2^3 + \alpha E(X) \\
&= A\alpha(\sigma_2^2 - \sigma_1^2) + \sqrt{\frac{\pi}{2}}A(\sigma_1^3 + \sigma_2^3) + \alpha E(X) \\
&= \frac{\sqrt{\frac{2}{\pi}}}{\sigma_1 + \sigma_2}\cdot\alpha(\sigma_2^2 - \sigma_1^2) + \sqrt{\frac{\pi}{2}}\cdot\frac{\sqrt{\frac{2}{\pi}}}{\sigma_1 + \sigma_2}\cdot(\sigma_1^3 + \sigma_2^3) + \alpha E(X) \\
&= \alpha\sqrt{\frac{2}{\pi}}(\sigma_2 - \sigma_1) + \sigma_1^2 - \sigma_1\sigma_2 + \sigma_2^2 + \alpha\sqrt{\frac{2}{\pi}}(\sigma_2 - \sigma_1) + \alpha^2
\end{aligned}
$$

因此

$$
\operatorname{var}(X) = E(X^2) - E^2(X) = \sigma_1^2 - \sigma_1\sigma_2 + \sigma_2^2 - \frac{2}{\pi}(\sigma_2 - \sigma_1)^2
$$

其中，$E^2(X) = \left[\sqrt{\frac{2}{\pi}}(\sigma_2 - \sigma_1) + \alpha\right]^2 = \frac{2}{\pi}(\sigma_2 - \sigma_1)^2 + 2\cdot\sqrt{\frac{2}{\pi}}(\sigma_2 - \sigma_1)\alpha + \alpha^2$。

习题 3.41

学生 t_ν 分布标准化后具有单位方差以及如下所示的概率密度函数

$$f_Z(z)=\frac{\Gamma\left(\frac{\nu+1}{2}\right)}{\Gamma\left(\frac{\nu}{2}\right)\sqrt{\pi(\nu-2)}}\left(1+\frac{z^2}{\nu-2}\right)^{-\frac{\nu+1}{2}},\qquad -\infty<z<\infty$$

其中自由度 $2<\nu<\infty$。现定义一个广义有偏的学生 t_ν 分布，其密度函数为

$$f_X(x)=\begin{cases}BC\left[1+\dfrac{1}{\nu-2}\left(\dfrac{Bx+A}{1-\lambda}\right)^2\right]^{-\frac{\nu+1}{2}}, & x<-\dfrac{A}{B}\\ BC\left[1+\dfrac{1}{\nu-2}\left(\dfrac{Bx+A}{1+\lambda}\right)^2\right]^{-\frac{\nu+1}{2}}, & x\geqslant-\dfrac{A}{B}\end{cases}$$

其中 $2<\nu<\infty$，$-1<\lambda<1$，常数 A、B、C 满足

$$\begin{cases}A=4\lambda C\dfrac{\nu-2}{\nu-1}\\ B^2=1+3\lambda^2-A^2\\ C=\dfrac{\Gamma\left(\frac{\nu+1}{2}\right)}{\Gamma\left(\frac{\nu}{2}\right)\sqrt{\pi(\nu-2)}}\end{cases}$$

（1）证明 $f_X(x)$ 是一个合理的概率密度函数；

（2）计算 $f_X(x)$ 的均值；

（3）计算 $f_X(x)$ 的方差；

（4）当 $\nu>3$ 时，计算 $f_X(x)$ 的偏度。

对于上述证明或计算，给出详细的步骤。

解答：

为了简化下面的计算，首先计算一些比较简单的积分：由于 $C\left(1+\frac{1}{\nu-2}t^2\right)^{-\frac{\nu+1}{2}}$ 是学生 t_ν 分布的 PDF 并且该 PDF 是对称的，故

$$I_0=\int_0^{+\infty}C\left(1+\frac{1}{\nu-2}t^2\right)^{-\frac{\nu+1}{2}}\mathrm{d}t=\frac{1}{2}$$

接着，计算

$$I_1 = \int_0^{+\infty} C\left(1+\frac{1}{\nu-2}t^2\right)^{-\frac{\nu+1}{2}} t\mathrm{d}t = \frac{C}{2}\int_0^{+\infty}\left(1+\frac{1}{\nu-2}t^2\right)^{-\frac{\nu+1}{2}} \mathrm{d}t^2$$
$$= \frac{C}{2}\frac{\nu-2}{1-\frac{\nu+1}{2}}(-1) = C\frac{\nu-2}{\nu-1} = \frac{A}{4\lambda}$$

由于学生 t_ν 分布标准化后具有单位方差和均值 0，故

$$I_2 = \int_0^{+\infty} C\left(1+\frac{1}{\nu-2}t^2\right)^{-\frac{\nu+1}{2}} t^2\mathrm{d}t = \frac{1}{2}$$

记 $\omega = \dfrac{\nu+1}{2}$，$u = \dfrac{t^2}{\nu-2}$ 则

$$I_3 = \int_0^{+\infty} C\left(1+\frac{1}{\nu-2}t^2\right)^{\frac{\nu+1}{2}} t^3\mathrm{d}t = \frac{C(\nu-2)^2}{2}\int_0^{+\infty}(1+u)^{-\omega}u\mathrm{d}u$$
$$= \frac{C(\nu-2)^2}{2}\left[\int_0^{+\infty}(1+u)^{-\omega+1}\mathrm{d}u - \int_0^{+\infty}(1+u)^{-\omega}\mathrm{d}u\right]$$
$$= \frac{C(\nu-2)^2}{2}\left(\frac{1}{1-\omega} - \frac{1}{2-\omega}\right) = \frac{C(\nu-2)^2}{2}\left(\frac{1}{1-\frac{\nu+1}{2}} - \frac{1}{2-\frac{\nu+1}{2}}\right)$$
$$= \frac{C(\nu-2)^2}{4}\left(\frac{-1}{3-\nu} + \frac{1}{1-\nu}\right) = \frac{C(\nu-2)^2}{2(\nu-3)(\nu-1)} = \frac{A}{2\lambda}\frac{\nu-2}{\nu-3}$$

（1）记 $s = \dfrac{Bx+A}{1-\lambda}$，由于

$$\int_{-\infty}^{-\frac{A}{B}} f(x)\mathrm{d}x = \int_{-\infty}^{0} BC\left(1+\frac{1}{\nu-2}s^2\right)^{-\frac{\nu+1}{2}} \frac{1-\lambda}{B}\mathrm{d}s = (1-\lambda)I_0 = \frac{1}{2}(1-\lambda)$$

同理可得 $\displaystyle\int_{-\frac{A}{B}}^{+\infty} f(x)\mathrm{d}x = \frac{1}{2}(1+\lambda)$。因此

$$\int_{-\infty}^{+\infty} f(x)\mathrm{d}x = \frac{1}{2}(1-\lambda) + \frac{1}{2}(1+\lambda) = 1$$

故 $f_X(x)$ 是概率密度函数。

（2）由于

$$\int_{-\infty}^{-\frac{A}{B}} xf(x)\mathrm{d}x = \frac{1-\lambda}{B}\int_{-\infty}^{0} C\left(1+\frac{1}{\nu-2}s^2\right)^{-\frac{\nu+1}{2}} \left[(1-\lambda)s - A\right]\mathrm{d}s$$
$$= \frac{(1-\lambda)^2}{B}\cdot(-1)I_1 - \frac{(1-\lambda)A}{B}\cdot I_0$$

$$= -\frac{(1-\lambda)^2 A}{4\lambda B} - \frac{(1-\lambda)A}{2B}$$

同理可得

$$\int_{-\frac{A}{B}}^{+\infty} x f(x)\mathrm{d}x = \frac{(1+\lambda)^2}{B} I_1 - \frac{(1+\lambda)A}{B} \cdot I_0 = \frac{(1+\lambda)^2 A}{4\lambda B} - \frac{(1+\lambda)A}{2B}$$

因此 $E(X) = \frac{A}{4\lambda B} \cdot 4\lambda - \frac{2A}{2B} = 0$。

（3）由于

$$\int_{-\infty}^{-\frac{A}{B}} x^2 f(x)\mathrm{d}x = \frac{1-\lambda}{B^2} \int_{-\infty}^{0} C\left(1+\frac{1}{v-2}s^2\right)^{-\frac{v+1}{2}} \left[(1-\lambda)^2 s^2 - 2A(1-\lambda)s + A^2\right] \mathrm{d}s$$

$$= \frac{(1-\lambda)^3}{B^2} \cdot I_2 + \frac{2A(1-\lambda)^2}{B^2} \cdot I_1 + \frac{(1-\lambda)A^2}{B^2} \cdot I_0$$

同理可得

$$\int_{-\frac{A}{B}}^{+\infty} x^2 f(x)\mathrm{d}x = \frac{(1+\lambda)^3}{B^2} \cdot I_2 - \frac{2A(1+\lambda)^2}{B^2} \cdot I_1 + \frac{(1+\lambda)A^2}{2B} \cdot I_0$$

因此

$$E(X^2) = \int_{-\infty}^{+\infty} x^2 f(x)\mathrm{d}x = \frac{2+6\lambda^2}{B^2} \cdot I_2 - \frac{2A^2}{B^2} \cdot I_1 + \frac{A^2}{B^2} \cdot I_0 = \frac{1+3\lambda^2 - A^2}{B^2}$$

由 $B^2 = 1 + 3\lambda^2 - A^2$ 可得

$$\mathrm{var}(X) = E(X^2) - E^2(X) = 1$$

（4）由于

$$\int_{-\infty}^{-\frac{A}{B}} x^3 f(x)\mathrm{d}x$$

$$= \frac{1-\lambda}{B^3} \int_{-\infty}^{0} C\left(1+\frac{1}{v-2}s^2\right)^{-\frac{v+1}{2}} \left[(1-\lambda)^3 s^3 - 3A(1-\lambda)^2 s^2 + 3A^2(1-\lambda)s - A^3\right] \mathrm{d}s$$

$$= \frac{(1-\lambda)^4}{B^3} \cdot (-I_3) - \frac{3A(1-\lambda)^3}{B} \cdot I_2 + \frac{3A^2(1-\lambda)^2}{B^3}(-I_1) - \frac{(1-\lambda)A^3}{B^3} \cdot I_0$$

同理可得

$$\int_{-\frac{A}{B}}^{+\infty} x^3 f(x)\mathrm{d}x = \frac{(1+\lambda)^4}{B^3} \cdot I_3 - \frac{3A(1+\lambda)^3}{B^3} \cdot I_2 + \frac{3A^2(1+\lambda)^2}{B^3} \cdot I_1 - \frac{(1+\lambda)A^3}{B^3} \cdot I_0$$

因此

$$
\begin{aligned}
E(X^3) &= \frac{8\lambda(1+\lambda)^2}{B^3}\cdot\frac{A}{2\lambda}\cdot\frac{\nu-2}{\nu-3}-\frac{3A\left(1+3\lambda^2\right)}{B^3}+\frac{3A^3}{B^3}-\frac{A^3}{B^3}\\
&= \frac{4A\left(1+\lambda^2\right)}{B^3}\cdot\frac{\nu-2}{\nu-3}-3\frac{A}{B}-\frac{A^3}{B^3}
\end{aligned}
$$

故

$$
S_X=\frac{E\left\{\left[X-E(X)\right]^3\right\}}{\sigma^3}=E(X^3)=\frac{4A\left(1+\lambda^2\right)}{B^3}\cdot\frac{\nu-2}{\nu-3}-3\frac{A}{B}-\frac{A^3}{B^3}
$$

习题 3.42

假设对所有实数 t，随机变量 X 的 MGF $M_X(t)$ 存在。

（1）证明对所有 $t>0$ 与任意 a，$P(X>a)\leqslant \mathrm{e}^{-at}M_X(t)$；

（2）证明若 X 服从标准正态分布，则对任意 $a>0$，$P(X>a)\leqslant \mathrm{e}^{-\frac{1}{2}a^2}$。

证明：

（1）要证明 $P(X>a)\leqslant \mathrm{e}^{-at}M_X(t)$，只需证明

$$
P(X>a)\leqslant E\left[\mathrm{e}^{(X-a)t}\right]
$$

即

$$
E\left[1(X>a)\right]\leqslant E\left[\mathrm{e}^{(X-a)t}\right]
$$

由于 $1(X>a)\leqslant \mathrm{e}^{(X-a)t}$ 显然成立，因此 $P(X>a)\leqslant E\left[\mathrm{e}^{(X-a)t}\right]$。证毕。

（2）由（1）得 $P(X>a)\leqslant \mathrm{e}^{-at}M_X(t)=\mathrm{e}^{\frac{t^2}{2}-at}$。令 $t=a$，则 $P(X>a)\leqslant \mathrm{e}^{-\frac{1}{2}a^2}$。证毕。

习题 3.43

假设 X 和 Y 是两个离散随机变量，可能取值的集合均为 $\{a_1, a_2, a_3\}$，其中 a_1、a_2、a_3 是三个不同的实数。证明若 $E(X)=E(Y)$ 且 $\mathrm{var}(X)=\mathrm{var}(Y)$，则 X 和 Y 为同分布，即 $P(X=a_i)=P(Y=a_i)$，$i=1, 2, 3$。

证明：

本题可看作习题 3.46 的特例。记

$$A = \begin{pmatrix} 1 & 1 & 1 \\ a_1 & a_2 & a_3 \\ a_1^2 & a_2^2 & a_3^2 \end{pmatrix}$$

那么 $\det A = (a_3 - a_2)(a_3 - a_1)(a_2 - a_1) \neq 0$，故 A 可逆。记 $P_{1i} = P(X = a_i)$，$P_{2i} = P(Y = a_i)$，那么有

$$P_1 = (P_{11},\ P_{12},\ P_{13})',\ P_2 = (P_{21},\ P_{22},\ P_{23})'$$

若 $E(X) = E(Y)$ 且 $\text{var}(X) = \text{var}(Y)$，即 $AP_1 = AP_2$，可以得到 $P_1 = P_2$，即 X 和 Y 为同分布。

习题 3.44

假设 X 和 Y 为两个随机变量，a 为一个常数。若对任意 $u > 0$，有 $P(|Y - a| \leqslant u) \leqslant P(|X - a| \leqslant u)$，则称 X 相对于 Y 在 a 处更加集中。假设 $E(X) = E(Y) = \mu$，并且 X 相对于 Y 在 μ 处更加集中，证明 $\text{var}(X) \leqslant \text{var}(Y)$。

证明：

首先，记 $(Y - a)^2$的 CDF 为$F_{(Y-a)^2}(u)$，$(X - a)^2$的 CDF 为$F_{(X-a)^2}(u)$。那么由

$$P(|Y - a| \leqslant u) \leqslant P(|X - a| \leqslant u)$$

可以得到

$$P(|Y - a|^2 \leqslant u^2) \leqslant P(|X - a|^2 \leqslant u^2)$$

即 $F_{(Y-a)^2}(u^2) \leqslant F_{(X-a)^2}(u^2)$。由习题 3.29 的结论可得

$$E\left[(X - a)^2\right] = \int_0^{+\infty} \left[1 - F_{(X-a)^2}(u)\right] \mathrm{d}u \leqslant \int_0^{+\infty} \left[1 - F_{(Y-a)^2}(u)\right] \mathrm{d}u = E\left[(Y - a)^2\right]$$

令 $a = \mu$，即可得到 $\text{var}(X) \leqslant \text{var}(Y)$。

证毕。

习题 3.45

假设 X 和 Y 为具有相同支撑 $\Omega = \{a_1,\ a_2,\ \cdots,\ a_n\}$ 的两个离散随机变量，其中 a_i，$i = 1,\ 2,\ \cdots,\ n$，是 n 个不同的实数。证明：若对 $k = 1,\ 2,\ \cdots,\ n$，有 $E(X^k) = E(Y^k)$，则 X 和 Y 为同分布，即对于 $u = a_1,\ \cdots,\ a_n$，有 $P(X = u) = P(Y = u)$。

证明：

$\boldsymbol{A}=(\boldsymbol{A}_1, \cdots, \boldsymbol{A}_n)\in\mathbf{R}^{n\times n}$，其中 $\boldsymbol{A}_i=(1, a_i, a_i^2, \cdots, a_i^{n-1})'\in\mathbf{R}^n$，记向量

$$\boldsymbol{b}=\left[f_X(a_1)-f_Y(a_1), \cdots, f_X(a_n)-f_Y(a_n)\right]'\in\mathbf{R}^n$$

根据已知条件 $E(X^k)=E(Y^k)$ 可以得到 $\boldsymbol{Ab}=\mathbf{0}$，其中 $\mathbf{0}$ 为 $n\times 1$ 零向量。由于 a_i 为 n 个不同的实数，易得 n 阶范德蒙行列式 $\det\boldsymbol{A}\neq 0$，故 $\boldsymbol{A}$ 可逆。因此，该线性方程组的唯一解为 $\boldsymbol{b}=\mathbf{0}$。因此，$X$ 和 Y 为同分布，即对于 $u=a_1, \cdots, a_n$，有 $P(X=u)=P(Y=u)$。

习题 3.46

假设随机变量 X 服从如下分布

$$P_X(x)=(1-\gamma)\gamma^x, \quad x=0, 1, \cdots$$

其中 γ 为一个给定参数且 $0<\gamma<1$。求：

（1）X 的 MGF；

（2）X 的均值和方差。

提示：使用公式 $\sum\limits_{x=0}^{+\infty}a^x=\dfrac{1}{1-a}$，其中 $|a|<1$。

证明：

（1）

$$M_X(t)=E(\mathrm{e}^{tx})=\sum_{x=0}^{+\infty}(1-\gamma)\gamma^x\mathrm{e}^{tx}=(1-\gamma)\sum_{x=0}^{+\infty}(\gamma\mathrm{e}^t)^x$$

当 $t<\ln\dfrac{1}{\gamma}$ 时，$|\gamma\mathrm{e}^t|<1$，则 $\sum\limits_{x=0}^{+\infty}(\gamma\mathrm{e}^t)^x=\dfrac{1}{1-\gamma\mathrm{e}^t}$。因此，$M_X(t)=\dfrac{1-\gamma}{1-\gamma\mathrm{e}^t}$，其中 $t<-\ln\gamma$。

（2）可以利用 MGF 的性质计算 X 的均值和方差。

$$E(X)=M_X'(0)=(1-\gamma)\frac{\gamma\mathrm{e}^0}{(1-\gamma\mathrm{e}^0)^2}=\frac{\gamma}{1-\gamma}$$

二阶原点矩为 $E(X^2)=M_X''(0)=\dfrac{(1-\gamma)\left[\gamma\mathrm{e}^0+\left(\gamma\mathrm{e}^0\right)^2\right]}{(1-\gamma\mathrm{e}^0)^3}=\dfrac{\gamma(1+\gamma)}{(1-\gamma)^2}$，因此计算可得

$$\mathrm{var}(X)=E(X^2)-\left[E(X)\right]^2=\frac{\gamma}{(1-\gamma)^2}$$

习题 3.47

假设离散随机变量 X 的方差 $\sigma_X^2 = \frac{1}{2}$ 且矩生成函数为

$$M_X(t) = a + b(\mathrm{e}^{-t} + \mathrm{e}^{t}), \quad -\infty < t < \infty$$

求 X 的 PMF $f_X(x)$。请给出推理过程。

解答:

由 $M_X(t) = a + b(\mathrm{e}^{t} + \mathrm{e}^{-t})$，$-\infty < t < \infty$ 根据 MGF 的性质，可以得到

$$M_X(0) = a + 2b = 1$$

$$E(X) = M_X'(0) = (\mathrm{e}^0 - \mathrm{e}^{-0})b = 0$$

$$E(X^2) = M_X''(0) = (\mathrm{e}^0 + \mathrm{e}^{-0})b = 2b$$

因此 $\sigma_X^2 = E(X^2) - \left[E(X)\right]^2 = 2b - 0 = 2b = \frac{1}{2}$。得到 $b = \frac{1}{4}$，$a = \frac{1}{2}$。故

$$f_X(x) = \begin{cases} \frac{1}{4}, & x = -1 \\ \frac{1}{2}, & x = 0 \\ \frac{1}{4}, & x = 1 \\ 0, & \text{其他} \end{cases}$$

习题 3.48

假设离散随机变量 X 的均值 $\mu_X = 1$ 且矩生成函数为

$$M_X(t) = a + \frac{1}{5}\mathrm{e}^{-3t} + \frac{2}{5}\mathrm{e}^{t} + \frac{1}{5}\mathrm{e}^{bt}, \quad -\infty < t < \infty$$

其中 a 和 b 为未知常数。求:

（1）a 和 b 的值;

（2）概率函数 $f_X(x)$，并给出推理过程。

解答:

（1）由 $M_X(0) = 1$ 可知 $a = \frac{1}{5}$。根据 MGF 性质，$\mu_x = M_X'(0) = \frac{1}{5}(b - 1) = 1$，故 $b = 6$。

(2) 假设随机变量 Y 具有如下 PMF

$$f_Y(y)=\begin{cases}\dfrac{1}{5}, & y=-3\\ \dfrac{1}{5}, & y=0\\ \dfrac{2}{5}, & y=1\\ \dfrac{1}{5}, & y=6\\ 0, & \text{其他}\end{cases}$$

其 MGF 为

$$M_Y(t)=\frac{1}{5}+\frac{1}{5}\mathrm{e}^{-3t}+\frac{2}{5}\mathrm{e}^{t}+\frac{1}{5}\mathrm{e}^{6t}=a+\frac{1}{5}\mathrm{e}^{-3t}+\frac{2}{5}\mathrm{e}^{t}+\frac{1}{5}\mathrm{e}^{bt}=M_X(t)$$

根据 MGF 的唯一性可得

$$f_X(x)=f_Y(x)=\begin{cases}\dfrac{1}{5}, & x=-3\\ \dfrac{1}{5}, & x=0\\ \dfrac{2}{5}, & x=1\\ \dfrac{1}{5}, & x=6\\ 0, & \text{其他}\end{cases}$$

习题 3.49

假设在 0 的某个小邻域内，随机变量 X 和 Y 的矩生成函数 $M_X(t)$ 和 $M_Y(t)$ 对于所有的 t 均存在。该假设涵盖了如下两点：

(1) 如果 X 和 Y 是恒等分布的，那么对于所有的正整数 k，是否均有 $E(X^k)=E(Y^k)$？请给出理由。

(2) 如果对于所有的正整数 k，均有 $E(X^k)=E(Y^k)$，那么 X 和 Y 是否恒等分布？请给出理由。

解答：

(1) 是，理由如下：

若 X 和 Y 恒等分布，则由 $M_X(t)=M_Y(t)$ 得

$$E(X^k)=M_X^{(k)}(t)\Big|_{t=0}=M_Y^{(k)}(t)\Big|_{t=0}=E(Y^k)$$

（2）若对于所有的正整数 k，均有 $E(X^k)=E(Y^k)$，则由

$$M_X(t)=E\left(\sum_{k=0}^{+\infty}X^k\frac{t^k}{k!}\right)=\sum_{k=0}^{+\infty}E\left(X^k\right)\frac{t^k}{k!}$$
$$M_Y(t)=E\left(\sum_{k=0}^{+\infty}Y^k\frac{t^k}{k!}\right)=\sum_{k=0}^{+\infty}E\left(Y^k\right)\frac{t^k}{k!}$$

可得 $M_X(t)=M_Y(t)$ 故 X 和 Y 恒等分布。
证毕。

在（2）中，也可以对 MGF 进行泰勒展开，并改变求和号与积分号的顺序，参考（Billingsley，1995）286 页。

习题 3.50

随机变量 X 的累积矩生成函数（cumulant generating function）$K_X(t)$ 定义为其 MGF $M_X(t)$ 的对数函数，即 $K_X(t)=\ln M_X(t)$。在 $K_X(t)$ 的泰勒展开中，$t^k/k!$ 的系数称为 X 的 k 阶累积量 (cumulant) 并记作 κ_k。假设 $E(X)=0$，证明：

（1）$\kappa_1=E(X)=0$；

（2）$\kappa_2=E(X^2)$；

（3）$\kappa_3=E(X^3)$；

（4）$\kappa_4=E(X^4)-3\left[E(X^2)\right]^2$；

（5）$\kappa_5=E(X^5)-10E(X^3)E(X^2)$。

证明：

依题意得，$K_X^{(1)}(t)=\dfrac{M_X^{(1)}(t)}{M_X(t)}$，记 $f(t)=M_X^{(1)}(t)$，$g(t)=\dfrac{1}{M_X(t)}$。

要计算 $K_X(t)$ 的高阶导数，应该先计算 $f(t)$ 和 $g(t)$ 的高阶导数。显然，$f^{(k)}(t)=M_X^{(k+1)}(t)$。接下来，计算 $g(t)$ 的高阶导数。

$$g^{(1)}(t)=-\frac{M_X^{(1)}(t)}{M_X^2(t)},\quad g^{(1)}(0)=0$$

$$g^{(2)}(t)=-\frac{M_X^{(2)}(t)}{M_X^2(t)}+\frac{2\left[M_X^{(1)}(t)\right]^2}{M_X^3(t)},\quad g^{(2)}(0)=-E(X^2)$$

由于 $M_X^{(1)}(0)=E(X)=0$，$\left\{\dfrac{2\left[M_X^{(1)}(t)\right]^2}{M_X^3(t)}\right\}'\Bigg|_{t=0}=0$，则

$$\begin{aligned}g^{(3)}(t)|_{t=0} &= -\left[\frac{M_X^{(2)}(t)}{M_X^2(t)}\right]'\Bigg|_{t=0}\\ &= -\left.\frac{M_X^{(3)}(t)M_X^2(t)-2M_X(t)M_X^{(1)}(t)M_X^{(2)}(t)}{M_X^4(t)}\right|_{t=0}\\ &= -M_X^{(3)}(0)\\ &= -E(X^3)\end{aligned}$$

接着，通过莱布尼茨定理计算 κ_1 至 κ_5。

$$\kappa_1=K_X^{(1)}(0)=\frac{M_X^{(1)}(0)}{M_X(0)}=E(X)=0$$

$$\kappa_2=K_X^{(2)}(0)=\left[\frac{M_X^{(1)}(t)}{M_X(t)}\right]'\Bigg|_{t=0}=f'(0)g(0)+g'(0)f(0)=E(X^2)$$

$$\kappa_3=K_X^{(3)}(0)=\left[f(t)g(t)\right]^{(2)}=\sum_{i=0}^{2}\binom{2}{i}f^{(i)}(0)g^{(2-i)}(0)=E(X^3)$$

$$\kappa_4=K_X^{(4)}(0)=\left[f(t)g(t)\right]^{(3)}=\sum_{i=0}^{3}\binom{3}{i}f^{(i)}(0)g^{(3-i)}(0)=E(X^4)-3E^2(X^2)$$

$$\kappa_5=K_X^{(5)}(0)=\left[f(t)g(t)\right]^{(4)}=\sum_{i=0}^{4}\binom{4}{i}f^{(i)}(0)g^{(4-i)}(0)=E(X^5)-10E(X^3)E(X^2)$$

证毕。

第四章

重要概率分布

章节回顾

本章介绍了以下常见概率分布。若读者不熟悉矩生成函数的推导，可以参考《概率论与统计学》教材。为方便起见，我们约定 $\boldsymbol{N}=\{0,1,2,\cdots\}$ 是自然数集，用 $\boldsymbol{N}_{\geqslant k}$ 表示大于等于 k 的自然数，用 $\boldsymbol{N}_{>k}$ 表示大于 k 的自然数，其中 k 是任一给定的正整数。

1. 离散概率分布

（1）伯努利分布

称离散随机变量 X 服从伯努利分布，若其 PMF 为 $f_X(x)=p^x(1-p)^{1-x}$，$x=0$ 或 1，记作 $X\sim \text{Bernoulli}(1,p)$，其中 $p\in(0,1)$。

（2）二项分布

称离散随机变量 X 服从二项分布，若其 PMF 为 $f_X(x)=\binom{n}{x}p^x(1-p)^{n-x}$，$x=0,1,\cdots,n$，记作 $X\sim \text{Binomial}(n,p)$，其中 $p\in(0,1)$，$n\in\boldsymbol{N}_{\geqslant 1}$。若 $X_k\overset{\text{IID}}{\sim}\text{Bernoulli}(1,p)$，记 $X=\sum\limits_{k=1}^{n}X_k$，则 $X\sim \text{Binomial}(n,p)$。二项分布的矩生成函数为 $M_X(t)=\left(pe^t+1-p\right)^n$，$t\in\mathbf{R}$。

（3）负二项分布

我们分别列出负二项分布的如下两种定义。

① 称离散随机变量 X 服从负二项分布，若其 PMF 为 $f_X(x)=\binom{x-1}{r-1}p^r(1-p)^{x-r}$，$r\in\boldsymbol{N}_{\geqslant 1}$，$x=r,r+1,\cdots$。这里 X 表示在一些列独立重复伯努利试验中，第 r 次成功发生时累计进行的试验次数。

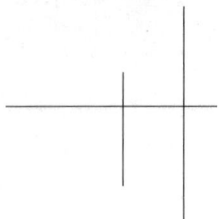

② 称离散随机变量 Y 服从负二项分布，若其PMF为 $f_Y(y)=\binom{y+r-1}{r-1}p^r(1-p)^y$，$r\in \boldsymbol{N}_{\geqslant 1}$，$y\in \boldsymbol{N}$；容易看出 $Y=X-r$，表示在第 r 次成功发生时累计的失败试验的次数，Y 的矩生成函数为 $M_Y(t)=\left[\frac{p}{1-(1-p)\mathrm{e}^t}\right]^r$，其中 $t<-\ln(1-p)$。

一些教材中称 X 服从帕斯卡 (Pascal) 分布，称 Y 服从负二项分布。为了便于读者阅读，本书的习题中提到负二项分布时会给出 PMF 以便区分。

（4）几何分布

在负二项分布中，令 $r=1$，对应的离散随机变量 X 的 PMF 为 $f_X(x)=p(1-p)^{x-1}$，$x=1$，2，…。几何分布的矩生成函数为 $M_X(t)=\frac{p}{1-(1-p)\mathrm{e}^t}$，其中 $t<-\ln(1-p)$。几何分布具有无记忆性，即对于任意正整数 $s>t$，

$$P(X>s|X>t)=P(X>s-t)$$

反之，一个具有无记忆性的正整数取值离散随机变量服从几何分布。

（5）泊松分布

称离散随机变量 X 服从泊松分布，若其 PMF 为 $f_X(x)=\mathrm{e}^{-\lambda}\frac{\lambda^x}{x!}$，$x\in \boldsymbol{N}$，记作 $X\sim \text{Poisson}(\lambda)$，其中 $\lambda>0$。泊松分布的矩生成函数为 $M_X(t)=\exp\left[\lambda\left(\mathrm{e}^t-1\right)\right]$，$t\in\mathbf{R}$。

2. 连续概率分布

（1）均匀分布

称连续随机变量 X 服从 $[a,\ b]$ 上的均匀分布，若其 PDF 为 $f(x)=\frac{1}{b-a}\cdot 1\left(x\in[a,\ b]\right)$，记作 $X\sim \mathrm{U}[a,\ b]$。均匀分布的矩生成函数为 $M_X(t)=\frac{1}{t(b-a)}(\mathrm{e}^{tb}-\mathrm{e}^{ta})$，$t\in\mathbf{R}$。

（2）贝塔分布

称连续随机变量 X 服从贝塔分布，若其 PDF 为 $f(x)=\frac{x^{\alpha-1}(1-x)^{\beta-1}}{B(\alpha,\ \beta)}\cdot 1\left(x\in[0,\ 1]\right)$，其中 α，$\beta>0$，$B(\alpha,\ \beta)=\int_0^1 x^{\alpha-1}(1-x)^{\beta-1}\mathrm{d}x$ 是贝塔函数。使用 e^x 的麦克劳林级数公式，可以得到贝塔分布的矩生成函数为 $M_X(t)=1+\sum_{j=1}^{+\infty}\left(\prod_{k=0}^{j-1}\frac{\alpha+k}{\alpha+\beta+k}\right)\frac{t^j}{j!}$。

（3）正态分布

正态分布也称高斯分布。称连续随机变量 X 服从正态分布，若其概率密度函数为

$$f(x|\mu,\ \sigma^2)=\frac{1}{\sigma\sqrt{2\pi}}\mathrm{e}^{-\frac{(x-\mu)^2}{2\sigma^2}},\quad x\in\mathbf{R}$$

记作 $X \sim N(\mu, \sigma^2)$。当 $\mu=0$ 和 $\sigma=1$ 时，称为标准正态分布。标准正态分布的 CDF 记作 $\Phi(x)$，PDF 记作 $\phi(x)$。正态分布的矩生成函数为 $M_X(t)=\exp\left(\mu t+\frac{\sigma^2}{2}t^2\right)$。

（4）柯西分布

称连续随机变量 X 服从柯西分布，若其 PDF 为

$$f_X(x)=\frac{1}{\pi\sigma}\frac{1}{1+\left(\frac{x-\mu}{\sigma}\right)^2},\quad x\in\mathbf{R}$$

记作 $X \sim \text{Cauchy}(\mu, \sigma)$。具体来说，称 X 服从中心位于 μ、尺度参数为 σ 的柯西分布。当 $\mu=0$，$\sigma=1$ 时，称之为标准柯西分布。柯西分布的任意有限阶原点矩不存在；柯西分布的矩生成函数不存在。柯西分布 $\text{Cauchy}(\mu, \sigma)$ 的特征函数为 $\varphi_X(t)=E(\mathrm{e}^{itX})=\exp(i\mu t-\sigma|t|)$，其中 i 是虚数单位，容易看出特征函数在原点附近的导数不存在。

（5）对数正态分布

称连续随机变量 X 服从对数正态分布，若其 PDF 为

$$f_X(x)=\frac{1}{\sigma\sqrt{2\pi}}\frac{1}{x}\exp\left[-\frac{(\ln x-\mu)^2}{2\sigma^2}\right]\cdot 1\,(x>0)$$

对数正态分布的矩生成函数不存在，证明见 Casella 等（2004）。

（6）伽马分布

称连续随机变量 X 服从伽马分布，若其 PDF 为

$$f_X(x)=\frac{1}{\Gamma(\alpha)\beta^\alpha}x^{\alpha-1}\mathrm{e}^{-x/\beta}\cdot 1\,(x>0)$$

其中 α，$\beta>0$，$\Gamma(\alpha)=\int_0^{+\infty}t^{\alpha-1}\mathrm{e}^{-t}\mathrm{d}t$ 是伽马函数。当 $\beta=1$ 时，称为标准伽马分布。伽马分布的矩生成函数为 $M_X(t)=(1-\beta t)^{-\alpha}$，$t<\frac{1}{\beta}$。

（7）卡方分布

称连续随机变量 X 服从自由度为 ν 的卡方分布，若其 PDF 为

$$f(x)=\frac{1}{2^{\nu/2}\Gamma(\nu/2)}x^{\nu/2-1}\mathrm{e}^{-x/2}\cdot 1\,(x>0)$$

记作 $X \sim \chi^2_\nu$，其矩生成函数为 $M_X(t)=(1-2t)^{-\frac{\nu}{2}}$，$t<\frac{1}{2}$。当 $\nu\in\boldsymbol{N}_{\geqslant 1}$ 时，χ^2_ν 分布等价于 ν 个独立标准正态随机变量的平方和的分布。

（8）指数分布

称连续随机变量 X 服从指数分布，若其 PDF 为 $f(x)=\frac{1}{\beta}\mathrm{e}^{-x/\beta}\cdot 1\,(x>0)$，其中

$\beta > 0$，记作 $X \sim \exp(\beta)$。指数分布可看作伽马分布在 $\alpha = 1$ 时的特殊情形。指数分布具有无记忆性，即 $P(X > s|X > t) = P(X > s - t)$，$\forall s > t$。若一连续随机变量的分布具有无记忆性，则该随机变量服从指数分布。

（9）威布尔分布

若 $Y = (X - \alpha)^c \sim \exp(\lambda)$，则随机变量 X 服从威布尔分布，若其 PDF 为

$$f_X(x) = \frac{c}{\lambda}(x - \alpha)^{c-1}\exp\left[-\frac{(x - \alpha)^c}{\lambda}\right] \cdot 1\,(x > \alpha)$$

其中 $c > 1$。

（10）双指数分布、拉普拉斯分布

称连续随机变量 X 服从双指数分布，若其 PDF 为 $f_X(x) = \frac{1}{2\lambda}\exp\left(-\frac{|x - \alpha|}{\lambda}\right)$，其中 $\lambda > 0$。其矩生成函数为 $M_X(t) = \frac{e^{\alpha t}}{1 - \lambda^2 t^2}$，$|t| < \frac{1}{\lambda}$。若 $\alpha = 0$，则 $Y = |X| \sim \exp(\lambda)$。

3. 小数定律，泊松极限定理

设随机变量 $X \sim B(n, p)$，其中 $p = p(n)$，若 $\lim_{n\to\infty} np = \lambda$，那么 $X \xrightarrow{d} \text{Poisson}(\lambda)$。定理的证明见习题 4.3。使用小数定律对服从二项分布的随机变量的某一概率取值进行估计，可以帮助我们省去直接用二项分布公式计算概率时的烦琐步骤。

4. 斯特恩引理

若 $X \sim N(\mu, \sigma^2)$，$g(\cdot)$ 是关于 X 的可微函数，并且 $E|g'(x)| < \infty$，那么

$$E[g(X)(X - \mu)] = \sigma^2 E[g'(X)]$$

习题解答

习题 4.1

若一对夫妇希望有 95% 的概率至少生育一个男孩和一个女孩，那么他们应当计划至少生育多少个孩子？假设生育一个男孩和生育一个女孩的概率相等，并且与家庭中其他孩子的性别相互独立。

解答：

记 X = {首次满足要求（即这对夫妇生育既有男孩又有女孩）时的孩子总数}，接下来计算 X 的 PMF。

显然，$X \geqslant 2$ 并且 $X = k$ 意味着第 k 个孩子的性别不同于前 $(k-1)$ 个孩子，且前 $(k-1)$ 个孩子的性别相同。其中，第 k 个孩子可以是男孩也可以是女孩，共有两种可能，则 $P(X = k) = 2^{1-k}(k \geqslant 2)$。故

$$\sum_{k=2}^{t} 2^{1-k} = 1 - \frac{1}{2^{t-1}} > 0.95 \Leftrightarrow 2^{t-1} > 20 \Rightarrow t \geqslant 6$$

因此，他们应当计划至少生育 6 个孩子。

习题 4.2

假设 X_i 服从伯努利分布 Bernoulli(p)，并且 X_1，…，X_n 联合独立。定义 $X = \sum_{i=1}^{n} X_i$，证明 X 服从二项分布 Binomial(n, p)。

证明：

依题意得，$X = k$ 意味着 k 个 X_i 等于 1 且 $(n-k)$ 个 X_i 等于 0。若事件 $\{X = k\}$ 发生，向量 $(X_1, X_2, \cdots, X_n)$ 共有 $\binom{n}{k}$ 种可能的取值。因此

$$f_X(k) = P(X = k) = \binom{n}{k} p^k (1-p)^{n-k}$$

故 X 服从二项分布 Binomial(n, p)。

习题 4.3

令 X 表示参数为 (n, p) 的二项随机变量，并且试验的次数 n 很大 $(n \to +\infty)$，成功的概率 p 很小 $(p \to 0)$，从而成功的平均次数保持在适中水平（存在某个常数 λ 使得 $np = \lambda$）。证明 X 的 PMF 收敛到泊松分布的 PMF，即当 $n \to +\infty$ 时，$P(X = i) \to \frac{e^{-\lambda}\lambda^i}{i!}$，这里 $i = 0, 1, \cdots$

证明：

方法一：根据二项分布的定义可得

$$\begin{aligned} P(X = i) &= \binom{n}{i} p^i (1-p)^{n-i} = \frac{n!}{i!(n-i)!} p^i (1-p)^{n-i} \\ &= \frac{(np)^i}{i!} \frac{n!}{(n-i)!n^i} (1-p)^{-i} (1-p)^n \end{aligned}$$

由于当 $n \to +\infty$ 时，有 $p \to 0$ 和 $np \to \lambda$，故当 $n \to +\infty$ 时可得

$$\frac{n!}{(n-i)!n^i} = \frac{(n-i+1)(n-i+2)\cdots(n)}{n^i} = \prod_{j=0}^{i-1}\left(1-\frac{j}{n}\right) \to 1$$

$$(1-p)^{-i} \to 1$$

$$(1-p)^n = \left[\left(1-\frac{np}{n}\right)^{n/np}\right]^{np} \to \mathrm{e}^{-\lambda}$$

综上，当 $n \to +\infty$ 时，$P(X=i) \to \dfrac{\lambda^i}{i!}\mathrm{e}^{-\lambda}$ 成立。

方法二：二项分布 $B(n,\ p)$ 的 MGF 为 $M_B(t) = (p\mathrm{e}^t + 1 - p)^n$。由于 $np = \lambda$，当 $n \to +\infty$ 时，

$$M_B(t) = (p\mathrm{e}^t + 1 - p)^n = \left[1 + \frac{np(\mathrm{e}^t - 1)}{n}\right]^n \to \mathrm{e}^{\lambda(\mathrm{e}^t-1)} = M_P(t)$$

其中 $M_P(t)$ 正好为泊松分布的 MGF。因此当 $n \to +\infty$ 时，$P(X=i) \to \dfrac{\lambda^i}{i!}\mathrm{e}^{-\lambda}$ 成立。

习题 4.4

对离散随机变量 X，由于函数 $E(t^X) = \sum_x t^x f_X(x)$ 中 t^x 的系数为 $f_X(x) = P(X=x)$，该函数通常称为概率生成函数。假设随机变量 X 服从几何分布 $f_X(x) = (1-p)^{x-1}p$，其中 $0 < p < 1$。其概率生成函数是什么？

解答：

根据定义有

$$E(t^X) = \sum_x t^x f_X(x) = \sum_{x=1}^{+\infty}(1-p)^{x-1}pt^x = pt\sum_{x=1}^{+\infty}\left[(1-p)t\right]^{x-1} = \frac{pt}{1-(1-p)t}$$

其中 $-\dfrac{1}{1-p} < t < \dfrac{1}{1-p}$。

习题 4.5

令 X 表示具有标准正态 PDF $f_X(x) = (1/\sqrt{2\pi})\mathrm{e}^{-x^2/2}$ 的随机变量，其中 $-\infty < x < +\infty$。

（1）首先直接计算 $E(X^2)$，然后借助 $Y = X^2$ 的 PDF 计算 $E(Y)$；

（2）求 $Y = |X|$ 的 PDF，并进一步计算其均值和方差（该分布有时称为折叠正态分布）。

解答：

（1）观察到 $\frac{x^2}{\sqrt{2\pi}}\mathrm{e}^{-\frac{x^2}{2}}$ 为偶函数，则

$$E(X^2)=\int_{-\infty}^{+\infty}\frac{x^2}{\sqrt{2\pi}}\mathrm{e}^{-\frac{x^2}{2}}\mathrm{d}x=\int_{0}^{+\infty}\frac{2x^2}{\sqrt{2\pi}}\mathrm{e}^{-\frac{x^2}{2}}\mathrm{d}x\xlongequal{\frac{x^2}{2}=t}\int_{0}^{+\infty}\frac{2}{\sqrt{\pi}}\sqrt{t}\mathrm{e}^{-t}\mathrm{d}t$$
$$=\frac{2}{\sqrt{\pi}}\Gamma\left(\frac{3}{2}\right)=\frac{2}{\sqrt{\pi}}\frac{1}{2}\Gamma\left(\frac{1}{2}\right)=\frac{2}{\sqrt{\pi}}\frac{1}{2}\sqrt{\pi}=1$$

对于 $Y=X^2$，其 CDF 为

$$F_Y(y)=P(X^2\leqslant y)=P(-\sqrt{y}\leqslant X\leqslant\sqrt{y})=F_X(\sqrt{y})-F_X(-\sqrt{y})$$

其 PDF 为

$$f_Y(y)=\frac{\mathrm{d}F_Y(y)}{\mathrm{d}y}=\frac{1}{2\sqrt{y}}\cdot\frac{1}{\sqrt{2\pi}}\mathrm{e}^{-\frac{y}{2}}\cdot 2\cdot 1\ (y>0)=\frac{1}{\sqrt{2\pi y}}\mathrm{e}^{-\frac{y}{2}}\cdot 1\ (y>0)$$

由 $Y=X^2$ 的 PDF，计算 $E(Y)$ 如下

$$E(Y)=\frac{1}{\sqrt{2\pi}}\int_{0}^{+\infty}\sqrt{y}\mathrm{e}^{-\frac{y}{2}}\mathrm{d}y\xlongequal{t=\frac{y}{2}}\frac{2}{\sqrt{\pi}}\int_{0}^{+\infty}\sqrt{t}\mathrm{e}^{-t}\mathrm{d}t=\frac{2}{\sqrt{\pi}}\Gamma\left(\frac{3}{2}\right)=1$$

（2）对于 $Y=|X|$，其 CDF 为

$$F_Y(y)=P(|X|\leqslant y)=P(-y\leqslant X\leqslant y)=\left[F_X(y)-F_X(-y)\right]\cdot 1\ (y>0)$$

其 PDF 为

$$f_Y(y)=\frac{\mathrm{d}F_Y(y)}{\mathrm{d}y}=\left[f_X(y)+f_X(-y)\right]\cdot 1\ (y>0)=\frac{2}{\sqrt{2\pi}}\mathrm{e}^{-\frac{y^2}{2}}\cdot 1\ (y>0)$$

因此其均值为 $E(Y)=\int_{0}^{+\infty}\frac{2}{\sqrt{2\pi}}y\mathrm{e}^{-\frac{y^2}{2}}\mathrm{d}y=\frac{2}{\sqrt{2\pi}}\left(-\mathrm{e}^{-\frac{y^2}{2}}\right)\Big|_0^{+\infty}=\sqrt{\frac{2}{\pi}}$。要计算方差，首先计算二阶原点矩 $E(Y^2)=E\left(|X|^2\right)=E(X^2)=1$，于是可以计算得到方差为 $\mathrm{var}(Y)=E(Y^2)-(EY)^2=1-\frac{2}{\pi}$。

习题 4.6

假设 $\{N(t)|t\geqslant 0\}$ 为发生率为 λ 的泊松过程。令 X_1 表示从时刻 0 到某事件第一次发生之间的时间间隔，对 $n\geqslant 2$，令 X_n 表示第 $n-1$ 次到第 n 次事件发生之间的时间间隔。证明：

（1）$\{X_1，X_2，\cdots\}$ 是满足 $X_i\sim\exp(1/\lambda)$ 的独立指数随机变量序列；

（2）$X=\sum_{i=1}^{n}X_i$ 服从伽马分布。

证明：

（1）根据题意可知，$X_i>t$ 意味着在第 $(i-1)$ 个事件发生之后，在 t 时间内没有事件发生，即 $N(t)=0$。其中，$N(t)\sim \text{Poisson}(\lambda t)$。因此

$$F_{X_i}(t)=P(X_i\leqslant t)=1-P(X_i>t)=1-P\left[N(t)=0\right]=1-\mathrm{e}^{-\lambda t},$$

即 $X_i\sim \exp\left(\frac{1}{\lambda}\right)$。基于独立增量假设，有 $\{X\}_{i=1}^{+\infty}\overset{\text{IID}}{\sim}\exp\left(\frac{1}{\lambda}\right)$。

（2）当 $t<\lambda$ 时，X_i 的 MGF 为

$$\begin{aligned}M_{X_i}(t)&=E(\mathrm{e}^{X_i t})=\int_0^{+\infty}\lambda\mathrm{e}^{-\lambda x_i}\cdot\mathrm{e}^{x_i t}\mathrm{d}x\\&=\lambda\int_0^{+\infty}\mathrm{e}^{(t-\lambda)x}\mathrm{d}x=\frac{\lambda}{t-\lambda}\int_0^{+\infty}\mathrm{e}^{(t-\lambda)x}\mathrm{d}\left[(t-\lambda)x\right]=\frac{\lambda}{\lambda-t}\end{aligned}$$

而若 $Y\sim \text{Gamma}(\alpha,\ \beta)$，当 $t<\frac{1}{\beta}$ 时，其 MGF 为

$$\begin{aligned}M_Y(t)&=E(\mathrm{e}^{Yt})=\int_0^{+\infty}\frac{1}{\Gamma(\alpha)\beta^{\alpha}}y^{\alpha-1}\mathrm{e}^{-\frac{y}{\beta}}\cdot\mathrm{e}^{yt}\mathrm{d}y\\&=\frac{1}{\Gamma(\alpha)\beta^{\alpha}}\int_0^{+\infty}y^{\alpha-1}\mathrm{e}^{\left(t-\frac{1}{\beta}\right)y}\mathrm{d}y\end{aligned}$$

令 $m=\left(\frac{1}{\beta}-t\right)y$，有

$$M_Y(t)=\frac{\left(\frac{1}{\beta}-t\right)^{-\alpha}}{\Gamma(\alpha)\beta^{\alpha}}\int_0^{+\infty}m^{\alpha-1}\mathrm{e}^{-m}\mathrm{d}m=(1-\beta t)^{-\alpha}$$

因此，当 $t<\lambda$ 时，$X=\sum_{i=1}^{n}X_i$ 的 MGF 为

$$M_X(t)=E\left(\mathrm{e}^{Xt}\right)=E\left(\mathrm{e}^{\sum_{i=1}^{n}X_i t}\right)=\prod_{i=1}^{n}E(\mathrm{e}^{X_i t})=\left(\frac{1}{1-\frac{1}{\lambda}t}\right)^n$$

故 $X\sim \text{Gamma}\left(n,\ \frac{1}{\lambda}\right)$。

习题 4.7

伽玛函数定义为

$$\Gamma(\alpha)=\int_0^{+\infty}t^{\alpha-1}\mathrm{e}^{-t}\mathrm{d}t$$

证明以下关于伽玛函数的两个恒等式成立：

（1）$\Gamma(\alpha+1)=\alpha\Gamma(\alpha)$；

（2）$\Gamma\left(\frac{1}{2}\right)=\sqrt{\pi}$。

证明：

（1）

$$\Gamma(\alpha+1)=\int_0^{+\infty}t^{\alpha}\mathrm{e}^{-t}\mathrm{d}t=-\mathrm{e}^{-t}\cdot t^{\alpha}\Big|_0^{+\infty}+\int_0^{+\infty}\alpha t^{\alpha-1}\mathrm{e}^{-t}\mathrm{d}t=\alpha\Gamma(\alpha)$$

（2）

$$\Gamma\left(\frac{1}{2}\right)=\int_0^{+\infty}\frac{1}{\sqrt{t}}\mathrm{e}^{-t}\mathrm{d}t\xlongequal{t=m^2}2\int_0^{+\infty}\mathrm{e}^{-m^2}\mathrm{d}m$$

$$=2\sqrt{\pi}\cdot\int_0^{+\infty}\frac{1}{\sqrt{2\pi}\cdot\sqrt{\frac{1}{2}}}\mathrm{e}^{-\frac{x^2}{2\cdot\frac{1}{2}}}\mathrm{d}x=2\sqrt{\pi}\cdot\frac{1}{2}=\sqrt{\pi},$$

其中第四步是因为正态分布 $N\left(0,\ \frac{1}{2}\right)$ 的 PDF 对称且积分为 1。

习题 4.8

假设随机变量 X 的 PDF 为 $f(x)=\frac{2}{\sqrt{2\pi}}\mathrm{e}^{-x^2/2}$，$0<x<\infty$。求变换 $Y=g(x)$ 以及 α 和 β 的值，使得 Y 服从伽玛分布 Gamma(α，β)。已知 $Y\sim$Gamma(α，β) 的 PDF 为 $f(x)=\frac{1}{\Gamma(\alpha)\beta^{\alpha}}x^{\alpha-1}\mathrm{e}^{-x/\beta}$，$x>0$。

解答：

由于自由度为 1 的卡方分布等于标准正态分布的平方的分布，而 X 的分布是截断正态分布，因此我们猜测符合要求的变换可能具有如下形式：

$$y=\lambda x^2\cdot 1\ (x>0)$$

接下来，将验证我们的猜想。根据 CDF 的定义可得

$$F_Y(y)=P(\lambda X^2\leqslant y)=P\left(X\leqslant\sqrt{\frac{y}{\lambda}}\right)=F_X\left(\sqrt{\frac{y}{\lambda}}\right)$$

因此

$$f_Y(y)=\frac{\mathrm{d}F_Y(y)}{\mathrm{d}y}=\frac{2}{\sqrt{2\pi}}\mathrm{e}^{-\frac{y}{2\lambda}}\cdot\frac{1}{2\sqrt{\lambda y}}=\frac{1}{\Gamma\left(\frac{1}{2}\right)(2\lambda)^{\frac{1}{2}}}y^{\frac{1}{2}-1}\mathrm{e}^{-\frac{y}{2\lambda}}$$

可以发现，在此变换下 $Y\sim\mathrm{Gamma}\left(\frac{1}{2},\ 2\lambda\right)$。故 $\alpha=\frac{1}{2}$ 且 $\beta=2\lambda$。

习题 4.9

参数为 α，β 的帕累托分布的 PDF 为 $f(x)=\frac{\beta\alpha^\beta}{x^{\beta+1}}$，其中 $\alpha<x<\infty$，$\alpha>0, \beta>0$。

（1）证明 $f(x)$ 是一个 PDF；

（2）推导该分布的均值和方差；

（3）证明若 $\beta\leqslant 2$，则其方差不存在。

解答：

（1）由于 $\alpha>0$ 且 $\beta>0$，有 $f(x)\geqslant 0$。又因为

$$\int_\alpha^{+\infty}f(x)\mathrm{d}x=\beta\alpha^\beta\int_\alpha^{+\infty}x^{-\beta-1}\mathrm{d}x=\beta\alpha^\beta\cdot\frac{1}{\beta}\alpha^{-\beta}=1$$

因此 $f(x)$ 是一个 PDF。

（2）根据均值的定义

$$E(X)=\int_\alpha^{+\infty}xf(x)\mathrm{d}x=\beta\alpha^\beta\int_\alpha^{+\infty}x^{-\beta}\mathrm{d}x$$

当 $0<\beta\leqslant 1$ 时，$E(X)=\infty$。当 $\beta>1$ 时，有

$$E(X)=\beta\alpha^\beta\left[\frac{1}{-\beta+1}x^{-\beta+1}\right]_\alpha^{+\infty}=\beta\alpha^\beta\frac{1}{\beta-1}\alpha^{-\beta+1}=\frac{\alpha\beta}{\beta-1}$$

当 $\beta>2$ 时，有

$$E(X^2)=\int_\alpha^{+\infty}x^2f(x)\mathrm{d}x=\beta\alpha^\beta\int_\alpha^{+\infty}x^{-\beta+1}\mathrm{d}x=\frac{\alpha^2\beta}{\beta-2}$$

$$\mathrm{var}(X)=E(X^2)-E^2(X)=\frac{\alpha^2\beta}{(\beta-1)^2(\beta-2)}$$

（3）当 $\beta \leqslant 2$ 时，积分 $\int_{\alpha}^{+\infty} x^{-\beta+1}\mathrm{d}x$ 发散，故 $E(X^2)$ 不存在，$\mathrm{var}(X)$ 也不存在。因此通过以上计算，可以得到

β	$E(X)$	$\mathrm{var}(X)$
(0，1]	/	/
(1，2]	$\dfrac{\alpha\beta}{\beta-1}$	/
(2，$+\infty$)	$\dfrac{\alpha\beta}{\beta-1}$	$\dfrac{\alpha^2\beta}{(\beta-1)^2(\beta-2)}$

习题 4.10

设 X 服从二项分布 Binomial(n，p)，其中 $p \in (0，1)$，其 PMF 为

$$f(x) = \binom{n}{x} p^x (1-p)^{n-x}, \quad x = 0，1，\cdots，n$$

用矩生成函数唯一性定理证明当 $n \to +\infty$ 但 $np \to \lambda \in (0，\infty)$ 时，二项分布可用 Poisson(λ) 分布近似。

提示：证明二项分布的 MGF 收敛至泊松分布的 MGF。

解答：

记 B(n，p) 的 MGF 为 $M_1(t)$，记 $P(\lambda)$ 的 MGF 为 $M_2(t)$，则

$$M_1(t) = E(\mathrm{e}^{xt}) = \sum_{x=0}^{n} \binom{n}{x} p^x (1-p)^{n-x} \cdot \mathrm{e}^{xt}$$

$$= \sum_{x=0}^{n} \binom{n}{x} (p\mathrm{e}^t)^x (1-p)^{n-x} = (p\mathrm{e}^t + 1 - p)^n$$

由于 $\mathrm{e}^x = \sum_{y=0}^{+\infty} \dfrac{x^y}{y!}$，故

$$M_2(t) = E(\mathrm{e}^{Yt}) = \sum_{y=0}^{+\infty} \frac{\lambda^y}{y!}\mathrm{e}^{-\lambda} \cdot \mathrm{e}^{yt} = \sum_{y=0}^{+\infty} \frac{(\lambda\mathrm{e}^t)^y}{y!}\mathrm{e}^{-\lambda} = \mathrm{e}^{\lambda(\mathrm{e}^t-1)}$$

当 $n \to \infty$ 时，有 $np \to \lambda$。因此，当 $n \to \infty$ 时，有

$$M_1(t) = (p\mathrm{e}^t + 1 - p)^n = \left[1 + \frac{np\,(\mathrm{e}^t - 1)}{n}\right]^n \to \mathrm{e}^{\lambda(\mathrm{e}^t-1)} = M_2(t)$$

即二项分布可用 Poisson(λ) 分布近似。

习题 4.11

求参数为 $p \in (0,\ 1)$ 的几何分布的均值和方差。

解答：

根据二项分布的定义，$P(X=k)=p(1-p)^{k-1}(k=1,\ 2,\ \cdots)$。因此，其均值和方差为

$$E(X)=\sum_{k=1}^{+\infty} pk(1-p)^{k-1}=-p\left[\sum_{k=1}^{+\infty}(1-p)^k\right]'=-p\left(\frac{1-p}{p}\right)'=\frac{1}{p}$$

$$E(X^2)=\sum_{k=1}^{+\infty} pk^2(1-p)^{k-1}=-p\left[\sum_{k=1}^{+\infty}k(1-p)^k\right]'=-p\left[\frac{1-p}{p}E(X)\right]'$$

$$=-p\left(\frac{1-p}{p^2}\right)'=\frac{2-p}{p^2}$$

$$\mathrm{var}(X)=E(X^2)-E^2(X)=\frac{2-p}{p^2}-\frac{1}{p^2}=\frac{1-p}{p^2}$$

习题 4.12

证明几何分布具有如下马尔可夫性质：

$P(X=x+y|X>y)=P(X=x)$，对所有正整数 x 和 y 成立。

证明：

根据条件概率和几何分布的定义，可得

$$P(X=x+y|X>y)=\frac{P(X=x+y)}{P(X>y)}=\frac{p(1-p)^{x+y-1}}{p\sum\limits_{t=y+1}^{+\infty}(1-p)^{t-1}}$$

$$=\frac{(1-p)^{x+y-1}}{\dfrac{(1-p)^y}{1-(1-p)}}=p(1-p)^{x-1}=P(X=x)$$

习题 4.13

某电子产品能承受一定次数的外部冲击。但是，当发生第 K 次冲击时，该产品失灵，即产品的寿命是从时刻 0 到第 K 次冲击到来时的时间间隔。假设在时期 $[0,\ t)$，外部冲击数服从泊松分布 Poisson (λt)：

$$P(X=x)=\frac{(\lambda t)^x}{x!}\mathrm{e}^{-\lambda t},\quad x=0，1，\cdots$$

证明：（1）产品的寿命服从伽玛分布 Gamma$\left(K，\dfrac{1}{\lambda}\right)$。

（2）一般而言，若 $X\sim$ Gamma$(\alpha，\beta)$，且 α 是一个整数，则对 $Y\sim$ Poisson(x/β)，有

$$P(X\leqslant x)=P(Y\geqslant\alpha),\quad 对任意 x$$

证明：

（1）记产品的寿命为 T，则 $T\leqslant t$ 表示在 t 时间内受到的外部冲击次数不少于 K 次，则

$$P(T\leqslant t)=P(X\geqslant K)=\mathrm{e}^{-\lambda t}\sum_{x=K}^{+\infty}\frac{(\lambda t)^x}{x!}=1-\mathrm{e}^{-\lambda t}\sum_{x=0}^{K-1}\frac{(\lambda t)^x}{x!}$$

因此得到 T 的 PDF 为

$$\begin{aligned}f_T(t)&=\frac{\mathrm{d}P(T\leqslant t)}{\mathrm{d}t}=\lambda\mathrm{e}^{-\lambda t}\sum_{x=0}^{K-1}\frac{(\lambda t)^x}{x!}-\mathrm{e}^{-\lambda t}\sum_{x=0}^{K-2}\frac{(\lambda t)^x}{x!}\lambda\\&=\lambda\mathrm{e}^{-\lambda t}\frac{(\lambda t)^{K-1}}{(K-1)!}=\frac{\lambda^K}{\Gamma(K)}t^{K-1}\mathrm{e}^{-\lambda t}\end{aligned}$$

故 $T\sim$ Gamma$\left(K，\dfrac{1}{\lambda}\right)$，即产品的寿命服从伽玛分布 Gamma$\left(K，\dfrac{1}{\lambda}\right)$。

证毕。

（2）由（1）可得，$T\sim\Gamma\left(K，\dfrac{1}{\lambda}\right)$，其中 K 为整数，且 $X\sim$ Poisson(λt)，有

$$P(T\leqslant t)=P(X\geqslant K)$$

将（1）中 T 替换为 X，K 替换为 α，$\dfrac{1}{\lambda}$ 替换为 β，X 替换为 Y，t 替换为 x，则有 $X\sim$ Gamma$(\alpha，\beta)$，$Y\sim$ Poisson(t/β)，以及 $P(X\leqslant x)=P(Y\geqslant\alpha)$。

证毕。

习题 4.14

求服从参数 p 的几何分布的均值和方差。

解答:

详见 4.11。服从参数 p 的几何分布的均值为 $\frac{1}{p}$，方差为 $\frac{1-p}{p^2}$。

习题 4.15

一个经常忘事的家庭主妇不记得她 12 把钥匙中的哪一把可打开某个房门。若她随机地有放回地选择钥匙尝试打开房门，则：

（1）在打开房门之前，她平均需要尝试多少把钥匙？

（2）她在尝试三次后就可打开房门的概率有多大？

解答:

记该家庭主妇需要尝试的次数为 X，则 $X = k$ 意味着前 $(k-1)$ 次尝试均未能成功打开房门，而在第 k 次成功打开房门。由于每次尝试都是独立的，则每次尝试的成功概率为 $p = \frac{1}{12}$，因此 $P(X = k) = p(1-p)^{k-1}$。

（1）根据问题 4.11 的结论，可以得到几何分布的均值为 $E(X) = \frac{1}{p} = 12$。因此，她平均需要尝试 12 次。

（2）若她在尝试 3 次后就可打开房门，即 $X = 3$，则所求概率为

$$P(X = 3) = p(1-p)^{3-1} = \frac{1}{12}\left(\frac{11}{12}\right)^2 = 0.07$$

习题 4.16

只有串联系统的所有组成元件都正常工作，该系统才能正常工作（因此当至少有一个元件失灵时，该系统失灵）。假设每个元件的寿命服从 exp(1) 分布，并且各元件之间相互独立运行，求系统寿命 T 的分布和生存函数 $P(T > t)$，其中 t 为任意给定实数。

解答:

记第 k 个组成元件的寿命为 T_k。由于各元件之间相互独立运行，即 T_k 互相独立，系统寿命 T 的生存函数为 $P(T > t) = e^{-nt} = \prod_{k=1}^{n} P(T_k > t) = \prod_{k=1}^{n} e^{-t}$。系统寿命 T 的 PDF

为 $f_T(t) = n\mathrm{e}^{-nt} \cdot 1(t > 0)$，因此系统寿命 $T \sim \exp\left(\frac{1}{n}\right)$。

习题 4.17

假设 X 服从指数分布，证明

$$P(X > x + y|X > x) = P(X > y), \quad \text{对所有 } 0 < x,\ y < \infty$$

证明：

本题所证即为指数分布的无记忆性。根据指数分布的定义，假设 $X \sim \exp(\beta)$，有

$$P(X > x + y) = \int_{x+y}^{+\infty} \frac{1}{\beta}\mathrm{e}^{-\frac{t}{\beta}}\mathrm{d}t = \mathrm{e}^{-\frac{1}{\beta}(x+y)}$$

$$P(X > x) = \mathrm{e}^{-\frac{x}{\beta}}$$

$$P(X > y) = \mathrm{e}^{-\frac{y}{\beta}}$$

因此根据条件概率的定义可得

$$P(X > x + y|X > x) = \frac{P(X > x + y)}{P(X > x)} = \frac{\mathrm{e}^{-\frac{1}{\beta}(x+y)}}{\mathrm{e}^{-\frac{x}{\beta}}} = \mathrm{e}^{-\frac{y}{\beta}} = P(X > y)$$

证毕。

习题 4.18

假设连续型随机变量 X 的概率密度函数和累积分布函数分别为 $f(x)$ 和 $F(x)$，并且具有无记忆特征，即对于所有的 x 和 $\delta > 0$，都有 $P(X > x + \delta|X > x) = P(X > \delta)$，证明：

（1）$\lim\limits_{\delta \to 0^+} P(x < X \leqslant x + \delta|X > x)/\delta = f(x)/\left[1 - F(x)\right]$；

（2）对于某个参数 $\beta > 0$，X 服从指数分布 $\exp(\beta)$。

证明：

（1）根据条件概率的定义，有

$$\begin{aligned}
&\lim_{\delta \to 0^+} \frac{1}{\delta} \cdot P(x < X \leqslant x + \delta|X > x) \\
&= \lim_{\delta \to 0^+} \frac{1}{\delta} \cdot \frac{P(x < X \leqslant x + \delta)}{P(X > x)} \\
&= \frac{1}{1 - F(x)} \cdot \lim_{\delta \to 0^+} \frac{F(x + \delta) - F(x)}{\delta}
\end{aligned}$$

$$= \frac{f(x)}{1-F(x)}$$

（2）由于 X 具有无记忆性，即 $P(X > x+\delta | X > x) = P(X > \delta)$，因此

$$\begin{aligned} & \lim_{\delta \to 0^+} \frac{1}{\delta} \cdot P(x < X \leqslant x+\delta | X > x) \\ = & \lim_{\delta \to 0^+} \frac{1}{\delta} \cdot \left[1 - P(X > x+\delta | X > x)\right] \\ = & \lim_{\delta \to 0^+} \frac{1}{\delta} \cdot \left[1 - P(X > \delta)\right] \\ = & \lim_{\delta \to 0^+} \frac{1}{\delta} \cdot F(\delta) = f(0) \equiv c \end{aligned}$$

其中 c 为固定常数，根据（1）可得 $c = \dfrac{f(x)}{1-F(x)} = -\dfrac{\mathrm{d}\ln\left[1-F(x)\right]}{\mathrm{d}x}$。于是 $\ln\left[1-F(x)\right] = cx+C$，其中 C 为另一个固定常数。因此，$F(x) = 1-\mathrm{e}^{C+cx}$。由于 X 的支撑集为 $(0, +\infty)$，且 $F(0) = 1-\mathrm{e}^{C} = 0$。因此，$C = 0$。于是可以得到 $F(x) = \left[1-\mathrm{e}^{cx}\right] \cdot 1\ (x > 0)$，即 $X \sim \exp(\beta)$，其中 $\beta = \dfrac{1}{c}$。

习题 4.19

许多“知名”分布都是本章讨论过的一般分布的变换。推导以下各命名分布的 PDF 并验证其确为 PDF。

（1）若 $X\sim$ 指数分布 $\exp(\beta)$，则 $Y = X^{\frac{1}{\gamma}}$ 服从韦伯分布 Weibull(γ, β) 分布，其中 $\gamma > 0$ 为常数；

（2）若 $X\sim$ 指数分布 $\exp(\beta)$，则 $Y = (2X/\beta)^{\frac{1}{2}}$ 服从瑞利分布 (Rayleigh distribution)；

（3）若 $X\sim$ 伽玛分布 Gamma(a, b)，则 $Y = 1/X$ 服从逆伽玛分布 IG(a, b)（invert Gamma distribution）；

（4）若 $X\sim$ 伽玛分布 Gamma$\left(\dfrac{3}{2}, \beta\right)$，则 $Y = (X/\beta)^{\frac{1}{2}}$ 服从麦克斯韦分布（Maxwell distribution）；

（5）若 $X\sim$ 指数分布 $\exp(1)$，则 $Y = \alpha - \gamma \ln X$ 服从伽贝尔分布 Gumbel (α, γ)，其中 $-\infty < \alpha < +\infty$ 和 $\gamma > 0$。

证明：

令 $F_Y(y)$ 和 $f_Y(y)$ 分别表示 Y 的 CDF 和 PDF，$F_X(x)$ 和 $f_X(x)$ 分别表示 X 的 CDF 和 PDF。

（1）若 $X\sim$ 指数分布 $\exp(\beta)$，$f_X(x)=\frac{1}{\beta}\mathrm{e}^{-\frac{1}{\beta}x}\cdot 1\ (x>0)$，则

$$F_Y(y)=P(Y\leqslant y)=P(X\leqslant y^{\gamma})=F_X(y^{\gamma})$$

$$f_Y(y)=\frac{\mathrm{d}F_Y(y)}{\mathrm{d}y}=f_X(y^{\gamma})\cdot\gamma y^{\gamma-1}=\frac{\gamma}{\beta}\mathrm{e}^{-\frac{1}{\beta}y^{\gamma}}y^{\gamma-1}\cdot 1\ (y>0)$$

因为 $f_Y(y)\geqslant 0$ 并且

$$\int_0^{+\infty}f_Y(y)\mathrm{d}y=\int_0^{+\infty}\frac{1}{\beta}\mathrm{e}^{-\frac{1}{\beta}y^{\gamma}}\mathrm{d}y^{\gamma}=-\mathrm{e}^{-\frac{1}{\beta}y^{\gamma}}\Big|_0^{+\infty}=1$$

因此，$f_Y(y)$ 是一个 PDF。$Y=X^{\frac{1}{\gamma}}$ 服从韦伯分布 Weibull $(\gamma，\beta)$ 分布得证。

（2）若 $X\sim$ 指数分布 $\exp(\beta)$，$f_X(x)=\frac{1}{\beta}\mathrm{e}^{-\frac{1}{\beta}x}\cdot 1\ (x>0)$，则

$$F_Y(y)=P(Y\leqslant y)=P\left(X\leqslant\frac{\beta y^2}{2}\right)=F_X\left(\frac{\beta y^2}{2}\right)$$

$$f_Y(y)=\frac{\mathrm{d}F_Y(y)}{\mathrm{d}y}=f_X\left(\frac{\beta y^2}{2}\right)\cdot\beta y=y\mathrm{e}^{-\frac{y^2}{2}}1\ (y>0)$$

因为 $f_Y(y)\geqslant 0$ 并且

$$\int_0^{+\infty}y\mathrm{e}^{-\frac{y^2}{2}}\mathrm{d}y=\int_0^{+\infty}\mathrm{e}^{-\frac{y^2}{2}}\mathrm{d}\frac{y^2}{2}=1$$

因此，$f_Y(y)$ 是一个 PDF。$Y=(2X/\beta)^{\frac{1}{2}}$ 服从瑞利分布得证。

（3）若 $X\sim$ 伽玛分布 Gamma$(a，b)$，$f_X(x)=\frac{1}{\Gamma(a)b^a}x^{a-1}\mathrm{e}^{-\frac{x}{b}}\cdot 1(x>0)$，则

$$F_Y(y)=P(Y\leqslant y)=P\left(\frac{1}{X}\leqslant y\right)=P\left(X\geqslant\frac{1}{y}\right)=1-F_X\left(\frac{1}{y}\right)$$

$$f_Y(y)=\frac{\mathrm{d}F_Y(y)}{\mathrm{d}y}=\frac{1}{y^2}f_X\left(\frac{1}{y}\right)=\frac{1}{y^2}\frac{1}{\Gamma(a)b^a}\left(\frac{1}{y}\right)^{a-1}\mathrm{e}^{-\frac{1}{yb}}1\ (y>0)$$

因为 $f_Y(y)\geqslant 0$ 并且

$$\int_0^{+\infty}f_Y(y)\mathrm{d}y=\int_0^{+\infty}\frac{-1}{\Gamma(a)b^a}\left(\frac{1}{y}\right)^{a-1}\mathrm{e}^{-\frac{1}{yb}}\mathrm{d}\frac{1}{y}\xlongequal{t=\frac{1}{y}}\int_0^{+\infty}\frac{1}{\Gamma(a)b^a}t^{\alpha-1}\mathrm{e}^{-\frac{t}{b}}\mathrm{d}t=1$$

因此，$f_Y(y)$ 是一个 PDF。$Y=1/X$ 服从逆伽玛分布 IG$(a，b)$ 得证。

（4）若 $X\sim$ 伽玛分布 Gamma$\left(\frac{3}{2}，\beta\right)$，$f_X(x)=\frac{1}{\Gamma\left(\frac{3}{2}\right)\beta^{\frac{3}{2}}}x^{\frac{1}{2}}\mathrm{e}^{-\frac{x}{\beta}}\cdot 1(x>0)$，则

$$F_Y(y) = P(Y \leqslant y) = P(X \leqslant \beta y^2) = F_X(\beta y^2)$$

$$\begin{aligned} f_Y(y) &= \frac{\mathrm{d}F_Y(y)}{\mathrm{d}y} = f_X(\beta y^2) \cdot 2\beta y \\ &= \frac{1}{\Gamma\left(\frac{3}{2}\right)\beta^{\frac{3}{2}}}(\beta y^2)^{\frac{1}{2}} \mathrm{e}^{-y^2} \cdot 2\beta y \cdot 1\ (y > 0) \\ &= \frac{4}{\sqrt{\pi}} y^2 \mathrm{e}^{-y^2} \cdot 1\ (y > 0) \end{aligned}$$

因为 $f_Y(y) \geqslant 0$ 并且

$$\int_0^{+\infty} \frac{4}{\sqrt{\pi}} y^2 \mathrm{e}^{-y^2} \mathrm{d}y \xlongequal{t=y^2} \frac{4}{\sqrt{\pi}} \int_0^{+\infty} \frac{1}{2\sqrt{t}} t \mathrm{e}^{-t} \mathrm{d}t = \frac{2}{\sqrt{\pi}} \Gamma\left(\frac{3}{2}\right) = 1$$

因此，$f_Y(y)$ 是一个 PDF。$Y = (X/\beta)^{\frac{1}{2}}$ 服从麦克斯韦分布得证。

（5）若 $X \sim$ 指数分布 $\exp(1)$，$f_X(x) = \mathrm{e}^{-x} \cdot 1(x > 0)$，则

$$F_Y(y) = P(Y \leqslant y) = P(\alpha - \gamma \ln X \leqslant y) = P\left(X \geqslant \mathrm{e}^{\frac{\alpha - y}{\gamma}}\right) = 1 - F_X\left(\mathrm{e}^{\frac{\alpha - y}{\gamma}}\right)$$

$$f_Y(y) = \frac{\mathrm{d}F_Y(y)}{\mathrm{d}y} = \frac{1}{\gamma} f_X\left(\mathrm{e}^{\frac{\alpha - y}{\gamma}}\right) \mathrm{e}^{\frac{\alpha - y}{\gamma}} = \frac{1}{\gamma} \mathrm{e}^{-\mathrm{e}^{\frac{\alpha - y}{\gamma}}} \mathrm{e}^{\frac{\alpha - y}{\gamma}}$$

因为 $f_Y(y) \geqslant 0$ 并且

$$\int_{-\infty}^{+\infty} \frac{1}{\gamma} \mathrm{e}^{-\mathrm{e}^{\frac{\alpha - y}{\gamma}}} \mathrm{e}^{\frac{\alpha - y}{\gamma}} \mathrm{d}y = -\int_{-\infty}^{+\infty} \mathrm{e}^{-\mathrm{e}^{\frac{\alpha - y}{\gamma}}} \mathrm{d}\mathrm{e}^{\frac{\alpha - y}{\gamma}} \xlongequal{t=\mathrm{e}^{\frac{\alpha - y}{\gamma}}} \int_0^{+\infty} \mathrm{e}^{-t} \mathrm{d}t = 1$$

因此，$f_Y(y)$ 是一个 PDF。$Y = \alpha - \gamma \ln X$ 服从伽贝尔分布 Gumbel (α, γ) 得证。

习题 4.20

证明斯特恩引理的如下类似情形［假设函数 $g(\cdot)$ 满足适当条件］:

（1）若 $X \sim$ 伽玛分布 Gamma(α, β)，则

$$E\left[g(X)(X - \alpha\beta)\right] = \beta E\left[X g'(X)\right]$$

（2）若 $X \sim$ 贝塔分布 Beta(α, β)，则

$$E\left\{g(X)\left[\beta - (\alpha - 1)\frac{(1 - X)}{X}\right]\right\} = E\left[(1 - X) g'(X)\right]$$

证明：

（1）若 $X \sim$ 伽玛分布 Gamma(α, β)，则 $f_X(x) = \frac{1}{\Gamma(\alpha)\beta^\alpha} x^{\alpha - 1} \mathrm{e}^{-\frac{x}{\beta}} \cdot 1\ (x > 0)$。

因此有

$$\begin{aligned}
E[g(X)(X-\alpha\beta)] &= \int_0^{+\infty}\frac{1}{\Gamma(\alpha)\beta^\alpha}x^{\alpha-1}e^{-\frac{x}{\beta}}(x-\alpha\beta)g(x)dx \\
&\xlongequal{x=\beta t} \beta\int_0^{+\infty}\frac{1}{\Gamma(\alpha)}t^{\alpha-1}e^{-t}(t-\alpha)g(\beta t)dt \\
&= \beta\cdot\frac{1}{\Gamma(\alpha)}\int_0^{+\infty}g(\beta t)\cdot d(-t^\alpha e^{-t}) \\
&= \beta\cdot\frac{1}{\Gamma(\alpha)}\int_0^{+\infty}t^\alpha e^{-t}\beta g'(\beta t)dt \\
&\xlongequal{t=x/\beta} \beta\frac{1}{\Gamma(\alpha)}\int_0^{+\infty}\frac{x^\alpha}{\beta^\alpha}e^{-\frac{x}{\beta}}\cdot g'(x)dx \\
&= \beta\int_0^{+\infty}\frac{1}{\Gamma(\alpha)\beta^\alpha}x^{\alpha-1}e^{-\frac{x}{\beta}}\cdot xg'(x)dx \\
&= \beta E[Xg'(X)]
\end{aligned}$$

（2）若 $X\sim$ 贝塔分布 Beta$(\alpha,\ \beta)$，则

$$f_X(x)=\frac{1}{B(\alpha,\ \beta)}x^{\alpha-1}(1-x)^{\beta-1}\cdot 1(0<x<1),\ \alpha>0 \text{ 且 } \beta>0$$

因此有

$$\begin{aligned}
&E\left\{g(X)\left[\beta-(\alpha-1)\frac{(1-X)}{X}\right]\right\} \\
&= \int_0^1\frac{1}{B(\alpha,\ \beta)}x^{\alpha-1}(1-x)^{\beta-1}\left[\beta-(\alpha-1)\frac{1-x}{x}\right]g(x)dx \\
&= -\frac{1}{B(\alpha,\ \beta)}\int_0^1 g(x)d\left[x^{\alpha-1}(1-x)^\beta\right] \\
&= -\frac{1}{B(\alpha,\ \beta)}\left\{g(x)\left[x^{\alpha-1}(1-x)^\beta\right]\Big|_0^1-\int_0^1 x^{\alpha-1}(1-x)^\beta g'(x)dx\right\} \\
&= \frac{1}{B(\alpha,\ \beta)}\int_0^1 x^{\alpha-1}(1-x)^\beta g'(x)dx \\
&= \frac{1}{B(\alpha,\ \beta)}\int_0^1 x^{\alpha-1}(1-x)^{\beta-1}\cdot(1-x)g'(x)dx \\
&= E[(1-X)g'(X)]
\end{aligned}$$

习题 4.21

假设 X 服从双指数分布，其 PDF 为 $f_X(x)=\dfrac{1}{2\sigma}\mathrm{e}^{-|x-\mu|/\sigma}$，$-\infty<x<+\infty$。证明当 $\mu=0$ 时，X 的绝对值 $Y=|X|$ 服从指数分布 $\exp(\sigma)$。

证明：

若 $f_X(x)=\dfrac{1}{2\sigma}\mathrm{e}^{-|x-\mu|/\sigma}$，$-\infty<x<+\infty$，当 $\mu=0$ 时，$f_X(x)=\dfrac{1}{2\sigma}\mathrm{e}^{-|x|/\sigma}$，则

$$F_Y(y)=P(Y\leqslant y)=P(|X|\leqslant y)=\left[F_X(y)-F_X(-y)\right]\cdot 1\ (y>0)$$

$$f_Y(y)=\frac{\mathrm{d}F_Y(y)}{\mathrm{d}y}=\left[f_X(y)+f_X(-y)\right]\cdot 1\ (y>0)=\frac{1}{\sigma}\mathrm{e}^{-y/\sigma}\cdot 1\ (y>0)$$

因此 X 的绝对值 $Y=|X|$ 服从指数分布 $\exp(\sigma)$ 得证。

习题 4.22

假设 $Y=\mathrm{e}^{-X}$ 服从指数分布 $\exp(\beta)$，求 X 的 PDF。X 的分布称为极值分布。

解答：

若 $Y=\mathrm{e}^{-X}$ 服从指数分布 $\exp(\beta)$，$f_Y(y)=\dfrac{1}{\beta}\mathrm{e}^{-\frac{1}{\beta}y}\cdot 1\ (y>0)$，则

$$F_X(x)=P(X\leqslant x)=P(-\ln Y\leqslant x)=P(Y\geqslant \mathrm{e}^{-x})=1-F_Y(\mathrm{e}^{-x})$$

因此，X 的 PDF 为

$$f_X(x)=\frac{\mathrm{d}F_Y(y)}{\mathrm{d}y}=f_Y(\mathrm{e}^{-x})\cdot\mathrm{e}^{-x}=\frac{1}{\beta}\mathrm{e}^{-\frac{\mathrm{e}^{-x}}{\beta}-x}$$

习题 4.23

假设 $X\sim N(\mu,\ \sigma^2)$，求 $Y=1/X$ 的 PDF。

解答：

$Y=1/X$，有

$$F_Y(y)=P(Y\leqslant y)=P\left(\frac{1}{X}\leqslant y\right)=P\left(\frac{1}{X}\leqslant y,\ X>0\right)+P\left(\frac{1}{X}\leqslant y,\ X<0\right)$$

当 $y>0$ 时，

$$F_Y(y)=P\left(X\geqslant\frac{1}{y}\right)+F_X(0)=1+F_X(0)-F_X\left(\frac{1}{y}\right)$$

$$f_y(y)=\frac{\mathrm{d}F_Y(y)}{\mathrm{d}y}=\frac{1}{y^2}f_X\left(\frac{1}{y}\right)=\frac{1}{\sqrt{2\pi}\sigma y^2}\exp\left[-\frac{\left(\frac{1}{y}-\mu\right)^2}{2\sigma^2}\right]$$

当 $y<0$ 时，

$$F_Y(y)=P\left(\frac{1}{y}\leqslant X<0\right)=F_X(0)-F_X\left(\frac{1}{y}\right)$$

$$f_X(y)=\frac{\mathrm{d}F_Y(y)}{\mathrm{d}y}=\frac{1}{y^2}f_X\left(\frac{1}{y}\right)=\frac{1}{y^2}\frac{1}{\sqrt{2\pi}\sigma}\exp\left[-\frac{\left(\frac{1}{y}-\mu\right)^2}{2\sigma^2y^2}\right]$$

因此，对所有 $y\in\mathbf{R}$，有 PDF

$$f_Y(y)=\frac{1}{y^2}\frac{1}{\sqrt{2\pi}\sigma}\exp\left[-\frac{\left(\frac{1}{y}-\mu\right)^2}{2\sigma^2y^2}\right]$$

习题 4.24

假设 $X\sim\chi_\nu^2$，则 $Y=\sqrt{X}$ 称为自由度为 ν 的卡分布，记作 χ_ν。证明：

（1）Y 的 PDF 为 $f_Y(y)=\dfrac{1}{2^{(\nu/2)-1}\Gamma(\nu/2)}\mathrm{e}^{-y^2/2}y^{\nu-1}$，$y>0$；

（2）$E(Y^k)=\dfrac{2^{k/2}\Gamma[(\nu+k)/2]}{\Gamma(\nu/2)}$。

证明：

（1）若 $Y=\sqrt{X}$，则对任意 $y\geqslant0$，有

$$F_Y(y)=P(Y\leqslant y)=P(X\leqslant y^2)=F_X(y^2)$$

则 Y 的 PDF 为

$$f_Y(y)=\frac{\mathrm{d}F_Y(y)}{\mathrm{d}y}=2y\cdot f_X(y^2)=2y\cdot\frac{1}{\Gamma\left(\frac{\nu}{2}\right)2^{\frac{\nu}{2}}}y^{\nu-2}\mathrm{e}^{-\frac{y^2}{2}}=\frac{1}{\Gamma\left(\frac{\nu}{2}\right)2^{\frac{\nu}{2}-1}}\mathrm{e}^{-\frac{y^2}{2}}y^{\nu-1}$$

（2）假设 $Z\sim$ 伽玛分布 Gamma(α,β)，$f_Z(z)=\dfrac{1}{\Gamma(\alpha)\beta^\alpha}z^{\alpha-1}\mathrm{e}^{-z/\beta}\cdot1(z>0)$，则

$$E(Z^k)=\int_0^{+\infty}\frac{1}{\Gamma(\alpha)\beta^\alpha}z^{\alpha+k-1}\mathrm{e}^{-z/\beta}\mathrm{d}z=\frac{\beta^k}{\Gamma(\alpha)}\int_0^{+\infty}\frac{1}{\beta^{\alpha+k}}z^{\alpha+k-1}\mathrm{e}^{-z/\beta}\mathrm{d}z=\frac{\beta^k\Gamma(\alpha+k)}{\Gamma(\alpha)}$$

若 $Y \sim \chi_\nu$，则 $Y^2 \sim \chi_\nu^2 = \text{Gamma}\left(\frac{\nu}{2}, 2\right)$。因此，

$$E(Y^k) = E\left[(Y^2)^{\frac{k}{2}}\right] = \frac{2^{\frac{k}{2}}\Gamma\left(\frac{\nu+k}{2}\right)}{\Gamma\left(\frac{\nu}{2}\right)}$$

证毕。

第五章

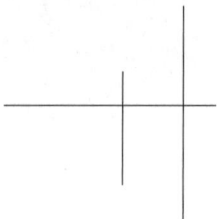

多元随机变量及其概率分布

章节回顾

这一章我们学习了多元随机变量的基本知识。

1. 多元随机向量

一个 n 维随机向量，记作 $\boldsymbol{Z} = (Z_1,\ \cdots,\ Z_n)'$，是从样本空间 S 到 n 维欧式空间 $\boldsymbol{R}^n$ 的一个映射。对于样本空间内的任意结果 $s \in S$，$\boldsymbol{Z}(s)$ 是一个 n 维实值向量，称为随机向量 $\boldsymbol{Z}$ 的一个实现。

2. 联合 CDF

（1）定义

X 和 Y 的联合 CDF 定义如下：对于任意 $(x,\ y) \in \boldsymbol{R}^2$，$F_{XY}(x,\ y) = P(X \leqslant x,\ Y \leqslant y)$。

（2）性质

任意 $(x,\ y) \in \boldsymbol{R}^2$，以下性质成立：

① $F_{XY}(-\infty,\ y) = F_{XY}(x,\ -\infty) = 0$，并且 $F_{XY}(\infty,\ \infty) = 1$；

② $F_{XY}(x,\ y)$ 是关于 x 和 y 的非递减函数；

③ $F_{XY}(x,\ y)$ 关于 x 和 y 右连续。

3. 联合 PMF

（1）定义

若 X 和 Y 为两个离散随机变量，则对任意 $(x,\ y) \in \boldsymbol{R}^2$，二者的联合 PMF 定义为

$$f_{XY}(x,\ y) = P(X = x \cap Y = y) = P(X = x,\ Y = y)$$

（2）性质

① $\forall\ (x,\ y) \in \boldsymbol{R}^2$，$f_{XY}(x,\ y) \geqslant 0$；

② $\sum_{x\in\Omega_X}\sum_{y\in\Omega_Y} f_{XY}(x, y)=1$，其中 Ω_X 和 Ω_Y 分别是 X 和 Y 的支撑集。

4. 联合 PDF

（1）定义

若两个随机变量 X 和 Y 的联合 CDF $F_{XY}(x, y)$ 对 x 和 y 均是绝对连续的，则称其具有连续联合分布。此时，存在函数 $f_{XY}(x, y)$，对任意给定的 $(x, y)\in \boldsymbol{R}^2$，有

$$F_{XY}(x, y)=P(X\leqslant x, Y\leqslant y)=\int_{-\infty}^{y}\int_{-\infty}^{x} f_{XY}(u, v)\mathrm{d}u\mathrm{d}v$$

其中函数 $f_{XY}(x, y)$ 称为 (X, Y) 的联合 PDF。

（2）性质

① 对 xy 平面上的所有实数组 (x, y)，有 $f_{XY}(x, y)\geqslant 0$；

② $\int_{-\infty}^{+\infty}\int_{-\infty}^{+\infty} f_{XY}(x, y)\mathrm{d}x\mathrm{d}y=1$。

5. 支撑

二维随机向量 (X, Y) 的支撑定义为所有取严格正概率（或概率密度）的可能实现值 (x, y) 构成的集合，即

$$\Omega_{XY}=\left\{(x, y)\in \boldsymbol{R}^2 | f_{XY}(x, y)>0\right\}$$

其中 $f_{XY}(x, y)$ 为 (X, Y) 的联合 PDF 或联合 PMF。

6. 边际 PMF

假设 X 和 Y 具有联合离散分布，其联合 PMF 为 $f_{XY}(x, y)$。则 X 和 Y 的边际 PMF 分别定义为

$$f_X(x)=P(X=x)=\sum_{y\in\Omega_Y} f_{XY}(x, y),\quad -\infty<x<+\infty$$

$$f_Y(y)=P(Y=y)=\sum_{x\in\Omega_X} f_{XY}(x, y),\quad -\infty<y<\infty$$

7. 边际 PDF

假设 X 和 Y 具有联合连续分布，并且其联合 PDF 为 $f_{XY}(x, y)$。则 X 和 Y 的边际 PDF 分别定义为

$$f_X(x)=\int_{-\infty}^{+\infty} f_{XY}(x, y)\mathrm{d}y,\quad -\infty<x<+\infty$$

$$f_Y(y)=\int_{-\infty}^{+\infty} f_{XY}(x, y)\mathrm{d}x,\quad -\infty<y<\infty$$

8. 条件 PMF

假设 X 和 Y 具有联合离散分布，其联合 PMF 为 $f_{XY}(x, y)$，边际 PMF 分别为 $f_X(x)$ 和 $f_Y(y)$。随机变量 Y 基于 $X=x$ 的条件 PMF 定义为

$$f_{Y|X}(y|x)=P(Y=y|X=x)=\frac{f_{XY}(x, y)}{f_X(x)}$$

其中 $f_X(x)>0$。类似地，随机变量 X 基于 $Y=y$ 的条件 PMF 定义为

$$f_{X|Y}(x|y)=P(X=x|Y=y)=\frac{f_{XY}(x, y)}{f_Y(y)}$$

其中 $f_Y(y)>0$。

9. 条件 PDF

假设 X 和 Y 具有联合连续分布，其联合 PDF 为 $f_{XY}(x, y)$、边际 PDF 分别为 $f_X(x)$ 和 $f_Y(y)$。则给定 $X=x$ 下 Y 的条件 PDF 定义为

$$f_{Y|X}(y|x)=\frac{f_{XY}(x, y)}{f_X(x)}$$

其中 $f_X(x)>0$。类似地，X 基于 $Y=y$ 的条件 PDF 为

$$f_{X|Y}(x|y)=\frac{f_{XY}(x, y)}{f_Y(y)}$$

其中 $f_Y(y)>0$。

10. 独立性

（1）定义

对于两个随机变量 X 和 Y，若

$$F_{XY}(x, y)=F_X(x)F_Y(y)，对所有\ -\infty<x, y<+\infty$$

则称二者相互独立，其中 $F_{XY}(\cdot)$、$F_X(\cdot)$、$F_Y(\cdot)$ 分别为联合和边际 CDF。

（2）“X 和 Y 独立”与以下条件等价：

① $f_{XY}(x, y)=f_X(x)f_Y(y)$，$\forall (x, y)\in \boldsymbol{R}^2$，其中 $f_{XY}(x, y)$、$f_X(x)$ 和 $f_Y(y)$ 分别为联合 PMF/PDF 和边际 PMF/PDF；

② $f_{Y|X}(y|x)=f_Y(y)$，$\forall (x, y)\in \boldsymbol{R}^2$；

③ X 和 Y 的联合 PDF 或 CDF 可写成 $f_{XY}(x, y)=g(x)h(y)$；

④ 对于任意可测可积函数 $g(\cdot)$ 和 $h(\cdot)$，若 $g(X)h(Y)$ 可积，有 $E[g(X)h(Y)]=E[g(X)]E[h(Y)]$。

以上结论可被推广至 n 个随机变量。

11. 重积分变元替换公式

设 $\Omega \subseteq \boldsymbol{R}^m$ 是开集，$\boldsymbol{\varphi}: \Omega \to \boldsymbol{R}^m$ 是一个连续可微的映射。$E \subseteq \Omega$ 是一个闭若当可测集，若

（1）$\det D\boldsymbol{\varphi}(\boldsymbol{t}) \neq 0$，$\forall\, \boldsymbol{t} \in \mathrm{int}E$，其中 $D\boldsymbol{\varphi}(\boldsymbol{t})$ 为雅可比矩阵。

（2）$\boldsymbol{\varphi}|_{\mathrm{int}E}$ 是单射，其中 $\boldsymbol{\varphi}|_{\mathrm{int}E}$ 表示 $\boldsymbol{\varphi}$ 在 $\mathrm{int}E$ 的限制，$\mathrm{int}E$ 表示 E 的内部；

那么 $\boldsymbol{\varphi}(E)$ 也是闭 Jordan 可测集，并且对于 $\boldsymbol{f} \in C(\boldsymbol{\varphi}(E))$，成立

$$\int_{\boldsymbol{\varphi}(E)} \boldsymbol{f}(\boldsymbol{x})\mathrm{d}\boldsymbol{x} = \int_E \boldsymbol{f}(\boldsymbol{\varphi}(\boldsymbol{t}))\,|\det D\boldsymbol{\varphi}(\boldsymbol{t})|\,\mathrm{d}\boldsymbol{t}$$

其中 $C(\boldsymbol{\varphi}(E))$ 表示定义域为 $\boldsymbol{\varphi}(E)$ 的全体连续函数的集合。①

12. 二元变换定理

设二元连续型随机变量 (X, Y) 的联合概率密度函数为 $f_{XY}(x, y)$，并记 (X, Y) 的支撑为 $\Omega_{XY} = \{(x, y) \in \boldsymbol{R}^2 | f_{XY}(x, y) > 0\}$。定义

$$\begin{cases} U = g_1(X, Y) \\ V = g_2(X, Y) \end{cases}$$

其中 g：$\Omega_{XY} \to \boldsymbol{R}^2$ 为一一映射，在 Ω_{XY} 上连续可导，且对所有 $(x, y) \in \Omega_{XY}$，雅克比行列式满足 $\det J_{UV}(x, y) = \det\begin{pmatrix} \dfrac{\partial U}{\partial X} & \dfrac{\partial U}{\partial Y} \\ \dfrac{\partial V}{\partial X} & \dfrac{\partial V}{\partial Y} \end{pmatrix} \neq 0$。则 (U, V) 的联合 PDF 为

$$f_{UV}(u, v) = f_{XY}(x, y)\,|\det J_{XY}(u, v)|, \qquad \text{对所有}(u, v) \in \Omega_{UV}$$

并且 $x = h_1(u, v)$，$y = h_2(u, v)$，且

$$\Omega_{UV} = \{(u, v) \in \boldsymbol{R}^2 | u = g_1(x, y),\ v = g_2(x, y),\ \forall (x, y) \in \Omega_{XY}\}$$

其中 Ω_{UV} 为 (U, V) 的支撑集。

13. 多元正态分布

（1）二元正态分布

① 定义

若随机变量 (X, Y) 的联合 PDF 为

① 一个若当可测集可以直观地理解为一个边界测度为 0 的有界集。

$$f_{XY}(x, y)$$
$$= \frac{1}{2\pi\sigma_1\sigma_2\sqrt{1-\rho^2}} e^{-\frac{1}{2(1-\rho^2)}\left[\left(\frac{x-\mu_1}{\sigma_1}\right)^2 + \left(\frac{y-\mu_2}{\sigma_2}\right)^2 - 2\rho\left(\frac{x-\mu_1}{\sigma_1}\right)\left(\frac{y-\mu_2}{\sigma_2}\right)\right]}, \quad -\infty < x, y < +\infty$$

则称其服从联合正态分布，记作 $BN(\mu_1, \mu_2, \sigma_1^2, \sigma_2^2, \rho)$，其中 $|\rho| \leqslant 1$。当

$$(\mu_1, \mu_2, \sigma_1^2, \sigma_2^2)' = (0, 0, 1, 1)'$$

时，称 $BN(0, 0, 1, 1, \rho)$ 为标准二元正态分布。

② 性质

A. $X \sim N(\mu_1, \sigma_1^2)$，$Y \sim N(\mu_2, \sigma_2^2)$。

B. $X|Y \sim N\left[\mu_1 + \frac{\rho\sigma_1}{\sigma_2}(Y - \mu_2), (1-\rho^2)\sigma_1^2\right]$，

$Y|X \sim N\left[\mu_2 + \frac{\rho\sigma_2}{\sigma_1}(X - \mu_1), (1-\rho^2)\sigma_2^2\right]$。

C. $\mathrm{corr}(X, Y) = \rho$。当 $\rho = 0$ 时，X 和 Y 独立。注意，一般而言，X 和 Y 不相关并不能推出 X 和 Y 独立，除非它们服从联合正态分布（而不只是各自服从正态分布）。

（2）多元正态分布

若随机变量 $X_1, \cdots, X_n$ 的联合 PDF 为

$$f_{\boldsymbol{x}^n}(\boldsymbol{x}^n) = \frac{1}{\sqrt{(2\pi)^n \det \boldsymbol{\Sigma}}} e^{-\frac{1}{2}(\boldsymbol{x}^n - \boldsymbol{\mu})'\boldsymbol{\Sigma}^{-1}(\boldsymbol{x}^n - \boldsymbol{\mu})}, \quad \boldsymbol{x}^n \in \boldsymbol{R}^n$$

则称其服从联合正态分布，记作 $N(\boldsymbol{\mu}, \boldsymbol{\Sigma})$，其中 $\boldsymbol{X}^n = (X_1, \cdots, X_n)' \in \boldsymbol{R}^n$，$\boldsymbol{x}^n = (x_1, \cdots, x_n)' \in \boldsymbol{R}^n$，$\boldsymbol{\mu} = (\mu_1, \cdots, \mu_n)' \in \boldsymbol{R}^n$，且 $\boldsymbol{\Sigma} \in \boldsymbol{R}^{n \times n}$ 是对称正定矩阵，$\boldsymbol{\Sigma}$ 被称为协方差矩阵，且其第 i 行第 j 列的元素为 $\boldsymbol{\Sigma}_{ij} = \mathrm{cov}(X_i, X_j)$。特别地，多元正态分布 $N(\boldsymbol{\mu}, \boldsymbol{\Sigma})$ 的矩生成函数为：$M_{\boldsymbol{X}}(\boldsymbol{t}) = E(e^{\boldsymbol{X}'\boldsymbol{t}}) = \exp\left(\boldsymbol{t}'\boldsymbol{\mu} + \frac{\boldsymbol{t}'\boldsymbol{\Sigma}\boldsymbol{t}}{2}\right)$，其中 $\boldsymbol{\mu}$ 和 $\boldsymbol{t}$ 均为 n 维列向量。

14. 二元联合分布下的数学期望

假设 $g: \Omega_{XY} \to \boldsymbol{R}$ 为实值可测函数，其中 Ω_{XY} 是 (X, Y) 的支撑，则函数 $g(X, Y)$ 的期望定义为

$$E[g(X, Y)] = \int_{\boldsymbol{R}^2} g(x, y) \mathrm{d}F_{XY}(x, y)$$
$$= \begin{cases} \sum\limits_{(x, y) \in \Omega_{XY}} g(x, y) f_{XY}(x, y), & (X, Y) \text{ 为离散随机变量} \\ \int_{\boldsymbol{R}^2} g(x, y) f_{XY}(x, y) \mathrm{d}x\mathrm{d}y, & (X, Y) \text{ 为连续随机变量} \end{cases}$$

其中上述二重求和或二重积分存在。与一元情形类似，若 $E|g(X, Y)| < \infty$，则称 $E\left[g(X, Y)\right]$ 存在。

15. 协方差

假设 $E(X^2) < \infty$，$E(Y^2) < \infty$。随机变量 X 和 Y 的协方差定义为

$$\operatorname{cov}(X, Y) = E\left\{\left[X - E(X)\right]\left[Y - E(Y)\right]\right\} = E(XY) - E(X)E(Y)$$

16. 相关系数

X 和 Y 的相关系数定义为

$$\rho_{XY} = \frac{\operatorname{cov}(X, Y)}{\sigma_X \sigma_Y}$$

有几点需要注意：

（1）ρ_{XY} 测度了 X 和 Y 之间线性相关关系的大小。$|\rho_{XY}|$ 越大，X 和 Y 之间相关性越强。$\rho_{XY} > 0$ 时，称 X 和 Y 正相关；$\rho_{XY} < 0$ 时，称 X 和 Y 负相关；$\rho_{XY} = 0$ 时，称 X 和 Y 不相关。

（2）$|\rho_{XY}| \leqslant 1$。

（3）注意，独立的随机变量一定不相关（只要二阶矩有限），但不相关的随机变量不一定独立。

17. 联合 MGF

（1）定义

(X, Y) 的联合 MGF 定义为

$$M_{XY}(t_1, t_2) = E(\mathrm{e}^{t_1 X + t_2 Y}), \qquad -\infty < t_1, t_2 < \infty$$

其中上述期望对在 $(0, 0)$ 的某邻域内所有 (t_1, t_2) 都存在。

（2）联合 MGF 与独立性

假设联合 MGF $M_{XY}(t_1, t_2) = E(\mathrm{e}^{t_1 X + t_2 Y})$ 对在原点 $(0, 0)$ 的某个邻域内所有 (t_1, t_2) 都存在，则当且仅当对原点 $(0, 0)$ 某个邻域内的所有点 (t_1, t_2)，有

$$M_{XY}(t_1, t_2) = M_X(t_1) M_Y(t_2)$$

成立时，X 和 Y 相互独立。

18. 条件期望

可测函数 $g(X, Y)$ 基于 $X = x$ 的条件期望定义为

$$E[g(X,\ Y)|X=x]=E[g(X,\ Y)|x]$$
$$=\begin{cases}\sum\limits_{y\in\Omega_{Y|x}} g(x,\ y)f_{Y|X}(y|x), & (X,\ Y)\text{ 为离散随机变量}\\ \int_{-\infty}^{+\infty} g(x,\ y)f_{Y|X}(y|x)\mathrm{d}y, & (X,\ Y)\text{ 为连续随机变量}\end{cases}$$

其中 $\Omega_Y(x)=\{y\in\Omega_Y|f_{Y|X}(y|x)>0\}$ 为 Y 基于 $X=x$ 条件下的支撑。

19. 重期望公式

假设 $g(X,\ Y)$ 为可测函数且 $E[g(X,\ Y)]$ 存在，则

$$E[g(X,\ Y)]=E_X\{E[g(X,\ Y)|X]\}=E_Y\{E[g(X,\ Y)|Y]\}$$

其中 E_X 表示对 X 求期望，E_Y 类似。

20. 均方误准则

假设 X 和 Y 是定义在同一样本空间上的随机变量，且 Y 具有有限方差，则条件均值 $E(Y|X)$ 是 $E[Y-g(X)]^2$ 最小化问题的最优解，即

$$E(Y|X)=\arg\min_{g\in F} E[Y-g(X)]^2$$

其中 $F=\{g:\boldsymbol{R}\to\boldsymbol{R}|E[g^2(X)]<\infty\}$。

习题解答

习题 5.1

假设有如下联合 PDF：

$$f_{XY}(x,\ y)=\begin{cases}c(x+2y), & 0<x<2,\ 0<y<1\\ 0, & \text{其他}\end{cases}$$

（1）求 c 的值；

（2）求 X 的边际 PDF；

（3）求 X 与 Y 的联合 CDF；

（4）求随机变量 $Z=9/(X+1)^2$ 的 PDF。

证明：

（1）根据 PDF 的定义，有

$$\int_0^1 \int_0^2 c(x+2y)\mathrm{d}x\mathrm{d}y = 4c = 1$$

因此，$c = \frac{1}{4}$。

（2）根据边际 PDF 的定义，当 $0 < x < 2$ 时，有

$$f_X(x) = \int_0^1 f_{XY}(x, y)\mathrm{d}y = \int_0^1 \frac{1}{4}(x+2y)\mathrm{d}y = \frac{x+1}{4}$$

因此 X 的边际 PDF 为

$$f_X(x) = \begin{cases} \frac{x+1}{4}, & 0 < x < 2 \\ 0, & 其他 \end{cases}$$

（3）当 $0 < x < 2$ 且 $0 < y < 1$ 时，有

$$F_{XY}(x, y) = \int_0^y \int_0^x \frac{u+2v}{4}\mathrm{d}u\mathrm{d}v = \frac{1}{8}x^2y + \frac{1}{4}xy^2$$

当 $0 < x < 2$ 且 $y \geqslant 1$ 时，有

$$F_{XY}(x, y) = \int_0^1 \int_0^x \frac{u+2v}{4}\mathrm{d}u\mathrm{d}v = \frac{1}{8}x^2 + \frac{1}{4}x$$

当 $x \geqslant 2$ 且 $0 < y < 1$ 时，有

$$F_{XY}(x, y) = \int_0^y \int_0^2 \frac{u+2v}{4}\mathrm{d}u\mathrm{d}v = \frac{1}{2}y + \frac{1}{2}y^2$$

当 $x \geqslant 2$ 且 $y \geqslant 1$ 时，有

$$F_{XY}(x, y) = 1$$

因此 X 与 Y 的联合 CDF 为

$$F_{XY}(x, y) = \begin{cases} \frac{1}{8}x^2y + \frac{1}{4}xy^2, & 0 < x < 2,\ 0 < y < 1 \\ \frac{1}{8}x^2 + \frac{1}{4}x, & 0 < x < 2,\ y \geqslant 1 \\ \frac{1}{2}y + \frac{1}{2}y^2, & x \geqslant 2,\ 0 < y < 1 \\ 1, & x \geqslant 2,\ y \geqslant 1 \\ 0, & 其他 \end{cases}$$

（4）由于 $Z=9/(X+1)^2$，注意到 $\dfrac{\mathrm{d}z}{\mathrm{d}x}=-\dfrac{18}{(x+1)^3}<0$，$\forall 0<x<2$，$Z$ 是关于 X 的严格单调递减变换，可以得到

$$\begin{aligned}F_Z(z)&=P(Z\leqslant z)=P\left[9/(X+1)^2\leqslant z\right]\\&=P\left(X\geqslant\frac{3}{\sqrt{z}}-1\right)+P\left(X\leqslant-\frac{3}{\sqrt{z}}-1\right)\\&=1-P\left(X\leqslant\frac{3}{\sqrt{z}}-1\right)+0\\&=1-F_X\left(\frac{3}{\sqrt{z}}-1\right)\end{aligned}$$

相应地，当 $1<z<9$ 时，可以得到

$$f_Z(z)=\frac{\mathrm{d}F_Z(z)}{\mathrm{d}z}=\frac{3}{2}z^{-\frac{3}{2}}f_X\left(\frac{3}{\sqrt{z}}-1\right)=\frac{9}{8}z^{-2}$$

因此随机变量 $Z=9/(X+1)^2$ 的 PDF 为

$$f_Z(z)=\begin{cases}\dfrac{9}{8}z^{-2}, & 1<z<9\\ 0, & \text{其他}\end{cases}$$

习题 5.2

假设 (X,Y) 的联合 PDF 为

$$f_{XY}(x,y)=\begin{cases}1+\theta x, & -y<x<y,\ 0<y<1\\ 0, & \text{其他}\end{cases}$$

其中 θ 为一个常数。

（1）确定 θ 的所有可能值，使得 $f_{XY}(x,y)$ 为联合 PDF，并给出推理过程。

（2）令 $\theta=0$。检验 X 和 Y 是否相互独立，并证明。

解答：

（1）注意到 θx 是奇函数且对 x 的积分区间关于 $x=0$ 对称，因此 θ 的取值范围不能由积分为 1 的条件解出。考虑 $f_{XY}(x,y)\geqslant 0$，因为 $g(x)=1+\theta x$ 是关于 x 的单调函数，因此 $f_{XY}(x,y)\geqslant 0\Leftrightarrow\min\{g(-1),g(1)\}\geqslant 0$，可得 $\theta\in\left[-1,1\right]$。

（2）当 $\theta=0$ 时，可以得到 X 和 Y 边际 PDF。

对 $-1 < x < 0$，有 $f_X(x) = \int_{-x}^{1} 1\mathrm{d}y = 1 + x$。对 $0 \leqslant x < 1$，有 $f_X(x) = \int_{x}^{1} 1\mathrm{d}y = 1 - x$。因此 X 的边际 PDF 为

$$f_X(x) = \begin{cases} 1 - |x|, & -1 < x < 1 \\ 0, & \text{其他} \end{cases}$$

同理，对 $0 < y < 1$，有 $f_Y(y) = \int_{-y}^{y} 1\mathrm{d}x = 2y$。因此 Y 的边际 PDF 为

$$f_Y(y) = \begin{cases} 2y, & 0 < y < 1 \\ 0, & \text{其他} \end{cases}$$

由于 $f_{XY}(x, y) \neq f_X(x) f_Y(y)$，因此 X 和 Y 并不相互独立。

习题 5.3

对 m 个随机变量 X_i，$i = 1, \cdots, m$,用 $F_{X_i}(x_i)$ 表示 X_i 的边际分布,用 $F(x_1, \cdots, x_m)$ 表示 $(X_1, \cdots, X_m)$ 的联合分布。若函数 C: $[0, 1]^m \to [0, 1]$ 满足

$$F(x_1, \cdots, x_m) = C\left[F_{X_1}(x_1), \cdots, F_{X_m}(x_m)\right], \quad x_j \in (-\infty, +\infty)$$

则称其为与 $F(x_1, \cdots, x_m)$ 相对应的关联函数。关联函数包含了随机向量各元素之间的所有相依信息，但不包含其边际分布信息。假设 $X = (X_1, \cdots, X_m)'$ 的联合 CDF 为 $F_X(x) = P(X_1 \leqslant x_1, \cdots, X_m \leqslant x_m)$，边际 CDF$F_{X_i}(x_i) = P(X_i \leqslant x_i)$，其中 $x = (x_1, \cdots, x_m)'$。进一步假设对任意 $i = 1, \cdots, m$，$F_{X_i}(\cdot)$ 为严格递增函数。证明：

（1）X 的关联函数为 $C_X(u) = F_X\left[F_{X_1}^{-1}(u_1), \cdots, F_{X_m}^{-1}(u_m)\right]$；

（2）假设 $Y_i = g_i(X_i)$，$i = 1, \cdots, m$，其中 g_i 严格单调递增。证明对所有 u，有 $C_X(u) = C_Y(u)$，即关联函数对随机变量的严格递增变换保持不变。

证明：

（1）由于 $F_{X_i}(\cdot)$ 为严格递增函数，因此 $F_{X_i}^{-1} \circ F_{X_i} = F_{X_i} \circ F_{X_i}^{-1} = \mathrm{id}_{X_i}$，其中 $\circ$ 表示函数复合，id_{X_i} 是恒等映射，$i = 1, \cdots, m$。由于

$$F_X\left\{F_{X_1}^{-1}\left[F_{X_1}(x_1)\right], \cdots, F_{X_m}^{-1}\left[F_{X_m}(x_m)\right]\right\} = F_X(x_1, \cdots, x_m)$$

根据定义，$C_X(u) = F_X\left[F_{X_1}^{-1}(u_1), \cdots, F_{X_m}^{-1}(u_m)\right]$。

（2）由于 g_i 严格单调递增，g_i^{-1} 存在且严格单调递增。

$$\forall y_i,\quad F_{Y_i}(y_i)=P\left[Y_i\leqslant y_i\right]=P\left[X_i\leqslant g_i^{-1}(y_i)\right]=F_{X_i}\left[g_i^{-1}(y_i)\right]$$

即 $F_{Y_i}=F_{X_i}\circ g_i^{-1}$。两边同时取逆可得 $F_{Y_i}^{-1}=g_i\circ F_{X_i}^{-1}$，即 $F_{Y_i}^{-1}(y_i)=g_i\left[F_{X_i}^{-1}(y_i)\right]$，$i=1$，$\cdots$，$m$。由（1）可知，

$$\begin{aligned}C_Y(u)&=F_Y\left[F_{Y_1}^{-1}(u_1),\ \cdots,\ F_{Y_m}^{-1}(u_m)\right]\\&=F_Y\left[\left(g_1\circ F_{X_1}^{-1}\right)(u_1),\ \cdots,\ \left(g_m\circ F_{X_m}^{-1}\right)(u_m)\right]\\&=P\left\{\bigcap_{i=1}^{m}\left[Y_i\leqslant\left(g_i\circ F_{X_i}^{-1}\right)(u_i)\right]\right\}\\&=P\left\{\bigcap_{i=1}^{m}\left[g_i^{-1}(X_i)\leqslant\left(g_i^{-1}\circ g_i\circ F_{X_i}^{-1}\right)(u_i)\right]\right\}\\&=P\left\{\bigcap_{i=1}^{m}\left[X_i\leqslant F_{X_i}^{-1}(u_i)\right]\right\}\\&=F_X\left[F_{X_1}^{-1}(u_1),\ \cdots,\ F_{X_m}^{-1}(u_m)\right]=C_X(u)\end{aligned}$$

习题 5.4

（1）若 X 和 Y 的联合 PDF 为 $f_{XY}(x,\ y)=x+y$，$0\leqslant x\leqslant 1$，$0\leqslant y\leqslant 1$，求 $P(X>\sqrt{Y})$；

（2）若 X 和 Y 的联合 PDF 为 $f_{XY}(x,\ y)=2x$，$0\leqslant x\leqslant 1$，$0\leqslant y\leqslant 1$，求 $P\left(X^2<Y<X\right)$。

解答：

（1）

$$P\left(X>\sqrt{Y}\right)=\int_0^1\int_0^{x^2}f_{XY}(x,\ y)\mathrm{d}y\mathrm{d}x=\int_0^1\int_0^{x^2}x+y\ \mathrm{d}y\mathrm{d}x=\int_0^1 x^3+\frac{x^4}{2}\mathrm{d}x=\frac{7}{20}$$

（2）

$$P\left(X^2<Y<X\right)=\int_0^1\int_{x^2}^{x}f_{XY}(x,\ y)\mathrm{d}y\mathrm{d}x=\int_0^1\int_{x^2}^{x}2x\ \mathrm{d}y\mathrm{d}x=\int_0^1 2x^2-2x^3\mathrm{d}x=\frac{1}{6}$$

习题 5.5

证明若 X 和 Y 的联合 CDF 满足 $F_{XY}(x,\ y)=F_X(x)F_Y(y)$，即 X 和 Y 相互独立，则对任意一对区间 $(a,\ b)$ 和 $(c,\ d)$，都有

$$P(a \leqslant X \leqslant b,\ c \leqslant Y \leqslant d) = P(a \leqslant X \leqslant b)\,P(c \leqslant Y \leqslant d)$$

证明：

令 $a^- = a - h$，$c^- = c - h$，其中 $h > 0$。根据定义，有

$$\begin{aligned}P(a^- < X \leqslant b,\ c^- < Y \leqslant d) &= F_{XY}(b,\ d) - F_{XY}(b,\ c^-) - F_{XY}(a^-,\ d) + F_{XY}(a^-,\ c^-)\\ &= F_X(b)F_Y(d) - F_X(b)F_Y(c^-) - F_X(a^-)F_Y(d) + F_X(a^-)F_Y(c^-)\\ &= \left[F_X(b) - F_X(a^-)\right]\left[F_Y(d) - F_Y(c^-)\right]\\ &= P(a^- < X \leqslant b)\,P(c^- < Y \leqslant d)\end{aligned}$$

当 $h \downarrow 0$ 时，集合 $\{a^- < X \leqslant b,\ c^- < Y \leqslant d\} \downarrow \{a \leqslant X \leqslant b,\ c \leqslant Y \leqslant d\}$，$\{a^- < X \leqslant b\} \downarrow \{a \leqslant X \leqslant b\}$，$\{c^- < Y \leqslant d\} \downarrow \{c \leqslant Y \leqslant d\}$。由测度的连续性可知，$P(a \leqslant X \leqslant b,\ c \leqslant Y \leqslant d) = P(a \leqslant X \leqslant b)\,P(c \leqslant Y \leqslant d)$。

习题 5.6

随机向量 $(X,\ Y)$ 的联合分布为

		X = 1	2	3
Y	2	$\frac{1}{12}$	$\frac{1}{6}$	$\frac{1}{12}$
	3	$\frac{1}{6}$	0	$\frac{1}{6}$
	4	0	$\frac{1}{3}$	0

（1）证明 X 和 Y 相互依赖（即非相互独立）；

（2）列举随机向量 $(U,\ V)$ 的一个概率表，使之与 $(X,\ Y)$ 具有相同的边际分布但相互独立。

解答：

（1）注意到 $P(X = 2) = \frac{1}{6} + 0 + \frac{1}{3} = \frac{1}{2}$，$P(Y = 3) = \frac{1}{6} + 0 + \frac{1}{6} = \frac{1}{3}$，$P(X = 2,\ Y = 3) = 0$。由于 $P(X = 2)P(Y = 3) \neq P(X = 2,\ Y = 3)$，故 X 和 Y 相互依赖。

（2）X 和 Y 的边际 PMF 分别为

$$P(X)=\begin{cases}1/4, & X=1\\ 1/2, & X=2\\ 1/4, & X=3\end{cases} \quad 和\ P(Y)=\begin{cases}1/3, & Y=2\\ 1/3, & Y=3\\ 1/3, & Y=4\end{cases}$$

随机向量 (U, V) 的一个概率表可以为

		U		
		1	2	3
V	2	$\frac{1}{12}$	$\frac{1}{6}$	$\frac{1}{12}$
	3	$\frac{1}{12}$	$\frac{1}{6}$	$\frac{1}{12}$
	4	$\frac{1}{12}$	$\frac{1}{6}$	$\frac{1}{12}$

习题 5.7

假设 X 和 Y 为相互独立的标准正态随机变量。

（1）求 $P(X^2+Y^2<1)$；

（2）证明 X^2 服从 χ_1^2，并求 $P(X^2<1)$。

解答：

（1）由习题 5.11，X 和 Y 的联合 PDF 是 $f_{XY}(x, y)=\frac{1}{2\pi}\mathrm{e}^{-\frac{x^2+y^2}{2}}$。

令 $\mathrm{int}D=\left\{(x, y)|x^2+y^2<1\right\}$，有

$$P(X^2+Y^2<1)=\iint_{\mathrm{int}D}\frac{1}{2\pi}\mathrm{e}^{-\frac{x^2+y^2}{2}}\mathrm{d}x\mathrm{d}y=\frac{1}{2\pi}\int_0^{2\pi}\mathrm{d}\theta\int_0^1\mathrm{e}^{-\frac{r^2}{2}}r\mathrm{d}r=1-\mathrm{e}^{\frac{1}{2}}$$

（2）令 $Z=X^2$，对于 $z\geqslant 0$，Z 的 CDF 是

$$F_Z(z)=P(Z\leqslant z)=P(X^2\leqslant z)=P(-\sqrt{z}\leqslant X\leqslant\sqrt{z})=\Phi(\sqrt{z})-\Phi(-\sqrt{z})$$

其中 $\Phi(\cdot)$ 是标准正态分布的 CDF。Z 的 PDF 是

$$f_Z(z)=\frac{1}{2\sqrt{z}}\left[\phi(\sqrt{z})+\phi(-\sqrt{z})\right]=\frac{1}{\sqrt{z}}\phi(\sqrt{z})=\frac{1}{\sqrt{2\pi z}}\mathrm{e}^{-\frac{z}{2}}=\frac{1}{\Gamma\left(\frac{1}{2}\right)2^{\frac{1}{2}}}z^{\frac{1}{2}-1}\mathrm{e}^{-\frac{z}{2}}$$

其中 $\phi(\cdot)$ 是标准正态分布的 PDF。故 $Z \sim \chi_1^2$，可以得到

$$P(X^2 < 1) = P(-1 < X < 1) = \Phi(1) - \Phi(-1) = 2\Phi(1) - 1 \approx 0.6826$$

习题 5.8

令 X 为 exp(1) 随机变量，并定义 Y 为 $X+1$ 的整数部分，即 $Y = i+1$ 当且仅当 $i \leqslant X < i+1$，其中 $i = 0, 1, 2, \cdots$

（1）求 Y 的分布。Y 服从什么分布？

（2）求 $X-4$ 基于 $Y \geqslant 5$ 的条件分布。

解答：

（1）Y 为离散随机变量，当 $Y = y$ 时，$y-1 \leqslant X < y$。因此，当 $y = 1, 2, 3, \cdots$ 时，

$$P(Y = y) = P(y-1 \leqslant X < y) = \int_{y-1}^{y} \mathrm{e}^{-x}\mathrm{d}x = \mathrm{e}^{-(y-1)} - \mathrm{e}^{-y} = \left(1 - \mathrm{e}^{-1}\right)\mathrm{e}^{-(y-1)}$$

其他情况下 $P(Y = y) = 0$。因此，Y 服从 $p = 1 - \mathrm{e}^{-1}$ 的几何分布。

（2）由于 $Y \geqslant 5$ 等价于 $X \geqslant 4$，因此求 $X-4$ 基于 $Y \geqslant 5$ 的条件分布等价于求 $X-4$ 基于 $X \geqslant 4$ 的条件分布。由指数分布的无记忆性可知：

$$X - 4 | X \geqslant 4 \sim \exp(1)$$

习题 5.9

假设 $g(x) \geqslant 0$ 且 $\int_0^{+\infty} g(x)\mathrm{d}x = 1$，证明 $f(x, y) = \dfrac{2g\left(\sqrt{x^2+y^2}\right)}{\pi\sqrt{x^2+y^2}}$（其中 $x, y > 0$）是一个联合 PDF。

证明：

显然 $f(x, y) \geqslant 0$。令 $x = r\cos\theta$，$y = r\sin\theta$，$r > 0$，$\theta \in \left(0, \dfrac{\pi}{2}\right)$，可以得到

$$\begin{aligned}
\int_{-\infty}^{+\infty}\int_{-\infty}^{+\infty} f(x, y)\mathrm{d}x\mathrm{d}y &= \int_0^{+\infty}\int_0^{+\infty} f(x, y)\mathrm{d}x\mathrm{d}y \\
&= \int_0^{\frac{\pi}{2}}\int_0^{+\infty} \frac{2g(r)}{\pi r} r\mathrm{d}r\mathrm{d}\theta \\
&= \frac{2}{\pi}\int_0^{\frac{\pi}{2}}\int_0^{+\infty} g(r)\mathrm{d}r\mathrm{d}\theta
\end{aligned}$$

$$= \frac{2}{\pi}\int_0^{\frac{\pi}{2}} 1\mathrm{d}\theta = 1$$

因此，$f(x, y) = \dfrac{2g\left(\sqrt{x^2+y^2}\right)}{\pi\sqrt{x^2+y^2}}$ 是一个联合 PDF。

习题 5.10

假设 (X, Y) 的联合 PDF 为

$$f_{XY}(x, y) = \mathrm{e}^{-y}, \quad 0 < x < y < \infty$$

求：（1）$f_X(x)$；

（2）$f_Y(y)$；

（3）$f_{X|Y}(x|y)$；

（4）$f_{Y|X}(y|x)$；

（5）X 和 Y 是否相互独立？

解答：

（1）

$$f_X(x) = \begin{cases} \int_x^{+\infty} \mathrm{e}^{-y}\mathrm{d}y = \mathrm{e}^{-x}, & x > 0 \\ 0, & \text{其他} \end{cases}$$

（2）

$$f_Y(y) = \begin{cases} \int_0^{y} \mathrm{e}^{-y}\mathrm{d}x = y\mathrm{e}^{-y}, & y > 0 \\ 0, & \text{其他} \end{cases}$$

（3）

$$f_{X|Y}(x|y) = \frac{f_{XY}(x, y)}{f_Y(y)} = \begin{cases} \dfrac{1}{y}, & 0 < x < y < \infty \\ 0, & \text{其他} \end{cases}$$

（4）

$$f_{Y|X}(y|x) = \frac{f_{XY}(x, y)}{f_X(x)} = \begin{cases} \mathrm{e}^{x-y}, & 0 < x < y < \infty \\ 0, & \text{其他} \end{cases}$$

（5）显然，$f_{XY}(x, y) \neq f_X(x)f_Y(y)$。因此，$X$ 和 Y 不相互独立。

习题 5.11

若随机变量 (X, Y) 的联合 PDF 为

$$f_{XY}(x, y) = \frac{1}{2\pi\sigma_1\sigma_2\sqrt{1-\rho^2}} e^{-\frac{1}{2(1-\rho^2)}\left[\left(\frac{x-\mu_1}{\sigma_1}\right)^2 - 2\rho\left(\frac{x-\mu_1}{\sigma_1}\right)\left(\frac{y-\mu_2}{\sigma_2}\right) + \left(\frac{y-\mu_2}{\sigma_2}\right)^2\right]}, \quad -\infty < x, y < \infty$$

其中 $-\infty < \mu_1, \mu_2 < \infty$，$0 < \sigma_1, \sigma_2 < \infty$，$-1 \leqslant \rho \leqslant 1$，则称其服从二元正态分布。

求：（1）$f_X(x)$；

（2）$f_Y(y)$；

（3）$f_{Y|X}(y|x)$；

（4）$f_{X|Y}(x|y)$；

（5）当参数 $(\mu_1, \mu_2, \sigma_1^2, \sigma_2^2, \rho)$ 满足什么条件时，X 和 Y 相互独立。

提示：求 $f_X(x)$ 时，可构造以下函数并先对其积分：

$$z^2 = \left[\left(\frac{y-\mu_2}{\sigma_2}\right) - \rho\left(\frac{x-\mu_1}{\sigma_1}\right)\right]^2$$

解答：

首先将指数部分化为如下二次型：

$$\begin{aligned}
&-\frac{1}{2(1-\rho^2)}\left[\frac{(x-\mu_1)^2}{\sigma_1^2} + \frac{(y-\mu_2)^2}{\sigma_2^2} - 2\rho\left(\frac{x-\mu_1}{\sigma_1}\right)\left(\frac{y-\mu_2}{\sigma_2}\right)\right] \\
&= -\frac{1}{2(1-\rho^2)}\left[\left(\frac{y-\mu_2}{\sigma_2} - \rho\frac{x-\mu_1}{\sigma_1}\right)^2 + (1-\rho^2)\frac{(x-\mu_1)^2}{\sigma_1^2}\right] \\
&= -\frac{z^2}{2(1-\rho^2)} - \frac{(x-\mu_1)^2}{2\sigma_1^2} \qquad (5.1)
\end{aligned}$$

其中，$z = \frac{y-\mu_2}{\sigma_2} - \rho\frac{x-\mu_1}{\sigma_1}$。

将式 (5.1) 代回 PDF 可得

$$f_{XY}(x, y) = \frac{1}{2\pi\sigma_1\sigma_2\sqrt{1-\rho^2}} \exp\left[-\frac{z^2}{2(1-\rho^2)} - \frac{(x-\mu_1)^2}{2\sigma_1^2}\right] \qquad (5.2)$$

由对称性也可得到

$$f_{XY}(x, y)=\frac{1}{2\pi\sigma_1\sigma_2\sqrt{1-\rho^2}}\times\exp\left\{-\frac{1}{2(1-\rho^2)}\left[\left(\frac{x-\mu_1}{\sigma_1}-\rho\frac{y-\mu_2}{\sigma_2}\right)^2\right]-\frac{(y-\mu_2)^2}{2\sigma_2^2}\right\} \tag{5.3}$$

（1）对式 (5.2) 关于 y 积分，得到

$$\begin{aligned}f_X(x)&=\frac{\exp\left[-\frac{(x-\mu_1)^2}{2\sigma_1^2}\right]}{2\pi\sigma_1\sigma_2\sqrt{1-\rho^2}}\int_{-\infty}^{+\infty}\exp\left[-\frac{z^2}{2(1-\rho^2)}\right]\mathrm{d}y\\&=\frac{\exp\left[-\frac{(x-\mu_1)^2}{2\sigma_1^2}\right]}{\sqrt{2\pi}\sigma_1}\cdot\frac{1}{\sqrt{2\pi(1-\rho^2)}}\int_{-\infty}^{+\infty}\exp\left[-\frac{z^2}{2(1-\rho^2)}\right]\mathrm{d}z\\&=\frac{1}{\sqrt{2\pi}\sigma_1}\mathrm{e}^{-\frac{(x-\mu_1)^2}{2\sigma_1^2}}\end{aligned}$$

（2）由对称性可以得到

$$f_Y(y)=\frac{1}{\sqrt{2\pi}\sigma_2}\mathrm{e}^{-\frac{(y-\mu)^2}{2\sigma_2^2}}$$

（3）根据定义，

$$f_{Y|X}(y|x)=\frac{1}{\sqrt{2\pi(1-\rho^2)}\sigma_2}\mathrm{e}^{-\frac{1}{2(1-\rho^2)}\left(\frac{y-\mu_2}{\sigma_2}-\rho\frac{x-\mu_1}{\sigma_1}\right)^2}$$

（4）根据定义，

$$f_{X|Y}(x|y)=\frac{1}{\sqrt{2\pi(1-\rho^2)}\sigma_1}\mathrm{e}^{-\frac{1}{2(1-\rho^2)}\left(\frac{x-\mu_1}{\sigma_1}-\rho\frac{y-\mu_2}{\sigma_2}\right)^2}$$

（5）由式 (5.3) 可以看出，X 与 Y 独立当且仅当 $\rho=0$。

习题 5.12

假设 X 服从 $N(0, \sigma^2)$。证明给定 $X>c$ 时 X 的条件 CDF 为

$$F_{X|X>c}(x)=\frac{\Phi(x/\sigma)-\Phi(c/\sigma)}{1-\Phi(c/\sigma)},\quad x>c$$

且该分布的 PDF 为

$$f_{X|X>c}(x)=\frac{\phi(x/\sigma)}{\sigma\left[1-\Phi(c/\sigma)\right]},\quad x>c$$

其中 $\phi(x)$ 和 $\Phi(x)$ 分别为 $N(0, 1)$ 的 PDF 和 CDF，该分布称为截尾分布（truncated distribution）。

证明： 由 CDF 的定义及 $\frac{X}{\sigma} \sim N(0, 1)$，有

$$F_{X|X>c}(x) = P(X \leqslant x | X > c) = \frac{P(c < X \leqslant x)}{P(X > c)}$$

$$= \frac{P\left(\frac{c}{\sigma} < \frac{X}{\sigma} \leqslant \frac{x}{\sigma}\right)}{P\left(\frac{X}{\sigma} > \frac{c}{\sigma}\right)} = \frac{\Phi(x/\sigma) - \Phi(c/\sigma)}{1 - \Phi(c/\sigma)}$$

对上式两边同时求导，有

$$f_{X|X>c}(x) = \frac{\phi(x/\sigma)}{\sigma[1 - \Phi(c/\sigma)]} 1(x > c)$$

证毕。

习题 5.13

假设随机变量 X 和 Y 的联合 PDF 如下

$$f_{XY}(x, y) = \begin{cases} 8xy, & 0 \leqslant x \leqslant y \leqslant 1 \\ 0, & \text{其他} \end{cases}$$

令 $U = X/Y$，$V = Y$。求 U 和 V 的联合 PDF。

解答：

$U = X/Y, V = Y$，因此 $X = UV, Y = V$。(X, Y) 的支撑为 $\Omega_{XY} = \{(x, y) | 0<x \leqslant y \leqslant 1\}$，因此 $0 < U$，$V \leqslant 1$。又因为

$$\det J_{XY}(u, v) = \det \begin{pmatrix} \frac{\partial X}{\partial U} & \frac{\partial X}{\partial V} \\ \frac{\partial Y}{\partial U} & \frac{\partial Y}{\partial V} \end{pmatrix}_{(u, v)} = \det \begin{pmatrix} v & u \\ 0 & 1 \end{pmatrix} = v \neq 0$$

故 (U, V) 的支撑集为 $\Omega_{UV} = \{(u, v) | 0 < u, v \leqslant 1\}$。由二元变换定理得，对于 $(u, v) \in \Omega_{UV}$，

$$f_{UV}(u, v) = f_{XY}(x, y) \cdot |\det J_{XY}(u, v)| = 8uv^3$$

因此可得联合 PDF 如下：

$$f_{UV}(u,\ v)=\begin{cases}8uv^3, & 0<u,\ v\leqslant 1\\ 0, & 其他\end{cases}$$

习题 5.14

（1）假设 X_1 和 X_2 为独立的 $N(0,\ 1)$ 随机变量，求 $(X_1-X_2)^2/2$ 的 PDF。

（2）若 $X_i\ (i=1,\ 2)$ 为相互独立的标准伽马 Gamma$(\alpha_i,\ 1)$ 随机变量，求 $X_1/(X_1+X_2)$ 和 $X_2/(X_1+X_2)$ 的边际分布。

解答：

X_1 和 X_2 独立同分布于标准正态分布，由正态分布的线性可加性，$\dfrac{X_1-X_2}{\sqrt{2}}\sim N(0,\ 1)$。因此 $(X_1-X_2)^2/2\sim X_1^2$，其 PDF 为

$$f_V(v)=\frac{1}{\Gamma\left(\frac{1}{2}\right)2^{\frac{1}{2}}}v^{\frac{1}{2}-1}\mathrm{e}^{-\frac{v}{2}}$$

（2）从 $U=\dfrac{X_1}{X_1+X_2}$，$V=X_1+X_2$，有 $X_1=UV$，$X_2=(1-U)V$。$X_1\sim$ Gamma$(\alpha_l,\ 1)$，$X_2\sim$ Gamma$(\alpha_2,\ 1)$ 并且 X_1 与 X_2 独立，注意到伽马分布的支撑集为 $(0,\ \infty)$，因此 $0<U<1$，$0<V<\infty$。由于变换的雅可比矩阵的行列式为

$$\det J_{X_1X_2}(u,\ v)=\det\begin{pmatrix}\dfrac{\partial X_1}{\partial U} & \dfrac{\partial X_1}{\partial V}\\ \dfrac{\partial X_2}{\partial U} & \dfrac{\partial X_2}{\partial V}\end{pmatrix}=\det\begin{pmatrix}v & u\\ -v & 1-u\end{pmatrix}=v$$

因此 $(U,\ V)$ 的支撑为 $\Omega_{UV}=\{(u,\ v)|0<u<1,\ 0<v<\infty\}$。由二元变换定理可得

$$\begin{aligned}f_{UV}(u,\ v)&=f_{X_1X_2}(x_1,\ x_2)\left|\det J_{X_1X_2}(u,\ v)\right|\\&=\frac{1}{\Gamma(\alpha_1)}x_1^{\alpha_1-1}\mathrm{e}^{-x_1}\frac{1}{\Gamma(\alpha_2)}x_2^{\alpha_2-1}\mathrm{e}^{-x_2}v\\&=\frac{1}{\Gamma(\alpha_1)}u^{\alpha_1-1}v^{\alpha_1-1}\frac{1}{\Gamma(\alpha_2)}(1-u)^{\alpha_2-1}v^{\alpha_2-1}\mathrm{e}^{-v}v\\&=\left[\frac{\Gamma(\alpha_1+\alpha_2)}{\Gamma(\alpha_1)\Gamma(\alpha_2)}u^{\alpha_1-1}(1-u)^{\alpha_2-1}\right]\left[\frac{1}{\Gamma(\alpha_1+\alpha_2)}v^{\alpha_1+\alpha_2-1}\mathrm{e}^{-v}\right]\end{aligned}$$

令 $f_U(u)=\dfrac{1}{B(\alpha_1,\ \alpha_2)}u^{\alpha_1-1}(1-u)^{\alpha_2-1}\cdot 1\ (0<u<1)$ 以及 $f_V(v)=\dfrac{1}{\Gamma(\alpha_1+\alpha_2)}v^{\alpha_1+\alpha_2-1}\mathrm{e}^{-v}1$

$(v > 0)$。那么 $f_{UV}(u, v) = f_U(u)\cdot f_V(v)$ 并且 $U = \dfrac{X_1}{X_1+X_2} \sim \mathrm{Beta}(\alpha_1, \alpha_2)$，$V \sim \mathrm{Gamma}(\alpha_1+\alpha_2, 1)$。同理，当定义 $U = \dfrac{X_2}{X_1+X_2}$、$V = X_1 + X_2$ 时，由对称性可以得到 $\dfrac{X_2}{X_1+X_2} \sim \mathrm{Beta}(\alpha_2, \alpha_1)$。

习题 5.15

假设 X_1 和 X_2 为相互独立的标准伽马 $\mathrm{Gamma}(\alpha_i, 1)$ 随机变量，其中参数 α_1、α_2 可取不同值。证明：

（1）随机变量 (X_1+X_2) 和 $X_2/(X_1+X_2)$ 相互独立；

（2）X_1+X_2 服从参数为 $\alpha=\alpha_1+\alpha_2$ 的标准伽马分布 $\mathrm{Gamma}(\alpha, 1)$；

（3）$X_1/(X_1+X_2)$ 服从参数为 α_1，α_2 的贝塔分布 $\mathrm{Beta}(\alpha_1, \alpha_2)$。

证明：

见 5.14。

习题 5.16

假设 X_1 和 X_2 为相互独立的 $N(0, \sigma^2)$ 随机变量。

（1）求 Y_1 和 Y_2 的联合分布，其中 $Y_1 = X_1^2 + X_2^2$ 和 $Y_2 = X_1/\sqrt{Y_1}$；

（2）证明 Y_1 和 Y_2 相互独立，并对该结果做出几何解释。

解答：

（1）解法一见《概率论与统计学》教材例 5.21。

（1）解法二：

对于变换

$$\boldsymbol{\phi}: \boldsymbol{R}^2 \to \boldsymbol{R}^2, \quad (x_1, x_2)' \mapsto (y_1, y_2)' = \left(x_1^2+x_2^2, \frac{x_1}{\sqrt{x_1^2+x_2^2}}\right)'$$

有 $0 < Y_1 < \infty$ 并且 $-1 \leqslant Y_2 \leqslant 1$。其雅可比矩阵为

$$J_{Y_1Y_2}(x_1, x_2) = \begin{pmatrix} 2x_1 & 2x_2 \\ \dfrac{x_2^2}{(x_1^2+x_2^2)^{\frac{3}{2}}} & -\dfrac{x_1x_2}{(x_1^2+x_2^2)^{\frac{3}{2}}} \end{pmatrix}$$

并且 $\det J_{Y_1Y_2}(x_1, x_2) = -\dfrac{2x_2}{\sqrt{x_1^2+x_2^2}}$。显然，当 $x_2 \neq 0$ 时，$\det J_{Y_1Y_2}(x_1, x_2) \neq 0$。注意到 $\boldsymbol{\phi}$

分别在 $\boldsymbol{R}\times(0,\ \infty)$ 和 $\boldsymbol{R}\times(-\infty,\ 0)$ 上是单射，并且 $f_{X_1X_2}(x_1,\ x_2)$ 和 $|\det J_{Y_1Y_2}(x_1,\ x_2)|^{-1}$ 关于 $x_2=0$ 对称。$\forall\boldsymbol{\phi}(E)\subseteq\Omega_{Y_1Y_2}$，闭若当可测，记 $E_1=\boldsymbol{\phi}^{-1}\left[\boldsymbol{\phi}(E)\right]\cap\boldsymbol{R}\times(0,\ \infty)$，$E_2=\boldsymbol{\phi}^{-1}\left[\boldsymbol{\phi}(E)\right]\cap\boldsymbol{R}\times(-\infty,\ 0)$，那么 E_1 和 E_2 关于 $x_2=0$ 对称并且 $P\left[\boldsymbol{\phi}^{-1}\circ\boldsymbol{\phi}(E)\right]=P(E_1)+P(E_2)$，由重积分变元替换公式可得

$$\begin{aligned}\int_{\boldsymbol{\phi}(E)}f_{Y_1Y_2}(y_1,\ y_2)\,\mathrm{d}y_1\mathrm{d}y_2&=\int_{E_1}f_{X_1X_2}(x_1,\ x_2)\mathrm{d}x_1\mathrm{d}x_2+\int_{E_2}f_{X_1X_2}(x_1,\ x_2)\mathrm{d}x_1\mathrm{d}x_2\\&=2\int_{E_1}f_{X_1X_2}(x_1,\ x_2)\mathrm{d}x_1\mathrm{d}x_2\end{aligned}$$

因此，可以得到

$$\begin{aligned}f_{Y_1Y_2}(y_1,\ y_2)&=2f_{X_1X_2}(x_1,\ x_2)\left|\det J_{Y_1Y_2}(x_1,\ x_2)\right|^{-1}\\&=2\cdot\frac{1}{2\pi\sigma^2}\exp\left(-\frac{x_1^2+x_2^2}{2\sigma^2}\right)\cdot\frac{\sqrt{x_1^2+x_2^2}}{2|x_2|}\\&=\frac{1}{2\sigma^2}\exp\left(-\frac{y_1}{2\sigma^2}\right)\cdot\frac{1}{\pi\sqrt{1-y_2^2}}\end{aligned}$$

其中 $y_1\in(0,\ +\infty)$，$y_2\in(-1,\ 1)$。

（2）根据因子分解定理以及 Y_1 和 Y_2 的联合 PDF，Y_1 和 Y_2 相互独立。接下来考察对这一结果的几何解释。通过极坐标变换 $\begin{cases}X_1=r\cos\theta\\X_2=r\sin\theta\end{cases}$，有 $Y_1=r^2$ 并且 $Y_2=\cos\theta=\dfrac{(X_1,\ X_2)}{\|X_1\|\,\|X_2\|}$。该结果表明各分量独立的二元正态随机向量的模长与方向余弦也相互独立。

习题 5.17

假设 $X\sim\mathrm{Beta}(\alpha,\ \beta)$，和 $Y\sim\mathrm{Beta}(\alpha+\beta,\ \gamma)$ 为相互独立的随机变量，通过如下（1）和（2）变换并对 V 积分求出 XY 的分布：

（1）$U=XY$，$V=Y$；

（2）$U=XY$，$V=X/Y$。

解答：

（1）由 $U=XY$，$V=Y$，有 $X=\dfrac{U}{V}$ 和 $Y=V$。因此 $(U,\ V)$ 的支撑为 $\Omega_{UV}=\{(u,\ v)|0<u<v<1\}$，则 $(X,\ Y)$ 对 $(U,\ V)$ 的雅可比矩阵的行列式为

$$\det J_{XY}(U, V)=\det\begin{pmatrix}\dfrac{\partial X}{\partial U} & \dfrac{\partial X}{\partial V}\\ \dfrac{\partial Y}{\partial U} & \dfrac{\partial Y}{\partial V}\end{pmatrix}=\det\begin{pmatrix}\dfrac{1}{V} & -\dfrac{U}{V^2}\\ 0 & 1\end{pmatrix}=\frac{1}{V}$$

由二元变换定理可得

$$\begin{aligned}f_{UV}(u, v)&=f_{XY}(x, y)\,|\det J_{XY}(u, v)|=f_{XY}(x, y)\frac{1}{v}\\&=\frac{\Gamma(\alpha+\beta)}{\Gamma(\alpha)\Gamma(\beta)}x^{\alpha-1}(1-x)^{\beta-1}\frac{\Gamma(\alpha+\beta+\gamma)}{\Gamma(\alpha+\beta)\Gamma(\gamma)}y^{\alpha+\beta-1}(1-y)^{\gamma-1}\frac{1}{v}\\&=\frac{\Gamma(\alpha+\beta+\gamma)}{\Gamma(\alpha)\Gamma(\beta)\Gamma(\gamma)}\left(\frac{u}{v}\right)^{\alpha-1}\left(1-\frac{u}{v}\right)^{\beta-1}v^{\alpha+\beta-1}(1-v)^{\gamma-1}\frac{1}{v},\quad 0<u<v<1\end{aligned}$$

因此，

$$f_U(u)=\int_u^1 f_{UV}(u, v)\mathrm{d}v=\frac{\Gamma(\alpha+\beta+\gamma)}{\Gamma(\alpha)\Gamma(\beta)\Gamma(\gamma)}u^{\alpha-1}\int_u^1 v^{\beta-1}\left(1-\frac{u}{v}\right)^{\beta-1}(1-v)^{\gamma-1}\mathrm{d}v$$

令 $z=\dfrac{v-u}{1-u}$，有 $\mathrm{d}z=\dfrac{\mathrm{d}v}{1-u}$，$1-v=(1-z)(1-u)$ 和 $\dfrac{v-u}{v}=\dfrac{z(1-u)}{v}$。可以得到 $\forall\, 0<u<1$，

$$\begin{aligned}f_U(u)&=\frac{\Gamma(\alpha+\beta+\gamma)}{\Gamma(\alpha)\Gamma(\beta)\Gamma(\gamma)}u^{\alpha-1}\int_0^1 v^{\beta-1}(1-z)^{\gamma-1}(1-u)^{\gamma-1}\frac{z^{\beta-1}(1-u)^{\beta-1}}{v^{\beta-1}}(1-u)\mathrm{d}z\\&=\frac{\Gamma(\alpha+\beta+\gamma)}{\Gamma(\alpha)\Gamma(\beta)\Gamma(\gamma)}u^{\alpha-1}(1-u)^{\beta+\gamma-1}\int_0^1(1-z)^{\gamma-1}z^{\beta-1}\mathrm{d}z\\&=\frac{\Gamma(\alpha+\beta+\gamma)}{\Gamma(\alpha)\Gamma(\beta)\Gamma(\gamma)}u^{\alpha-1}(1-u)^{\beta+\gamma-1}\frac{\Gamma(\beta)\Gamma(\gamma)}{\Gamma(\beta+\gamma)}\\&=\frac{\Gamma(\alpha+\beta+\gamma)}{\Gamma(\alpha)\Gamma(\beta+\gamma)}u^{\alpha-1}(1-u)^{\beta+\gamma-1}\end{aligned}$$

因此，$XY=U\sim\mathrm{Beta}(\alpha, \beta+\gamma)$。

（2）由 $U=XY$，$V=X/Y$，有 $X=\sqrt{UV}$ 和 $Y=\sqrt{\dfrac{U}{V}}$。(U, V) 的支撑为

$$\Omega_{UV}=\{(u, v)\in\boldsymbol{R}^2|0<u<1,\ 0<u<v<1/u\}$$

变换 $(U, V)\to(X, Y)$ 的雅可比矩阵的行列式为

$$\det J_{XY}(U, V)=\det\begin{pmatrix}\dfrac{\partial X}{\partial U} & \dfrac{\partial X}{\partial V}\\ \dfrac{\partial Y}{\partial U} & \dfrac{\partial Y}{\partial V}\end{pmatrix}=\det\begin{pmatrix}\dfrac{1}{2}\sqrt{\dfrac{V}{U}} & \dfrac{1}{2}\sqrt{\dfrac{U}{V}}\\ \dfrac{1}{2}\sqrt{\dfrac{1}{UV}} & -\dfrac{1}{2}\sqrt{\dfrac{U}{V^3}}\end{pmatrix}=\frac{1}{2V}$$

由二元变换定理可得：

$$f_{UV}(u,\ v)=f_{XY}(x,\ y)\,|\det J_{XY}(u,\ v)|=f_{XY}(x,\ y)\frac{1}{2v}$$

$$=\frac{\Gamma(\alpha+\beta)}{\Gamma(\alpha)\Gamma(\beta)}x^{\alpha-1}(1-x)^{\beta-1}\frac{\Gamma(\alpha+\beta+\gamma)}{\Gamma(\alpha+\beta)\Gamma(\gamma)}y^{\alpha+\beta-1}(1-y)^{\gamma-1}\frac{1}{2v}$$

$$=\frac{\Gamma(\alpha+\beta+\gamma)}{\Gamma(\alpha)\Gamma(\beta)\Gamma(\gamma)}\sqrt{uv}^{\alpha-1}(1-\sqrt{uv})^{\beta-1}\sqrt{\frac{u}{v}}^{\alpha+\beta-1}\left(1-\sqrt{\frac{u}{v}}\right)^{\gamma-1}\frac{1}{2v}$$

边际 PDF 为

$$f_U(u)=\int_u^{1/u}f_{UV}(u,\ v)\mathrm{d}v$$

$$=\frac{\Gamma(\alpha+\beta+\gamma)}{\Gamma(\alpha)\Gamma(\beta)\Gamma(\gamma)}u^{\alpha-1}(1-u)^{\beta+\gamma-1}\int_u^{1/u}\left(\frac{1-\sqrt{uv}}{1-u}\right)^{\beta-1}\left(\frac{1-\sqrt{\frac{u}{v}}}{1-u}\right)^{\gamma-1}\frac{\left(\sqrt{\frac{u}{v}}\right)^{\beta}}{2v(1-u)}\mathrm{d}v$$

$$=\frac{\Gamma(\alpha+\beta+\gamma)}{\Gamma(\alpha)\Gamma(\beta)\Gamma(\gamma)}u^{\alpha-1}(1-u)^{\beta+\gamma-1}\int_u^{1/u}\left(\frac{\sqrt{\frac{u}{v}}-u}{1-u}\right)^{\beta-1}\left(1-\frac{\sqrt{\frac{u}{v}}-u}{1-u}\right)^{\gamma-1}\frac{\sqrt{\frac{u}{v}}}{2v(1-u)}\mathrm{d}v$$

令 $z=\dfrac{\sqrt{\frac{u}{v}}-u}{1-u}$，有 $\mathrm{d}z=-\dfrac{\sqrt{\frac{u}{v}}}{2(1-u)v}\mathrm{d}v$，可以得到 $\forall\, 0<u<1$，

$$\begin{aligned}f_U(u)&=\frac{\Gamma(\alpha+\beta+\gamma)}{\Gamma(\alpha)\Gamma(\beta)\Gamma(\gamma)}u^{\alpha-1}(1-u)^{\beta+\gamma-1}\int_0^1 z^{\beta-1}(1-z)^{\gamma-1}\mathrm{d}z\\&=\frac{\Gamma(\alpha+\beta+\gamma)}{\Gamma(\alpha)\Gamma(\beta)\Gamma(\gamma)}u^{\alpha-1}(1-u)^{\beta+\gamma-1}\frac{\Gamma(\alpha)\Gamma(\beta)}{\Gamma(\alpha+\beta)}\\&=\frac{\Gamma(\alpha+\beta+\gamma)}{\Gamma(\alpha)\Gamma(\beta+\gamma)}u^{\alpha-1}(1-u)^{\beta+\gamma-1}\end{aligned}$$

故 $XY=U\sim\mathrm{Beta}(\alpha,\ \beta+\gamma)$。

习题 5.18

假设 $X\sim N(\mu,\ \sigma^2)$，$Y\sim N(\gamma,\ \sigma^2)$，且二者相互独立。定义 $U=X+Y$ 和 $V=X-Y$，证明 U 和 V 为相互独立的正态随机变量，并分别求二者的边际分布。

解答：

根据正态分布的线性性质可知：$U\sim N(\mu+\gamma,\ 2\sigma^2)$，$V\sim N(\mu-\gamma,\ 2\sigma^2)$。联合分布的的 MGF 为

$$
\begin{aligned}
M_{UV}(t_1, t_2) &= E\left[\exp(t_1 U + t_2 V)\right] \\
&= E\left\{\exp\left[t_1(X+Y) + t_2(X-Y)\right]\right\} = E\left\{\exp\left[(t_1+t_2)X + (t_1-t_2)Y\right]\right\} \\
&= E\left\{\exp\left[(t_1+t_2)X\right]\right\} \cdot E\left\{\exp\left[(t_1-t_2)Y\right]\right\} = M_X(t_1+t_2) \cdot M_Y(t_1-t_2) \\
&= \exp\left[\mu(t_1+t_2) + \frac{\sigma^2}{2}(t_1+t_2)^2\right] \cdot \exp\left[\gamma(t_1-t_2) + \frac{\sigma^2}{2}(t_1-t_2)^2\right] \\
&= \exp\left[(\mu+\gamma)t_1 + \sigma^2 t_1^2\right] \cdot \exp\left[(\mu-\gamma)t_2 + \sigma^2 t_2^2\right]
\end{aligned}
$$

因此 U 和 V 相互独立。此题也可直接使用二元变换公式求得，见教材例 5.22。

习题 5.19

证明：

（1）若 $X_1 \sim N\left(0, \sigma_1^2\right)$，$X_2 \sim N\left(0, \sigma_2^2\right)$，且 X_1 和 X_2 相互独立，则 $X_1X_2/\sqrt{X_1^2+X_2^2}$ 服从正态分布。

（2）若 $\sigma_1^2 = \sigma_2^2 = \sigma^2$，那么 $\dfrac{X_1^2 - X_2^2}{X_1^2 + X_2^2}$ 也服从正态分布。

证明：

在 Quine（1994）的启发下，我们有下面的解决方案①。记 $U = X_1$，$V = \dfrac{X_1X_2}{\sqrt{X_1^2+X_2^2}}$。

首先，验证 (U, V) 和 (X_1, X_2) 之间的关系几乎肯定是双射关系，这样就可以应用二元变换下的 PDF 公式。显然，当给定 X_1 和 X_2 时，U 和 V 是唯一确定的。只需证明“若给定 U 和 V，则 X_1 和 X_2 唯一确定”这一事件发生的概率为 1。由于 X_1 是连续随机变量，所以 $P(X_1 \neq 0) = 1$，即 $P(U \neq 0) = 1$。当 U 和 V 给定且 $U \neq 0$ 时，由于 $X_1 = U$，因此 X_1 是唯一确定的。由于 $V(X_2) = \dfrac{X_1X_2}{\sqrt{X_1^2+X_2^2}}$，有

$$
\frac{\partial V}{\partial X_2} = \frac{X_1\sqrt{X_1^2+X_2^2} - \dfrac{2X_1X_2^2}{2\sqrt{X_1^2+X_2^2}}}{X_1^2+X_2^2} = \frac{X_1^3}{(X_1^2+X_2^2)^{\frac{3}{2}}}
$$

由于 $X_1 \neq 0$ 几乎是确定的，所以给定 X_1，V 在 X_2 中几乎严格单调。因此，当 U 和 V 几乎肯定地给出时，X_2 也是唯一确定的。因此，(U, V) 与 (X_1, X_2) 之间的对应关系是双射的概率为 1。然而，给定 $X_1 = U$，这里有 X_2 的两种结果：$X_{21} = \dfrac{UV}{\sqrt{U^2 - V^2}}$ 和

① 若使用重积分变元替换公式中的条件，那么可以直接按照 Quine（1994）的方法证明这一结论。

$X_{22} = \dfrac{-UV}{\sqrt{U^2 - V^2}} = -X_{21}$。将 $X_{21} = \dfrac{UV}{\sqrt{U^2 - V^2}}$ 和 $X_1 = U$ 代入 V 的表达式，有

$$V = \frac{X_1 X_2}{\sqrt{X_1^2 + X_2^2}} = \frac{U\dfrac{UV}{\sqrt{U^2 - V^2}}}{\sqrt{U^2 + \dfrac{U^2V^2}{U^2 - V^2}}} = \frac{U^2V}{\sqrt{U^4 - U^2V^2 + U^2V^2}} = \frac{U^2V}{\sqrt{U^4}} = V$$

因此，我们验证了 $X_2 = X_{21} = \dfrac{UV}{\sqrt{U^2 - V^2}}$。同样，也可以验证 $X_2 \neq X_{22}$。因此有 $X_1 = U$，$X_2 = \dfrac{UV}{\sqrt{U^2 - V^2}}$。则

$$\det J_{X_1X_2}(u,\ v) = \det\begin{pmatrix} \dfrac{\partial X_1}{\partial U} & \dfrac{\partial X_1}{\partial V} \\ \dfrac{\partial X_2}{\partial U} & \dfrac{\partial X_2}{\partial V} \end{pmatrix} = \det\begin{pmatrix} 1 & 0 \\ \dfrac{\partial X_2}{\partial U} & \dfrac{u^3}{(u^2 - v^2)^{\frac{3}{2}}} \end{pmatrix} = \frac{u^3}{(u^2 - v^2)^{\frac{3}{2}}}$$

由于 X_1 和 X_2 为相互独立的正态分布，它们的联合 PDF 为

$$f_{X_1X_2}(x_1,\ x_2) = f_{X_1}(x_1) f_{X_2}(x_2) = \frac{1}{2\pi\sigma_1\sigma_2}\exp\left(-\frac{x_1^2}{2\sigma_1^2} - \frac{x_2^2}{2\sigma_2^2}\right)$$

由二元变换定理可得

$$\begin{aligned} f_{UV}(u,\ v) &= f_{X_1X_2}(x_1,\ x_2) \cdot \left|\det J_{X_1X_2}(u,\ v)\right| \\ &= \frac{1}{2\pi\sigma_1\sigma_2}\exp\left(-\frac{x_1^2}{2\sigma_1^2} - \frac{x_2^2}{2\sigma_2^2}\right) \cdot \frac{|u|^3}{(u^2 - v^2)^{\frac{3}{2}}} \\ &= \frac{1}{2\pi\sigma_1\sigma_2}\exp\left[-\frac{u^2}{2\sigma_1^2} - \frac{u^2v^2}{2\sigma_2^2(u^2 - v^2)}\right] \cdot \frac{|u|^3}{(u^2 - v^2)^{\frac{3}{2}}} \end{aligned}$$

因此，当 $v > 0$ 时，有

$$\begin{aligned} f_V(v) &= \int_{-\infty}^{+\infty} f_{UV}(u,\ v)\mathrm{d}u \\ &= \frac{1}{2\pi\sigma_1\sigma_2} \cdot 2\int_v^{+\infty} \exp\left[-\frac{u^2}{2\sigma_1^2} - \frac{u^2v^2}{2\sigma_2^2(u^2 - v^2)}\right] \cdot \frac{|u|^3}{(u^2 - v^2)^{\frac{3}{2}}}\mathrm{d}u \\ &\xlongequal{u=\frac{v}{\cos t}} \frac{v}{\pi\sigma_1\sigma_2}\int_0^{\frac{\pi}{2}} \mathrm{e}^{-\frac{v^2}{2}\left(\frac{1}{\sigma_1^2\cos^2 t} + \frac{1}{\sigma_2^2\sin^2 t}\right)} \cdot \frac{1}{\sin^2 t\cos^2 t}\mathrm{d}t \\ &\xlongequal{y=\tan t} \frac{v}{\pi\sigma_1\sigma_2}\mathrm{e}^{-\frac{v^2}{2}\left(\frac{1}{\sigma_1^2} + \frac{1}{\sigma_2^2}\right)}\int_0^{+\infty} \mathrm{e}^{-\frac{v^2}{2}\left(\frac{y^2}{\sigma_1^2} + \frac{1}{\sigma_2^2y^2}\right)}\left(1 + \frac{1}{y^2}\right)\mathrm{d}y \qquad (5.4) \end{aligned}$$

记 $I = \int_0^{+\infty} \mathrm{e}^{-\frac{v^2}{2}\left(\frac{y^2}{\sigma_1^2}+\frac{1}{\sigma_2^2 y^2}\right)} \left(1+\frac{1}{y^2}\right) \mathrm{d}y$。由于

$$\frac{y^2}{\sigma_1^2} + \frac{1}{\sigma_2^2 y^2} = \left(\frac{y}{\sigma_1} + \frac{1}{\sigma_2 y}\right)^2 - \frac{2}{\sigma_1\sigma_2} = \left(\frac{y}{\sigma_1} - \frac{1}{\sigma_2 y}\right)^2 + \frac{2}{\sigma_1\sigma_2}$$

和

$$\begin{aligned} 1+\frac{1}{y^2} &= \frac{\sigma_1-\sigma_2}{2}\left(\frac{1}{\sigma_1} - \frac{1}{\sigma_2 y^2}\right) + \frac{\sigma_1+\sigma_2}{2}\left(\frac{1}{\sigma_1} + \frac{1}{\sigma_2 y^2}\right) \\ &= \frac{\sigma_1-\sigma_2}{2}\frac{\mathrm{d}}{\mathrm{d}y}\left(\frac{y}{\sigma_1} + \frac{1}{\sigma_2 y}\right) + \frac{\sigma_1+\sigma_2}{2}\frac{\mathrm{d}}{\mathrm{d}y}\left(\frac{y}{\sigma_1} - \frac{1}{\sigma_2 y}\right) \end{aligned}$$

有

$$\begin{aligned} I &= \int_0^{+\infty} \mathrm{e}^{-\frac{v^2}{2}\left(\frac{y^2}{\sigma_1^2}+\frac{1}{\sigma_2^2 y^2}\right)} \left(1+\frac{1}{y^2}\right) \mathrm{d}y \\ &= \frac{\sigma_1-\sigma_2}{2}\mathrm{e}^{\frac{v^2}{\sigma_1\sigma_2}} \int_0^{+\infty} \mathrm{e}^{-\frac{v^2}{2}\left(\frac{y}{\sigma_1}+\frac{1}{\sigma_2 y}\right)^2} \mathrm{d}\left(\frac{y}{\sigma_1} + \frac{1}{\sigma_2 y}\right) + \\ &\quad \frac{\sigma_1+\sigma_2}{2}\mathrm{e}^{-\frac{v^2}{\sigma_1\sigma_2}} \int_0^{+\infty} \mathrm{e}^{-\frac{v^2}{2}\left(\frac{y}{\sigma_1}-\frac{1}{\sigma_2 y}\right)^2} \mathrm{d}\left(\frac{y}{\sigma_1} - \frac{1}{\sigma_2 y}\right) \end{aligned} \tag{5.5}$$

由于

$$\begin{aligned} &\int_0^{+\infty} \mathrm{e}^{-\frac{v^2}{2}\left(\frac{y}{\sigma_1}+\frac{1}{\sigma_2 y}\right)^2} \mathrm{d}\left(\frac{y}{\sigma_1} + \frac{1}{\sigma_2 y}\right) \\ =& \int_0^{\sqrt{\frac{\sigma_1}{\sigma_2}}} \mathrm{e}^{-\frac{v^2}{2}\left(\frac{y}{\sigma_1}+\frac{1}{\sigma_2 y}\right)^2} \mathrm{d}\left(\frac{y}{\sigma_1} + \frac{1}{\sigma_2 y}\right) + \int_{\sqrt{\frac{\sigma_1}{\sigma_2}}}^{+\infty} \mathrm{e}^{-\frac{v^2}{2}\left(\frac{y}{\sigma_1}+\frac{1}{\sigma_2 y}\right)^2} \mathrm{d}\left(\frac{y}{\sigma_1} + \frac{1}{\sigma_2 y}\right) \\ =& \int_{-\infty}^{\frac{1}{\sqrt{\sigma_1\sigma_2}}} \mathrm{e}^{-\frac{v^2}{2}t^2} \mathrm{d}t + \int_{\frac{1}{\sqrt{\sigma_1\sigma_2}}}^{+\infty} \mathrm{e}^{-\frac{v^2}{2}t^2} \mathrm{d}t \\ =& -\int_{\frac{1}{\sqrt{\sigma_1\sigma_2}}}^{+\infty} \mathrm{e}^{-\frac{v^2}{2}t^2} \mathrm{d}t + \int_{\frac{1}{\sqrt{\sigma_1\sigma_2}}}^{+\infty} \mathrm{e}^{-\frac{v^2}{2}t^2} \mathrm{d}t = 0 \end{aligned}$$

根据式 (5.5)，有

$$\begin{aligned} I &= \frac{\sigma_1+\sigma_2}{2}\mathrm{e}^{-\frac{v^2}{\sigma_1\sigma_2}} \int_{-\infty}^{+\infty} \mathrm{e}^{-\frac{v^2}{2}t^2} \mathrm{d}t \\ &= \frac{\sigma_1+\sigma_2}{2}\mathrm{e}^{-\frac{v^2}{\sigma_1\sigma_2}} \cdot \sqrt{2\pi} \cdot (1/v) \cdot \int_{-\infty}^{+\infty} \frac{1}{\sqrt{2\pi}\cdot(1/v)}\mathrm{e}^{-\frac{t^2}{2(1/v)^2}} \mathrm{d}t \\ &= \frac{\sqrt{\pi}(\sigma_1+\sigma_2)}{\sqrt{2}v}\mathrm{e}^{-\frac{v^2}{\sigma_1\sigma_2}} \end{aligned}$$

其中最后一步是根据 $\int_{-\infty}^{+\infty}\frac{1}{\sqrt{2\pi}\cdot(1/v)}e^{-\frac{t^2}{2(1/v)^2}}dt=1$ 得出的。将上式代入式 (5.4)，得到

$$\begin{aligned}f_V(v)&=\frac{v}{\pi\sigma_1\sigma_2}e^{-\frac{v^2}{2}\left(\frac{1}{\sigma_1^2}+\frac{1}{\sigma_2^2}\right)}\frac{\sqrt{\pi}(\sigma_1+\sigma_2)}{\sqrt{2}v}e^{-\frac{v^2}{\sigma_1\sigma_2}}\\&=\frac{1}{\sqrt{2\pi}}\cdot\left(\frac{1}{\sigma_1}+\frac{1}{\sigma_2}\right)\cdot e^{-\frac{v^2}{2}\left(\frac{1}{\sigma_1}+\frac{1}{\sigma_2}\right)^2}\end{aligned}\tag{5.6}$$

由于 $X_1\sim N(0,\ \sigma_1^2)$，$X_2\sim N(0,\ \sigma_2^2)$ 且相互独立，则 $V=\frac{X_1X_2}{\sqrt{X_1^2+X_2^2}}$ 的分布一定关于 0 对称。

因此，当 $v<0$ 时，式 (5.6) 也同样成立。因此，$V\sim N\left[0,\ \left(\frac{1}{\sigma_1}+\frac{1}{\sigma_2}\right)^{-2}\right]$。

（2）令 $Y_1=X_1^2+X_2^2$，$Y_2=\frac{X_1}{\sqrt{Y_1}}$。利用习题 5.16 的结论，有 Y_1 和 Y_2 相互独立，且 $f_{Y_2}(y_2)=\frac{1}{\pi}\frac{1}{\sqrt{1-y_2^2}}$。因此，当 $-1<y_2<1$ 时，$F_{Y_2}(y_2)=\int_{-1}^{y_2}\frac{1}{\pi}\frac{1}{\sqrt{1-t^2}}dt=\frac{1}{\pi}\arcsin y_2+\frac{1}{2}$。令 $Y_3=\frac{1}{\pi}\arcsin Y_2+\frac{1}{2}$，则 $Y_2=\sin\left(\pi Y_3-\frac{\pi}{2}\right)=-\cos(\pi Y_3)$ 且 $Y_3\sim U(0,\ 1)$。注意到 $X_1=Y_2\sqrt{Y_1}=-\cos(\pi Y_3)\sqrt{Y_1}\sim N(0,\ \sigma^2)$，且

$$\begin{aligned}\frac{X_1^2-X_2^2}{\sqrt{X_1^2+X_2^2}}&=\frac{X_1^2-X_2^2}{X_1^2+X_2^2}\sqrt{X_1^2+X_2^2}\\&=\left(\frac{2X_1^2}{X_1^2+X_2^2}-1\right)\sqrt{X_1^2+X_2^2}\\&=(2Y_2^2-1)\sqrt{Y_1}\\&=[2\cos^2(\pi Y_3)-1]\sqrt{Y_1}\\&=\cos(2\pi Y_3)\sqrt{Y_1}\end{aligned}$$

要证明 $\frac{X_1^2-X_2^2}{\sqrt{X_1^2+X_2^2}}$ 服从正态分布，只要证 $\cos(2\pi Y_3)$ 与 $-\cos(\pi Y_3)$ 有相同的分布。考虑这两个随机变量的 MGF。

$$\begin{aligned}E\{\exp[t\cos(2\pi Y_3)]\}&=\int_0^1\exp[t\cos(2\pi y_3)]dy_3\\&=\frac{1}{2}\int_0^1\exp[t\cos(2\pi y_3)]d(2y_3)\end{aligned}$$

$$\xlongequal{z=2y_3} \frac{1}{2}\int_0^2 \exp\left[t\cos(\pi z)\right]\mathrm{d}z$$
$$= \frac{1}{2}\int_0^2 \exp\left[t\cos(\pi z-\pi)\right]\mathrm{d}z$$
$$= \frac{1}{2}\int_0^2 \exp\left[-t\cos(\pi z)\right]\mathrm{d}z$$
$$= \int_0^1 \exp\left[-t\cos(\pi z)\right]\mathrm{d}z$$
$$= E\{\exp\left[-t\cos(\pi Y_3)\right]\}$$

式中第 4 个等号利用了三角函数的周期性质，第五个等号利用了三角函数的诱导公式，最后一个等号利用了函数 $\cos(\pi z)$ 在 $z=1$ 处的对称性。

证毕。

习题 5.20

假设 $X_1 \sim N(0,\ 1)$，$X_2 \sim N(0,\ 1)$，且 X_1 和 X_2 相互独立。分别求如下随机变量的分布：（1）X_1/X_2；（2）$X_1/|X_2|$。

解答：

（1）由于 X_1 和 X_2 相互独立，且具有标准正态分布，则它们的联合 PDF 为

$$f_{X_1X_2}(x_1,\ x_2) = f_{X_1}(x_1)f_{X_2}(x_2) = \frac{1}{2\pi}\exp\left(-\frac{x_1^2+x_2^2}{2}\right)$$

记 $Y = X_1/X_2$。因此

$$F_Y(y) = P(X_1/X_2 \leqslant y) = P(X_1 \leqslant yX_2,\ X_2 > 0) + P(X_1 \geqslant yX_2,\ X_2 < 0)$$
$$= \int_0^{+\infty}\left[\int_{-\infty}^{yx_2}\frac{1}{2\pi}\mathrm{e}^{-\frac{1}{2}(x_1^2+x_2^2)}\mathrm{d}x_1\right]\mathrm{d}x_2 + \int_{-\infty}^0\left[\int_{yx_2}^{+\infty}\frac{1}{2\pi}\mathrm{e}^{-\frac{1}{2}(x_1^2+x_2^2)}\mathrm{d}x_1\right]\mathrm{d}x_2$$

对等式两边同时求导，得出

$$f_Y(y) = F_Y'(y) = \int_0^{+\infty}\frac{x_2}{2\pi}\mathrm{e}^{-\frac{1}{2}(y^2+1)x_2^2}\mathrm{d}x_2 - \int_{-\infty}^0\frac{x_2}{2\pi}\mathrm{e}^{-\frac{1}{2}(y^2+1)x_2^2}\mathrm{d}x_2$$
$$= 2\int_0^{+\infty}\frac{x_2}{2\pi}\mathrm{e}^{-\frac{1}{2}(y^2+1)x_2^2}\mathrm{d}x_2$$
$$= \frac{1}{\pi}\cdot\frac{1}{y^2+1}$$

因此，$Y = X_1/X_2$ 服从标准柯西分布。

（2）记 $Z = X_1/|X_2|$，根据 CDF 的定义，得到

$$\begin{aligned}F_Z(z) &= P(X_1/|X_2| \leqslant z)\\ &= P(X_1/X_2 \leqslant z)P(X_2 > 0) + P(X_1/X_2 \geqslant -z)P(X_2 < 0)\\ &= \frac{1}{2}[F_Y(z) + 1 - F_Y(-z)]\end{aligned}$$

等式两边同时对 z 求导，得出

$$f_Z(z) = F_Z'(z) = \frac{1}{2}\left[f_Y(z) + f_Y(-z)\right] = \frac{1}{\pi}\cdot\frac{1}{z^2+1}$$

因此，$Z = X_1/|X_2|$ 服从标准柯西分布。

习题 5.21

假设 Z_1、Z_2 为相互独立的标准正态随机变量。定义

$$X = \mu_1 + aZ_1 + bZ_2$$
$$Y = \mu_2 + cZ_1 + dZ_2$$

其中常数 a，b，c，d 满足如下约束条件：

$$a^2 + b^2 = \sigma_1^2$$
$$c^2 + d^2 = \sigma_2^2$$
$$ac + bd = \rho\sigma_1\sigma_2$$

证明 $(X, Y) \sim \mathrm{BN}(\mu_1, \mu_2, \sigma_1^2, \sigma_2^2, \rho)$。

证明：

(X, Y) 的 MGF 为

$$\begin{aligned}M_{XY}(t_1, t_2) &= E\left[\exp(t_1X + t_2Y)\right] = E\left\{\exp\left[t_1(\mu_1 + aZ_1 + bZ_2) + t_2(\mu_2 + cZ_1 + dZ_2)\right]\right\}\\ &= E\left[\exp(t_1\mu_1 + at_1Z_1 + bt_1Z_2 + t_2\mu_2 + ct_2Z_1 + dt_2Z_2)\right]\\ &= \exp(t_1\mu_1 + t_2\mu_2)\cdot E\left\{\exp\left[(at_1 + ct_2)Z_1 + (bt_1 + dt_2)Z_2t\right]\right\}\\ &= \exp(t_1\mu_1 + t_2\mu_2)\cdot M_{Z_1}(at_1 + ct_2)\cdot M_{Z_2}(bt_1 + dt_2)\\ &= \exp(t_1\mu_1 + t_2\mu_2)\cdot\exp\left[\frac{1}{2}(at_1 + ct_2)^2\right]\cdot\exp\left[\frac{1}{2}(bt_1 + dt_2)^2\right]\\ &= \exp\left\{t_1\mu_1 + t_2\mu_2 + \frac{1}{2}\left[(a^2 + b^2)t_1^2 + (2ac + 2bd)t_1t_2 + (c^2 + d^2)t_2^2\right]\right\}\\ &= \exp\left[t_1\mu_1 + t_2\mu_2 + \frac{1}{2}\left(\sigma_1^2t_1^2 + 2\rho\sigma_1\sigma_2t_1t_2 + \sigma_2^2t_2^2\right)\right]\end{aligned}$$

因此，$(X,Y)\sim \mathrm{BN}(\mu_1,\mu_2,\sigma_1^2,\sigma_2^2,\rho)$ 得证。

习题 5.22

假设随机变量 X 和 Y 服从 $[0,1]$ 上的均匀分布，且相互独立。证明随机变量 $U=\cos(2\pi X)\sqrt{-2\ln Y}$ 和 $V=\sin(2\pi X)\sqrt{-2\ln Y}$ 是相互独立的标准正态随机变量。

证明：

本题是著名的 Box-Muller 变换，见 Billingsley（1995）。首先注意到对于 $0<Y<1$，有

$$U^2+V^2=-2\ln Y,\qquad \arctan V/U=2\pi X$$

因此，可以得到

$$Y=\exp\left(-\frac{U^2+V^2}{2}\right),\qquad X=\frac{\arctan V/U}{2\pi}$$

从而可以求得雅可比矩阵为

$$\boldsymbol{J}_{XY}(u,v)=\begin{bmatrix} -\dfrac{v}{2\pi(u^2+v^2)} & \dfrac{u}{2\pi(u^2+v^2)} \\ -u\exp\left(-\dfrac{u^2+v^2}{2}\right) & -v\exp\left(-\dfrac{u^2+v^2}{2}\right) \end{bmatrix}$$

其行列式为

$$\begin{aligned}\det \boldsymbol{J}_{XY}(u,v)&=\left[\frac{v^2}{2\pi(u^2+v^2)}+\frac{u^2}{2\pi(u^2+v^2)}\right]\exp\left(-\frac{u^2+v^2}{2}\right)\\&=\frac{1}{2\pi}\exp\left(-\frac{u^2+v^2}{2}\right)\end{aligned}$$

由重积分变元替换公式，容易得到

$$f_{UV}(u,v)=1\cdot 1\cdot\frac{1}{2\pi}\exp\left(-\frac{u^2+v^2}{2}\right)=\phi(u)\cdot\phi(v)$$

其中 $\phi(\cdot)$ 是标准正态分布的密度函数，得证。

习题 5.23

假设 $X\sim U[0,1]$，$Y\sim U[0,1]$，且 X 与 Y 相互独立，求 $X-Y$ 的 PDF。

解答：

本题可仿照《概率论与统计学》教材例 5.23 得到。令 $U=X-Y$，当 $-1\leqslant u<0$ 时，

集合 $\{(X, Y)|U \leqslant u\}$ 可表示为如图 5-1 所示。当 $0 \leqslant u < 1$ 时，集合 $\{(X, Y): U \leqslant u\}$ 可表示为如图 5-2 所示。

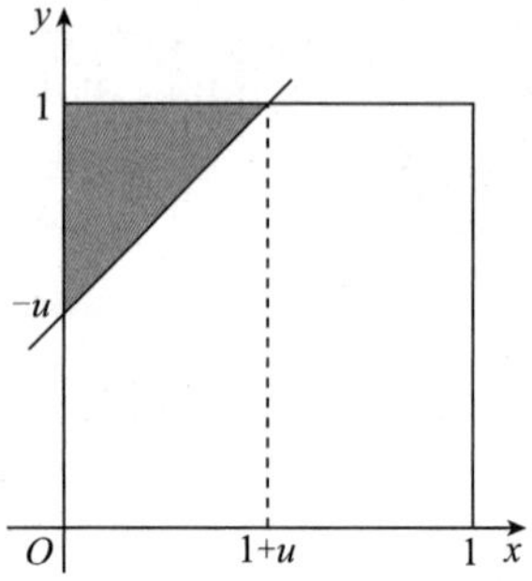

图 5-1　习题 5.23 积分区域，$-1 \leqslant u < 0$

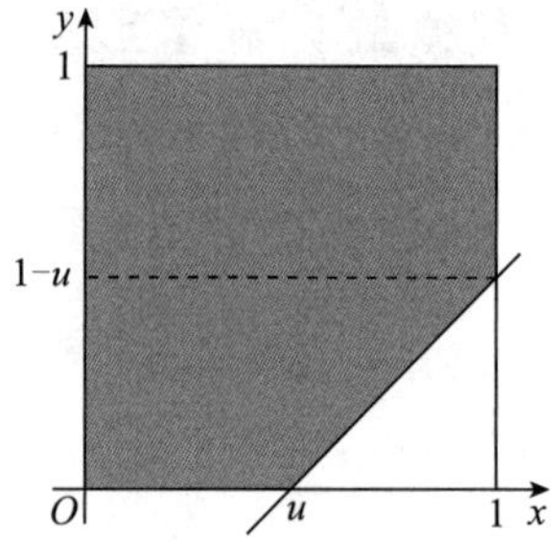

图 5-2　习题 5.23 积分区域，$0 \leqslant u < 1$

$$F_U(u) = \begin{cases} 0, & u < -1 \\ (1+u)^2/2, & -1 \leqslant u < 0 \\ 1-(1-u)^2/2, & 0 \leqslant u < 1 \\ 1, & 1 \leqslant u \end{cases}$$

因此，$U = X - Y$ 的 PDF 为

$$f_U(u) = (1-u) \cdot 1\ (0 \leqslant u < 1) + (1+u) \cdot 1\ (-1 < u < 0)$$

习题 5.24

假设 $X_1 \sim$ 柯西分布 Cauchy(0，1)，$X_2 \sim$ 柯西分布 Cauchy(0，1)，且 X_1 和 X_2 相互独立。证明 $aX_1 + bX_2$ 服从柯西分布。

证明：

由于柯西分布 Cauchy(μ，σ) 的特征函数是 $\phi(t) = \mathrm{e}^{i\mu t - \sigma|t|}$，知道 $\phi_{X_1}(t) = \phi_{X_2}(t) = \mathrm{e}^{-|t|}$。根据特征函数的性质，有 $\phi_{aX_1}(t) = \mathrm{e}^{-a|t|}$，$\phi_{bX_2}(t) = \mathrm{e}^{-b|t|}$。由于 X_1 和 X_2 相互独立，有

$$\begin{aligned} \phi_{aX_1+bX_2}(t) &= E\left(\mathrm{e}^{(aX_1+bX_2)it}\right) = E\left(\mathrm{e}^{aX_1ti}\right) E\left(\mathrm{e}^{bX_2ti}\right) \\ &= \phi_{aX_1}(t)\phi_{bX_2}(t) = \mathrm{e}^{-a|t|}\mathrm{e}^{-b|t|} = \mathrm{e}^{-(a+b)|t|} \end{aligned}$$

因此，$aX_1 + bX_2$ 服从柯西分布，参数为 $\mu = 0$，$\sigma = a + b$。
证毕。

习题 5.25

设 $X_1 \sim \text{Gamma}(\alpha_1, 1)$，$X_2 \sim \text{Gamma}(\alpha_2, 1)$，且 X_1 和 X_2 相互独立。证明 $X_1 + X_2$ 和 $X_1/(X_1 + X_2)$ 相互独立，并分别求二者的边际分布。

证明：

见 5.14。

习题 5.26

假设 X 和 Y 是两个在 $[0, 1]$ 上相互独立的均匀随机变量。求：

（1）$\max(X, Y)$ 的 CDF 与 PDF；

（2）$\min(X, Y)$ 的 CDF 与 PDF；

（3）$\dfrac{\max(X, Y)}{\min(X, Y)}$ 的 CDF 与 PDF。

给出推理过程。

解答：

由于 X 和 Y 是两个在 $[0, 1]$ 上相互独立的均匀随机变量，则有 $F_X(x) = x \cdot 1(0 < x \leqslant 1) + 1(x > 1)$，$F_Y(y) = y \cdot 1(0 < y \leqslant 1) + 1(y > 1)$。

（1）记 $Z = \max(X, Y)$。根据 CDF 的定义，对任意 $z \in (0, 1)$ 有

$$F_Z(z) = P\left[\max(X, Y) \leqslant z\right] = P(X \leqslant z) \cdot P(Y \leqslant z) = F_X(z)F_Y(z) = z^2$$

因此，$Z = \max(X, Y)$ 的 CDF 与 PDF 为

$$F_Z(z) = z^2 \cdot 1(0 < z < 1) + 1(z > 1)$$

$$f_z(z) = \frac{\mathrm{d}F_Z(z)}{\mathrm{d}z} = 2z \cdot 1(0 \leqslant z \leqslant 1)$$

（2）方法一：记 $Z = \min(X, Y)$。根据 CDF 的定义，对任意 $z \in (0, 1)$ 有

$$F_z(z) = P\left[\min(X, Y) \leqslant z\right] = 1 - P\left[\min(X, Y) > z\right]$$

$$= 1 - P(X > z)P(Y > z) = 1-$$

$$big\left[1 - F_X(z)\right]\left[1 - F_Y(z)\right]$$

$$= 1 - (1 - z)^2 = 2z - z^2$$

因此，$Z = \min(X, Y)$ 的 CDF 与 PDF 为

$$F_Z(z) = (2z - z^2) \cdot 1(0 < z < 1) + 1(z > 1)$$

$$f_z(z) = \frac{\mathrm{d}F_Z(z)}{\mathrm{d}z} = (-2z + 2) \cdot 1\ (0 \leqslant z \leqslant 1)$$

方法二：很明显，$\max(X，Y)$ 和 $\min(X，Y)$ 的分布关于 $z = \frac{1}{2}$ 是对称的。那么可以直接从 $\max(X，Y)$ 的 PDF 得到 $\min(X，Y)$ 的 PDF。

（3）记 $Z = \frac{\max(X，Y)}{\min(X，Y)}$。显然 $Z \geqslant 1$。根据 CDF 的定义，对任意 $z \geqslant 1$，有

$$\begin{aligned} F_Z(z) &= P\left[\frac{\max(X，Y)}{\min(X，Y)} \leqslant z\right] \\ &= P\left[\frac{\max(X，Y)}{\min(X，Y)} \leqslant z，Y > X\right] + P\left[\frac{\max(X，Y)}{\min(X，Y)} \leqslant z，Y \leqslant X\right] \\ &= 2P\left[\frac{\max(X，Y)}{\min(X，Y)} \leqslant z，Y > X\right] \\ &= 2P\,(Y \leqslant zX，Y > X) = 1 - \frac{1}{z} \end{aligned}$$

因此 $Z = \frac{\max(X，Y)}{\min(X，Y)}$ 的 CDF 为

$$F_Z(z) = \left(1 - \frac{1}{z}\right) \cdot 1(z \geqslant 1)$$

其中第三个等式是因为 $P\left[\frac{\max(X，Y)}{\min(X，Y)} \leqslant z，Y > X\right] = P\left[\frac{\max(X，Y)}{\min(X，Y)} \leqslant z，Y \leqslant X\right]$（由于 Y 和 X IID)，而从图 5-3 中可以看出第四个等式的结果。对等式两边求导，可得

$$f_z(z) = \frac{\mathrm{d}F_Z(z)}{\mathrm{d}z} = \frac{1}{z^2} \cdot 1(z \geqslant 1)$$

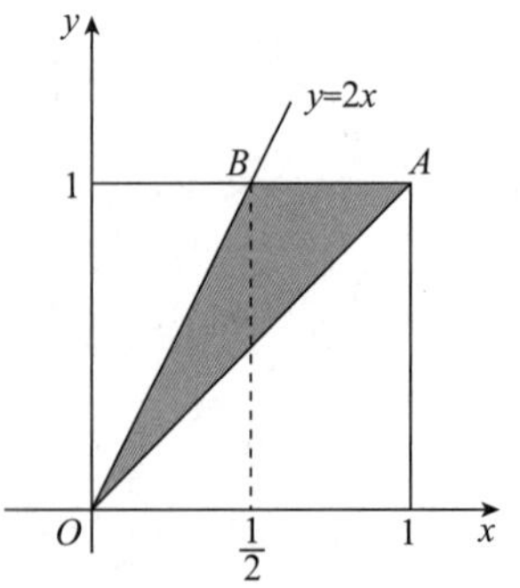

图 5-3　习题 5.26 积分区域（以 $Z = 2$ 为例）

习题 5.27

假设 (X, Y) 的联合 PDF 为 $f_{XY}(x, y)$，其中 a_1，a_2，$b_1>0$，$b_2>0$ 均为给定常数。令 $U=a_1+b_1X$，$V=a_2+b_2Y$。求 (U, V) 的联合 PDF。

解答：

由于 $U=a_1+b_1X$，$V=a_2+b_2Y$，有 $X=\dfrac{1}{b_1}(U-a_1)$，$Y=\dfrac{1}{b_2}(V-a_2)$，则

$$\det J_{XY}(u, v)=\det\begin{pmatrix}\dfrac{\partial X}{\partial U} & \dfrac{\partial X}{\partial V}\\ \dfrac{\partial Y}{\partial U} & \dfrac{\partial Y}{\partial V}\end{pmatrix}=\det\begin{pmatrix}\dfrac{1}{b_1} & 0\\ 0 & \dfrac{1}{b_2}\end{pmatrix}=\frac{1}{b_1b_2}$$

因此由二元变换定理可得

$$f_{UV}(u, v)=f_{XY}(x, y)\,|\det J_{XY}(u, v)|=f_{XY}\left(\frac{u-a_1}{b_1}, \frac{v-a_2}{b_2}\right)\frac{1}{b_1b_2}$$

习题 5.28

若 $\ln U$ 和 $\ln V$ 服从二元正态分布 $\mathrm{BN}\left(\mu_1, \mu_2, \sigma_1^2, \sigma_2^2, \rho\right)$，则随机变量 U 和 V 服从联合对数正态分布 $\mathrm{LN}\left(\mu_1, \mu_2, \sigma_1^2, \sigma_2^2, \rho\right)$。

（1）求 (U, V) 的联合 PDF；

（2）求 U 的边际 PDF。

解答：

（1）记 $X=\ln U$，$Y=\ln V$，则 $(X, Y)\sim\mathrm{BN}\left(\mu_1, \mu_2, \sigma_1^2, \sigma_2^2, \rho\right)$。那么变换 $(X, Y)\to(U, V)$ 的雅可比矩阵的行列式为

$$\det J_{XY}(U, V)=\det\begin{pmatrix}\dfrac{\partial X}{\partial U} & \dfrac{\partial X}{\partial V}\\ \dfrac{\partial Y}{\partial U} & \dfrac{\partial Y}{\partial V}\end{pmatrix}=\det\begin{pmatrix}\dfrac{1}{U} & 0\\ 0 & \dfrac{1}{V}\end{pmatrix}=\frac{1}{UV}$$

因此由二元变换定理可得

$$\begin{aligned}f_{UV}(u, v)&=f_{XY}(x, y)\cdot|\det J_{XY}(u, v)|=f_{XY}(x, y)\cdot\frac{1}{uv}\\&=\frac{1}{2\pi uv\sigma_1\sigma_2\sqrt{1-\rho^2}}\exp\left\{-\frac{1}{2(1-\rho^2)}\left[\left(\frac{\ln u-\mu_1}{\sigma_1}\right)^2-\right.\right.\\&\quad\left.\left.2\rho\frac{\ln u-\mu_1}{\sigma_1}\frac{\ln v-\mu_2}{\sigma_2}+\left(\frac{\ln v-\mu_2}{\sigma_2}\right)^2\right]\right\}\end{aligned}$$

（2）由于 $X=\ln U\sim N(\mu_1,\ \sigma_1^2)$ 和 $\dfrac{\mathrm{d}X}{\mathrm{d}U}=\dfrac{1}{U}$，则有

$$f_U(u)=\frac{1}{\sqrt{2\pi}\sigma_1 u}\exp\left[-\frac{(\ln u-\mu_1)^2}{2\sigma_1^2}\right]$$

习题 5.29

证明当且仅当对任意 $\boldsymbol{a}=(a_1,\ a_2,\ \cdots,\ a_n)'\in\boldsymbol{R}^n$，线性组合 $\boldsymbol{a}'\boldsymbol{X}$ 服从均值为 $\boldsymbol{a}'\boldsymbol{\mu}$，方差为 $\boldsymbol{a}'\boldsymbol{\Sigma}\boldsymbol{a}$ 的正态分布，则 n 维随机向量 $\boldsymbol{X}=(X_1,\ X_2,\ \cdots,\ X_n)'$ 服从均值为 $\boldsymbol{\mu}=E(\boldsymbol{X})$，方差-协方差矩阵为 $\boldsymbol{\Sigma}=\mathrm{var}\boldsymbol{X}$ 的多元正态分布。

证明：

一方面，当线性组合 $\boldsymbol{a}'\boldsymbol{X}$ 服从均值为 $\boldsymbol{a}'\boldsymbol{\mu}$、方差为 $\boldsymbol{a}'\boldsymbol{\Sigma}\boldsymbol{a}$ 的正态分布时，即 $\boldsymbol{a}'\boldsymbol{X}\sim N(\boldsymbol{a}'\boldsymbol{\mu},\ \boldsymbol{a}'\boldsymbol{\Sigma}\boldsymbol{a})$，则 $\boldsymbol{a}'\boldsymbol{X}$ 的 MGF 为

$$M_{\boldsymbol{a}'\boldsymbol{X}}(t)=E\left(\mathrm{e}^{\boldsymbol{a}'\boldsymbol{X}t}\right)=\exp\left(\boldsymbol{a}'\boldsymbol{\mu}t+\frac{\boldsymbol{a}'\boldsymbol{\Sigma}\boldsymbol{a}}{2}t^2\right)$$

$t=1$ 时，有 $E\left(\mathrm{e}^{\boldsymbol{a}'\boldsymbol{x}}\right)=\exp\left(\boldsymbol{a}'\boldsymbol{\mu}+\dfrac{\boldsymbol{a}'\boldsymbol{\Sigma}\boldsymbol{a}}{2}\right)$。由于$\boldsymbol{a}$ 是任意的，所以可以得到 $\boldsymbol{X}$ 的 MGF 为

$$M_X(a)=E\left(\mathrm{e}^{\boldsymbol{a}'\boldsymbol{X}}\right)=\exp\left(\boldsymbol{a}'\boldsymbol{X}+\frac{\boldsymbol{a}'\boldsymbol{\Sigma}\boldsymbol{a}}{2}\right)$$

因此，$\boldsymbol{X}\sim N(\boldsymbol{\mu},\ \boldsymbol{\Sigma})$。另一方面，当 $\boldsymbol{X}\sim N(\boldsymbol{\mu},\ \boldsymbol{\Sigma})$ 时，有 $M_X(a)=E\left(\mathrm{e}^{\boldsymbol{a}'\boldsymbol{X}}\right)=\exp\left(\boldsymbol{a}'\boldsymbol{X}+\dfrac{\boldsymbol{a}'\boldsymbol{\Sigma}\boldsymbol{a}}{2}\right)$。因此 $E\left(\mathrm{e}^{\boldsymbol{a}'\boldsymbol{X}t}\right)=\exp\left\{\boldsymbol{a}'\boldsymbol{\mu}t+\dfrac{\boldsymbol{a}'\boldsymbol{\Sigma}\boldsymbol{a}}{2}t^2\right\}$，即 $\boldsymbol{a}'\boldsymbol{X}\sim N(\boldsymbol{a}'\boldsymbol{\mu},\ \boldsymbol{a}'\boldsymbol{\Sigma}\boldsymbol{a})$。

习题 5.30

假设 X_1，X_2，X_3 具有连续的联合 PDF $f_{X_1,\ X_2,\ X_3}(x_1,\ x_2,\ x_3)$。定义 $Y_1=F_1(X_1)$，$Y_2=F_2(X_1,\ X_2)$ 且 $Y_3=F_3(X_1,\ X_2,\ X_3)$，其中

$$F_1(x)=P(X_1\leqslant x)$$

$$F_2(x_1,\ x_2)=P(X_2\leqslant x_2|X_1=x_1)$$

$$F_3(x_1,\ x_2,\ x_3)=P(X_3\leqslant x_3|X_2=x_2,\ X_1=x_1)$$

证明：Y_1，Y_2，Y_3 相互独立且均服从 $[0,\ 1]$ 上的均匀分布。

提示：首先定义 $f_{X_2|X_1}(x_2|x_1)=\dfrac{f_{X_1X_2}(x_1,\ x_2)}{f_{X_1}(x_1)}$，则 $F_2(x_1,\ x_2)=\int_{-\infty}^{x_2}f_{X_2|X_1}(y|x_1)\mathrm{d}y$。

证明：

定义 $f_{X_2|X_1}(x_2|x_1)=\dfrac{f_{X_1X_2}(x_1,\ x_2)}{f_{X_1}(x_1)}$，$f_{X_3|X_1X_2}(x_3|x_1x_2)=\dfrac{f_{X_1X_2X_3}(x_1,\ x_2)}{f_{X_1X_2}(x_1,\ x_2)}$。那么有

$$F_2(x_1,\ x_2)=\int_{-\infty}^{x_2}f_{X_2|X_1}(y|x_1)\mathrm{d}y$$

$$F_3(x_1,\ x_2,\ x_3)=\int_{-\infty}^{x_3}f_{X_3|X_1X_2}(y|x_1x_2)\mathrm{d}y$$

首先证明 Y_1，Y_2，Y_3 分别服从 $[0,\ 1]$ 上的均匀分布。对任意 $y_1\in[0,\ 1]$，有

$$F_{Y_1}(y_1)=P(Y_1\leqslant y_1)=P\left[F_{X_1}(X_1)\leqslant y_1\right]=P\left[X_1\leqslant F_{X_1}^{-1}(y_1)\right]=F_{X_1}\left[F_{X_1}^{-1}(y_1)\right]=y_1$$

因此，$Y_1\sim U[0,\ 1]$。对任意 $y_2\in[0,\ 1]$，有

$$\begin{aligned}F_{Y_2}(y_2)&=P(Y_2\leqslant y_2)=P\left[F(X_2|X_1)\leqslant y_2\right]\\&=P\left[X_2\leqslant F^{-1}(y_2|X_1)\right]=EP\left[X_2\leqslant F^{-1}(y_2|X_1)|X_1\right]=y_2\end{aligned}$$

因此，$Y_2\sim U[0,\ 1]$。类似地，可得 $Y_3\sim U[0,\ 1]$。最后证明

$$P(Y_1\leqslant y_1,\ Y_2\leqslant y_2,\ Y_3\leqslant y_3)=y_1y_2y_3,\quad \forall\, y_1,\ y_2,\ y_3\in[0,\ 1]$$

由于

$$\begin{aligned}&P(Y_1\leqslant y_1,\ Y_2\leqslant y_2,\ Y_3\leqslant y_3)\\&=P\left[F_1(X_1)\leqslant y_1,\ F_2(X_1,\ X_2)\leqslant y_2,\ F_3(X_1,\ X_2,\ X_3)\leqslant y_3\right]\\&=\int_{-\infty}^{+\infty}P\left[F_1(X_1)\leqslant y_1,\ F_2(X_1,\ X_2)\leqslant y_2,\ F_3(X_1,\ X_2,\ X_3)\leqslant y_3\middle|X_1=x_1\right]f_{X_1}(x_1)\mathrm{d}x_1\\&=\int_{-\infty}^{+\infty}P\left[F_2(X_1,\ X_2)\leqslant y_2,\ F_3(X_1,\ X_2,\ X_3)\leqslant y_3\middle|X_1=x_1\right]\cdot 1_{\{F(X_1)\leqslant y_1\}}\cdot f_{X_1}(x_1)\mathrm{d}x_1\end{aligned}$$

其中，

$$\begin{aligned}&P\left[F_2(X_1,\ X_2)\leqslant y_2,\ F_3(X_1,\ X_2,\ X_3)\leqslant y_3\middle|X_1=x_1\right]\\&=P\left[F_2(X_1,\ X_2)\leqslant y_2,\ F_3(X_1,\ X_2,\ X_3)\leqslant y_3\middle|X_1=x_1,\ X_2=x_2\right]f_{X_2}(x_2)\mathrm{d}x_2\\&=\int_{-\infty}^{+\infty}P\left[F_3(X_1,\ X_2,\ X_3)\leqslant y_3\middle|X_1=x_1,\ X_2=x_2\right]\cdot 1_{\{F_2(X_1,\ X_2)\leqslant y_2\}}f_{X_2}(x_2)\mathrm{d}x_2\\&=y_3\cdot\int_{-\infty}^{+\infty}1_{\{F_2(X_1,\ X_2)\leqslant y_2\}}f_{X_2}(x_2)\mathrm{d}x_2=y_3\cdot P\left[F_2(X_1,\ X_2)\leqslant y_2\right]=y_2y_3\end{aligned}$$

因此，

$$P(Y_1 \leqslant y_1,\ Y_2 \leqslant y_2,\ Y_3 \leqslant y_3) = y_2 y_3 \int_{-\infty}^{+\infty} 1_{\{F(X_1) \leqslant y_1\}} \cdot f_{X_1}(x_1) \mathrm{d}x_1$$

$$= y_2 y_3 \left[F_1(X_1) \leqslant y_1\right] = y_1 y_2 y_3$$

故 Y_1，Y_2，Y_3 相互独立且均服从 $[0,\ 1]$ 上的均匀分布得证。

习题 5.31

假设 Y 基于 $X = x$ 的条件分布为 $N(x,\ x^2)$，且 X 的边际分布服从均匀分布 $U(0,\ 1)$。

（1）求 $E(Y)$、$\mathrm{var}(Y)$ 以及 $\mathrm{cov}(X,\ Y)$；

（2）证明 Y/X 和 X 相互独立。

解答：

（1）根据重期望公式，有 $EY = E\left[E(Y|X)\right] = EX = \frac{1}{2}$。由《概率论与统计学》教材定理 5.27 可知

$$\mathrm{var}Y = \mathrm{var}\left[E(Y|X)\right] + E\left[\mathrm{var}(Y|X)\right] = \mathrm{var}X + EX^2 = \frac{5}{12}$$

$$\mathrm{cov}(X,\ Y) = E(XY) - E(X)E(Y) = E\left[XE(Y|X)\right] - E^2(X) = E(X^2) - E^2(X) = \mathrm{var}X = \frac{1}{12}$$

（2）由题意可知

$$f_{XY}(x,\ y) = \frac{1}{\sqrt{2\pi}x} \exp\left[-\frac{(y-x)^2}{2x^2}\right] \cdot 1(0 < x < 1)$$

容易知道 $(X,\ Y)$ 的支撑集为 $(0,\ 1) \times \boldsymbol{R}$。令 $U = Y/X$，$V = X$，得到 $X = V$，$Y = UV$。因此可得

$$\det J_{XY}(u,\ v) = \begin{pmatrix} 0 & 1 \\ v & u \end{pmatrix} = -v$$

由二元变换定理可知

$$f_{UV}(u,\ v) = \frac{1}{\sqrt{2\pi}v} \exp\left[-\frac{(uv-v)^2}{2v^2}\right] v \cdot 1(0 < v < 1)$$

$$= \frac{1}{\sqrt{2\pi}} \exp\left[-\frac{(u-1)^2}{2}\right] \cdot 1(0 < v < 1)$$

由因子分解定理可知 Y/X 和 X 相互独立得证。

习题 5.32

考虑两个随机变量 (X, Y)。假设 X 服从 $(-1, 1)$ 上的均匀分布，即 X 的 PDF 为

$$f_X(x) = \begin{cases} \frac{1}{2}, & -1 < x < 1 \\ 0, & 其他 \end{cases}$$

给定 $X = x$，Y 的条件 PDF 为

$$f_{Y|X}(y|x) = \frac{1}{\sqrt{2\pi}} e^{-\frac{(y-\alpha-\beta x)^2}{2}}, \quad -\infty < y < \infty, \ -1 < x < 1$$

（1）求 $E(Y)$；

（2）求 $\mathrm{cov}(X, Y)$。

解答：

（1）由于给定 $X = x$，Y 的条件 PDF 为正态分布，可以得到 $E(Y|X) = \alpha + \beta X$。又因为 $X \sim U(-1, 1)$，$E(X) = 0$，因此

$$E(Y) = E\left[E(Y|X)\right] = \alpha + \beta E(X) = \alpha$$

（2）

$$\mathrm{cov}(X, Y) = E(XY) - E(X)E(Y) = E(XY) = E\left[XE(Y|X)\right] = E(\alpha X + \beta X^2) = \beta E X^2 = \frac{\beta}{3}$$

习题 5.33

假设 X 和 Y 为具有有限期望的两个随机变量，证明若 $P(X \leqslant Y) = 1$，则 $E(X) \leqslant E(Y)$。

证明：

若 $P(X \leqslant Y) = 1$，则 $P(Y - X \geqslant 0) = 1$。因此 $E(Y) - E(X) = E(Y - X) \geqslant 0$ 得证。

习题 5.34

假设 $g(X)$ 和 $h(Y)$ 是两个关于联合分布 (X, Y) 的平方可积函数。证明柯西-施瓦兹不等式成立：$\{E[g(X)h(Y)]\}^2 < E[g^2(X)]E[h^2(Y)]$。

证明：

首先，构造一个不等式 $[g(X)t - h(Y)]^2 \geqslant 0$，此不等式对所有 t，$g(x)$，$h(x)$ 都成

立。然后就有 $E\left[g(X)t-h(Y)\right]^2 \geqslant 0$，这意味着

$$E\left[g^2(X)\right]t^2-2E\left[g(X)h(Y)\right]t+E\left[h^2(Y)\right] \geqslant 0$$

由于它是一元二次不等式的形式，因此我们知道方程 $E\left[g^2(X)\right]t^2-2E\left[g(X)h(Y)\right]t+E\left[h^2(Y)\right]=0$ 不可能有两个不同的实数根，并且该方程的判别式不会大于 0，这意味着

$$\Delta=4E^2\left[g(X)h(Y)\right]-4E\left[g^2(X)\right]E\left[h^2(Y)\right] \leqslant 0$$

因此，得到

$$E^2\left[g(X)h(Y)\right] \leqslant E\left[g^2(X)\right]E\left[h^2(Y)\right]$$

习题 5.35

假设 X 和 Y 为两个相互独立的标准指数随机变量，求 $E\left[\max(X,\ Y)\right]$。

解答：

$$\begin{aligned}
&E\left[\max(X,\ Y)\right]=E\{E\left[\max(X,\ Y)|X\right]\}\\
&=E\left(\int_0^X X\mathrm{e}^{-y}\mathrm{d}y+\int_X^{+\infty} y\mathrm{e}^{-y}\mathrm{d}y\right)\\
&=E\left[X(1-\mathrm{e}^{-X})+\mathrm{e}^{-X}+X\mathrm{e}^{-X}\right]=E(X+\mathrm{e}^{-X})\\
&=\int_0^{+\infty}(x\mathrm{e}^{-x}+\mathrm{e}^{-2x})\mathrm{d}x=1+\frac{1}{2}=\frac{3}{2}
\end{aligned}$$

习题 5.36

假设 X 和 Y 为具有任意联合概率分布函数的非负随机变量。若 $X>x$ 和 $Y>y$，则 $1(x,\ y)$ 取值为 1，否则取值为 0。

（1）证明 $\int_0^{+\infty}\int_0^{+\infty}\mathbf{1}(x,\ y)\mathrm{d}x\mathrm{d}y=XY$；

（2）通过对（1）中的式子两边求期望，证明 $E(XY)=\int_0^{+\infty}\int_0^{+\infty}P(X>x,\ Y>y)\mathrm{d}x\mathrm{d}y$。

解答：

（1）

$$\int_0^{+\infty}\int_0^{+\infty}\mathbf{1}(x,\ y)\mathrm{d}x\mathrm{d}y=\int_0^{+\infty}\mathbf{1}(X>x)\mathrm{d}x\int_0^{+\infty}\mathbf{1}(Y>y)\mathrm{d}y=\int_0^X\mathrm{d}x\int_0^Y\mathrm{d}y=XY$$

（2）对上式两边求期望，可得

$$E(XY)=\int_0^{+\infty}\int_0^{+\infty}E\left[\mathbf{1}(x,\ y)\right]\mathrm{d}x\mathrm{d}y=\int_0^{+\infty}\int_0^{+\infty}P(X>x,\ Y>y)\mathrm{d}x\mathrm{d}y$$

习题 5.37

Beta 分布的一个推广称为所谓的 Dirichlet 分布。在二维情形下，$(X,\ Y)$ 的联合 PDF 为

$$f_{XY}(x,\ y)=Cx^{a-1}y^{b-1}(1-x-y)^{c-1},\ 0<x<1,\ 0<y<1,\ 0<y<1-x<1$$

其中 $a>0,\ b>0,\ c>0$ 均为常数。

（1）证明 $C=\dfrac{\Gamma(a+b+c)}{\Gamma(a)\Gamma(b)\Gamma(c)}$；

（2）证明 X 和 Y 的边际分布均为 Beta 分布；

（3）求 Y 在给定 $X=x$ 下的条件分布，并证明 $\dfrac{Y}{1-X}$ 服从贝塔分布 $\mathrm{Beta}(b,\ c)$；

（4）证明 $E(XY)=\dfrac{ab}{(a+b+c+1)(a+b+c)}$ 并求协方差 $\mathrm{cov}(X,\ Y)$。

证明：

（1）令 $u=\dfrac{y}{1-x}$，由 $0<y<1-x<1$ 可知 $0<u<1$ 并且 $\mathrm{d}y=(1-x)\mathrm{d}u$。因此，有

$$\begin{aligned}1&=\iint_{\boldsymbol{R}^2}f_{XY}(x,\ y)\mathrm{d}x\mathrm{d}y=\int_0^1\int_0^{1-x}Cx^{a-1}y^{b-1}(1-x-y)^{c-1}\mathrm{d}y\mathrm{d}x\\&=C\int_0^1\int_0^1x^{a-1}(1-x)^{b+c-1}u^{b-1}(1-u)^{c-1}\mathrm{d}u\mathrm{d}x\\&=C\mathrm{B}(a,\ b+c)\mathrm{B}(b,\ c)\end{aligned}$$

其中 $\mathrm{B}(\cdot,\ \cdot)$ 是 Beta 函数。因此 $C=\dfrac{1}{\mathrm{B}(a,\ b+c)\mathrm{B}(b,\ c)}=\dfrac{\Gamma(a+b+c)}{\Gamma(a)\Gamma(b+c)}\cdot\dfrac{\Gamma(b+c)}{\Gamma(b)\Gamma(c)}=\dfrac{\Gamma(a+b+c)}{\Gamma(a)\Gamma(b)\Gamma(c)}$。

（2）$z=\dfrac{y}{1-x}$，则

$$\begin{aligned}f_X(x)&=Cx^{a-1}(1-x)^{b+c+1}\int_0^1z^{b-1}(1-z)^{c-1}\mathrm{d}z\\&=\frac{\Gamma(a+b+c)}{\Gamma(a)\Gamma(b)\Gamma(c)}\cdot x^{a-1}(1-x)^{b+c-1}\cdot\mathrm{B}(b,\ c)\end{aligned}$$

$$= \frac{\Gamma(a+b+c)}{\Gamma(a)\Gamma(b)\Gamma(c)} \cdot x^{a-1}(1-x)^{b+c-1} \cdot \frac{\Gamma(b)\Gamma(c)}{\Gamma(b+c)}$$
$$= \frac{\Gamma(a+b+c)}{\Gamma(a)\Gamma(b+c)} \cdot x^{a-1}(1-x)^{b+c-1}$$

因此，$X \sim \text{Beta}(a, b+c)$，即 X 的边际分布为 Beta 分布得证。令 $w = \dfrac{x}{1-y}$，$0 < w < 1$。同理可得 $Y \sim \text{Beta}(b, a+c)$，即 Y 的边际分布为 Beta 分布得证。

（3）由（2）可知，Y 在给定 $X = x$ 下的条件密度函数为

$$\frac{f_{XY}(x, y)}{f_X(x)} = \frac{\Gamma(b+c)}{\Gamma(b)\Gamma(c)} \frac{y^{b-1}(1-x-y)^{c-1}}{(1-x)^{b+c-1}}, \qquad 0 < y < 1-x < 1$$

令 $U = \dfrac{Y}{1-X}$，$V = 1 - X$，则 $X = 1 - V$，$Y = UV$，并且

$$\det J_{XY}(U, V) = \det \begin{pmatrix} \dfrac{\partial X}{\partial U} & \dfrac{\partial X}{\partial V} \\ \dfrac{\partial Y}{\partial U} & \dfrac{\partial Y}{\partial V} \end{pmatrix} = \det \begin{pmatrix} 0 & -1 \\ V & U \end{pmatrix} = V$$

注意到 (X, Y) 和 (U, V) 的支撑之间的映射是双射，则由二元变换定理得

$$\begin{aligned} f_{UV}(u, v) &= f_{XY}(x, y)\,|\det[J_{XY}(u, v)]| \\ &= Cx^{a-1}y^{b-1}(1-x-y)^{c-1} \cdot v \\ &= \frac{1}{\text{B}(a, b+c)\text{B}(b, c)}(1-v)^{a-1}(uv)^{b-1}(v-uv)^{c-1} \cdot v \\ &= \frac{1}{\text{B}(a, b+c)\text{B}(b, c)} v^{b+c-1}(1-v)^{a-1}u^{b-1}(1-u)^{c-1} \end{aligned} \tag{5.7}$$

因此 U 的边际分布为

$$\begin{aligned} f_U(u) &= \int_0^1 v^{b+c-1}(1-v)^{a-1} \frac{u^{b-1}(1-u)^{c-1}}{\text{B}(a, b+c)\text{B}(b, c)} \mathrm{d}v \\ &= \frac{u^{b-1}(1-u)^{c-1}}{\text{B}(a, b+c)\text{B}(b, c)} \int_0^1 v^{b+c-1}(1-v)^{a-1} \mathrm{d}v \\ &= \frac{1}{\text{B}(b, c)} u^{b-1}(1-u)^{c-1} \end{aligned} \tag{5.8}$$

因此，$U = \dfrac{Y}{1-X}$ 服从贝塔分布 $\text{Beta}(b, c)$。

（4）将式 (5.8) 代入式 (5.7) 可知

$$f_{UV}(u, v) = f_U(u) \cdot f_V(v)$$

其中 $f_V(v)=\dfrac{v^{b+c-1}(1-v)^{a-1}}{\mathrm{B}(a,\ b+c)}$

因此，$\dfrac{Y}{1-X}\sim\mathrm{Beta}(b,\ c)$，$1-X\sim\mathrm{Beta}(b+c,\ a)$，且 $1-X$ 和 $\dfrac{Y}{1-X}$ 相互独立。故

$$\begin{aligned}E(XY)&=E\left[X(1-X)\frac{Y}{1-X}\right]=E\left\{E\left[X(1-X)\frac{Y}{1-X}\middle|X\right]\right\}\\&=E\left[X(1-X)E\left(\frac{Y}{1-X}\middle|1-X\right)\right]\\&=\frac{b}{b+c}(EX-EX^2)\\&=\frac{b}{b+c}\cdot\left[\frac{a}{a+b+c}-\frac{a(a+1)}{(a+b+c)(a+b+c+1)}\right]\\&=\frac{ab}{(a+b+c+1)(a+b+c)}\end{aligned}$$

由（2）可知，$X\sim\mathrm{Beta}(a,\ b+c)$，$Y\sim\mathrm{Beta}(b,\ a+c)$ 故协方差 $\mathrm{cov}(X,\ Y)$ 为

$$\mathrm{cov}(X,\ Y)=E(XY)-E(X)E(Y)=-\frac{ab}{(a+b+c+1)(a+b+c)^2}$$

习题 5.38

假设 X_1，X_2 和 X_3 为不相关的随机变量，三者的均值均为 μ，方差为 σ^2。用均值 μ 和方差 σ^2 表示 $\mathrm{cov}(X_1+X_2,\ X_2+X_3)$ 和 $\mathrm{cov}(X_1+X_2,\ X_1-X_2)$。

解答：

（1）

$$\begin{aligned}\mathrm{cov}(X_1+X_2,\ X_2+X_3)&=\mathrm{cov}(X_1,\ X_2)+\mathrm{cov}(X_1,\ X_3)+\mathrm{cov}(X_2,\ X_2)+\mathrm{cov}(X_2,\ X_3)\\&=\mathrm{cov}(X_2,\ X_2)=\sigma^2\end{aligned}$$

（2）

$$\begin{aligned}\mathrm{cov}(X_1+X_2,\ X_1-X_2)&=\mathrm{cov}(X_1,\ X_1)-\mathrm{cov}(X_1,\ X_2)+\mathrm{cov}(X_2,\ X_1)-\mathrm{cov}(X_2,\ X_2)\\&=\sigma^2-0+0-\sigma^2=0\end{aligned}$$

习题 5.39

假设 $(X,\ Y)$ 为均值为 μ_X 和 μ_Y，方差为 σ_X^2 和 σ_Y^2 的二元随机向量。令 $U=X+Y$，$V=X-Y$。证明当且仅当 $\sigma_X^2=\sigma_Y^2$ 时，U 和 V 不相关。

证明：

U 和 V 不相关当且仅当 $\text{cov}(U, V)=0$。因为

$$0=\text{cov}(U, V)=\text{cov}(X+Y, X-Y)=\sigma_X^2-\sigma_Y^2$$

因此，当且仅当 $\sigma_X^2=\sigma_Y^2$ 时，U 和 V 不相关。

习题 5.40

假设 $g(\cdot)$ 和 $h(\cdot)$ 为两个 PDF，其对应的 CDF 分别为 $G(\cdot)$ 和 $H(\cdot)$。

（1）证明对于 $-1 \leqslant \alpha \leqslant 1$，函数

$$f(x, y)=g(x)h(y)\{1+\alpha[2G(x)-1][2H(y)-1]\}$$

为两个随机变量的联合 PDF。

（2）证明 $g(\cdot)$ 和 $h(\cdot)$ 是联合 PDF $f(x, y)$ 的边际 PDF。

证明：

（1）由于 $2G(x)-1$ 和 $2H(y)-1$ 都在 $[-1, 1]$ 范围内，并且 $-1 \leqslant \alpha \leqslant 1$，因此有 $f(x, y) \geqslant 0$。要证明 $f(x, y)$ 是 PDF，只需证明 $\int_{-\infty}^{+\infty}\int_{-\infty}^{+\infty} f(x, y)\mathrm{d}x\mathrm{d}y=1$。

$$\begin{aligned}
&\int_{-\infty}^{+\infty}\int_{-\infty}^{+\infty} f(x, y)\mathrm{d}x\mathrm{d}y \\
=&\int_{-\infty}^{+\infty}\int_{-\infty}^{+\infty} g(x)h(y)\{1+\alpha[2G(x)-1][2H(y)-1]\}\mathrm{d}x\mathrm{d}y \\
=&1+\alpha\int_{-\infty}^{+\infty}\int_{-\infty}^{+\infty} g(x)h(y)[2G(x)-1][2H(y)-1]\mathrm{d}x\mathrm{d}y \\
=&1+\alpha\int_{-\infty}^{+\infty} g(x)[2G(x)-1]\mathrm{d}x\int_{-\infty}^{+\infty} h(y)[2H(y)-1]\mathrm{d}y
\end{aligned}$$

注意到

$$\begin{aligned}
&\int_{-\infty}^{+\infty} g(x)[2G(x)-1]\mathrm{d}x \\
=&\int_{-\infty}^{+\infty}[2G(x)-1]\mathrm{d}G(x) \\
=&\ G(x)[2G(x)-1]\Big|_{-\infty}^{+\infty}-\int_{-\infty}^{+\infty} 2G(x)g(x)\mathrm{d}x \\
=&1-2\int_{-\infty}^{+\infty} G(x)g(x)\mathrm{d}x \\
=&1-2\int_{-\infty}^{+\infty} G(x)\mathrm{d}[G(x)]
\end{aligned}$$

$$= 1 - G^2(x)\Big|_{-\infty}^{+\infty} = 0$$

同理，$\int_{-\infty}^{+\infty} h(y)\left[2H(y) - 1\right]\mathrm{d}y = 0$。因此，$\int_{-\infty}^{+\infty}\int_{-\infty}^{+\infty} f(x, y)\mathrm{d}x\mathrm{d}y = 1$ 得证。

（2）要证明这个命题，需要证明 $\int_{-\infty}^{+\infty} f(x, y)\mathrm{d}y = g(x)$，$\int_{-\infty}^{+\infty} f(x, y)\mathrm{d}x = h(y)$。由于它们的证明相似，因此只需证明 $\int_{-\infty}^{+\infty} f(x, y)\mathrm{d}y = g(x)$。由（1）可得

$$\int_{-\infty}^{+\infty} h(y)\left[2H(y) - 1\right]\mathrm{d}y = 0$$

因此，

$$\int_{-\infty}^{+\infty} f(x, y)\mathrm{d}y = g(x)\int_{-\infty}^{+\infty} h(y)\mathrm{d}y + \alpha g(x)\left[2G(x) - 1\right]\int_{-\infty}^{+\infty} h(y)\left[2H(y) - 1\right]\mathrm{d}y = g(x)$$

习题 5.41

假设 X 和 Y 的联合 PMF 为

$$f_{XY}(x, y) = \begin{cases} \dfrac{1}{3}, & (x, y) = (-1, 1), (0, 0), (1, 1) \\ 0, & \text{其他} \end{cases}$$

（1）求 $\mathrm{cov}(X, Y)$；

（2）X 和 Y 是否相互独立？说明理由。

解答：

（1）根据 X 和 Y 的联合 PMF 可得

$$E(X) = \frac{1}{3}\cdot(-1) + \frac{1}{3}\cdot 0 + \frac{1}{3}\cdot 1 = 0$$

$$E(XY) = \frac{1}{3}\cdot(-1) + \frac{1}{3}\cdot 0 + \frac{1}{3}\cdot 1 = 0$$

因此，

$$\mathrm{cov}(X, Y) = E(XY) - E(X)E(Y) = 0$$

（2）不独立，因为 X 的支撑取决于 Y。

习题 5.42

BehBoodian（1990）阐明了如何构造不相关但非独立的二元随机变量。假设 $f_1(x)$、$f_2(x)$、$g_1(y)$、$g_2(y)$ 是均值分别为 μ_1、μ_2、ς_1、ς_2 的一元密度函数，二元随机变量 $(X，Y)$ 的密度函数为

$$f_{XY}(x, y) = af_1(x)g_1(y) + (1-a)f_2(x)g_2(y)$$

其中 $0 < a < 1$ 为已知常数。

（1）证明：X 和 Y 边际密度分别为 $f_X(x) = af_1(x) + (1-a)f_2(x)$ 和 $f_Y(y) = ag_1(y) + (1-a)g_2(y)$。

（2）证明：当且仅当 $[f_1(x) - f_2(x)][g_1(y) - g_2(y)] = 0$ 时，X 和 Y 相互独立。

（3）证明：$\text{cov}(X, Y) = a(1-a)(\mu_1 - \mu_2)(\varsigma_1 - \varsigma_2)$，并解释如何构建不相关但非独立的随机变量。

（4）令 $f_1(x)$、$f_2(x)$、$g_1(y)$、$g_2(y)$ 为二项分布的 PMF，分别举出使得 $(X，Y)$ 独立、相关、不相关但非独立的参数组合例子。

证明：

（1）通过对联合 PDF $f_{XY}(x, y)$ 求积分，可以得到边际 PDF $f_X(x)$ 和 $f_Y(y)$。

$$\begin{aligned} f_X(x) &= \int_{-\infty}^{+\infty} f_{XY}(x, y)\mathrm{d}y = af_1(x)\int_{-\infty}^{+\infty} g_1(y)\mathrm{d}y + (1-a)f_2(x)\int_{-\infty}^{+\infty} g_2(y)\mathrm{d}y \\ &= af_1(x) + (1-a)f_2(x) \\ f_Y(y) &= \int_{-\infty}^{+\infty} f_{XY}(x, y)\mathrm{d}x = ag_1(y)\int_{-\infty}^{+\infty} f_1(x)\mathrm{d}x + (1-a)g_2(y)\int_{-\infty}^{+\infty} f_2(x)\mathrm{d}x \\ &= ag_1(y) + (1-a)g_2(y) \end{aligned}$$

（2）X 和 Y 相互独立 $\Longleftrightarrow f_{XY}(x, y) = f_X(x)f_Y(y)$，即

$$af_1(x)g_1(y) + (1-a)f_2(x)g_2(y) = [af_1(x) + (1-a)f_2(x)][ag_1(y) + (1-a)g_2(y)]$$

化简可得

$$a(1-a)f_1(x)g_1(y) + a(1-a)f_2(x)g_2(y) = a(1-a)f_1(x)g_2(y) + a(1-a)f_2(x)g_1(y)$$

因为 $0 < a < 1$，所以上式等价于

$$f_1(x)g_1(y) + f_2(x)g_2(y) = f_1(x)g_2(y) + f_2(x)g_1(y)$$

化简可得

$$\left[f_1(x) - f_2(x)\right]\left[g_1(y) - g_2(y)\right] = 0$$

因此我们知道 X 和 Y 相互独立当且仅当 $\left[f_1(x) - f_2(x)\right]\left[g_1(y) - g_2(y)\right] = 0$。

（3）首先，计算 $E(X)$、$E(Y)$ 和 $E(XY)$。

$$E(X) = \int_{-\infty}^{+\infty} x \cdot \left[af_1(x) + (1-a)f_2(x)\right]\mathrm{d}x = a\mu_1 + (1-a)\mu_2$$

同理可得，

$$E(Y) = a\varsigma_1 + (1-a)\varsigma_2$$

则

$$\begin{aligned}E(XY) &= \int_{-\infty}^{+\infty}\int_{-\infty}^{+\infty} xy \cdot \left[af_1(x)g_1(y) + (1-a)f_2(x)g_2(y)\right]\mathrm{d}x\mathrm{d}y \\ &= a\left[\int_{-\infty}^{+\infty} xf_1(x)\mathrm{d}x\right]\left[\int_{-\infty}^{+\infty} yg_1(y)\mathrm{d}y\right] + (1-a)\left[\int_{-\infty}^{+\infty} xf_2(x)\mathrm{d}x\right]\left[\int_{-\infty}^{+\infty} yg_1(y)\mathrm{d}y\right] \\ &= a\mu_1\varsigma_1 + (1-a)\mu_2\varsigma_2\end{aligned}$$

因此

$$\begin{aligned}&\operatorname{cov}(XY) = E(XY) - E(X)E(Y) \\ &= a\mu_1\varsigma_1 + (1-a)\mu_2\varsigma_2 - \left[a\mu_1 + (1-a)\mu_2\right]\left[a\varsigma_1 + (1-a)\varsigma_2\right] \\ &= a(1-a)\left(\mu_1\varsigma_1 + \mu_2\varsigma_2 - \mu_2\varsigma_1 - \mu_2\varsigma_2\right) \\ &= a(1-a)\left(\mu_1 - \mu_2\right)\left(\varsigma_1 - \varsigma_2\right)\end{aligned}$$

为了构建两个不相关但非独立的随机变量，可以在 $\left[f_1(x)-f_2(x)\right]\left[g_1(y)-g_2(y)\right] \neq 0$ 的条件下，让 $\mu_1 = \mu_2$ 或者 $\varsigma_1 = \varsigma_2$。

（4）Binomial(n，p) 表示二项式分布。下面举例说明，如表 5-1 所示。

表 5-1　举例

PMF	$f_1(x)$	$f_2(x)$	$g_1(y)$	$g_2(y)$
独立	Binomial(5，0.1)	Binomial(5，0.1)	Binomial(5，0.1)	Binomial(5，0.1)
相关	Binomial(5，0.1)	Binomial(5，0.2)	Binomial(5，0.3)	Binomial(5，0.4)
不相关但非独立	Binomial(5，0.1)	Binomial(10，0.05)	Binomial(5，0.1)	Binomial(10，0.05)

习题 5.43

假设 (X, Y) 具有二元正态 PDF

$$f_{XY}(x, y) = \frac{1}{2\pi\sqrt{1-\rho^2}} e^{-\frac{1}{2(1-\rho^2)}(x^2-2\rho xy+y^2)}, \quad -\infty < x, y < +\infty$$

证明：$\operatorname{corr}(X, Y) = \rho$，$\operatorname{corr}(X^2, Y^2) = \rho^2$。

提示：使用条件期望可简化运算。

证明：

显然，$(X, Y) \sim \mathrm{BN}(0, 1, 0, 1, \rho)$。根据习题 5.11，$Y|X \sim N\left(\rho X, 1-\rho^2\right)$，故 $E(Y|X) = \rho X$，$\operatorname{var}(Y|x) = 1-\rho^2$。因此，

$$\operatorname{cov}(X, Y) = E(XY) - E(X)E(Y) = E(XY) = E[XE(Y|X)] = E\left(\rho X^2\right) = \rho$$

故 $\operatorname{corr}(X, Y) = \dfrac{\operatorname{cov}(X, Y)}{\sqrt{\operatorname{var}(X)}\sqrt{\operatorname{var}(Y)}} = \rho$ 。

$$\begin{aligned}
\operatorname{cov}(X^2, Y^2) &= E\left(X^2Y^2\right) - E(X^2)E(Y^2) = E\left(X^2Y^2\right) - 1 \\
&= E\left[X^2 E\left(Y^2|X\right)\right] - 1 = E\left\{X^2\left[\operatorname{var}(Y|X) + E^2(Y|X)\right]\right\} - 1 \\
&= E\left\{X^2\left[\left(1-\rho^2\right) + \rho^2X^2\right]\right\} - 1 = \left(1-\rho^2\right) + 3\rho^2 - 1 = 2\rho^2
\end{aligned}$$

又因为有 $\operatorname{var}\left(X^2\right) = \operatorname{var}\left(Y^2\right) = 2$，故 $\operatorname{corr}(X^2, Y^2) = \dfrac{\operatorname{cov}(X^2, Y^2)}{\sqrt{\operatorname{var}(X^2)}\sqrt{\operatorname{var}(Y^2)}} = \rho^2$ 。

习题 5.44

假设 (X, Y) 服从相关系数为 ρ 的标准二元正态分布。定义 $U = (Y - \rho X)/\sqrt{1-\rho^2}$。证明 U 服从正态分布且与 X 相互独立。

证明：

利用二元变换定理，注意到

$$\begin{aligned}
f_{UX}(u, x) &= f_{XY}(x, y)\left|\det\left[J_{XY}(u, x)\right]\right| \\
&= \frac{1}{2\pi\sqrt{1-\rho^2}} \exp\left[-\frac{1}{2(1-\rho^2)}(x^2+y^2-2\rho xy)\right]\sqrt{1-\rho^2} \\
&= \frac{1}{2\pi} \exp\left\{-\frac{1}{2(1-\rho^2)}\left[(1+\rho^2)x^2 + 2\rho\sqrt{1-\rho^2}xu + \left(1-\rho^2\right)u^2 - \right.\right.
\end{aligned}$$

$$2\rho x(\sqrt{1-\rho^2}u+\rho x)]\Big\}$$

$$=\frac{1}{2\pi}\exp\left[-\frac{1}{2}\left(u^2+x^2\right)\right]$$

因此，(U, X) 也服从正态分布，并且 U 和 X 相互独立。

习题 5.45

证明 $\mathrm{var}(Y|X)=E(Y^2|X)-E^2(Y|X)$。

证明：

根据条件方差的定义可得

$$\begin{aligned}
&\mathrm{var}(Y|X=x)\\
&=\int_{-\infty}^{+\infty}[y-E(Y|X=x)]^2\mathrm{d}F_{Y|X}(y|x)\\
&=\int_{-\infty}^{+\infty}[y^2-2yE(Y|X=x)+E^2(Y|X=x)]\mathrm{d}F_{Y|X}(y|x)\\
&=\int_{-\infty}^{+\infty}y^2\mathrm{d}F_{Y|X}(y|x)-2E(Y|X=x)\cdot\int_{-\infty}^{+\infty}y\mathrm{d}F_{Y|X}(y|x)+E^2(Y|X=x)\int_{-\infty}^{+\infty}\mathrm{d}F_{Y|X}(y|x)\\
&=E(Y^2|X=x)-2E^2(Y|X=x)+E^2(Y|X=x)\\
&=E(Y^2|X=x)-E^2(Y|X=x)
\end{aligned}$$

证毕。

习题 5.46

假设 X 和 Y 的联合 PDF 是单位圆 $x^2+y^2\leqslant 1$ 内的均匀 PDF。求：

（1）$E(Y|X)$；

（2）$\mathrm{var}(Y|X)$。

解答：

（1）根据题意，(X, Y) 的联合 PDF 为 $f_{XY}(x, y)=\frac{1}{\pi}\cdot 1(x^2+y^2\leqslant 1)$。根据定义，对于 $-1<x<1$，

$$f_X(x)=\int_{-\sqrt{1-x^2}}^{\sqrt{1-x^2}}\frac{1}{\pi}\mathrm{d}y=\frac{2\sqrt{1-x^2}}{\pi}$$

于是当 $-1<x<1$ 且 $x^2+y^2\leqslant 1$ 时，

$$f_{Y|X}(y|x)=\frac{f_{XY}(x,\ y)}{f_X(x)}=\frac{1}{2\sqrt{1-x^2}}$$

因此，$E(Y|X)=\int_{-\sqrt{1-x^2}}^{\sqrt{1-x^2}} y\frac{1}{2\sqrt{1-x^2}}\mathrm{d}y=0$，该等式成立是因为 $y\frac{1}{2\sqrt{1-x^2}}$ 是关于 y 的一个奇函数，且积分区域关于 $y=0$ 对称。

（2）

$$\begin{aligned}E(Y^2|X)&=\int_{-\sqrt{1-x^2}}^{\sqrt{1-x^2}} y^2\frac{1}{2\sqrt{1-x^2}}\mathrm{d}y\\&=\int_0^{\sqrt{1-x^2}} y^2\frac{1}{\sqrt{1-x^2}}\mathrm{d}y\\&=\frac{1}{\sqrt{1-x^2}}\cdot\frac{y^3}{3}\bigg|_0^{\sqrt{1-x^2}}=\frac{1-x^2}{3}\end{aligned}$$

因此，$\mathrm{var}(Y|X)=E(Y^2|X)-E^2(Y|X)=\frac{1-x^2}{3}$。

习题 5.47

假设 $(X,\ Y)$ 服从联合正态分布 $\mathrm{BN}(\mu_1,\ \mu_2,\ \sigma_1^2,\ \sigma_2^2,\ \rho)$。求：

（1）$E(Y|X)$；

（2）$\mathrm{var}(Y|X)$。

解答：

由习题 5.11 可知，$Y|X\sim N\left[\mu_2+\rho\frac{\sigma_2}{\sigma_1}(x-\mu_1),\ \sigma_2^2(1-\rho^2)\right]$。因此，$E(Y|X)=\mu_2+\rho\frac{\sigma_2}{\sigma_1}(X-\mu_1)$。

（2）由条件分布可知 $\mathrm{var}(Y|X)=\sigma_2^2(1-\rho^2)$。

习题 5.48

证明若 $\boldsymbol{X}=(X_1,\ \cdots,\ X_m)'$ 服从均值向量为 $\boldsymbol{\mu}=\boldsymbol{E}(\boldsymbol{X})=(\mu_1,\ \cdots,\ \mu_m)'$、方差-协方差矩阵$\boldsymbol{\Sigma}$ 的多元正态分布，则对任意满足 $\boldsymbol{\lambda}'\boldsymbol{\lambda}=1$ 的常数向量 $\boldsymbol{\lambda}=(\lambda_1,\ \cdots,\ \lambda_m)'$，$\boldsymbol{\lambda}'\boldsymbol{X}$ 服从均值为 $\boldsymbol{\lambda}'\boldsymbol{\mu}$、方差为 $\boldsymbol{\lambda}'\boldsymbol{\Sigma}\boldsymbol{\lambda}$ 的正态分布。方差-协方差矩阵 $\boldsymbol{\Sigma}$ 定义为 $n\times n$ 矩阵 $\boldsymbol{E}\left[(\boldsymbol{X}-\boldsymbol{\mu})(\boldsymbol{X}-\boldsymbol{\mu})'\right]$，其中对角线元素为 $\mathrm{var}(X_i)$，$i=1,\ \cdots,\ m$，而非对角线元素为 $\mathrm{cov}(X_i,\ X_j)$（$i\neq j$；$i,\ j=1,\ \cdots,\ m$）。

证明：

由于正态分布的 MGF 为

$$M_{\boldsymbol{X}}(t) = \boldsymbol{E}(\mathrm{e}^{\boldsymbol{t}'\boldsymbol{X}}) = \exp\left(\boldsymbol{t}'\boldsymbol{\mu} - \frac{1}{2}\boldsymbol{t}'\boldsymbol{\Sigma}\boldsymbol{t}\right)$$

有

$$M_{\boldsymbol{\lambda}'\boldsymbol{X}}(t) = \boldsymbol{E}(\mathrm{e}^{t\boldsymbol{\lambda}'\boldsymbol{X}}) = \boldsymbol{E}\left[\mathrm{e}^{(t\boldsymbol{\lambda})'\boldsymbol{X}}\right] = \exp\left(t\boldsymbol{\lambda}'\boldsymbol{\mu} - \frac{t^2}{2}\boldsymbol{\lambda}'\boldsymbol{\Sigma}\boldsymbol{\lambda}\right)$$

因此，$\boldsymbol{\lambda}'\boldsymbol{X} \sim N(\boldsymbol{\lambda}'\boldsymbol{\mu}, \boldsymbol{\lambda}'\boldsymbol{\Sigma}\boldsymbol{\lambda})$。

习题 5.49

假设 X 和 Y 是满足 $E(Y|X) = 7 - \frac{1}{4}X$ 和 $E(X|Y) = 10 - Y$ 的随机变量。求 X 和 Y 的相关系数。

解答：

根据 $E(Y|X) = 7 - \frac{1}{4}X$ 和 $E(X|Y) = 10 - Y$，可得

$$EY = E\left[E(Y|X)\right] = 7 - \frac{1}{4}EX$$

$$EX = E\left[E\,(X|Y)\,\right] = 10 - EY$$

解得 $EX = 4$ 和 $EY = 6$。故

$$\begin{aligned} E(XY) &= E\left[E(XY|X)\right] = \left[XE(Y|X)\right] \\ &= 7EX - \frac{1}{4}EX^2 = 28 - \frac{1}{4}(\mathrm{var}X + E^2X) \\ &= 24 - \frac{1}{4}\mathrm{var}X \end{aligned}$$

即 $\mathrm{var}X = 4 \cdot (24 - EXY)$。同理可得 $\mathrm{var}Y = 24 - EXY$。因此，

$$\begin{aligned} \mathrm{corr}(X, Y) &= \frac{\mathrm{cov}(X, Y)}{\sqrt{\mathrm{var}X \cdot \mathrm{var}Y}} = \frac{EXY - EXEY}{\sqrt{\mathrm{var}X}\sqrt{\mathrm{var}Y}} \\ &= \frac{EXY - 24}{\sqrt{4(24 - EXY)}\sqrt{24 - EXY}} = -\frac{1}{2} \end{aligned}$$

因此，X 和 Y 的相关系数为 $-\frac{1}{2}$。

习题 5.50

假设 $E(Y|X)=1+2X$ 和 $\operatorname{var}(X)=2$，求 $\operatorname{cov}(X, Y)$。

解答：

$$\begin{aligned}\operatorname{cov}(X, Y) &= E(XY)-E(X)E(Y)\\ &= E\left[E(XY|X)\right]-E(X)E\left[E(Y|X)\right]\\ &= E\left[XE(Y|X)\right]-E(X)E\left[E(Y|X)\right]\\ &= E\left[X(1+2X)\right]-E(X)E(1+2X)\\ &= E(X)+2E(X^2)-E(X)-2E^2(X)\\ &= 2E(X^2)-2E^2(X)=2\operatorname{var}(X)=4\end{aligned}$$

习题 5.51

假设 $Y=\alpha_0+\alpha_1X+\varepsilon\sqrt{\beta_0+\beta_1X^2}$，其中 ε 和 X 为满足 $E(\varepsilon)=0$、$\operatorname{var}(\varepsilon)=1$ 的相互独立的随机变量。求：

（1）$E(Y|X)$；

（2）$\operatorname{var}(Y|X)$。

解答：

由于 $E(\varepsilon)=0$，$\operatorname{var}(\varepsilon)=1$，$\varepsilon$ 和 X 相互独立，有 $E(\varepsilon|X)=0$，$E(\varepsilon^2|X)=1$。

（1）

$$E(Y|X)=E(\alpha_0+\alpha_1X+\varepsilon\sqrt{\beta_0+\beta_1X^2}|X)=\alpha_0+\alpha_1X$$

（2）由于

$$\begin{aligned}E(Y^2|X) &= E\left[(\alpha_0+\alpha_1X)^2+\varepsilon^2(\beta_0+\beta_1X^2)+2(\alpha_0+\alpha_1X)\varepsilon\sqrt{\beta_0+\beta_1X^2}|X\right]\\ &= (\alpha_0+\alpha_1X)^2+\beta_0+\beta_1X^2\end{aligned}$$

因此，

$$\operatorname{var}(Y|X)=E(Y^2|X)-E^2(Y|X)=\beta_0+\beta_1X^2$$

习题 5.52

设 $(X,\ Y)$ 的联合分布满足 $E(Y^2) < \infty$ 和 $\mathrm{var}(X) < \infty$。令

$$A = \{g : \boldsymbol{R} \to \boldsymbol{R} | g(x) = \alpha + \beta x, \quad -\infty < \alpha,\ \beta < \infty\}$$

表示线性函数族。

（1）证明：当且仅当 $E(u^*) = 0$，$E(Xu^*) = 0$，其中 $u^* = Y - g^*(X)$，$g^*(X) = \alpha^* + \beta^* X$ 为 $\min_{g \in A} E\left[Y - g(X)\right]^2$ 的最优解。

（2）用 μ_X，σ_X^2，μ_Y，σ_Y^2 以及 $\mathrm{cov}(X,\ Y)$ 表示 α^* 和 β^*。

解答：

（1）要解决问题

$$\min_{g \in A} E\left[Y - (\alpha + \beta X)\right]^2 \tag{5.9}$$

需要分别对 α 和 β 取一阶偏导数，得到一阶条件 (FOC)：

$$\begin{cases} -2E\left[Y - (\alpha^* + \beta^* X)\right] = 0 \\ -2E\left\{X\left[Y - (\alpha^* + \beta^* X)\right]\right\} = 0 \end{cases} \tag{5.10}$$

这意味着

$$\begin{cases} E(u^*) = 0 \\ E(Xu^*) = 0 \end{cases}$$

由于 (5.9) 式是一个严格凸优化问题，FOC 是唯一全局最小化的充分必要条件。证毕。

（2）根据（1）中的 FOC，得到

$$\begin{cases} E(Y) - \alpha^* - \beta^* E(X) = 0 \\ E(XY) - \alpha^* E(X) - \beta^* E(X^2) = 0 \end{cases}$$

其等价于

$$\begin{cases} \mu_Y - \alpha^* - \mu_X \beta^* = 0 \\ \mathrm{cov}(X,\ Y) + \mu_X \mu_Y - \mu_X \alpha^* - \left[\mathrm{var}(X) + \mu_X^2\right]\beta^* = 0 \end{cases}$$

求解这个方程组，得到

$$\begin{cases} \alpha^* = \mu_Y - \dfrac{\mu_X \mathrm{cov}(X,\ Y)}{\sigma_X^2} \\ \beta^* = \dfrac{\mathrm{cov}(X,\ Y)}{\sigma_X^2} \end{cases}$$

习题 5.53

假设 X 和 Y 为两个随机变量且 $0 < \sigma_X^2 < \infty$。证明若 $E(Y|X) = \alpha_0 + \alpha_1 X$，则 $\alpha_1 = \dfrac{\operatorname{cov}(X，Y)}{{\sigma_X}^2}$。

证明：

由于 $\operatorname{cov}(X，Y) = E(XY) - E(X)E(Y)$，且 $\operatorname{cov}(X，Y) = E\left[XE(Y|X)\right] - E(X)E\left[E(Y|X)\right]$。因此，给定 $E(Y|X) = \alpha_0 + \alpha_1 X$，有

$$\begin{aligned}
\operatorname{cov}(X，Y) &= E\left[X(\alpha_0 + \alpha_1 X)\right] - E(X)E(\alpha_0 + \alpha_1 X) \\
&= E\left[\alpha_0 X + \alpha_1 X^2\right] - E(X)\left[\alpha_0 + \alpha_1 E(X)\right] \\
&= \alpha_0 E(X) + \alpha_1 E(X^2) - \alpha_0 E(X) - \alpha_1 E^2(X) \\
&= \alpha_1\left[E(X^2) - E^2(X)\right] = \alpha_1 \sigma_X^2
\end{aligned}$$

因为 $0 < \sigma_X^2 < \infty$，等式两边同时除以 σ_X^2 可得

$$\alpha_1 = \frac{\operatorname{cov}(X，Y)}{\sigma_X^2}$$

习题 5.54

假设 $E(Y|X)$ 为 X 的线性函数，即 $E(Y|X) = a + bX$，其中 a，b 为常数。

（1）用 μ_X，σ_X^2，μ_Y，σ_Y^2 以及 $\operatorname{cov}(X，Y)$ 表示 a，b 的值。

（2）证明：若 $E(Y|X)$ 为 X 的线性函数，则当且仅当 $\operatorname{cov}(X，Y) = 0$ 时，$E(Y|X)$ 不依赖于 X。请给出推理过程。

解答：

（1）由于 $E(Y|X) = \arg\min\limits_{g(X)} E\left[Y - g(X)\right]^2$ 和 $E(Y|X) = a + bX$，根据习题 5.53 得到 b，再对条件期望取期望得到

$$\begin{cases}
a = \mu_Y - \dfrac{\mu_X \operatorname{cov}(X，Y)}{{\sigma_X}^2} \\
b = \dfrac{\operatorname{cov}(X，Y)}{{\sigma_X}^2}
\end{cases}$$

（2）给定 $E(Y|X) = a + bX$，$E(Y|X)$ 不依赖于 X 等价于 $b = 0$。又根据问题（1）的结论，$b = \dfrac{\operatorname{cov}(X，Y)}{{\sigma_X}^2} = 0$，等价于 $\operatorname{cov}(X，Y) = 0$。

证毕。

习题 5.55

两个随机变量 X 和 Y 的联合 PDF 为

$$f_{XY}(x,\ y) = \frac{1}{\alpha+\beta x}e^{-\frac{y}{\alpha+\beta x}},\qquad 0<y<\infty,\ 0<x<1$$

其中 $0<\alpha<\infty$，$0<\beta<\infty$ 为两个给定常数。

（1）求条件 PDF $f_{Y|X}(y|x)$；

（2）求条件均值 $E(Y|X)$；

（3）X 和 Y 是否相互独立? 请证明。

解答:

（1）由于

$$f_{XY}(x,\ y) = \frac{1}{\alpha+\beta x}e^{-\frac{y}{\alpha+\beta x}}\cdot 1\quad (0<x<1,\ 0<y<\infty)$$

当 $0<x<1$ 时,

$$f_X(x) = \int_0^{+\infty} f_{XY}(x,\ y)\mathrm{d}y = \int_0^{+\infty}\frac{1}{\alpha+\beta x}e^{-\frac{y}{\alpha+\beta x}}\mathrm{d}y = -e^{-\frac{y}{\alpha+\beta x}}\Big|_0^{+\infty} = 1$$

因此

$$f_{Y|X}(y|x) = \frac{f_{XY}(x,\ y)}{f_X(x)} = \frac{1}{\alpha+\beta x}e^{-\frac{y}{\alpha+\beta x}}\cdot 1\quad (0<x<1,\ 0<y<\infty)$$

（2）由（1）得

$$f_{Y|X}(y|x) = \frac{f_{XY}(x,\ y)}{f_X(x)} = \frac{1}{\alpha+\beta x}e^{-\frac{y}{\alpha+\beta x}}$$

即

$$Y|X\sim \exp(\alpha+\beta X)$$

因此

$$E(Y|X) = \alpha+\beta X$$

（3）由于 $f_{Y|X}(y|x)$ 依赖于 x，因此 X 和 Y 不相互独立。

习题 5.56

假设 (X, Y) 的联合 PDF 为

$$f_{XY}(x, y)=\begin{cases} xe^{-y}, & 0<x<y<\infty \\ 0, & \text{其他} \end{cases}$$

（1）求 Y 在给定 $X=x$ 时的条件 PDF $f_{Y|X}(y|x)$；

（2）求条件均值 $E(Y|x)$；

（3）求条件方差 $\text{var}(Y|x)$；

（4）X 和 Y 是否相互独立？请证明。

解答：

（1）X 的边际 PDF 为

$$f_X(x)=\int_x^{+\infty} xe^{-y}dy = x\cdot(-e^{-y})\Big|_x^{+\infty}=xe^{-x}, \quad 0<x<\infty$$

根据定义

$$f_{Y|X}(y|x)=\frac{f_{XY}(x, y)}{f_X(x)}=\frac{xe^{-y}}{xe^{-x}}=e^{x-y}, \quad 0<x<y<\infty$$

（2）

$$E(Y|x)=\int_{-\infty}^{+\infty} y f_{Y|X}(y|x)dy=\int_x^{+\infty} ye^{x-y}dy$$
$$=e^x\cdot(-ye^{-y}-e^{-y})\Big|_x^{+\infty}=x+1$$

（3）注意到

$$E(Y^2|x)=\int_{-\infty}^{+\infty} y^2 f_{Y|X}(y|x)dy=\int_x^{+\infty} y^2e^{x-y}dy$$
$$=e^x\cdot\left[(-y^2e^{-y})\Big|_x^{+\infty}+2\int_x^{+\infty} ye^{-y}dy\right]=x^2+2x+2$$

因此

$$\text{var}(Y|X)=E(Y^2|X)-E^2(Y|X)=x^2+2x+2-(x+1)^2=1$$

（4）由于 $f_Y(y)=\frac{1}{2}y^2e^{-y}\cdot 1(y>0)$，显然 $f_{XY}(x, y)\neq f_X(x)f_Y(y)$。故 X 和 Y 不独立。

习题 5.57

假设二元随机向量 (X, Y) 的条件均值 $E(Y|X)$ 为

$$E(Y|X)=\alpha_0+\alpha_1 X+\alpha_2 X^2$$

其中 $X \sim N(0, 1)$，α_0、α_1、α_2 均为给定常数。

（1）求 Y 的均值；

（2）证明：假设 $\alpha_1=\alpha_2=0$，是否有 $\operatorname{cov}(X, Y)=0$；

（3）证明：假设 $\operatorname{cov}(X, Y)=0$，是否有 $\alpha_1=\alpha_2=0$。

解答：

（1）

$$E(Y)=E\left[E(Y|X)\right]=\alpha_0+\alpha_1 E(X)+\alpha_2 E(X^2)=\alpha_0+\alpha_2$$

（2）由于

$$E(XY)=E\left[E(XY|X)\right]=E\left[XE(Y|X)\right]=\alpha_0 E(X)+\alpha_1 E(X^2)+\alpha_2 E(X^3)=\alpha_1$$

当 $\alpha_1=0$ 时，有

$$\operatorname{cov}(X, Y)=E(XY)-E(X)E(Y)=0-0=0$$

证毕。

（3）由（2）得

$$\operatorname{cov}(X, Y)=E(XY)-E(X)E(Y)=\alpha_1$$

因此，$\operatorname{cov}(X, Y)=0$ 当且仅当 $\alpha_1=0$，但这并不意味着 $\alpha_2=0$。

证毕。

习题 5.58

假设二元随机向量 (X, Y) 的条件均值 $E(Y|x)=E(Y|X=x)$ 为

$$E(Y|x)=\alpha_0+\alpha_1 x+\alpha_2 x^2$$

其中均值 $E(X)=0$，方差 $\operatorname{var}(X)>0$，且 α_0、α_1、α_2 为常数。

（1）证明：若对所有 x，有 $E(Y|x)=\alpha_0$，则 $\operatorname{cov}(X, Y)=0$ 是否成立；

（2）证明：若 $\operatorname{cov}(X, Y)=0$，则对所有 x，$E(Y|x)=\alpha_0$ 是否成立。

解答：

（1）由于对所有 x，$E(Y|x)=\alpha_0+\alpha_1x+\alpha_2x^2=\alpha_0$，则 $\alpha_1=\alpha_2=0$。又因为 $E(X)=0$ 和 $\mathrm{var}(X)=1$，有

$$\mathrm{cov}(X,\ Y)=E(XY)-E(X)E(Y)=E\left[E(XY|X)\right]=E\left[XE(Y|X)\right]=\alpha_0E(X)=0$$

（2）由于

$$\mathrm{cov}(X,\ Y)=E\left[XE(Y|X)\right]=\alpha_0E(X)+\alpha_1E(X^2)+\alpha_2E(X^3)=\alpha_1+\alpha_2E(X^3)$$

因此，$\mathrm{cov}(X,\ Y)=0$ 并不意味着 $\alpha_1=\alpha_2=0$。换句话说，$\mathrm{cov}(X,\ Y)=0$ 并不意味着对所有 x，$E(Y|x)=\alpha_0$。

习题 5.59

对任意两个方差有限的随机变量 X 与 Y，证明：

（1）$\mathrm{cov}(X,\ Y)=\mathrm{cov}\left[X,\ E(Y|X)\right]$；

（2）X 和 $Y-E(Y|X)$ 不相关；

（3）$\mathrm{var}\left[Y-E(Y|X)\right]=E\left[\mathrm{var}(Y|X)\right]$。

证明：

（1）

$$\begin{aligned}\mathrm{cov}\left[X,\ E(Y|X)\right]&=E\left[XE(Y|X)\right]-E(X)E\left[E(Y|X)\right]=E\left[E(XY|X)\right]-E(X)E(Y)\\&=EXY-EXEY=\mathrm{cov}(X,\ Y)\end{aligned}$$

（2）由（1）中结论，

$$\begin{aligned}\mathrm{cov}\left[X,\ Y-E(Y|X)\right]&=\mathrm{cov}(X,\ Y)-\mathrm{cov}\left[X,\ E(Y|X)\right]\\&=\mathrm{cov}(X,\ Y)-\mathrm{cov}(X,\ Y)=0\end{aligned}$$

（3）

$$\begin{aligned}\mathrm{var}\left[Y-E(Y|X)\right]&=E\left[Y-E(Y|X)\right]^2-\left\{EY-E\left[E(Y|X)\right]\right\}^2\\&=E\left[Y-E(Y|X)\right]^2\\&=E\left[Y^2-2YE(Y|X)+E^2(Y|X)\right]\\&=E\left[E(Y^2|X)-E^2(Y|X)\right]\\&=E\left[\mathrm{var}(Y|X)\right]\end{aligned}$$

证毕。

习题 5.60

(1) 若 $E(Y|X)=E(Y)$，证明 $\text{cov}(X, Y)=0$。

(2) $\text{cov}(X, Y)=0$ 是否意味着 $E(Y|X)=E(Y)$? 若是，请证明；若不然，举出反例。

解答:

(1) 由于 $E(Y|X)=E(Y)$，有

$$
\begin{aligned}
\text{cov}(X, Y) &= E(XY)-E(X)E(Y)=E\left[E(XY|X)\right]-E(X)E(Y) \\
&= E\left[XE(Y|X)\right]-E(X)E(Y) \\
&= E(X)E(Y)-E(X)E(Y)=E(X)E(Y)-E(X)E(Y)=0
\end{aligned}
$$

证毕。

(2) 命题错误，反例如下。令 $P(X=-1)=P(X=0)=P(X=1)=\dfrac{1}{3}$。令 $Y=X^2$。那么 $E(X)=0$，$E(Y)=\dfrac{2}{3}$，$E(XY)=E(X^3)=0$，故 $\text{cov}(X, Y)=0$。但 $E(Y|X)=Y$。

习题 5.61

假设 Y 为伯努利随机变量，X 为任意随机变量。证明当且仅当 $E(Y|X)=E(Y)$ 时，Y 和 X 相互独立。

证明:

记 $Y|X$ 和 Y 的 PMF 分别为 $f_{Y|X}(\cdot)$ 和 $f_Y(\cdot)$。由于 $Y\sim \text{Bernoulli}(p)$，有 $E(Y|X)=f_{Y|X}(1)$ 和 $E(Y)=f_Y(1)$。

一方面，当 $E(Y|X)=E(Y)$ 时，有

$$f_{Y|X}(1)=f_Y(1) \quad \text{和} \quad f_{Y|X}(0)=f_Y(0)$$

即 $f_{Y|X}(\cdot)=f_Y(\cdot)$。因此，$Y$ 和 X 相互独立得证。

另一方面，当 Y 和 X 相互独立时，有 $f_{Y|X}(\cdot)=f_Y(\cdot)$。故

$$E(Y|X)=f_{Y|X}(1)=f_Y(1)=E(Y)$$

证毕。

习题 5.62

假设 $E(Y|X)=\alpha+\beta X$ 且 $\operatorname{var}(Y)=\sigma^2$。若 $\operatorname{var}(Y|X)$ 的表达式中不含有 X，证明 $\operatorname{var}(Y|X)=\sigma^2(1-\rho_{XY}^2)$。

证明：

定义 $\varepsilon\equiv Y-\alpha-\beta X$。由于 $E(Y|X)=\alpha+\beta X$，有 $E(\varepsilon|X)=0$。则

$$E(X\varepsilon)=E\left[E(X\varepsilon|X)\right]=E\left[XE(\varepsilon|X)\right]=0$$

$$E(\varepsilon)=E\left[E(\varepsilon|X)\right]=0$$

$$\operatorname{cov}(X,\ \varepsilon)=E(X\varepsilon)-E(X)E(\varepsilon)=0$$

因此，

$$\sigma^2=\operatorname{var}(Y)=\operatorname{var}(\alpha+\beta X+\varepsilon)=\beta^2\operatorname{var}(X)+\operatorname{var}(\varepsilon)$$

根据习题 5.52 的结果，$\beta=\dfrac{\operatorname{cov}(X,\ Y)}{\operatorname{var}(X)}$。因此，

$$\operatorname{var}(\varepsilon)=\sigma^2-\frac{\operatorname{cov}(X,\ Y)^2}{\operatorname{var}(X)}=\sigma^2-\operatorname{var}(Y)\frac{\operatorname{cov}(X,\ Y)^2}{\operatorname{var}(X)\operatorname{var}(Y)}=\sigma^2(1-\rho_{XY}^2)$$

接下来想要得到 $\operatorname{var}(Y|X)$。由于

$$E(Y^2|X)=E((\alpha+\beta X+\varepsilon)^2|X)=(\alpha+\beta X)^2+E(\varepsilon^2|X)+2(\alpha+\beta X)E(\varepsilon|X)$$

$$=(\alpha+\beta X)^2+E(\varepsilon^2|X)$$

则 $\operatorname{var}(Y|X)=E(Y^2|X)-E^2(Y|X)=E(\varepsilon^2|X)=\operatorname{var}(\varepsilon|X)+E^2(\varepsilon|X)=\operatorname{var}(\varepsilon|X)$。由于 $\operatorname{var}(Y|X)$ 不依赖于 X，$\operatorname{var}(\varepsilon|X)$ 也不依赖于 X。因此，根据方差分解公式可得

$$\operatorname{var}(\varepsilon)=E\left[\operatorname{var}(\varepsilon|X)\right]+\operatorname{var}\left[E(\varepsilon|X)\right]=\operatorname{var}(\varepsilon|X)$$

因此，$\operatorname{var}(Y|X)=\operatorname{var}(\varepsilon|X)=\operatorname{var}(\varepsilon)=\sigma^2(1-\rho_{XY}^2)$。

习题 5.63

假设 X_1，…，X_n 为 n 个方差为 σ^2 的独立同分布随机变量。定义 $\overline{X}_n=n^{-1}\sum\limits_{i=1}^{n}X_i$。证明对任意整数 i，j，$1\leqslant i<j\leqslant n$，$X_i-\overline{X}_n$ 和 $X_j-\overline{X}_n$ 之间的相关系数为 $-\dfrac{1}{n-1}$。

证明：

为了简化下面的计算，首先计算 $E(X_iX_j)$，$E(X_i^2)$，$E(X_i\overline{X}_n)$ 和 $E(\overline{X}_n^2)$。

$$E(X_iX_j) = E(X_i)E(X_j) = \mu^2$$

$$E(X_i^2) = \mathrm{var}(X_i) + E^2(X_i) = \sigma^2 + \mu^2$$

$$E(X_i\overline{X}_n) = \frac{1}{n}\sum_{k=1}^{n} E(X_iX_k) = \mu^2 + \frac{1}{n}\sigma^2$$

$$E(\overline{X}_n^2) = (E\overline{X}_n)^2 + \mathrm{var}(\overline{X}_n) = \mu^2 + \frac{1}{n}\sigma^2$$

由于 $E(X_i - \overline{X}_n) = 0$，可以得到

$$\begin{aligned}
\mathrm{cov}(X_i - \overline{X}_n，X_j - \overline{X}_n) &= E(X_i - \overline{X}_n)(X_j - \overline{X}_n) - E(X_i - \overline{X}_n)E(X_i - \overline{X}_n) \\
&= E(X_iX_j) - E(X_i\overline{X}_n) - E(X_j\overline{X}_n) + E(\overline{X}_n^2) - 0 \\
&= \mu^2 - 2\left(\mu^2 + \frac{1}{n}\sigma^2\right) + \left(\mu^2 + \frac{1}{n}\sigma^2\right) = -\frac{\sigma^2}{n}
\end{aligned}$$

和

$$\begin{aligned}
\mathrm{var}(X_j - \overline{X}_n) &= E(X_j - \overline{X}_n)^2 - E^2(X_j - \overline{X}_n) \\
&= E(X_j^2) - 2E(X_j\overline{X}_n) + E(\overline{X}_n^2) - 0 \\
&= \sigma^2 + \mu^2 - 2\left(\mu^2 + \frac{1}{n}\sigma^2\right) + \left(\mu^2 + \frac{1}{n}\sigma^2\right) \\
&= \left(1 - \frac{1}{n}\right)\sigma^2
\end{aligned}$$

同理可得 $\mathrm{var}(X_i - \overline{X}_n) = \left(1 - \frac{1}{n}\right)\sigma^2$。因此

$$\begin{aligned}
\mathrm{corr}(X_i - \overline{X}_n，X_j - \overline{X}_n) &= \frac{\mathrm{cov}(X_i - \overline{X}_n，X_j - \overline{X}_n)}{\sqrt{\mathrm{var}(X_i - \overline{X}_n)}\sqrt{\mathrm{var}(X_j - \overline{X}_n)}} \\
&= \frac{-\frac{\sigma^2}{n}}{\left(1 - \frac{1}{n}\right)\sigma^2} = -\frac{1}{n-1}
\end{aligned}$$

证毕。

习题 5.64

假设 X 的概率密度函数为

$$f(x)=\begin{cases}|x|, & -1<x<1\\ 0, & 其他\end{cases}$$

令 $Y=X^2$。

（1）求 $\mathrm{cov}(X，Y)$。

（2）X 和 Y 是否相互独立？请解释。

解答：

（1）使用协方差函数公式，可以得到

$$\mathrm{cov}(X，Y)=E(XY)-E(X)E(Y)=E(X^3)-E(X)E(X^2)$$

并且 $E(X)=\int_{-1}^{0}(-x^2)\mathrm{d}x+\int_{0}^{1}x^2\mathrm{d}x=0$，$E(X^3)=\int_{-1}^{0}(-x^4)\mathrm{d}x+\int_{0}^{1}x^4\mathrm{d}x=0$。因此，得到 $\mathrm{cov}(X，Y)=0$。

（2）不独立。注意到

$$\frac{3}{32}=P\left(Y\leqslant\frac{1}{4}\right)P\left(X\leqslant-\frac{1}{2}\right)\neq P\left(-\frac{1}{2}\leqslant X\leqslant\frac{1}{2}，X\leqslant-\frac{1}{2}\right)=0$$

习题 5.65

假设 X_1、X_2、X_3 为服从伯努利分布 Bernoulli (p_i) 的随机变量，其中 $i=1，2，3$，且它们两两之间不相关，即对任意 $i\neq j$，有 $\mathrm{cov}(X_i，X_j)=0$。

问：X_1、X_2、X_3 是否相互独立？请说明原因。

证明：

X_1、X_2、X_3 之间不相互独立。假设有 3 个成对独立但不相互独立的随机事件，分别记为 A、B 和 C。定义 3 个随机变量 $X_1=1_A$，$X_2=1_B$，$X_3=1_C$，那么 X_1、X_2、X_3 服从伯努利分布。因为事件 A、B 和 C 成对独立，则 X_i 和 X_j 相互独立（对于所有 $i\neq j$），因此 X_i 和 X_j 不相关（对于所有 $i\neq j$），即 X_1、X_2、X_3 两两之间不相关。

然而，由于 A、B、C 不相互独立，所以 X_1、X_2、X_3 也不相互独立。
证毕。

习题 5.66

假设 $\{X_i\}_{i=1}^n$ 为服从 $N(\mu,\ \sigma^2)$ 的独立同分布序列。定义 $\overline{X}_n = n^{-1}\sum_{i=1}^{n} X_i$。证明对所有 n，$\overline{X}_n$ 和 $g(X_1-\overline{X}_n,\ \cdots,\ X_n-\overline{X}_n)$ 相互独立，其中 $g(\cdot,\ \cdots,\ \cdot)$ 为任意可测函数。

证明：

由于

$$
\begin{aligned}
&E(X_iX_j) = E(X_i)E(X_j) = \mu^2 \\
&E(X_i^2) = \mathrm{var}(X_i) + E^2(X_i) = \sigma^2 + \mu^2 \\
&E(X_i\overline{X}_n) = \frac{1}{n}\sum_{k=1}^{n} E(X_iX_k) = \mu^2 + \frac{1}{n}\sigma^2 \\
&E(\overline{X}_n^2) = E^2(\overline{X}_n) + \mathrm{var}(\overline{X}_n) = \mu^2 + \frac{1}{n}\sigma^2 \\
&E(X_1 - \overline{X}_n) = E(X_1) - E(\overline{X}_n) = \mu - \mu = 0
\end{aligned}
$$

则

$$
\begin{aligned}
\mathrm{cov}(\overline{X}_n,\ X_1 - \overline{X}_n) &= E\left[\overline{X}_nX_1 - (\overline{X}_n)^2\right] - E\left[\overline{X}_n\right]E\left[X_1 - \overline{X}_n\right] \\
&= \left(\mu^2 + \frac{1}{n}\sigma^2\right) - \left(\mu^2 + \frac{1}{n}\sigma^2\right) - 0 \\
&= 0
\end{aligned}
$$

由于 $\overline{X}_n$ 和 $X_1 - \overline{X}_n$ 都是 $\{X_i\}_{i=1}^n$ 的线性组合，且 $X_i \overset{\text{IID}}{\sim} N(\mu,\ \sigma^2)$，则有 $\mathrm{cov}(\overline{X}_n,\ X_1 - \overline{X}_n) = 0$，以及 $\overline{X}_n$ 和 $X_1 - \overline{X}_n$ 服从联合正态分布，故 $\overline{X}_n$ 和 $X_1 - \overline{X}_n$ 相互独立。因此，$\overline{X}_n$ 和 $(X_1 - \overline{X}_n,\ \cdots,\ x_n - \overline{X}_n)$ 相互独立。由于 $g(\cdot,\ \cdots,\ \cdot)$ 为任意可测函数，因此 $\overline{X}_n$ 和 $g(X_1 - \overline{X}_n,\ \cdots,\ X_2 - \overline{X}_n)$ 相互独立。

习题 5.67

假设 $X \sim$ Poisson (λ_1)，$Y \sim$ Poisson (λ_2)，且 X 和 Y 相互独立。证明：

（1）$X + Y \sim$ Poisson $(\lambda_1 + \lambda_2)$；

（2）X 在给定 $X + Y = n$ 时的条件分布为二项分布 $B\left(n,\ \dfrac{\lambda_1}{\lambda_1 + \lambda_2}\right)$。

证明：

（1）由于 $X \sim \mathrm{Poisson}(\lambda_1)$，$Y \sim \mathrm{Poisson}(\lambda_2)$ 且 X 和 Y 相互独立，根据泊松分布的

MGF，可以得到

$$M_X(t)=E\left(\mathrm{e}^{Xt}\right)=\sum_{k=0}^{+\infty}\frac{\lambda_1^k}{k!}\mathrm{e}^{-\lambda_1}\cdot\mathrm{e}^{tk}=\sum_{k=0}^{+\infty}\frac{(\lambda_1\mathrm{e}^t)^k}{k!}\mathrm{e}^{-\lambda_1}=\mathrm{e}^{\lambda_1(\mathrm{e}^t-1)}$$

$$M_{X+Y}(t)=M_X(t)M_Y(t)=\mathrm{e}^{(\lambda_1+\lambda_2)(\mathrm{e}^t-1)}$$

因此，$X+Y\sim\text{Poisson}(\lambda_1+\lambda_2)$ 得证。

（2）由于

$$P(X=x|X+Y=n)=\frac{P(X=x,\ Y=n-x)}{P(X+Y=n)}$$

$$=\frac{\dfrac{\lambda_1^x}{x!}\mathrm{e}^{-\lambda_1}\dfrac{\lambda_2^{n-x}}{(n-x)!}\mathrm{e}^{-\lambda_2}}{\dfrac{(\lambda_1+\lambda_2)^n}{n!}\mathrm{e}^{-\lambda_1-\lambda_2}}=\binom{n}{x}\left(\frac{\lambda_1}{\lambda_1+\lambda_2}\right)^x\left(\frac{\lambda_2}{\lambda_1+\lambda_2}\right)^{n-x}$$

因此，X 在给定 $X+Y=n$ 时的条件分布为二项分布 $B\left(n,\ \dfrac{\lambda_1}{\lambda_1+\lambda_2}\right)$ 得证。

习题 5.68

一个公司将其资本投资在 A 和 B 两种债券上。若将 w_1 投资在债券 A 上，剩余的 $w_2=1-w_1$ 投资在债券 B 上，则（w_1，w_2）形成一个投资组合。分别用均值为 μ_X、方差为 σ_X^2 的随机变量 X 和均值为 μ_Y、方差为 σ_Y^2 的随机变量 Y 表示债券 A 和 B 的收益。X 和 Y 的相关系数为 ρ。

（1）求投资组合（w_1，w_2）的平均收益和风险；

（2）求最小化投资风险的投资组合（w_1^*，w_2^*）。

解答：

（1）投资组合（w_1，w_2）的平均收益为

$$E(w_1X+w_2Y)=w_1\mu_X+w_2\mu_Y$$

投资组合（w_1，w_2）的风险为

$$\text{var}(w_1X+w_2Y)=w_1^2\sigma_X^2+w_2^2\sigma_X^2+2w_1w_2\rho\sigma_X\sigma_Y$$

（2）记投资组合（w_1，w_2）的风险为 R，则根据（1）可知

$$\begin{aligned}R&=w_1^2\sigma_X^2+w_2^2\sigma_X^2+2w_1w_2\rho\sigma_X\sigma_Y\\&=w_1^2\sigma_X^2+(1-w_1)^2\sigma_Y^2+2w_1(1-w_1)\rho\sigma_X\sigma_Y\\&=(\sigma_X^2+\sigma_Y^2-2\rho\sigma_X\sigma_Y)w_1^2+(2\rho\sigma_X\sigma_Y-2\sigma_Y^2)w_1+\sigma_Y^2\end{aligned}$$

根据二次函数的极值公式，可以解得最小化投资风险的投资组合（w_1^*，w_2^*）为

$$w_1^* = \frac{\sigma_Y^2 - \rho\sigma_X\sigma_Y}{\mathrm{var}(X - Y)}$$

$$w_2^* = 1 - w_1^* = \frac{\sigma_X^2 - \rho\sigma_X\sigma_Y}{\mathrm{var}(X - Y)}$$

第六章

统计抽样理论导论

章节回顾

通过前几章的练习，我们已经掌握了概率论的基本方法。本章在此基础上介绍统计学的基本概念，通过本章的练习可以为进一步学习参数估计、假设检验等参数统计的核心方法打好基础。以下为统计学基本概念，详细推导和证明可见《概率论与统计学》教材第六章。

1. 随机样本

（1）一个随机样本是由 n 个随机变量 X_1，…，X_n 所构成的序列，记作 $X^n = (X_1, \cdots, X_n)$。随机样本 X^n 的一个实现值称为从随机样本 X^n 生成的一个数据集或样本点，X^n 的一个样本点记作 $x^n = (x_1, \cdots, x_n)$。一个随机样本 X^n 可生成多个不同的数据集。所有可能的 X^n 的样本点构成随机样本 X^n 的样本空间。

（2）若随机变量 X_1，…，X_n 相互独立，并且每个随机变量具有相同的边际分布 $F_X(x)$，则称 X_1，…，X_n 是一个样本容量为 n 的独立同分布的随机样本，简称 X_1，…，X_n 独立同分布，记作 $X_i \overset{\text{IID}}{\sim} F_X(x)$ 或 $X^n \overset{\text{IID}}{\sim} F_X(x)$。

2. 统计量的基本概念

（1）令 $X^n = (X_1, \cdots, X_n)$ 为来自某一总体、样本容量为 n 的随机样本。统计量 $T(X^n)$ 是随机样本 X^n 的实值或向量值函数。一般而言，统计量 $T(X^n)$ 是从 R^n 到 R^m，$m \leqslant n$ 的一个映射。

（2）常见的统计量有样本均值、样本方差等。需要注意的是，构造统计量往往是为了估计总体分布的某一参数，因此统计量应当只依赖于样本 X^n 而与参数无关。

（3）由于 X^n 本身也是一个随机向量，$T(X^n)$ 本身也是一个随机变量或随机向量，因此我们可以讨论统计量的分布。统计量 $T(X^n)$ 的概率分布称为 $T(X^n)$ 的抽样分布。

（4）统计量 $T(X^n)$ 给出了 X^n 的样本空间的一个划分。定义等价关系如下 $x_1^n \sim_T x_2^n$ 当且仅当 $T\left(x_1^n\right) = T\left(x_2^n\right)$，熟悉等价关系的性质的读者不难看出，这样就得到了样本空间的一个基于统计量 $T(\cdot)$ 的划分，参考聂灵沼等（2021），此时称 x_1^n 为代表元，称 $\left[x_1^n\right]_T = \{x^n | T(x^n) = T(x_1^n)\}$ 是等价类。$\forall\, x^n \in \left[x_1^n\right]_T$，$x^n$ 给出相同的统计量 $T(X^n)$。

3. 随机样本的均值的抽样分布

设 $X^n = (X_1, \cdots, X_n)$ 是一个随机样本，称统计量 $\overline{X}_n = \dfrac{1}{n}\sum\limits_{k=1}^{n} X_k$ 是样本均值。对于样本均值 $\overline{X}_n$，以下结论成立：

（1）若 $EX_k = \mu$，$k = 1, 2, \cdots, n$，那么 $E\overline{X}_n = \mu$；

（2）若 $X^n \overset{\text{IID}}{\sim} (\mu, \sigma^2)$，即 $X_1, \cdots, X_n$ 独立同分布于某一个均值为 μ、方差为 σ^2 的分布，那么 $\mathrm{var}\overline{X}_n = \dfrac{\sigma^2}{n}$；

（3）若 $X^n \overset{\text{IID}}{\sim} N(\mu, \sigma^2)$，则 $\overline{X}_n \sim N\left(\mu, \dfrac{\sigma^2}{n}\right)$，并且有标准化样本均值

$$Z_n = \frac{\overline{X}_n - E(\overline{X}_n)}{\sqrt{\mathrm{var}(\overline{X}_n)}} = \frac{\overline{X}_n - \mu}{\sigma/\sqrt{n}} = \frac{\sqrt{n}\left(\overline{X}_n - \mu\right)}{\sigma} \sim N(0, 1)$$

4. 样本方差的抽样分布

设 $X^n = (X_1, \cdots, X_n)$ 是一个随机样本，称统计量 $S_n^2 = \dfrac{1}{n-1}\sum\limits_{k=1}^{n}(X_k - \overline{X}_n)^2$ 是样本 X^n 的样本方差估计量。对于样本方差 S_n^2，以下结论成立：

（1）若 $X^n \overset{\text{IID}}{\sim} (\mu, \sigma^2)$，即 $X_1, \cdots, X_n$ 独立同分布于某一个均值为 μ、方差为 σ^2 的分布，那么 $ES_n^2 = \sigma^2$；

（2）若 $X^n \overset{\text{IID}}{\sim} N(\mu, \sigma^2)$，则 $\dfrac{(n-1)S_n^2}{\sigma^2} = \dfrac{\sum\limits_{i=1}^{n}(X_i - \overline{X}_n)^2}{\sigma^2} \sim \chi_{n-1}^2$，$n > 1$。

5. 若 $X^n \overset{\text{IID}}{\sim} N(\mu, \sigma^2)$，那么 $\overline{X}_n$ 和 S_n^2 相互独立。证明见《概率论与统计学》教材。

6. t 分布

令 $U \sim N(0, 1)$，$V \sim \chi_\nu^2$ 且 U 和 V 相互独立。则随机变量 $T = \dfrac{U}{\sqrt{V/\nu}} \sim \dfrac{N(0, 1)}{\sqrt{\chi_\nu^2/\nu}}$ 服从自由度 ν 的学生 t 分布，记作 $T \sim t_\nu$，简称为 t 分布。t 分布的 PDF 为

$$f_T(t) = \frac{\Gamma\left(\dfrac{\nu+1}{2}\right)}{\sqrt{\nu\pi}\,\Gamma\left(\dfrac{\nu}{2}\right)\left(1 + \dfrac{t^2}{\nu}\right)^{(\nu+1)/2}}$$

记自由度为 ν 的服从 t 分布的随机变量为 t_ν，那么 t_ν 具有以下性质：

（1）t_ν 的 PDF 关于纵轴对称；

（2）t_ν 分布的尾部比 $N(0，1)$ 更厚，对任意给定 ν，MGF 不存在；

（3）t_ν 只有前 $\nu-1$ 阶矩存在，特别地，$\nu>2$ 时，$\mu=0$，方差 $\sigma^2=\nu/(\nu-2)$；

（4）当 $\nu=1$ 时，$t_1 \sim \text{Cauchy}(0，1)$；

（5）$t_\nu \xrightarrow{\text{d}} N(0，1)$，$\nu\to\infty$。

7. 设随机样本 $X^n \overset{\text{IID}}{\sim} N(\mu，\sigma^2)$，当 $n>1$ 时，$\dfrac{\overline{X}_n-\mu}{S_n/\sqrt{n}} \sim t_{n-1}$。在第九章以及未来的学习中，我们会发现 $\dfrac{\overline{X}_n-\mu}{S_n/\sqrt{n}}$ 是一个非常重要的统计量。

8. ***F* 分布**

设 $U\sim\chi_p^2$，$V\sim\chi_q^2$，并且 U 和 V 相互独立。随机变量 $F=\dfrac{U/p}{V/q}$ 的 PDF 为

$$f_F(x)=\frac{\Gamma\left(\dfrac{p+q}{2}\right)}{\Gamma\left(\dfrac{p}{2}\right)\Gamma\left(\dfrac{q}{2}\right)}\left(\frac{p}{q}\right)^{p/2}x^{(p/2)-1}\left(1+\frac{p}{q}x\right)^{-(p+q)/2}$$

称 F 服从自由度为 p 和 q 的 F 分布，记作 $F\sim F_{p，q}$。F 分布具有以下性质：

（1）若 $X\sim F_{p，q}$，则 $X^{-1}\sim F_{q，p}$；

（2）若 $X\sim t_q$，则 $X^2\sim F_{1，q}$；

（3）当 $q\to\infty$ 时，$pF_{p，q}\xrightarrow{\text{d}}\chi_p^2$。

9. 充分统计量

Hong（2020）介绍了回归模型的选择标准“KISS”，即“keep it sophisticatedly simple”，其背后的逻辑是用最简单的模型刻画数据所包含的重要信息。充分统计量的概念反映了该原则。

（1）充分统计量

设 X^n 为来自以 θ 为参数的某个总体分布的随机样本。给定统计量 $T(X^n)$ 的值，即当 $T(X^n)=T(x^n)$ 时，若随机样本 $X^n=x^n$ 的条件分布不依赖于参数取值，即 $\forall\, x^n$，

$$f_{X^n|T(X^n)}(x^n|T(x^n)，\theta)=h(x^n)，\quad \forall\theta\in\Theta$$

则称统计量 $T(X^n)$ 为 θ 的充分统计量。其中，等式左边为给定 $T(X^n)=T(x^n)$ 时，$X^n=x^n$ 的条件 PMF/PDF，一般来说依赖于 θ。等式右边 $h(x^n)$ 不依赖于 θ，它只是样本 x^n 的函数。

（2）因子分解定理

令 $f_{X^n}(x^n, \theta)$ 为随机样本 x^n 的联合 PDF（或 PMF）。当且仅当存在函数 $g(t, \theta)$ 和 $h(x^n)$，满足对 x^n 的样本空间中的任意样本点 x^n 以及任意参数值 $\theta \in \Theta$，都有

$$f_{X^n}(x^n, \theta) = g\left[T(x^n), \theta\right]h(x^n)$$

则统计量 $T(X^n)$ 为 θ 的充分统计量，其中 $g(t, \theta)$ 依赖于参数 θ，但 $h(x^n)$ 不依赖于参数 θ。在实际应用中，往往利用因子分解定理来验证充分统计量。

（3）指数分布族

具有如下形式的 PMF 或 PDF 的概率分布的全体构成的集合，称为指数分布族。

$$f(x, \theta) = h(x)c(\theta)\exp\left[\sum_{j=1}^{k} w_j(\theta)t_j(x)\right]$$

其中 $\theta \in \Theta$ 是参数，对于指数分布族中的概率分布，由因子分解定理容易得到

$$T(X^n) = \left[\sum_{i=1}^{n} t_1(X_i), \sum_{i=1}^{n} t_2(X_i), \cdots, \sum_{i=1}^{n} t_k(X_i)\right]'$$

是参数 $\theta \in \Theta \subseteq R^k$ 的充分统计量，证明见习题 6.17。容易知道，对于 $X^n \overset{\text{IID}}{\sim} \text{N}(\mu, \sigma^2)$ 的样本，当 (μ, σ^2) 未知时，$\left(\overline{X}_n, S_n^2\right)$ 是充分统计量。

（4）不变性原理

设 $T(X^n)$ 是 $\theta \in \Theta \subseteq R^k$ 的充分统计量，$r: \Theta \to R^k$ 是一个单射，那么 $R(X^n) = r[T(X^n)]$ 也是 θ 的充分统计量，并且是参数 $r(\theta)$ 的充分统计量。

10. 最小充分统计量

设 X^n 是一个随机样本，$\theta \in \Theta \subseteq R^k$ 是总体参数，若对 θ 的任一充分统计量 $R(X^n)$，$T(X^n)$ 总是 $R(X^n)$ 的函数，即 $\exists\, \varphi: R^k \to R^k$, s.t. $T(X^n) = \varphi\left[R(X^n)\right]$, $\forall R(X^n)$，则称充分统计量 $T(X^n)$ 是参数 θ 的最小充分统计量。

（1）设 $\phi: R^k \to R^k$ 是单射，若 $T(X^n)$ 是参数 θ 的最小充分统计量，那么 $\phi\left[T(X^n)\right]$ 也是最小充分统计量，即最小充分统计量在可逆变换的意义下唯一。

（2）最小充分统计量的意义可以从划分的角度理解：设 $R(X^n)$ 是 θ 的充分统计量，$T(X^n) = \varphi\left[R(X^n)\right]$ 是 θ 的最小充分统计量，那么对于样本的任一实现 x^n，成立 $\left[x^n\right]_R \subseteq \left[x^n\right]_T$；这意味着 $T(\cdot)$ 对样本信息的提取程度至少比 $R(\cdot)$ 强；换言之，对于 X^n 的样本空间 $S \subseteq R^n$，最小充分统计量 T 诱导的等价关系 $\sim_T$ 使得商集 $S/\sim_T$ 在集合等价的意义下具有最小基数。关于基数的定义可见周民强（2018）。

（3）设 $f_{X^n}(X^n, \theta)$ 为随机样本 X^n 的 PMF/PDF。若函数 $T(X^n)$，使得对于任意两

个实现 x^n 和 y^n，以下命题成立

$$\frac{f_{X^n}(x^n,\ \theta)}{f_{X^n}(y^n,\ \theta)} \equiv h(x^n,\ y^n) \Leftrightarrow T(x^n) = T(y^n)$$

其中函数 $h(x^n,\ y^n)$ 不依赖于θ，则 $T(X^n)$ 是 θ 的最小充分统计量。

11. 完备统计量

为了方便解答第八章的部分习题，这里引入完备统计量的定义，并且不加证明地给出指数分布族的完备统计量。关于完备统计量的详细讨论可参考 Casellat 等（2024）。

（1）设 $T(X^n)$ 是关于随机样本 X^n 的参数 θ 的统计量，称 $T(X^n)$ 是 θ 的完备统计量，若对任意可测函数 $g(\cdot)$，下式成立：

$$E\{g[T(X^n)]\} = 0 \implies P\{g[T(X^n)] = 0\} = 1,\ \ \forall\, \theta \in \Theta$$

（2）设 $X_k \overset{\text{IID}}{\sim} f(x|\theta)$，其中 $\theta \in \Theta \subseteq R^k$，$f(x|\theta) = h(X)c(\theta)\exp\left[\sum_{j=1}^{k} w(\theta_j)t_j(X)\right]$，那么当 Θ 包含一个非空开集时，$T(X^n) = \left[\sum_{i=1}^{n} t_1(X_i),\ \sum_{i=1}^{n} t_2(X_i),\ \cdots,\ \sum_{i=1}^{n} t_k(X_i)\right]'$ 是一个完备统计量。

（3）若最小充分统计量存在[①]，那么任一完备统计量一定是最小充分统计量。第八章将使用 Lehmann-Scheffe 定理，基于充分完备统计量给出参数的最优无偏估计。

习题解答

习题 6.1

考察一个独立同分布随机样本 $X^n = (X_1,\ X_2,\ X_3)$，其中 X_i 服从二元分布，$P(X_i = 0) = P(X_i = 1) = \dfrac{1}{2}$，$i = 1,\ 2,\ 3$。定义样本均值 $\overline{X}_n = \dfrac{1}{3}(X_1 + X_2 + X_3)$。

求：（1）$\overline{X}_n$ 的抽样分布；（2）$\overline{X}_n$ 的均值；（3）$\overline{X}_n$ 的方差。

解答：

要找到 $\overline{X}_n$ 的抽样分布，我们可以列举所有结果和相应的概率。

① 最小充分统计量的存在性是一个很弱的条件。当数据是连续性或者离散型的时候，最小充分统计量总是存在的。因此，在绝大多数应用中可以默认最小充分统计量是存在的。

因为 X_i 简单地服从二元分布，则有 8 种概率相同的结果，它们是 (0，0，0)，(1，0，0)，(0，1，0)，(0，0，1)，(0，1，1)，(1，0，1)，(1，1，0)，(1，1，1)。

（1）$\overline{X}_n$ 的 PMF 为

$$f_{\overline{X}_n}(x)=\begin{cases}\dfrac{1}{8}, & x=0\\ \dfrac{3}{8}, & x=\dfrac{1}{3}\\ \dfrac{3}{8}, & x=\dfrac{2}{3}\\ \dfrac{1}{8}, & x=1\\ 0, & \text{其他}\end{cases}$$

（2）$\overline{X}_n$ 的均值为

$$E(\overline{X}_n)=\frac{1}{8}\times 1+\frac{3}{8}\times\frac{2}{3}+\frac{3}{8}\times\frac{1}{3}=\frac{1}{2}$$

或

$$E(\overline{X}_n)=E\left[\frac{1}{3}(X_1+X_2+X_3)\right]=E(X_1)=\frac{1}{2}$$

（3）$\overline{X}_n$ 的方差为

$$\sum f_{\overline{X}_n}(x)\left[x-E(\overline{X}_n)\right]^2=\frac{1}{8}\times\left(\frac{1}{2}\right)^2+\frac{3}{8}\times\left(\frac{1}{6}\right)^2+\frac{3}{8}\times\left(\frac{1}{6}\right)^2+\frac{1}{8}\times\left(\frac{1}{2}\right)^2=\frac{1}{12}$$

或

$$\mathrm{var}(\overline{X}_n)=\mathrm{var}\left[\frac{1}{3}(X_1+X_2+X_3)\right]=\frac{1}{9}\mathrm{var}(X_1+X_2+X_3)=\frac{1}{3}\mathrm{var}(X_1)=\frac{1}{4}\times\frac{1}{3}=\frac{1}{12}$$

习题 6.2

某社区有 5 个家庭，各自年收入分别为 1 万元、2 万元、3 万元、4 万元、5 万元。假设对 5 个家庭中的 2 个进行调查，这 2 个被调查家庭随机选定。求家庭收入样本均值的抽样分布，并给出推理过程。

解答：

依题意可以列举样本均值的所有可能结果。由于有 $\binom{5}{2}=10$ 种抽样方式，那么可能的结果有

$$\overline{X}_n = \begin{cases} 1.5, & \text{如果 1 和 2 被选中} \\ 2, & \text{如果 1 和 3 被选中} \\ 2.5, & \text{如果 1 和 4 被选中} \\ 3, & \text{如果 1 和 5 被选中} \\ 2.5, & \text{如果 2 和 3 被选中} \\ 3, & \text{如果 2 和 4 被选中} \\ 3.5, & \text{如果 2 和 5 被选中} \\ 3.5, & \text{如果 3 和 4 被选中} \\ 4, & \text{如果 3 和 5 被选中} \\ 4.5, & \text{如果 4 和 5 被选中} \end{cases}$$

收集所有可能的结果后，由于每种结果出现的概率相同，可以计算出 $\overline{X}_n$ 的 PMF为

x	1.5	2	2.5	3	3.5	4	4.5	其他
$f_{\overline{X}_n}(x)$	0.1	0.1	0.2	0.2	0.2	0.1	0.1	0

习题 6.3

假设资产 i 的收益满足公式

$$R_i = \alpha + \beta_i R_m + X_i$$

其中 R_i 为资产 i 的收益，α 为无风险资产收益，R_m 为代表市场系统风险的市场投资组合收益，X_i 代表资产 i 的个体特质风险。假设 $0 < \beta_i < \infty$。

现在考察一个由 n 个资产构成的等额权重的投资组合。该等额权重的投资组合的收益如下：

$$\bar{R}_n = \sum_{i=1}^{n} \frac{1}{n} R_i = \alpha + \left(\frac{1}{n} \sum_{i=1}^{n} \beta_i \right) R_m + \overline{X}_n = \alpha + \bar{\beta} R_m + \overline{X}_n$$

其中 $\bar{\beta} = n^{-1} \sum_{i=1}^{n} \beta_i$，且 $\overline{X}_n = n^{-1} \sum_{i=1}^{n} X_i$ 是 n 个资产的个体特质风险随机样本 $X^n = (X_1, \cdots, X_n)$ 的样本均值。假设 X^n 是总体均值为 μ 以下、方差为 σ^2 的独立同分布随机样本。同时，假设 R_m 和 X^n 相互独立。

等额权重投资组合的总风险可用其方差度量。

（1）证明 $\mathrm{var}(\bar{R}_n)=\bar{\beta}^2\mathrm{var}(R_m)+\mathrm{var}(\overline{X}_n)$，即投资组合的风险包括市场风险和个体特质风险。

（2）证明个体特质风险可通过多样化投资组合加以消除，即令 $n\to+\infty$。

证明：

（1）由于 R_m 和 $\overline{X}_n$ 相互独立，则

$$\mathrm{var}(\bar{R}_n)=\mathrm{var}(\alpha+\bar{\beta}R_m+\overline{X}_n)=\mathrm{var}(\bar{\beta}R_m)+\mathrm{var}(\overline{X}_n)=\bar{\beta}^2\mathrm{var}(R_m)+\mathrm{var}(\overline{X}_n)$$

（2）由于 X^n 是总体均值为 μ、方差为 σ^2 的独立同分布随机样本，则

$$\mathrm{var}(\overline{X}_n)=\mathrm{var}\left(\frac{1}{n}\sum_{i=1}^{n}X_i\right)=\frac{1}{n^2}\sum_{i=1}^{n}\mathrm{var}(X_i)=\frac{1}{n^2}\sum_{i=1}^{n}\sigma^2=\frac{\sigma^2}{n}$$

显然 $\lim\limits_{n\to\infty}\mathrm{var}(\overline{X}_n)=0$。

习题 6.4

设有 k 个来自总体分布为 Bernoulli(p) 的 IID 随机样本，样本容量分别为 n_1，…，n_k。假设这 k 个随机样本相互独立。

基于这 k 个随机样本，分别定义 k 个样本均值 $\overline{X}_{n_1}$，…，$\overline{X}_{n_k}$。同时定义整体样本均值 $\overline{X}=k^{-1}\sum\limits_{i=1}^{k}\overline{X}_{n_i}$。求：（1）$\overline{X}$ 的均值；（2）$\overline{X}$ 的方差。

解答：

（1）由于 $E\overline{X}_{n_i}=p$，则

$$E(\overline{X})=k^{-1}\sum_{i=1}^{k}E(\overline{X}_{n_i})=k^{-1}\sum_{i=1}^{k}p=p$$

（2）由于 $\mathrm{var}(\overline{X}_{n_i})=\dfrac{1}{n_i}\mathrm{var}(X_i)=\dfrac{p(1-p)}{n_i}$，$\overline{X}=k^{-1}\sum\limits_{i=1}^{k}\overline{X}_{n_i}$，

$$\mathrm{var}(\overline{X})=k^{-2}\sum_{i=1}^{k}\mathrm{var}(\overline{X}_{n_i})=k^{-2}\sum_{i=1}^{k}\frac{p(1-p)}{n_i}=k^{-2}p(1-p)\sum_{i=1}^{k}\frac{1}{n_i}$$

习题 6.5

设 $X^n=(X_1，\cdots，X_n)$ 为 IID $N(\mu_1，\sigma_1^2)$ 随机样本，$Y^m=(Y_1，\cdots，Y_m)$ 为 IID $N(\mu_2，\sigma_2^2)$ 随机样本，且两个随机样本之间相互独立。求 $\overline{X}_n-\overline{Y}_m$ 的分布，其中 $\overline{X}_n$ 和

$\overline{Y}_m$ 分别是第一个和第二个随机样本的样本均值。

解答：

由于 $X^n=(X_1,\ \cdots,\ X_n)$ 为 IID $N(\mu_1,\ \sigma_1^2)$ 随机样本，则 $\overline{X}_n \sim N\left(\mu_1,\ \frac{\sigma_1^2}{n}\right)$。同理，$\overline{Y}_m \sim N\left(\mu_2,\ \frac{\sigma_2^2}{m}\right)$。

由于两个随机样本之间相互独立，则 $\overline{X}_n-\overline{Y}_m$ 的分布为正态分布，其均值和方差分别为

$$E(\overline{X}_n-\overline{Y}_m)=E(\overline{X}_n)-E(\overline{Y}_m)=\mu_1-\mu_2$$

$$\operatorname{var}(\overline{X}_n-\overline{Y}_m)=\operatorname{var}(\overline{X}_n)+\operatorname{var}(\overline{Y}_m)=\frac{\sigma_1^2}{n}+\frac{\sigma_2^2}{m}$$

习题 6.6

假设 $X^n=(X_1,\ \cdots,\ X_n)$ 和 $Y^n=(Y_1,\ \cdots,\ Y_n)$ 分别为两个相互独立的 IID $N(\mu,\ \sigma^2)$ 随机样本。$\overline{X}_n$ 和 $\overline{Y}_n$ 分别为两个随机样本的样本均值，S_X^2 和 S_Y^2 分别为两个随机样本的样本方差。求：

（1）$(\overline{X}_n-\overline{Y}_n)/\sqrt{2\sigma^2/n}$ 的分布；

（2）$(\overline{X}_n-\overline{Y}_n)/\sqrt{2S_X^2/n}$ 的分布；

（3）$(\overline{X}_n-\overline{Y}_n)/\sqrt{2S_Y^2/n}$ 的分布；

（4）$(\overline{X}_n-\overline{Y}_n)/\sqrt{(S_X^2+S_Y^2)/n}$ 的分布；

（5）$(\overline{X}_n-\overline{Y}_n)/\sqrt{S_n^2/n}$ 的分布，其中 S_n^2 为差值样本 $Z^n=(Z_1,\ \cdots,\ Z_n)$ 的样本方差，并且 $Z_i=X_i-Y_i$，$i=1,\ 2,\ \cdots,\ n$。

解答：

根据《概率论与统计学》教材定理 6.4，$\overline{X}_n$、$\overline{Y}_n \sim N\left(\mu,\ \frac{\sigma^2}{n}\right)$、$\frac{(n-1)S_X^2}{\sigma^2}$ 和 $\frac{(n-1)S_Y^2}{\sigma^2} \sim \chi_{n-1}^2$，且 $\overline{X}_n$、$\overline{Y}_n$、S_X^2 和 S_Y^2 相互独立。

（1）则

$$(\overline{X}_n-\overline{Y}_n) \sim N\left(0,\ \frac{2\sigma^2}{n}\right)$$

因此有

$$(\overline{X}_n-\overline{Y}_n)/\sqrt{2\sigma^2/n}\sim N(0,\ 1)$$

（2）由于 $(\overline{X}_n-\overline{Y}_n)$ 和 S_X^2 相互独立，则

$$(\overline{X}_n-\overline{Y}_n)/\sqrt{2S_X^2/n}=\frac{(\overline{X}_n-\overline{Y}_n)}{\sqrt{2\sigma^2/n}}\left[\sqrt{\frac{(n-1)S_X^2}{(n-1)\sigma^2}}\right]^{-1}=\frac{N(0,\ 1)}{\sqrt{\frac{\chi_{n-1}^2}{n-1}}}\sim t_{n-1}$$

（3）与（2）同理可得 $(\overline{X}_n-\overline{Y}_n)/\sqrt{2S_Y^2/n}\sim t_{n-1}$。

（4）由于 $\frac{(n-1)S_X^2}{\sigma^2}$，$\frac{(n-1)S_Y^2}{\sigma^2}\sim\chi_{n-1}^2$ 且 S_X^2、S_Y^2 相互独立，有

$$\frac{(n-1)(S_X^2+S_Y^2)}{\sigma^2}\sim\chi_{2n-2}^2$$

因此，

$$\frac{\overline{X}_n-\overline{Y}_n}{\sqrt{(S_X^2+S_Y^2)/n}}=\frac{(\overline{X}_n-\overline{Y}_n)}{\sqrt{2\sigma^2/n}}\left[\sqrt{\frac{(n-1)(S_X^2+S_Y^2)}{2(n-1)\sigma^2}}\right]^{-1}=\frac{N(0,\ 1)}{\sqrt{\frac{\chi_{2n-2}^2}{2n-2}}}\sim t_{2n-2}$$

（5）定义 $\overline{Z}_n\equiv\overline{X}_n-\overline{Y}_n\sim N(0,\ \frac{2\sigma^2}{n})$。由于 $\frac{(n-1)S_n^2}{2\sigma^2}\sim\chi_{n-1}^2$，则

$$\frac{\overline{X}_n-\overline{Y}_n}{\sqrt{S_n^2/n}}=\frac{\bar{Z}_n}{\sqrt{2\sigma^2/n}}\left[\sqrt{\frac{(n-1)S_n^2}{2(n-1)\sigma^2}}\right]^{-1}=\frac{N(0,\ 1)}{\sqrt{\frac{\chi_{n-1}^2}{n-1}}}\sim t_{n-1}$$

习题 6.7

令 $X^n=(X_1,\ \cdots,\ X_n)$ 为 IID $N(\mu,\ \sigma^2)$ 随机样本。求样本方差 S_n^2 的一个函数，满足 $E\left[g(S_n^2)\right]=\sigma$。

提示：尝试 $g(S_n^2)=c\sqrt{S_n^2}$，其中 c 为常数。

解答：

根据 $\frac{(n-1)S_n^2}{\sigma^2}\sim\chi_{n-1}^2$ 和 χ_{n-1}^2 的 PDF 为 $f(x)=\frac{1}{\Gamma\left[(n-1)/2\right]2^{(n-1)/2}}x^{\frac{n-1}{2}-1}\mathrm{e}^{-\frac{x}{2}}\cdot 1$ $(x>0)$，有

$$E(\sqrt{S_n^2}) = E\left[\sqrt{\frac{\sigma^2}{n-1}}\sqrt{\frac{(n-1)S_n^2}{\sigma^2}}\right] = \sqrt{\frac{\sigma^2}{n-1}}E\sqrt{\chi_{n-1}^2}$$

$$= \sqrt{\frac{\sigma^2}{n-1}}\int_0^{+\infty}\frac{\sqrt{x}}{\Gamma[(n-1)/2]2^{(n-1)/2}}x^{\frac{n-1}{2}-1}\mathrm{e}^{-\frac{x}{2}}\mathrm{d}x$$

$$= \sqrt{\frac{\sigma^2}{n-1}}\cdot\frac{1}{\Gamma[(n-1)/2]2^{(n-1)/2}}\int_0^{+\infty}x^{\frac{n-2}{2}}\mathrm{e}^{-\frac{x}{2}}\mathrm{d}x$$

$$= \sqrt{\frac{\sigma^2}{n-1}}\cdot\frac{\sqrt{2}}{\Gamma[(n-1)/2]}\int_0^{+\infty}\left(\frac{x}{2}\right)^{\frac{n-2}{2}}\mathrm{e}^{-\frac{x}{2}}\mathrm{d}\left(\frac{x}{2}\right)$$

$$= \sqrt{\frac{\sigma^2}{n-1}}\cdot\frac{\sqrt{2}}{\Gamma[(n-1)/2]}\Gamma(n/2)$$

因此，令 $c = \frac{\Gamma[(n-1)/2]\sqrt{n-1}}{\sqrt{2}\Gamma(n/2)}$，则满足 $E[g(S_n^2)] = \sigma$ 的函数为

$$g(S_n^2) = c\sqrt{S_n^2} = \frac{\Gamma[(n-1)/2]\sqrt{n-1}}{\sqrt{2}\Gamma(n/2)}\sqrt{S_n^2}$$

习题 6.8

建立以下关于样本均值和样本方差的递归关系。令 $\overline{X}_n$ 和 S_n^2 分别为随机样本 $X^n = (X_1, \cdots, X_n)$ 的均值和方差，再假设额外获得另一个观测值 X_{n+1}，证明：

（1）$\overline{X}_{n+1} = \frac{X_{n+1} + n\overline{X}_n}{n+1}$；

（2）$nS_{n+1}^2 = (n-1)S_n^2 + \frac{n}{n+1}(X_{n+1} - \overline{X}_n)^2$。

证明：

（1）

$$\frac{X_{n+1} + n\overline{X}_n}{n+1} = \frac{X_{n+1} + (X_1 + \cdots + X_n)}{n+1} = \overline{X}_{n+1}$$

（2）由于 $\overline{X}_{n+1} = \frac{X_{n+1} + n\overline{X}_n}{n+1}$，可以得到

$$nS_{n+1}^2 - (n-1)S_n^2 = \sum_{i=1}^{n+1}(X_i - \overline{X}_{n+1})^2 - \sum_{i=1}^{n}(X_i - \overline{X}_n)^2$$

$$= \sum_{i=1}^{n+1}\left(X_i - \frac{X_{n+1} + n\overline{X}_n}{n+1}\right)^2 - \sum_{i=1}^{n}(X_i - \overline{X}_n)^2$$

$$
\begin{aligned}
&= \left(X_{n+1} - \frac{X_{n+1} + n\overline{X}_n}{n+1}\right)^2 + \sum_{i=1}^{n}\left[\left(X_i - \frac{X_{n+1} + n\overline{X}_n}{n+1}\right)^2 - (X_i - \overline{X}_n)^2\right] \\
&= \left[\frac{n(X_{n+1} - \overline{X}_n)}{n+1}\right]^2 + \sum_{i=1}^{n}\left[2X_i - \frac{X_{n+1} + (2n+1)\overline{X}_n}{n+1}\right] \cdot \frac{\overline{X}_n - X_{n+1}}{n+1} \\
&= \left[\frac{n(X_{n+1} - \overline{X}_n)}{n+1}\right]^2 + \left[2n\overline{X}_n - \frac{nX_{n+1} + (2n^2+n)\overline{X}_n}{n+1}\right] \cdot \frac{\overline{X}_n - X_{n+1}}{n+1} \\
&= \left[\frac{n(X_{n+1} - \overline{X}_n)}{n+1}\right]^2 + \frac{n(\overline{X}_n - X_{n+1})}{n+1} \cdot \frac{\overline{X}_n - X_{n+1}}{n+1} \\
&= \frac{n^2+n}{(n+1)^2}(X_{n+1} - \overline{X}_n)^2 = \frac{n}{n+1}(X_{n+1} - \overline{X}_n)^2
\end{aligned}
$$

证毕。

习题 6.9

假设 $(X_1, \cdots, X_n)$ 是 IID $N(0, \sigma^2)$。考虑如下关于 σ^2 的估计量 $\hat{\sigma}^2 = \frac{1}{n}\sum_{i=1}^{n} X_i^2$。

求：

（1）$n\hat{\sigma}^2/\sigma^2$ 的抽样分布；

（2）$E(\hat{\sigma}^2)$；

（3）$\text{var}(\hat{\sigma}^2)$；

（4）$\text{MSE}(\hat{\sigma}^2) = E(\hat{\sigma}^2 - \sigma^2)^2$。

请给出推理过程。

解答：

（1）由于 $\frac{X_i}{\sigma} \sim N(0, 1)$ 且 $(X_1, \cdots, X_n)$ 是 IID $N(0, \sigma^2)$，则

$$
\frac{n\hat{\sigma}^2}{\sigma^2} = \frac{\sum_{i=1}^{n} X_i^2}{\sigma^2} = \sum_{i=1}^{n}\left(\frac{X_i}{\sigma}\right)^2 \sim \chi_n^2
$$

（2）

$$
E(\hat{\sigma}^2) = \frac{1}{n}\sum_{i=1}^{n} E(X_i^2) = \frac{1}{n} \cdot n\sigma^2 = \sigma^2
$$

（3）由于卡方分布 χ_n^2 的方差为 $2n$，则

$$\operatorname{var}\left(\frac{n\hat{\sigma}^2}{\sigma^2}\right) = 2n$$

因此

$$\operatorname{var}(\hat{\sigma}^2) = \frac{2\sigma^4}{n}$$

（4）

$$\operatorname{MSE}(\hat{\sigma}^2) = E(\hat{\sigma}^2 - \sigma^2)^2 = E\left[\hat{\sigma}^2 - E(\hat{\sigma}^2)\right]^2 = \operatorname{var}(\hat{\sigma}^2) = \frac{2\sigma^4}{n}$$

习题 6.10

令 X_i，$i = 1$，2，3，服从 $N(i,\ i^2)$ 分布且相互独立。对以下每种情形，用 X_1，X_2，X_3 构造一个所要求的统计量。

（1）自由度为 3 的卡方分布；

（2）自由度为 2 的 t 分布；

（3）自由度为 1 和 2 的 F 分布。

解答：

（1）由于卡方随机变量是若干个独立标准正态随机变量的平方之和，有

$$\sum_{i=1}^{3}\left(\frac{X_i - i}{i}\right)^2 \sim \chi_3^2$$

（2）回顾：$t_\nu \sim \dfrac{N(0,\ 1)}{\sqrt{\chi_\nu^2/\nu}}$，其中分母和分子应相互独立。由于 X_i 相互独立，有

$$\frac{\dfrac{X_i - i}{i}}{\sqrt{\sum_{j\neq i}\left(\dfrac{X_j - j}{j}\right)^2 / 2}} \sim t_2$$

（3）回顾：$\dfrac{\chi_p^2/p}{\chi_q^2/q} \sim F_{p,\ q}$，其中分母和分子应相互独立。因此，有

$$\frac{\left(\dfrac{X_i - i}{i}\right)^2}{\sum_{j\neq i}\left(\dfrac{X_j - j}{j}\right)^2 / 2} \sim F_{1,\ 2}$$

习题 6.11

令 $U \sim N(0,\ 1)$，$V \sim \chi_{\nu}^{2}$，且 U 和 V 互相独立。则随机变量

$$T = \frac{U}{\sqrt{V/\nu}}$$

服从自由度为 ν 的学生 t 分布，记作 $T \sim t_{\nu}$。证明 T 的 PDF 为

$$f(t) = \frac{\Gamma\left(\frac{\nu+1}{2}\right)}{\Gamma\left(\frac{\nu}{2}\right)} \cdot \frac{1}{(\nu\pi)^{\frac{1}{2}}} \cdot \frac{1}{\left(1+\frac{t^2}{\nu}\right)^{\frac{\nu+1}{2}}}, \qquad -\infty < t < +\infty$$

证明：

记 $S = U$。考虑 S 和 T 的联合分布，然后对 S 进行积分，最终得到 T 的 PDF。由于 $S = U$，$T = \frac{U}{\sqrt{V/\nu}}$，则 $U = S$，$V = \frac{\nu S^2}{T^2}$。因此，$(S,\ T)$ 的雅可比行列式为

$$\det \boldsymbol{J}_{UV}(S,\ T) = \det \begin{pmatrix} \frac{\partial U}{\partial S} & \frac{\partial U}{\partial T} \\ \frac{\partial V}{\partial S} & \frac{\partial V}{\partial T} \end{pmatrix} = \det \begin{pmatrix} 1 & 0 \\ 2\frac{\nu S}{T^2} & -2\frac{\nu S^2}{T^3} \end{pmatrix} = -2\frac{\nu S^2}{T^3}$$

由于 U 和 V 相互独立，则 U 和 V 的联合分布为

$$f_{UV}(u,\ v) = f_U(u) f_V(v) = \frac{1}{\sqrt{2\pi}} \mathrm{e}^{-\frac{u^2}{2}} \cdot \frac{1}{\Gamma\left(\frac{\nu}{2}\right) \cdot 2^{\frac{\nu}{2}}} v^{\frac{\nu}{2}-1} \mathrm{e}^{-\frac{v}{2}} 1(\nu > 0)$$

根据二元变换定理，当 $t > 0$ 时，有

$$\begin{aligned} f_{TS}(t,\ s) &= f_{UV}(u,\ v) \cdot \left| \det\left[\boldsymbol{J}_{UV}(t,\ s)\right] \right| \\ &= \frac{1}{\sqrt{2\pi}} \exp\left(-\frac{s^2}{2}\right) \cdot \frac{1}{\Gamma\left(\frac{\nu}{2}\right) \cdot 2^{\frac{\nu}{2}}} \left(\frac{\nu s^2}{t^2}\right)^{\frac{\nu}{2}-1} \exp\left(-\frac{\nu s^2}{2t^2}\right) \cdot 2\frac{\nu s^2}{t^3} \\ &= \frac{\nu^{\frac{\nu}{2}}}{\Gamma\left(\frac{\nu}{2}\right) \cdot 2^{\frac{\nu-1}{2}} \cdot \sqrt{\pi} \cdot t^{\nu+1}} \cdot s^{\nu} \cdot \exp\left[-\frac{s^2}{2}\left(1+\frac{\nu}{t^2}\right)\right] \end{aligned}$$

记 $x = \frac{s^2}{2}\left(1+\frac{\nu}{t^2}\right)$。当 $s > 0$，$s = \sqrt{\frac{2x}{1+\frac{\nu}{t^2}}}$，$\mathrm{d}s = \frac{\mathrm{d}x}{\sqrt{2x\left(1+\frac{\nu}{t^2}\right)}}$。因此，

$$\int_0^{+\infty} s^{\nu}\exp\left[-\frac{s^2}{2}\left(1+\frac{\nu}{t^2}\right)\right]\mathrm{d}s=\int_0^{+\infty}\left(\frac{2x}{1+\frac{\nu}{t^2}}\right)^{\frac{\nu}{2}}\mathrm{e}^{-x}\cdot\frac{\mathrm{d}x}{\sqrt{2x\left(1+\frac{\nu}{t^2}\right)}}$$

$$=\left(\frac{2}{1+\frac{\nu}{t^2}}\right)^{\frac{\nu}{2}}\cdot\left[2\left(1+\frac{\nu}{t^2}\right)\right]^{-\frac{1}{2}}\int_0^{+\infty}x^{\frac{\nu-1}{2}}\mathrm{e}^{-x}\mathrm{d}x$$

$$=\left(1+\frac{\nu}{t^2}\right)^{-\frac{\nu+1}{2}}\cdot 2^{\frac{\nu-1}{2}}\cdot\Gamma\left(\frac{\nu+1}{2}\right)$$

综合上述两个结果，有

$$f_T(t)=\int_0^{+\infty}f_{TS}(t,\ s)\mathrm{d}s=\int_0^{+\infty}\frac{\nu^{\frac{\nu}{2}}}{\Gamma\left(\frac{\nu}{2}\right)\cdot 2^{\frac{\nu-1}{2}}\cdot\sqrt{\pi}\cdot t^{\nu+1}}s^{\nu}\exp\left[-\frac{s^2}{2}\left(1+\frac{\nu}{t^2}\right)\right]\mathrm{d}s$$

$$=\frac{\nu^{\frac{\nu}{2}}}{\Gamma\left(\frac{\nu}{2}\right)\cdot 2^{\frac{\nu-1}{2}}\cdot\sqrt{\pi}\cdot t^{\nu+1}}\cdot\left(1+\frac{\nu}{t^2}\right)^{-\frac{\nu+1}{2}}\cdot 2^{\frac{\nu-1}{2}}\cdot\Gamma\left(\frac{\nu+1}{2}\right)$$

$$=\frac{\Gamma\left(\frac{\nu+1}{2}\right)}{\Gamma\left(\frac{\nu}{2}\right)}\cdot\frac{1}{(\nu\pi)^{\frac{1}{2}}}\cdot\frac{1}{\left(1+\frac{t^2}{\nu}\right)^{\frac{\nu+1}{2}}}$$

由于 $U\sim N(0,\ 1)$，有

$$P(T\leqslant t)+P(T\leqslant -t)=P\left(U\leqslant t\sqrt{V/\nu}\right)+P\left(U\leqslant -t\sqrt{V/\nu}\right)=1$$

则 T 关于 0 对称分布。因此，对所有 t，有

$$f_T(t)=\frac{\Gamma\left(\frac{\nu+1}{2}\right)}{\Gamma\left(\frac{\nu}{2}\right)}\cdot\frac{1}{(\nu\pi)^{\frac{1}{2}}}\cdot\frac{1}{\left(1+\frac{t^2}{\nu}\right)^{\frac{\nu+1}{2}}}$$

习题 6.12

证明对于学生 t_ν 随机变量 X，（1）对于 $\nu>1$，$E(X)=0$；（2）对于 $\nu>2$，$\mathrm{var}(X)=\nu/(\nu-2)$。

证明：

（1）X 的 PDF 为

$$f_X(x) = \frac{\Gamma\left(\frac{\nu+1}{2}\right)}{\Gamma\left(\frac{\nu}{2}\right)} \cdot \frac{1}{(\nu\pi)^{\frac{1}{2}}} \cdot \frac{1}{\left(1+\frac{t^2}{\nu}\right)^{\frac{\nu+1}{2}}}$$

则当 $x \to +\infty$ 时，$f_X(x) = \mathcal{O}(x^{-1-\nu})$。所以 $E(|X|) < \infty$ 当且仅当 $\nu > 1$。最后，对于 $\nu > 1$，$E(X)$ 存在。且由于 X 关于 0 对称分布，$E(X) = 0$。

（2）由于当 $x \to +\infty$ 时，$f_X(x) = \mathcal{O}(x^{-1-\nu})$，有 $E(X^2) < \infty$ 当且仅当 $\nu > 2$。由于 $E(X) = 0$，当 $\nu > 2$ 时，有

$$\begin{aligned}
\operatorname{var}(X) = E(X^2) &= \frac{\Gamma\left(\frac{\nu+1}{2}\right)}{\Gamma\left(\frac{\nu}{2}\right)} \cdot \frac{1}{(\nu\pi)^{\frac{1}{2}}} \cdot 2\int_0^{+\infty} x^2\left(1+\frac{x^2}{\nu}\right)^{-\left(\frac{\nu+1}{2}\right)} \mathrm{d}x \\
&\xlongequal{t=x^2/\nu} \frac{\Gamma\left(\frac{\nu+1}{2}\right)}{\Gamma\left(\frac{\nu}{2}\right)} \cdot \frac{1}{(\nu\pi)^{\frac{1}{2}}} \cdot \nu\sqrt{\nu} \cdot \int_0^{+\infty} t^{\frac{3}{2}-1}(1+t)^{-\frac{3}{2}-\left(\frac{\nu-2}{2}\right)} \mathrm{d}t \\
&= \frac{\Gamma\left(\frac{\nu+1}{2}\right)}{\Gamma\left(\frac{\nu}{2}\right)} \cdot \frac{1}{\sqrt{\pi}} \cdot \nu \cdot \mathrm{Beta}\left(\frac{3}{2}, \frac{\nu-2}{2}\right) \\
&= \frac{\Gamma\left(\frac{\nu+1}{2}\right)}{\Gamma\left(\frac{\nu}{2}\right)} \cdot \frac{1}{\sqrt{\pi}} \cdot \nu \cdot \frac{\Gamma\left(\frac{\nu-2}{2}\right)\Gamma\left(\frac{3}{2}\right)}{\Gamma\left(\frac{\nu+1}{2}\right)} \\
&= \frac{\Gamma\left(\frac{\nu-2}{2}\right)}{\Gamma\left(\frac{\nu}{2}\right)} \cdot \Gamma\left(\frac{3}{2}\right) \cdot \nu \cdot \frac{1}{\sqrt{\pi}} \\
&= \frac{2}{\nu-2} \cdot \frac{\sqrt{\pi}}{2} \cdot \nu \cdot \frac{1}{\sqrt{\pi}} = \frac{\nu}{\nu-2}
\end{aligned}$$

其中第 4 个等式是因为

$$\mathrm{B}(p, q) = \int_0^1 x^{p-1}(1-x)^{q-1}\mathrm{d}x \xlongequal{x=\frac{u}{u+1}} \int_0^{+\infty} u^{p-1}(1+u)^{-p-q}\mathrm{d}u$$

第 5 个等式是因为

$$\mathrm{B}(z_1,\ z_2)=\frac{\Gamma(z_1)\Gamma(z_2)}{\Gamma(z_1+z_2)}$$

最后一步是因为 $\Gamma\left(\frac{3}{2}\right)=\frac{\sqrt{\pi}}{2}$ 且 $\Gamma(z+1)=z\Gamma(z)$。

习题 6.13

令 U 和 V 为两个独立卡方随机变量，自由度分别为 p 和 q，随机变量

$$X=\frac{U/p}{V/q}\sim F_{p,\ q}$$

服从自由度为 p 和 q 的 F 分布。证明 X 的 PDF 为

$$f(x)=\frac{\Gamma\left(\frac{p+q}{2}\right)}{\Gamma\left(\frac{p}{2}\right)\Gamma\left(\frac{q}{2}\right)}\cdot\left(\frac{p}{q}\right)^{p/2}\cdot\frac{x^{(p/2)-1}}{\left[1+(p/q)x\right]^{(p+q)/2}},\qquad 0<x<\infty$$

证明：

记 $Y=U$，考虑 X 和 Y 的联合 PDF，通过对 Y 进行积分，最终得到 X 的 PDF。由于 $Y=U$，$X=\frac{U/p}{V/q}$，有 $U=Y$ 和 $V=\frac{qY}{pX}$。因此，有

$$\det \boldsymbol{J}_{UV}(X,\ Y)=\det\begin{pmatrix}\frac{\partial U}{\partial X} & \frac{\partial U}{\partial Y}\\ \frac{\partial V}{\partial X} & \frac{\partial V}{\partial Y}\end{pmatrix}=\det\begin{pmatrix}0 & 1\\ -\frac{qY}{pX^2} & \frac{q}{pX}\end{pmatrix}=\frac{qY}{pX^2}$$

由于 U 和 V 相互独立，它们的联合 PDF 为

$$f_{UV}(u,\ v)=f_U(u)f_V(v)=\frac{1}{\Gamma\left(\frac{p}{2}\right)2^{\frac{p}{2}}}u^{\frac{p}{2}-1}\mathrm{e}^{-\frac{u}{2}}\cdot\frac{1}{\Gamma\left(\frac{q}{2}\right)2^{\frac{q}{2}}}v^{\frac{q}{2}-1}\mathrm{e}^{-\frac{v}{2}},\quad \forall\, u,\ v>0$$

根据二元变换定理可得

$$\begin{aligned}f_{XY}(x,\ y)&=f_{UV}(u,\ v)\cdot\left|\det \boldsymbol{J}_{UV}(x,\ y)\right|\\&=\frac{1}{\Gamma\left(\frac{p}{2}\right)2^{\frac{p}{2}}}y^{\frac{p}{2}-1}\mathrm{e}^{-\frac{y}{2}}\cdot\frac{1}{\Gamma\left(\frac{q}{2}\right)2^{\frac{q}{2}}}\left(\frac{qy}{px}\right)^{\frac{q}{2}-1}\mathrm{e}^{-\frac{qy}{2px}}\cdot\frac{qy}{px^2}\\&=\frac{1}{\Gamma\left(\frac{p}{2}\right)\Gamma\left(\frac{q}{2}\right)2^{\frac{p+q}{2}}}\cdot\left(\frac{q}{px}\right)^{\frac{q}{2}}\cdot\frac{1}{x}\cdot y^{\frac{p+q}{2}-1}\cdot\mathrm{e}^{-\left(1+\frac{q}{px}\right)\frac{y}{2}}\end{aligned}$$

将 x 视为固定值。记 $t=\left(1+\frac{q}{px}\right)\frac{y}{2}$，则 $y=\frac{2t}{1+\frac{q}{px}}$，$dy=\frac{2}{1+\frac{q}{px}}dt$。因此，

$$\int_0^{+\infty} y^{\frac{p+q}{2}-1}e^{-\left(1+\frac{q}{px}\right)\frac{y}{2}}dy=\int_0^{+\infty}\left(\frac{2t}{1+\frac{q}{px}}\right)^{\frac{p+q}{2}-1}\cdot\frac{2e^{-t}}{1+\frac{q}{px}}dt$$
$$=\left(1+\frac{q}{px}\right)^{-\frac{p+q}{2}}\cdot 2^{\frac{p+q}{2}}\cdot\Gamma\left(\frac{p+q}{2}\right)$$

最后，根据上述结果有

$$f_X(x)=\int_0^{+\infty}f_{XY}(x,\ y)dy$$
$$=\frac{1}{\Gamma\left(\frac{p}{2}\right)\Gamma\left(\frac{q}{2}\right)\cdot 2^{\frac{p+q}{2}}}\cdot\left(\frac{q}{px}\right)^{\frac{q}{2}}\cdot\frac{1}{x}\int_0^{+\infty}y^{\frac{p+q}{2}-1}e^{-\left(1+\frac{q}{px}\right)\frac{y}{2}}dy$$
$$=\frac{1}{\Gamma\left(\frac{p}{2}\right)\Gamma\left(\frac{q}{2}\right)\cdot 2^{\frac{p+q}{2}}}\cdot\left(\frac{q}{px}\right)^{\frac{q}{2}}\cdot\frac{1}{x}\cdot\left[\left(1+\frac{q}{px}\right)^{-\frac{p+q}{2}}\cdot 2^{\frac{p+q}{2}}\cdot\Gamma\left(\frac{p+q}{2}\right)\right]$$
$$=\frac{\Gamma\left(\frac{p+q}{2}\right)}{\Gamma\left(\frac{p}{2}\right)\Gamma\left(\frac{q}{2}\right)}\left(\frac{p}{q}\right)^{p/2}\frac{x^{(p/2)-1}}{\left[1+(p/q)x\right]^{(p+q)/2}}$$

习题 6.14

对于服从 $F_{p,\ q}$ 分布随机变量 X，求：（1）$E(X)$；（2）$\mathrm{var}(X)$。

解答：

（1）由于 $X\sim F_{p,\ q}$，有 $X=\frac{U/p}{V/q}$，其中 $U\sim\chi_p^2$，$V\sim\chi_q^2$，且 U 和 V 相互独立。记 $Z=\frac{1}{V}$，则其 CDF 为

$$F_Z(z)=P\left(\frac{1}{V}<z\right)=P\left(\frac{1}{z}<V\right)=1-F_V\left(\frac{1}{z}\right)$$

其 PDF 为

$$f_Z(z)=\frac{1}{z^2}f_V\left(\frac{1}{z}\right)=\frac{1}{\Gamma\left(\frac{q}{2}\right)2^{\frac{q}{2}}}\cdot\frac{1}{z^{1+\frac{q}{2}}}e^{-\frac{1}{2z}}$$

因此，其期望为

$$E(Z)=\frac{1}{\Gamma\left(\frac{q}{2}\right)2^{\frac{q}{2}}}\int_0^{+\infty}\frac{1}{z^{\frac{q}{2}}}\mathrm{e}^{-\frac{1}{2z}}\mathrm{d}z \xlongequal{t=\frac{1}{2z}} \frac{1}{\Gamma\left(\frac{q}{2}\right)2^{\frac{q}{2}}}\int_{\infty}^{0}(2t)^{\frac{q}{2}}\cdot \mathrm{e}^{-t}\cdot\left(-\frac{1}{2t^2}\right)\mathrm{d}t$$

$$=\frac{1}{2\Gamma\left(\frac{q}{2}\right)}\int_0^{+\infty}t^{\frac{q}{2}-2}\mathrm{e}^{-t}\mathrm{d}t=\frac{1}{2\cdot\Gamma\left(\frac{q}{2}\right)}\cdot\Gamma\left(\frac{q}{2}-1\right)=\frac{1}{q-2}$$

其中最后一步使用公式 $\Gamma(z+1)=z\Gamma(z)$。因为 U 和 V 相互独立，那么 U 和 Z 也相互独立。由于 $U\sim\chi_p^2$，$EU=p$，有

$$E(X)=E\left(\frac{q}{p}UZ\right)=\frac{q}{p}E(U)E(Z)=\frac{q}{p}\cdot p\cdot\frac{1}{q-2}=\frac{q}{q-2}$$

（2）类似地，有

$$E(Z^2)=\frac{1}{\Gamma\left(\frac{q}{2}\right)2^{\frac{q}{2}}}\int_0^{+\infty}\frac{1}{z^{\frac{q}{2}-1}}\mathrm{e}^{-\frac{1}{2z}}\mathrm{d}z \xlongequal{t=\frac{1}{2z}} \frac{1}{\Gamma\left(\frac{q}{2}\right)2^{\frac{q}{2}}}\int_{\infty}^{0}(2t)^{\frac{q}{2}-1}\cdot \mathrm{e}^{-t}\cdot\left(-\frac{1}{2t^2}\right)\mathrm{d}z$$

$$=\frac{1}{4\Gamma\left(\frac{q}{2}\right)}\int_0^{+\infty}t^{\frac{q}{2}-3}\mathrm{e}^{-t}\mathrm{d}t=\frac{1}{4\cdot\Gamma\left(\frac{q}{2}\right)}\cdot\Gamma\left(\frac{q}{2}-2\right)=\frac{1}{(q-2)(q-4)}$$

由于 $U\sim\chi_p^2$，有 $E(U)=p$，$\mathrm{var}(U)=2p$，则

$$E(U^2)=\mathrm{var}(U)+E^2(U)=p(p+2)$$

$$E(X^2)=E\left(\frac{q^2}{p^2}U^2Z^2\right)=\frac{q^2}{p^2}E(U^2)\cdot E(Z^2)$$
$$=\frac{q^2}{p^2}\cdot p(p+2)\cdot\frac{1}{(q-2)(q-4)}=\frac{p+2}{p}\cdot\frac{q^2}{(q-2)(q-4)}$$

因此，

$$\mathrm{var}(X)=E(X^2)-E^2(X)=\frac{p+2}{p}\cdot\frac{q^2}{(q-2)(q-4)}-\frac{q^2}{(q-2)^2}=\frac{2q^2(p+q-2)}{p(q-2)^2(q-4)}$$

习题 6.15

令 X 为总体分布 $\mathrm{N}(0,\ \sigma^2)$ 的一个观测值。问：$|X|$ 是充分统计量吗？

解答：

$|X|$ 是充分统计量。

根据因子分解定理，有

$$f_X(x)=\frac{1}{\sqrt{2\pi\sigma^2}}\mathrm{e}^{-\frac{x^2}{2\sigma^2}}=\frac{1}{\sqrt{2\pi\sigma^2}}\mathrm{e}^{-\frac{|x|^2}{2\sigma^2}}=g(|x|,\ \sigma^2)\times 1=g(|x|,\ \sigma^2)h(x)$$

其中 $h(x)=1$。因此，统计量 $|X|$ 是充分统计量。

习题 6.16

令 X_1，$\cdots$，X_n 为独立随机变量序列，每个 X_i 的概率密度函数均为

$$f_i(x,\ \theta)=\begin{cases}\mathrm{e}^{i\theta-x}, & x\geqslant i\theta\\ 0, & x<i\theta\end{cases}$$

证明：$T=\min\limits_{1\leqslant i\leqslant n}(X_i/i)$ 是 θ 的充分统计量。

证明：

根据独立性，可以得出随机样本 X^n 的联合 PDF 为

$$f(x^n,\ \theta)=\prod_{i=1}^{n}f(x_i,\ \theta)=\prod_{i=1}^{n}\mathrm{e}^{i\theta-x_i}1(x_i/i\geqslant\theta)=1\left[\theta\leqslant\min_{1\leqslant i\leqslant n}(x_i/i)\right]\cdot\mathrm{e}^{n(n+1)\theta/2}\cdot\mathrm{e}^{-\sum_{i=1}^{n}x_i}$$

由于 $T(x^n)=\min\limits_{1\leqslant i\leqslant n}(x_i/i)$，有

$$f(x^n,\ \theta)=1\left[T(x^n)\geqslant\theta\right]\cdot\mathrm{e}^{n(n+1)\theta/2}\cdot\mathrm{e}^{-\sum_{i=1}^{n}x_i}=g\left[T(x^n),\ \theta\right]h(x^n)$$

其中

$$g\left[T(x^n),\ \theta\right]=\mathrm{e}^{\frac{n(n+1)}{2}\theta}\cdot 1\left[T(x^n)\geqslant\theta\right],\qquad h(x^n)=\mathrm{e}^{-\sum_{i=1}^{n}x_i}$$

因此，根据因子分解定理，$T=\min\limits_{1\leqslant i\leqslant n}(X_i/i)$ 是 θ 的充分统计量。

证毕。

习题 6.17

证明《概率论与统计学》教材定理 6.12：令 $X^n=(X_1,\ \cdots,\ X_n)$ 是来自 PMF/PDF 为 $f(x,\ \theta)$ 的某指数分布族的 IID 随机样本，其中

$$f(x,\ \theta)=h(x)c(\theta)\exp\left[\sum_{j=1}^{k}w_j(\theta)t_j(x)\right]$$

$\theta=(\theta_1,\ \cdots,\ \theta_p)$，且$p\leqslant k$。则

$$T(X^n)=\left[\sum_{i=1}^{n}t_1(X_i),\ \cdots,\ \sum_{i=1}^{n}t_k(X_i)\right]$$

是 θ 的充分统计量。

证明：

根据独立性，可以得出随机样本 X^n 的联合 PDF 为

$$\begin{aligned}f(x^n,\ \theta)&=\prod_{i=1}^{n}f(x_i,\ \theta)=\prod_{i=1}^{n}h(x_i)c(\theta)\exp\left[\sum_{j=1}^{k}w_j(\theta)t_j(x_i)\right]\\&=\left[\prod_{i=1}^{n}h(x_i)\right]c(\theta)^n\cdot\exp\left[\sum_{i=1}^{n}\sum_{j=1}^{k}w_j(\theta)t_j(x_i)\right]\\&=c(\theta)^n\exp\left[\sum_{j=1}^{k}w_j(\theta)\sum_{i=1}^{n}t_j(x_i)\right]\cdot\left[\prod_{i=1}^{n}h(x_i)\right]\\&=g[T(x^n),\ \theta]l(x^n)\end{aligned}$$

其中

$$g\left[T(x^n),\ \theta\right]=c(\theta)^n\exp\left[\sum_{j=1}^{k}w_j(\theta)\sum_{i=1}^{n}t_j(x_i)\right],\qquad l(x^n)=\prod_{i=1}^{n}h(x_i)$$

因此，根据因子分解定理，$T(X^n)$ 是 θ 的充分统计量。

证毕。

习题 6.18

令 $X^n=(X_1,\ \cdots,\ X_n)$ 为来自伽马分布 Gamma$(\alpha,\ \beta)$ 的独立同分布随机样本。求 $(\alpha,\ \beta)$ 的二维充分统计量。

解答：

依题意，得 X_i 的 PDF 为

$$f_{X_i}(x_i)=\begin{cases}\dfrac{1}{\Gamma(\alpha)\beta^{\alpha}}x_i^{\alpha-1}\mathrm{e}^{-x_i/\beta}, & x_i>0\\ 0, & \text{其他}\end{cases}$$

根据独立性，可以得出随机样本 X^n 的联合 PDF 为

$$f_{X^n}(x^n)=\prod_{i=1}^{n}\frac{1}{\Gamma(\alpha)\beta^{\alpha}}x_i^{\alpha-1}\mathrm{e}^{-x_i/\beta}\cdot 1(\min_i x_i>0)$$

$$= \frac{1}{\beta^{n\alpha}} \mathrm{e}^{-\sum_{i=1}^{n} x_i/\beta} \cdot \frac{1}{\Gamma(\alpha)^n} \left(\prod_{i=1}^{n} x_i\right)^{\alpha-1} \cdot 1(\min_i x_i > 0)$$

$$= g\left[T(x^n),\ \alpha,\ \beta\right] \cdot h(x^n)$$

其中

$$g\left[T(x^n),\ \alpha,\ \beta\right] = \frac{1}{\beta^{n\alpha}} \mathrm{e}^{-\sum\limits_{i=1}^{n} x_i/\beta} \frac{1}{\Gamma(\alpha)^n} \left(\prod_{i=1}^{n} x_i\right)^{\alpha-1}, \quad h(x^n) = 1(\min_i x_i > 0)$$

因此，根据因子分解定理，$T(x^n) = \left(\prod\limits_{i=1}^{n} x_i,\ \sum\limits_{i=1}^{n} x_i\right)$ 是 $(\alpha,\ \beta)$ 的二维充分统计量。

习题 6.19

令 $X^n = (X_1,\ \cdots,\ X_n)$ 为来自具有如下 PDF 的总体分布的随机样本：

$$f(x,\ \theta) = \theta x^{\theta-1}, \quad 0 < x < 1$$

其中参数 $\theta > 0$。问 $\sum\limits_{i=1}^{n} X_i$ 是 θ 的充分统计量吗？给出推理过程。

解答：

随机样本 X^n 的联合 PDF 为

$$f_{X^n}(x^n) = \theta^n \left(\prod_{i=1}^{n} x_i\right)^{\theta-1} \cdot 1(\min_i x_i > 0) \cdot 1(\max_i x_i < 1) = g\left[T(x^n),\ \theta\right] h(x^n)$$

其中

$$g\left[T(x^n),\ \theta\right] = \theta^n \left(\prod_{i=1}^{n} x_i\right)^{\theta-1}, \quad h(x^n) = 1(\min_i x_i > 0) \cdot 1(\max_i x_i < 1)$$

因此，根据因子分解定理，$T(x^n) = \prod\limits_{i=1}^{n} x_i$ 是 θ 的充分统计量，而 $\sum\limits_{i=1}^{n} X_i$ 不是 θ 的充分统计量。

习题 6.20

令 X 为分布为 $F_{p,\ q}$ 的随机变量。

（1）推导 X 的 PDF；

（2）推导 X 的均值和方差；

（3）证明 $1/X$ 服从 $F_{q,\ p}$ 分布；

（4）证明 $\frac{p}{q}X\Big/\left(1+\frac{p}{q}X\right)$ 服从贝塔分布 $\text{Beta}\left(\frac{p}{2},\ \frac{q}{2}\right)$。

解答：

（1）见习题6.13。

（2）见习题6.14。

（3）由于 $X \sim F_{p,\ q}$，有

$$X=\frac{U/p}{V/q},\ U \sim \chi_p^2,\ V \sim \chi_q^2$$

又因为 U 和 V 相互独立。因此，

$$\frac{1}{X}=\frac{V/q}{U/p} \sim F_{q,\ p}$$

（4）由于 $X=\dfrac{U/p}{V/q}$，则 $\dfrac{(p/q)X}{1+(p/q)X}=\dfrac{U}{U+V}$。记 $S=\dfrac{U}{U+V}$，$T=U$，则 $U=T$，$V=\dfrac{T}{S}-T$。因此，

$$\det \boldsymbol{J}_{UV}(s,\ t)=\det\begin{pmatrix}\dfrac{\partial U}{\partial S} & \dfrac{\partial U}{\partial T}\\ \dfrac{\partial V}{\partial S} & \dfrac{\partial V}{\partial T}\end{pmatrix}=\det\begin{pmatrix}0 & 1\\ -\dfrac{t}{s^2} & \dfrac{\partial V}{\partial T}\end{pmatrix}=\frac{t}{s^2}$$

由于 U 和 V 相互独立，它们的联合 PDF 为

$$f_{UV}(u,\ v)=f_U(u)f_V(v)=\frac{1}{\Gamma\left(\frac{p}{2}\right)\cdot 2^{\frac{p}{2}}}u^{\frac{p}{2}-1}\mathrm{e}^{-\frac{u}{2}}\frac{1}{\Gamma\left(\frac{q}{2}\right)\cdot 2^{\frac{q}{2}}}v^{\frac{q}{2}-1}\mathrm{e}^{-\frac{v}{2}}$$

根据二元变换定理可得

$$\begin{aligned}f_{ST}(s,\ t)&=f_{UV}(u,\ v)\left|\det \boldsymbol{J}_{UV}(s,\ t)\right|\\&=\frac{1}{\Gamma\left(\frac{p}{2}\right)\Gamma\left(\frac{q}{2}\right)\cdot 2^{\frac{p+q}{2}}}u^{\frac{p}{2}-1}v^{\frac{q}{2}-1}\mathrm{e}^{-\frac{u+v}{2}}\cdot\frac{t}{s^2}\\&=\frac{1}{\Gamma\left(\frac{p}{2}\right)\Gamma\left(\frac{q}{2}\right)\cdot 2^{\frac{p+q}{2}}}t^{\frac{p}{2}-1}\left(\frac{t}{s}-t\right)^{\frac{q}{2}-1}\mathrm{e}^{-\frac{t}{2s}}\cdot\frac{t}{s^2}\end{aligned}$$

$$= \frac{1}{\Gamma\left(\frac{p}{2}\right)\Gamma\left(\frac{q}{2}\right)\cdot 2^{\frac{p+q}{2}}}\left(\frac{1}{s}-1\right)^{\frac{q}{2}-1}\cdot\frac{1}{s^2}\cdot t^{\frac{p+q}{2}-1}\cdot e^{-\frac{t}{2s}}$$

由于

$$\int_0^{+\infty} t^{\frac{p+q}{2}-1}\cdot e^{-\frac{t}{2s}}\,dt \xlongequal{\frac{t}{2s}=z} (2s)^{\frac{p+q}{2}}\cdot\int_0^{+\infty} e^{-z}\cdot z^{\frac{p+q}{2}-1}dz = (2s)^{\frac{p+q}{2}}\Gamma\left(\frac{p+q}{2}\right)$$

则

$$\begin{aligned}
f_S(s) &= \int_0^{+\infty} f_{ST}(s,\ t)dt \\
&= \frac{1}{\Gamma\left(\frac{p}{2}\right)\Gamma\left(\frac{q}{2}\right)\cdot 2^{\frac{p+q}{2}}}\left(\frac{1}{s}-1\right)^{\frac{q}{2}-1}\cdot\frac{1}{s^2}\int_0^{+\infty} t^{\frac{p+q}{2}-1}\cdot e^{-\frac{t}{2s}}\,dt \\
&= \frac{1}{\Gamma\left(\frac{p}{2}\right)\cdot\Gamma\left(\frac{q}{2}\right)\cdot 2^{\frac{p+q}{2}}}\left(\frac{1}{s}-1\right)^{\frac{q}{2}-1}\cdot\frac{1}{s^2}\cdot\left[(2s)^{\frac{p+q}{2}}\Gamma\left(\frac{p+q}{2}\right)\right] \\
&= \frac{\Gamma\left(\frac{p+q}{2}\right)}{\Gamma\left(\frac{p}{2}\right)\Gamma\left(\frac{q}{2}\right)}(1-s)^{\frac{q}{2}-1}s^{\frac{p}{2}-1} = \frac{1}{B\left(\frac{p}{2},\ \frac{q}{2}\right)}(1-s)^{\frac{q}{2}-1}s^{\frac{p}{2}-1}
\end{aligned}$$

因此,

$$\frac{p}{q}X/(1+\frac{p}{q}X) = S \sim \text{Beta}\left(\frac{p}{2},\ \frac{q}{2}\right)$$

证毕。

习题 6.21

证明:

(1) $\left(\sum_{i=1}^n X_i,\ \sum_{i=1}^n X_i^2\right)$ 在 $N(\mu,\ \mu)$ 分布族中是 μ 的充分统计量, 但并非最小充分统计量;

(2) $\sum_{i=1}^n X_i^2$ 在 $N(\mu,\ \mu)$ 分布族中是 μ 的最小充分统计量;

(3) $\left(\sum_{i=1}^n X_i,\ \sum_{i=1}^n X_i^2\right)$ 在 $N(\mu,\ \mu^2)$ 分布族中是 μ 的最小充分统计量;

(4) $\left(\sum_{i=1}^n X_i,\ \sum_{i=1}^n X_i^2\right)$ 在 $N(\mu,\ \sigma^2)$ 分布族中是 $(\mu,\ \sigma^2)$ 的最小充分统计量。

证明：

（1）、（2）：随机样本 X^n 的联合 PDF 为

$$
\begin{aligned}
f_{X^n}(x^n,\ \mu) &= \prod_{i=1}^{n} f(x_i,\ \mu) = \prod_{i=1}^{n}(2\pi\mu)^{-\frac{1}{2}} \cdot \exp\left[-\frac{1}{2\mu}(x_i-\mu)^2\right] \\
&= (2\pi\mu)^{-\frac{n}{2}}\exp\left(-\frac{1}{2\mu}\sum_{i=1}^{n}(x_i-\mu)^2\right) \\
&= (2\pi\mu)^{-\frac{n}{2}}\exp\left(-\frac{\sum_{i=1}^{n}x_i^2-2\mu\sum_{i=1}^{n}x_i+n\mu^2}{2\mu}\right) \\
&= g\left[T(x^n),\ \mu\right]\cdot h(x^n)
\end{aligned}
$$

其中 $g\left[T(x^n),\ \mu\right]=(2\pi\mu)^{-\frac{n}{2}}\exp\left(-\frac{\sum_{i=1}^{n}x_i^2-2\mu\sum_{i=1}^{n}x_i+n\mu^2}{2\mu}\right)$，$h(x^n)=1$。因此，根据因子分解定理，$\left(\sum_{i=1}^{n}X_i,\ \sum_{i=1}^{n}X_i^2\right)$ 是 μ 的充分统计量。

为了检验它是否为最小充分统计量，令 x^n 和 y^n 表示样本空间 X^n 中的任意两个样本点，那么可以得到

$$
\begin{aligned}
\frac{f_{X^n}(x^n,\ \mu)}{f_{X^n}(y^n,\ \mu)} &= \frac{(2\pi\mu)^{-\frac{n}{2}}\exp\left(-\frac{\sum_{i=1}^{n}x_i^2-2\mu\sum_{i=1}^{n}x_i+n\mu^2}{2\mu}\right)}{(2\pi\mu)^{-\frac{n}{2}}\exp\left(-\frac{\sum_{i=1}^{n}y_i^2-2\mu\sum_{i=1}^{n}y_i+n\mu^2}{2\mu}\right)} \\
&= \exp\left[-\frac{1}{2\mu}\sum_{i=1}^{n}(x_i^2-y_i^2)+\sum_{i=1}^{n}(x_i-y_i)\right]
\end{aligned}
$$

根据《概率论与统计学》教材定理 6.13，$\frac{f_{X^n}(x^n,\ \mu)}{f_{X^n}(y^n,\ \mu)}$ 为参数 μ 的常函数当且仅当 $\sum_{i=1}^{n}x_i^2=\sum_{i=1}^{n}y_i^2$，而不是 $\left(\sum_{i=1}^{n}x_i,\ \sum_{i=1}^{n}x_i^2\right)=\left(\sum_{i=1}^{n}y_i,\ \sum_{i=1}^{n}y_i^2\right)$。因此，$\sum_{i=1}^{n}X_i^2$ 是 μ 的最小充分统计量，而非 $\left(\sum_{i=1}^{n}X_i,\ \sum_{i=1}^{n}X_i^2\right)$。

（3）随机样本 X^n 的联合 PDF 为

$$
\begin{aligned}
f_{X^n}(x^n,\ \mu) &= \prod_{i=1}^{n} f(x_i,\ \mu) = \prod_{i=1}^{n}(2\pi\mu)^{-\frac{1}{2}}\exp\left[-\frac{1}{2\mu^2}(x_i-\mu)^2\right] \\
&= (2\pi\mu)^{-\frac{n}{2}}\exp\left[-\frac{1}{2\mu^2}\sum_{i=1}^{n}(x_i-\mu)^2\right] \\
&= (2\pi\mu)^{-\frac{n}{2}}\exp\left(-\frac{\sum_{i=1}^{n}x_i^2-2\mu\sum_{i=1}^{n}x_i+n\mu^2}{2\mu^2}\right) \\
&= g\left[T(x^n),\ \mu\right]h(x^n)
\end{aligned}
$$

其中

$$
g\left[T(x^n),\ \mu\right] = (2\pi\mu)^{-\frac{n}{2}}\exp\left(-\frac{\sum_{i=1}^{n}x_i^2-2\mu\sum_{i=1}^{n}x_i+n\mu^2}{2\mu^2}\right),\qquad h(x^n)=1
$$

因此，根据因子分解定理，$\left(\sum_{i=1}^{n}X_i,\ \sum_{i=1}^{n}X_i^2\right)$ 是 μ 的充分统计量。为了检验它是否为最小充分统计量，令 x^n 和 y^n 表示样本空间 X^n 中的任意两个样本点，那么可以得到

$$
\begin{aligned}
\frac{f_{X^n}(x^n,\ \mu)}{f_{X^n}(y^n,\ \mu)} &= \frac{(2\pi\mu)^{-\frac{n}{2}}\exp\left(-\frac{\sum_{i=1}^{n}x_i^2-2\mu\sum_{i=1}^{n}x_i+n\mu^2}{2\mu^2}\right)}{(2\pi\mu)^{-\frac{n}{2}}\exp\left(-\frac{\sum_{i=1}^{n}y_i^2-2\mu\sum_{i=1}^{n}y_i+n\mu^2}{2\mu^2}\right)} \\
&= \exp\left[-\frac{1}{2\mu^2}\sum_{i=1}^{n}(x_i^2-y_i^2)+\frac{1}{\mu}\sum_{i=1}^{n}(x_i-y_i)\right]
\end{aligned}
$$

根据《概率论与统计学》教材定理 6.13，$\frac{f_{X^n}(x^n,\ \mu)}{f_{X^n}(y^n,\ \mu)}$ 不依赖于 $(\mu,\ \mu^2)$ 当且仅当

$$
\left(\sum_{i=1}^{n}x_i,\ \sum_{i=1}^{n}x_i^2\right) = \left(\sum_{i=1}^{n}y_i,\ \sum_{i=1}^{n}y_i^2\right)
$$

因此，$\left(\sum_{i=1}^{n}X_i,\ \sum_{i=1}^{n}X_i^2\right)$ 是 μ 的最小充分统计量。

（4）随机样本 X^n 的联合 PDF 为

$$
\begin{aligned}
f_{X^n}(x^n, \mu, \sigma^2) &= \prod_{i=1}^{n} f(x_i, \mu, \sigma^2) = \prod_{i=1}^{n} (2\pi\sigma)^{-\frac{1}{2}} \cdot \exp\left[-\frac{1}{2\sigma^2}(x_i-\mu)^2\right] \\
&= (2\pi\sigma)^{-\frac{n}{2}} \cdot \exp\left[-\frac{1}{2\sigma^2}\sum_{i=1}^{n}(x_i-\mu)^2\right] \\
&= (2\pi\sigma)^{-\frac{n}{2}} \cdot \exp\left(-\frac{\sum_{i=1}^{n} x_i^2 - 2\mu\sum_{i=1}^{n} x_i + n\mu^2}{2\sigma^2}\right) \\
&= g\left[T(x^n), \mu, \sigma^2\right] h(x^n)
\end{aligned}
$$

其中

$$
g\left[T(x^n), \mu, \sigma^2\right] = (2\pi\sigma)^{-\frac{n}{2}} \exp\left(-\frac{\sum_{i=1}^{n} x_i^2 - 2\mu\sum_{i=1}^{n} x_i + n\mu^2}{2\sigma^2}\right), \quad h(x^n) = 1
$$

因此，根据因子分解定理，$T(X^n) = \left(\sum_{i=1}^{n} X_i, \sum_{i=1}^{n} X_i^2\right)$ 是 (μ, σ^2) 的充分统计量。为了检验它是否为最小充分统计量，令 x^n 和 y^n 表示样本空间 X^n 中的任意两个样本点，那么可以得到

$$
\begin{aligned}
\frac{f_{X^n}(x^n, \mu, \sigma^2)}{f_{X^n}(y^n, \mu, \sigma^2)} &= \frac{(2\pi\sigma)^{-\frac{n}{2}} \cdot \exp\left(-\frac{\sum_{i=1}^{n} x_i^2 - 2\mu\sum_{i=1}^{n} x_i + n\mu^2}{2\sigma^2}\right)}{(2\pi\sigma)^{-\frac{n}{2}} \cdot \exp\left(-\frac{\sum_{i=1}^{n} y_i^2 - 2\mu\sum_{i=1}^{n} y_i + n\mu^2}{2\sigma^2}\right)} \\
&= \exp\left[-\frac{1}{2\sigma^2}\left(\sum_{i=1}^{n} x_i^2 - \sum_{i=1}^{n} y_i^2\right) + \frac{\mu}{\sigma^2}\left(\sum_{i=1}^{n} x_i - \sum_{i=1}^{n} y_i\right)\right]
\end{aligned}
$$

根据《概率论与统计学》教材定理 6.13，$\frac{f_{X^n}(x^n, \mu, \sigma^2)}{f_{X^n}(y^n, \mu, \sigma^2)}$ 不依赖于 (μ, σ^2) 当且仅当

$$
\left(\sum_{i=1}^{n} x_i, \sum_{i=1}^{n} x_i^2\right) = \left(\sum_{i=1}^{n} y_i, \sum_{i=1}^{n} y_i^2\right)
$$

因此，$\left(\sum_{i=1}^{n} X_i, \sum_{i=1}^{n} X_i^2\right)$ 是 (μ, σ^2) 的最小充分统计量。

习题 6.22

设 $X^n=(X_1, \cdots, X_n)$ 为来自泊松分布 Poisson (α) 的 IID 随机样本，该总体分布的概率质量函数为

$$f_X(x)=\mathrm{e}^{-\alpha}\frac{\alpha^x}{x!}, \quad x=0, 1, 2, \cdots$$

其中参数 α 未知。求 α 的充分统计量。

解答：

随机样本 X^n 的联合 PDF 为

$$f_{X^n}(x^n, \alpha)=\prod_{i=1}^{n} f(x_i, \alpha)=\mathrm{e}^{-n\alpha}\cdot\alpha^{\sum_{i=1}^{n}x_i}\cdot\frac{1}{\prod_{i=1}^{n}x_i!}=g\left(\alpha, \sum_{i=1}^{n}x_i\right)h(x^n)$$

其中

$$g\left(\alpha, \sum_{i=1}^{n}x_i\right)=\mathrm{e}^{-n\alpha}\cdot\alpha^{\sum_{i=1}^{n}x_i}, \quad h(x^n)=\frac{1}{\prod_{i=1}^{n}x_i!}$$

因此，根据因子分解定理，$\sum_{i=1}^{n}X_i$ 是 α 的充分统计量。

习题 6.23

设 $(X_1, \cdots, X_n)$ 为来自贝塔分布 Beta(α, β) 的 IID 随机样本，该总体分布的 PDF 为

$$f(x)=\frac{\Gamma(\alpha+\beta)}{\Gamma(\alpha)\Gamma(\beta)}x^{\alpha}(1-x)^{\beta}, \quad 0<x<1$$

其中 α 的值已知但 β 的值未知。求 β 的一个充分统计量。它是最小充分统计量吗？

解答：

随机样本 X^n 的联合 PDF 为

$$f_{X^n}(x^n, \beta)=\prod_{i=1}^{n} f(x_i, \beta)=\frac{\Gamma^n(\alpha+\beta)}{\Gamma^n(\alpha)\Gamma^n(\beta)}\cdot\left(\prod_{i=1}^{n}x_i\right)^{\alpha}\left[\prod_{i=1}^{n}(1-x_i)\right]^{\beta}$$

$$= \frac{\Gamma^n(\alpha+\beta)}{\Gamma^n(\alpha)\Gamma^n(\beta)}\left[\prod_{i=1}^{n}(1-x_i)\right]^{\beta}\left(\prod_{i=1}^{n}x_i\right)^{\alpha}$$

$$= g\left[\beta,\ \prod_{i=1}^{n}(1-x_i)\right]\cdot h(x^n)$$

其中

$$g\left(\beta,\ \prod_{i=1}^{n}(1-x_i)\right) = \frac{\Gamma^n(\alpha+\beta)}{\Gamma^n(\alpha)\Gamma^n(\beta)}\left[\prod_{i=1}^{n}(1-x_i)\right]^{\beta},\qquad h(x^n) = \left(\prod_{i=1}^{n}x_i\right)^{\alpha}$$

因此，根据因子分解定理，$\prod_{i=1}^{n}(1-X_i)$ 是 β 的一个充分统计量。为了检验它是否为最小充分统计量，令 x^n 和 y^n 表示样本空间 X^n 中的任意两个样本点，那么可以得到

$$\frac{f_{X^n}(x^n,\ \beta)}{f_{X^n}(y^n,\ \beta)} = \frac{\frac{\Gamma^n(\alpha+\beta)}{\Gamma^n(\alpha)\Gamma^n(\beta)}\left[\prod_{i=1}^{n}(1-x_i)\right]^{\beta}\cdot\left(\prod_{i=1}^{n}x_i\right)^{\alpha}}{\frac{\Gamma^n(\alpha+\beta)}{\Gamma^n(\alpha)\Gamma^n(\beta)}\left[\prod_{i=1}^{n}(1-y_i)\right]^{\beta}\cdot\left(\prod_{i=1}^{n}y_i\right)^{\alpha}} = \left[\prod_{i=1}^{n}\left(\frac{1-x_i}{1-y_i}\right)\right]^{\beta}\cdot\left(\prod_{i=1}^{n}\frac{x_i}{y_i}\right)^{\alpha}$$

根据《概率论与统计学》教材定理 6.13，$\frac{f_{X^n}(x^n,\ \beta)}{f_{X^n}(y^n,\ \beta)}$ 不依赖于 β 当且仅当 $\prod_{i=1}^{n}(1-x_i) = \prod_{i=1}^{n}(1-y_i)$。因此，$\prod_{i=1}^{n}(1-X_i)$ 是 β 的最小充分统计量。

习题 6.24

设 $X^n = (X_1,\ \cdots,\ X_n)$ 为来自伽玛分布 Gamma$(\alpha,\ \beta)$ 的随机样本，该总体分布的 PDF 为

$$f(x,\ \alpha,\ \beta) = \frac{1}{\Gamma(\alpha)\beta^{\alpha}}x^{\alpha-1}\mathrm{e}^{-x/\beta},\qquad x > 0$$

其中参数 $\alpha > 0$，$\beta > 0$。假设 α 的值未知，但 β 的值已知。求 α 的充分统计量，并证明。

解答：

随机样本 X^n 的联合 PDF 为

$$f_{X^n}(x^n,\ \alpha) = \prod_{i=1}^{n}f(x_i,\ \alpha) = \frac{1}{\Gamma^n(\alpha)\beta^{n\alpha}}\left(\prod_{i=1}^{n}x_i\right)^{\alpha-1}\mathrm{e}^{-\frac{1}{\beta}\sum_{i=1}^{n}x_i} = g\left(\alpha,\ \prod_{i=1}^{n}x_i\right)h(x^n)$$

其中

$$g(\alpha, \prod_{i=1}^{n} x_i) = \frac{1}{\Gamma^n(\alpha)\beta^{n\alpha}} \left(\prod_{i=1}^{n} x_i\right)^{\alpha-1}, \quad h(x^n) = e^{-\frac{1}{\beta}\sum_{i=1}^{n} x_i}$$

因此，根据因子分解定理，$\prod_{i=1}^{n} X_i$ 是 α 的充分统计量。

习题 6.25

设 $(X_1, \cdots, X_n)$ 为来自韦伯分布 Weibull (α, β) 的随机样本，该总体分布的 PDF 为

$$f_X(x, \alpha, \beta) = \begin{cases} \frac{\alpha}{\beta} x^{\alpha-1} \exp(-x^{\alpha}/\beta), & x > 0 \\ 0, & \text{其他} \end{cases}$$

其中 $\alpha > 0$，$\beta > 0$。假设 α 已知，则 β 是唯一未知参数。

（1）求 β 的充分统计量。

（2）在（1）中求得的充分统计量是否为最小充分统计量？请给出推理过程。

解答：

（1）随机样本 X^n 的联合 PDF 为

$$f_{X^n}(x^n, \beta) = \prod_{i=1}^{n} f(x_i, \beta) = \frac{\alpha^n}{\beta^n} \left(\prod_{i=1}^{n} x_i\right)^{\alpha-1} \exp\left(-\frac{1}{\beta}\sum_{i=1}^{n} x_i^{\alpha}\right)$$

$$= \beta^{-n} e^{-\frac{1}{\beta}\sum_{i=1}^{n} x_i^{\alpha}} \cdot \alpha^n \left(\prod_{i=1}^{n} x_i\right)^{\alpha-1} = g\left(\beta, \sum_{i=1}^{n} x_i^{\alpha}\right) h(x^n)$$

其中

$$g\left(\beta, \sum_{i=1}^{n} x_i^{\alpha}\right) = \beta^{-n} e^{-\frac{1}{\beta}\sum_{i=1}^{n} x_i^{\alpha}}, \quad h(x^n) = \alpha^n \left(\prod_{i=1}^{n} x_i\right)^{\alpha-1}$$

因此，根据因子分解定理，$\sum_{i=1}^{n} X_i^{\alpha}$ 是 β 的充分统计量。

（2）为了检验（1）中求得的充分统计量是否为最小充分统计量，令 x^n 和 y^n 表示样本空间 X^n 中的任意两个样本点，那么我们可以得到

$$\frac{f_{X^n}(x^n,\ \beta)}{f_{X^n}(y^n,\ \beta)}=\frac{\beta^{-n}e^{-\frac{1}{\beta}\sum\limits_{i=1}^{n}x_i^\alpha}\cdot\alpha^n\left(\prod\limits_{i=1}^{n}x_i\right)^{\alpha-1}}{\beta^{-n}e^{-\frac{1}{\beta}\sum\limits_{i=1}^{n}y_i^\alpha}\cdot\alpha^n\left(\prod\limits_{i=1}^{n}y_i\right)^{\alpha-1}}$$

$$=\exp\left[-\frac{1}{\beta}\left(\sum_{i=1}^{n}x_i^\alpha-\sum_{i=1}^{n}y_i^\alpha\right)\right]\left(\frac{\prod\limits_{i=1}^{n}x_i}{\prod\limits_{i=1}^{n}y_i}\right)^{\alpha-1}$$

根据《概率论与统计学》教材定理 6.13，$\dfrac{f_{X^n}(x^n,\ \beta)}{f_{X^n}(y^n,\ \beta)}$ 不依赖于 β 当且仅当 $\sum\limits_{i=1}^{n}x_i^\alpha=\sum\limits_{i=1}^{n}y_i^\alpha$。因此，$\sum\limits_{i=1}^{n}X_i^\alpha$ 是 β 的最小充分统计量。

习题 6.26

令 $(X_1,\ \cdots,\ X_n)$ 是来自总体分布为 $N(\theta,\ \theta)$ 的 IID 随机样本，其中 θ 是未知参数。求 θ 的充分统计量，并检验其是否为最小充分统计量。

解答：

随机样本 X^n 的联合 PDF 为

$$f_{X^n}(x^n,\ \theta)=\prod_{i=1}^{n}\frac{1}{\sqrt{2\pi\theta}}\exp\left[\frac{-(x_i-\theta)^2}{2\theta}\right]$$

$$=\frac{1}{(\sqrt{2\pi\theta})^n}\exp\left[\frac{-\sum\limits_{i=1}^{n}(x_i-\theta)^2}{2\theta}\right]$$

$$=\frac{1}{(\sqrt{2\pi\theta})^n}\exp\left[\frac{-\sum\limits_{i=1}^{n}x_i^2+2\theta\sum\limits_{i=1}^{n}x_i-n\theta^2}{2\theta}\right]$$

$$=\frac{1}{(\sqrt{2\pi\theta})^n}\exp\left(\frac{-\sum\limits_{i=1}^{n}x_i^2}{2\theta}-\frac{n\theta}{2}\right)\cdot\exp\left(\sum_{i=1}^{n}x_i\right)$$

$$=g\left[T(x^n),\ \theta\right]h(x^n)$$

其中

$$g\left[T(x^n),\ \theta\right]=\frac{1}{(\sqrt{2\pi\theta})^n}\exp\left(\frac{-\sum_{i=1}^{n}x_i^2}{2\theta}-\frac{n\theta}{2}\right),\qquad h(x^n)=\exp\left(\sum_{i=1}^{n}x_i\right)$$

因此，根据因子分解定理，$T(X^n)=\sum_{i=1}^{n}X_i^2$ 是 θ 的充分统计量。为了检验它是否为最小充分统计量，令 x^n 和 y^n 表示样本空间 X^n 中的任意两个样本点，那么可以得到

$$\begin{aligned}\frac{f_{X^n}(x^n,\ \theta)}{f_{X^n}(y^n,\ \theta)}&=\frac{\frac{1}{(\sqrt{2\pi\theta})^n}\exp\left(\frac{-\sum_{i=1}^{n}x_i^2}{2\theta}-\frac{n\theta}{2}\right)\cdot\exp\left(\sum_{i=1}^{n}x_i\right)}{\frac{1}{(\sqrt{2\pi\theta})^n}\exp\left(\frac{-\sum_{i=1}^{n}y_i^2}{2\theta}-\frac{n\theta}{2}\right)\cdot\exp\left(\sum_{i=1}^{n}y_i\right)}\\&=\exp\left[-\frac{1}{2\theta}\left(\sum_{i=1}^{n}x_i^2-\sum_{i=1}^{n}y_i^2\right)+\left(\sum_{i=1}^{n}x_i-\sum_{i=1}^{n}y_i\right)\right]\end{aligned}$$

根据《概率论与统计学》教材定理 6.13，$\frac{f_{X^n}(x^n,\ \theta)}{f_{X^n}(y^n,\ \theta)}$ 不依赖于 θ 当且仅当 $\sum_{i=1}^{n}x_i^2=\sum_{i=1}^{n}y_i^2$。因此，$\sum_{i=1}^{n}X_i^2$ 是 θ 的最小充分统计量。

习题 6.27

假设 $(X_1,\ \cdots,\ X_n)$ 是均匀分布 $U[\alpha,\ \beta]$ 的 IID 随机样本，其中 $\alpha<\beta$。

（1）假设 α 已知，求参数 β 的充分统计量。该充分统计量是否为最小充分统计量？请给出推理过程。

（2）假设 α 和 β 未知，求 $\theta=(\alpha,\ \beta)$ 的充分统计量。该充分统计量是否为最小充分统计量？请给出推理过程。

解答：

（1）随机样本 X^n 的联合 PDF 为

$$f_{X^n}(x^n,\ \beta)=\prod_{i=1}^{n}f(x_i,\ \beta)=\frac{1}{(\beta-\alpha)^n}\prod_{i=1}^{n}1(\alpha\leqslant x_i\leqslant\beta)$$

$$= \frac{1}{(\beta-\alpha)^n} \cdot 1(x_{\max} \leqslant \beta) \cdot 1(x_{\min} \geqslant \alpha)$$

$$= g(\beta, x_{\max}) h(x^n)$$

其中

$$g(\beta, x_{\max}) = \frac{1}{(\beta-\alpha)^n} \cdot 1(x_{\max} \leqslant \beta), \qquad h(x^n) = 1\ (x_{\min} \geqslant \alpha)$$

因此，根据因子分解定理，$X_{\max} = \max(X_1, X_2, \cdots, X_n)$ 是 β 的充分统计量。为了检验它是否为最小充分统计量，令 x^n 和 y^n 表示样本空间 X^n 中的任意两个样本点，那么可以得到

$$\frac{f_{X^n}(x^n, \beta)}{f_{X^n}(y^n, \beta)} = \frac{\frac{1}{(\beta-\alpha)^n} \cdot 1(x_{\max} \leqslant \beta) \cdot 1(x_{\min} \geqslant \alpha)}{\frac{1}{(\beta-\alpha)^n} \cdot 1(y_{\max} \leqslant \beta) \cdot 1(y_{\min} \geqslant \alpha)} = \frac{1(x_{\min} \geqslant \alpha) \cdot 1(x_{\max} \leqslant \beta)}{1(y_{\min} \geqslant \alpha) \cdot 1(y_{\max} \leqslant \beta)}$$

根据《概率论与统计学》教材定理 6.13，$\frac{f_{X^n}(x^n, \beta)}{f_{X^n}(y^n, \beta)}$ 不依赖于 β 当且仅当 $x_{\max} = y_{\max}$。因此，$X_{\max}$ 是 β 的最小充分统计量。

（2）随机样本 X^n 的联合 PDF 为

$$f_{X^n}(x^n, \alpha, \beta) = \prod_{i=1}^{n} f(x_i, \alpha, \beta) = \frac{1}{(\beta-\alpha)^n} \prod_{i=1}^{n} 1\ (\alpha \leqslant x_i \leqslant \beta)$$

$$= \frac{1}{(\beta-\alpha)^n} \cdot 1(x_{\max} \leqslant \beta) \cdot 1\ (x_{\min} \geqslant \alpha)$$

$$= g(\alpha, \beta, x_{\max}, x_{\min}) h(x^n)$$

其中

$$g(\alpha, \beta, x_{\max}, x_{\min}) = \frac{1}{(\beta-\alpha)^n} \cdot 1(x_{\max} \leqslant \beta) \cdot 1(x_{\min} \geqslant \alpha), \ h(x^n) = 1$$

因此，根据因子分解定理，$(X_{\max}, X_{\min})$ 是 (α, β) 的充分统计量。为了检验它是否为最小充分统计量，令 x^n 和 y^n 表示样本空间 X^n 中的任意两个样本点，那么可以得到

$$\frac{f_{X^n}(x^n, \alpha, \beta)}{f_{X^n}(y^n, \alpha, \beta)} = \frac{1(x_{\max} \leqslant \beta) \cdot 1(x_{\min} \geqslant \alpha)}{1(y_{\max} \leqslant \beta) \cdot 1(y_{\min} \geqslant \alpha)}$$

根据《概率论与统计学》教材定理 6.13，$\frac{f_{X^n}(x^n, \alpha, \beta)}{f_{X^n}(y^n, \alpha, \beta)}$ 不依赖于 (α, β) 当且仅当 $(x_{\max}, x_{\min}) = (y_{\max}, y_{\min})$。因此，$(X_{\max}, X_{\min})$ 是 (α, β) 的最小充分统计量。

第七章

收敛和极限定理

章节回顾

这一章中，我们不仅学习了各种收敛的定义、性质以及这些收敛之间的推导关系，而且学习了概率统计中最重要的两个定理：大数定律和中心极限定理。为了使中心极限定理发挥它最大的效用，我们还学习了 Slutsky 定理、Delta 方法和 Cramer-Wold 方法等常与中心极限定理配合使用的定理。

1. L_p 收敛

假设 $0 < p < \infty$，$\{Z_n，n = 1，2，\cdots\}$ 为满足 $E|Z_n|^p < \infty$ 的一个随机变量序列，Z 为满足 $E|Z|^p < \infty$ 的一个随机变量。若

$$\lim_{n \to +\infty} E|Z_n - Z|^p = 0$$

则随机变量序列 $\{Z_n\}$ 依 L_p 范数收敛于 Z。

2. 均方收敛

令 $\{Z_n，n = 1，2，\cdots\}$ 为一个随机变量序列，Z 为随机变量。若当 $n \to +\infty$ 时

$$E(Z_n - Z)^2 \to 0$$

或等价地

$$\lim_{n \to +\infty} E(Z_n - Z)^2 = 0$$

则称随机序列 $\{Z_n，n = 1，2，\cdots\}$ 依二次方均值［或依均方（mean square）］收敛于 Z，也可记作 $Z_n \xrightarrow{\text{q.m.}} Z$ 或 $Z_n - Z = o_{\text{q.m.}}(1)$。

均方收敛即是 L_2 收敛。

3. 依概率收敛

若对每个常数 $\varepsilon > 0$，当 $n \to +\infty$ 时，有

$$P(|Z_n - Z| > \varepsilon) \to 0$$

则称随机变量序列 $\{Z_n, n = 1, 2, \cdots\}$ 依概率收敛于随机变量 Z。当 Z_n 依概率收敛于 Z 时，对所有 $\varepsilon > 0$，有 $\lim_{n\to+\infty} P(|Z_n - Z| > \varepsilon) = 0$，或记作 $p\lim_{n\to+\infty} Z_n = Z$，$Z_n \xrightarrow{\mathrm{p}} Z$，$Z_n - Z = o_p(1)$，$Z_n - Z \xrightarrow{\mathrm{p}} 0$。

4. 依概率有界

对任意常数 $\delta > 0$，存在常数 $M = M(\delta)$ 和有限整数 $N = N(\delta)$，使得对所有 $n \geqslant N$，有 $P(|Z_n| > M) < \delta$，则称 Z_n 依概率有界，记作 $Z_n = O_p(1)$。

直觉上，$Z_n = O_p(1)$ 说明对足够大的 n，$|Z_n|$ 取值大于某一个给定的很大常数的概率很小。换言之，对足够大的 n，$|Z_n|$ 取值以某常数为界的概率很大。

5. 数量级为 n^α 的依概率收敛与依概率有界

（1）当 $n \to +\infty$ 时，$Z_n/n^\alpha \xrightarrow{\mathrm{p}} 0$，则称随机变量序列 $\{Z_n, n = 1, 2, \cdots\}$ 为依概率数量级小于 n^α，记作 $Z_n = o_p(n^\alpha)$。

（2）若 $|Z_n/n^\alpha| = O_p(1)$，则称随机变量序列 $\{Z_n, n = 1, 2, \cdots\}$ 为依概率数量级不超过 n^α，记作 $Z_n = O_p(n^\alpha)$。

6. 依概率收敛与 L_p 收敛的关系

假设当 $n \to +\infty$ 时，$Z_n \xrightarrow{L_p} Z$。那么当 $n \to +\infty$ 时，$Z_n \xrightarrow{\mathrm{p}} Z$。

7. Markov 不等式

假设 X 为随机变量，$g(X)$ 为非负函数。则对任意 $\varepsilon > 0$ 和任意 $k > 0$，有

$$P\left[g(X) \geqslant \varepsilon\right] \leqslant \frac{E\left[g(X)^k\right]}{\varepsilon^k}$$

Markov 不等式十分强大，可以用于证明依概率收敛与 L_p 收敛的关系，也可以用于证明弱大数定律。

8. 弱大数定律

假设 $X^n = (X_1, \cdots, X_n)$ 为来自均值 $E(X_i) = \mu$ 和方差 $\mathrm{var}(X_i) = \sigma^2 < \infty$ 的总体分布的 IID 随机样本。定义样本均值 $\overline{X}_n = n^{-1}\sum_{i=1}^{n} X_i$，则对任意给定常数 $\varepsilon > 0$，当 $n \to \infty$ 时，有 $P\left(\left|\overline{X}_n - \mu\right| \leqslant \varepsilon\right) \to 1$，即 $\overline{X}_n \xrightarrow{\mathrm{p}} \mu$。

9. 依概率收敛的连续性引理

如果 $g(\cdot)$ 为连续函数，且当 $n \to +\infty$ 时，Z_n 依概率收敛于 Z，则 $g(Z_n)$ 也依概率收敛于 $g(Z)$。即若 $g(\cdot)$ 连续，且当 $n \to +\infty$ 时，$Z_n \xrightarrow{p} Z$，则

$$g(Z_n) \xrightarrow{p} g(Z)$$

10. 几乎处处收敛

若

$$P\left[s \in S \middle| \lim_{n\to+\infty} Z_n(s) = Z(s)\right] = 1$$

其中 S 为样本空间，则称随机变量序列 $\{Z_n，n = 1，2，\cdots\}$ 几乎处处收敛于随机变量 Z，记作 $Z_n \xrightarrow{\text{a.s.}} Z$，$Z_n - Z = o_{\text{a.s.}}(1)$，或 $Z_n - Z \xrightarrow{\text{a.s.}} 0$。

11. Kolmogorov 强大数定律 (SLLN)

设 $X^n = (X_1，\cdots，X_n)$ 是从 $E(X_i) = \mu$ 且 $E|X_i| < \infty$ 的总体分布产生的 IID 随机样本。定义样本均值 $\overline{X}_n = n^{-1}\sum_{i=1}^{n} X_i$ 。则当 $n \to +\infty$ 时，

$$\overline{X}_n \xrightarrow{\text{a.s.}} \mu$$

12. 一致强大数定律 (USLLN)

假设（1）$X^n = (X_1，\cdots，X_n)$ 为 IID 随机样本；（2）函数 $g(x，\theta)$ 在 $\Omega \times \Theta$ 上连续，其中 Ω 是 X_i 的支撑，Θ 是 $\mathbf{R}^d$ 上的紧集 (compact set)，d 为有限固定整数；（3）$E\left(\sup_{\theta\in\Theta}|g(X_i，\theta)|\right) < \infty$，其中期望 $E(\cdot)$ 在 X_i 的总体分布上取期望值。则当 $n \to +\infty$ 时，

$$\sup_{\theta\in\Theta}\left|n^{-1}\sum_{i=1}^{n} g(X_i，\theta) - E\left[g(X_i，\theta)\right]\right| \xrightarrow{\text{a.s.}} 0$$

此外，$E\left[g(X_i，\theta)\right]$ 是参数空间 Θ 上关于 θ 的连续函数。

这个定理只要求了解，不要求熟练掌握。

13. 几乎处处收敛的连续性引理

假设 $g(Z)$ 为连续函数，且当 $n \to +\infty$ 时，Z_n 几乎处处收敛于 Z 。则当 $n \to +\infty$ 时，$g(Z_n)$ 几乎处处收敛于 $g(Z)$ 。

14. 依分布收敛

令 $\{Z_n，n = 1，2，\cdots\}$ 为随机变量序列，其对应的 CDF 序列为 $\{F_n(z)，n = 1，2，\cdots\}$，令随机变量 Z 的 CDF 为 $F(z)$。若在 $F(z)$ 的每个连续点 $z \in (-\infty，+\infty)$ 处有

CDF $F_n(z)$ 收敛于 $F(z)$，即在每个 $F(z)$ 连续的 z 点处都有

$$\lim_{n\to+\infty} F_{Z_n}(z) = F(z)$$

则称当 $n \to +\infty$ 时 Z_n 依分布收敛于 Z，其中 $F(z)$ 为随机变量序列 $\{Z_n, n=1, 2, \cdots\}$ 的极限（或渐近）分布。

15. 依分布收敛与依概率有界的关系

令 Z_n 是 CDF 为 $F_n(\cdot)$ 的随机变量，Z 为 CDF 为 $F(\cdot)$ 的连续随机变量。若当 $n \to +\infty$ 时，$Z_n \xrightarrow{\text{d}} Z$，则 $Z_n = O_p(1)$ 。注意，此处要求 Z 是连续随机变量。

16. 依分布收敛与依概率收敛的关系

如果当 $n \to +\infty$ 时，$Z_n \xrightarrow{\text{p}} Z$，则当 $n \to +\infty$ 时，$Z_n \xrightarrow{\text{d}} Z$。

17. 渐近等价性

如果当 $n \to +\infty$ 时，$Y_n - Z_n \xrightarrow{\text{p}} 0$ 且 $Z_n \xrightarrow{\text{d}} Z$，则当 $n \to +\infty$，$Y_n \xrightarrow{\text{d}} Z$ 。

18. 依分布收敛的连续映射定理

假设当 $n \to +\infty$ 时，k 维随机向量序列 $\mathbf{Z}_n \xrightarrow{\text{d}} \mathbf{Z}$ 且 g：$\mathbf{R}^k \to \mathbf{R}^l$ 为 l 维连续向量值函数，其中 k、l 是有限且固定正整数。则当 $n \to +\infty$ 时，有 $g(\mathbf{Z}_n) \xrightarrow{\text{d}} g(\mathbf{Z})$ 。

实际上，我们通常把依分布收敛的连续映射定理、依概率收敛的连续性引理和几乎处处收敛的连续性引理统称为连续映射定理。

19. Lindeberg-Levy 中心极限定理 (CLT)

令 $X^n = (X_1, \cdots, X_n)$ 为来自均值为 μ，方差为 $\sigma^2\left(0 < \sigma^2 < \infty\right)$ 的总体分布的 IID 随机样本。定义样本均值 $\overline{X}_n = n^{-1}\sum_{i=1}^{n} X_i$。当 $n \to +\infty$ 时，标准化样本均值

$$Z_n = \frac{\overline{X}_n - E(\overline{X}_n)}{\sqrt{\mathrm{var}(\overline{X}_n)}} = \frac{\overline{X}_n - \mu}{\sigma/\sqrt{n}} = \frac{\sqrt{n}\left(\overline{X}_n - \mu\right)}{\sigma} \xrightarrow{\text{d}} N(0, 1)$$

标准正态随机变量 $Z \sim N(0, 1)$ 的 CDF 常记作

$$\Phi(z) = \int_{-\infty}^{z} \frac{1}{\sqrt{2\pi}} \mathrm{e}^{-x^2/2} \mathrm{d}x$$

CLT 表明，当 $n \to +\infty$ 时，$Z_n \xrightarrow{\text{d}} Z$，即对所有 $z \in (-\infty, +\infty)$，$F_n(z) \to \Phi(z)$，其中 $F_n(z)$ 是 Z_n 的 CDF。

CLT 还表明，$\dfrac{\sqrt{n}\left(\overline{X}_n - \mu\right)}{\sigma} = O_p(1)$。因此 $\overline{X}_n - \mu = O_p(n^{-1/2}) = O_p(1)$。也就是说，中心极限定理是比弱大数定律更强的条件。

20. 独立随机变量的 Liapounov 中心极限定理

假设随机变量 X_1，…，X_n 联合独立，且对 $i=1$，…，n 有 $E|X_i-\mu_i|^3<\infty$，其中 $E(X_i)=\mu_i$。同时，假设

$$\lim_{n\to+\infty}\frac{\sum_{i=1}^{n}E|X_i-\mu_i|^3}{\left(\sum_{i=1}^{n}\sigma_i^2\right)^{\frac{3}{2}}}=0$$

则当 $n\to+\infty$ 时，标准化随机变量

$$Z_n=\frac{\sum_{i=1}^{n}X_i-\sum_{i=1}^{n}\mu_i}{\left(\sum_{i=1}^{n}\sigma_i^2\right)^{\frac{1}{2}}}\xrightarrow{d}N(0,\ 1)$$

Liapounov 中心极限定理是 Lindeberg-Levy 中心极限定理的推广。Liapounov 中心极限定理只要求了解，而 Lindeberg-Levy 中心极限定理必须熟练掌握。

21. Slutsky 定理

假设当 $n\to+\infty$ 时，$X_n\xrightarrow{d}X$ 和 $C_n\xrightarrow{p}c$，其中 c 为常数。则当 $n\to+\infty$ 时，有

（1）$X_n+C_n\xrightarrow{d}X+c$；

（2）$X_n-C_n\xrightarrow{d}X-c$；

（3）$X_nC_n\xrightarrow{d}cX$；

（4）若 $c\neq 0$，$\dfrac{X_n}{C_n}\xrightarrow{d}\dfrac{X}{c}$。

注意，Slutsky 定理中的 C_n 是一个随机变量。

Slutsky 定理经常与 CLT 配合使用。

22. Delta 方法

假设当 $n\to+\infty$ 时，$\sqrt{n}\left(\overline{X}_n-\mu\right)/\sigma\xrightarrow{d}N(0,\ 1)$，同时 $g(\cdot)$ 为连续可导函数且 $g'(\mu)\neq 0$。则当 $n\to+\infty$ 时，

$$\sqrt{n}\left[g(\overline{X}_n)-g(\mu)\right]\xrightarrow{d}N\left\{0,\ \sigma^2\left[g'(\mu)\right]^2\right\}$$

和

$$\frac{\sqrt{n}\left[g(\overline{X}_n)-g(\mu)\right]}{\sigma g'(\mu)}\xrightarrow{d}N(0,\ 1)$$

23. 二阶 Delta 方法

假设当 $n \to +\infty$ 时，$\sqrt{n}\left(\overline{X}_n - \mu\right)/\sigma \xrightarrow{d} N(0, 1)$，同时 $g(\cdot)$ 为二次连续可导函数，并满足 $g'(\mu) = 0$，$g''(\mu) \neq 0$。则当 $n \to +\infty$ 时，

$$\frac{n\left[g(\overline{X}_n) - g(\mu)\right]}{\sigma^2} \xrightarrow{d} \frac{g''(\mu)}{2}\chi_1^2$$

有了 Delta 方法，就可以由 $\overline{X}_n$ 的 CLT 推导 $g(\overline{X}_n)$ 的渐近分布。

24. Cramer-Wold 方法

令 k 为固定正整数。若在 $F(z)$ 连续的每点 z 处有 $\lim\limits_{n\to+\infty} F_n(z) = F(z)$，则称随机向量序列 $\boldsymbol{Z}_n = (Z_{1n}, \cdots, Z_{kn})'$ 依分布收敛于随机向量 $\boldsymbol{Z}$，其中 $F_n(z)$ 是 $\boldsymbol{Z}_n$ 的 CDF，$F(z)$ 是 $\boldsymbol{Z}$ 的 CDF，k 是有限且固定的正整数。若当且仅当对每个非零 k 维常向量 $\boldsymbol{a}$，当 $n \to +\infty$ 时，有 $\boldsymbol{a}'\boldsymbol{Z}_n \xrightarrow{d} \boldsymbol{a}'\boldsymbol{Z}$，则随机向量序列 $\boldsymbol{Z}_n$ 依分布收敛于随机向量 $\boldsymbol{Z}$。

当我们考察随机向量 $\boldsymbol{Z}_n$ 的渐近分布时，可以利用 Cramer-Wold 方法转而考察一维随机变量 $\boldsymbol{a}'\boldsymbol{Z}_n$ 的渐近分布，这极大降低了考察的难度。

习题解答

习题 7.1

假设 X_1，X_2，$\cdots$ 为一互不相关随机变量序列，有 $E(X_i) = \mu$，$\operatorname{var}X_i = \sigma_i^2$，以及 $\sum\limits_{i=1}^{n} \sigma_i^2/i^2 < \infty$。证明：当 $n \to +\infty$ 时，样本均值 $\overline{X}_n$ 依均方收敛于 μ。

证明：

由于 X_1，X_2，$\cdots$ 互不相关，可以得出 $\operatorname{cov}(X_i, X_j) = \sigma_i^2 \cdot 1(i = j)$，$\forall i$，$j = 1, 2, \cdots$。因此，有

$$E(\overline{X}_n - \mu)^2 = \operatorname{cov}\left(\frac{1}{n}\sum_{i=1}^{n} X_i, \frac{1}{n}\sum_{k=1}^{n} X_k\right) = \frac{1}{n^2}\sum_{i=1}^{n}\sum_{k=1}^{n}\operatorname{cov}(X_i, X_k) = \frac{1}{n^2}\sum_{i=1}^{n}\sigma_i^2$$

根据克罗内克定理：若当 $a_n \to \infty$ 时 $\sum\limits_{n=1}^{+\infty} x_n/a_n$ 收敛，则 $a_n^{-1}\sum\limits_{m=1}^{n} x_m \to 0$，可得 $\lim\limits_{n\to\infty} E(\overline{X}_n - \mu)^2 = 0$。因此，当 $n \to \infty$ 时 $\overline{X}_n \xrightarrow{q.m.} \mu$。

习题 7.2

令 X_1，X_2，$\cdots$ 为一随机变量序列，且依概率收敛于常数 a。假设对所有 i，$P(X_i > 0) = 1$。

（1）证明：由 $Y_i = \sqrt{X_i}$ 和 $Y_i = a/X_i$ 定义的随机变量序列分别依概率收敛。

（2）用（1）的结论证明 σ/S_n 依概率收敛于 1。

证明：

（1）由于当 $i \to +\infty$，$X_i \xrightarrow{\text{p}} a$；且对所有 i，$P(X_i > 0) = 1$。则对 $\forall \varepsilon > 0$，当 $n \to +\infty$ 时，有

$$P(|\sqrt{X_i} - \sqrt{a}| > \varepsilon) = P\left[|X_i - a| > \varepsilon(\sqrt{X_i} + \sqrt{a})\right] \leqslant P(|X_i - a| > \varepsilon\sqrt{a}) \to 0$$

因此，$\sqrt{X_i} \xrightarrow{\text{p}} \sqrt{a}$，即由 $Y_i = \sqrt{X_i}$ 定义的随机变量序列依概率收敛于 $\sqrt{a}$。

又因为对 $\forall \varepsilon > 0$，当 $n \to +\infty$ 时，有

$$\begin{aligned} P\left(\left|\frac{a}{X_i} - 1\right| > \varepsilon\right) &= P(|a - X_i| > X_i\varepsilon) = P\left[|a - X_i| > (X_i - a)\varepsilon + a\varepsilon\right] \\ &\leqslant P(|a - X_i| > -|a - X_i|\varepsilon + a\varepsilon) = P\left[(1+\varepsilon)|a - X_i| > a\varepsilon\right] \\ &= P\left[|a - X_i| > \frac{a\varepsilon}{1+\varepsilon}\right] \to 0 \end{aligned}$$

因此，$Y_i = a/X_i$ 依概率收敛于 1。

（2）由（1）中的结论，$S_n^2 \xrightarrow{\text{p}} \sigma^2$，$n \to \infty$，意味着 $S_n \xrightarrow{\text{p}} \sigma$，$n \to \infty$。再次使用（1）中的结论，有 $\sigma/S_n \xrightarrow{\text{p}} 1$，$n \to \infty$。

习题 7.3

假设 $\{X_n\}$ 是二阶矩有界随机变量序列。证明：当且仅当 n，$m \to +\infty$，$E(X_n - X_m)^2 \to 0$ 时，对 $E(X^2) < \infty$ 的某个随机变量 X，有 $X_n \xrightarrow{\text{q.m.}} X$。

证明：

记 $\|X\| \equiv E^{\frac{1}{2}}(X^2)$。

$\Rightarrow$ 首先，构造一个子序列 $\{X_{n_k}\}_{k=1}^{+\infty}$ s.t. $\forall n_1$，$n_2 \geqslant n_k$，$\left\|X_{n_1} - X_{n_2}\right\| \leqslant 2^{-k}$。令

$$X = X_{n_1} + \sum_{k=1}^{+\infty}(X_{n_{k+1}} - X_{n_k}), \qquad S_N(X) = X_{n_1} + \sum_{k=1}^{N-1}(X_{n_{k+1}} - X_{n_k}) = X_{n_N}$$

$$Y = |X_{n_1}| + \sum_{k=1}^{+\infty}|X_{n_{k+1}} - X_{n_k}|, \qquad S_N(Y) = |X_{n_1}| + \sum_{k=1}^{N-1}|X_{n_{k+1}} - X_{n_k}|$$

由于 $S_N(Y)\uparrow Y$ 且 $S_N^2(Y)\uparrow Y^2$，根据单调收敛定理，有

$$E(Y^2)=E\left[\lim_{N\to+\infty}S_N^2(Y)\right]=\lim_{N\to+\infty}E\left[S_N^2(Y)\right]$$

根据三角不等式，有

$$\|S_N(Y)\|\leqslant\left\|X_{n_1}\right\|+\sum_{k=1}^{N-1}\left\|X_{n_{K+1}}-X_{n_k}\right\|\leqslant\left\|X_{n_1}\right\|+1$$

因此，$E(Y^2)<\infty$，且 $Y<\infty$ a.s.。因为级数的绝对收敛可推出条件收敛，X 良定，$|X|<\infty$ a.s.，所以当 $k\to\infty$ 时

$$\begin{aligned}\left\|X_{n_k}-X\right\|&=\left\|X_{n_k}-\left[X_{n_1}+\sum_{t=1}^{+\infty}(X_{n_{t+1}}-X_{n_t})\right]\right\|\\&=\left\|\sum_{t=k}^{+\infty}(X_{n_{t+1}}-X_{n_t})\right\|\leqslant\sum_{t=k}^{+\infty}2^{-t}=2^{1-k}\to 0\end{aligned}$$

即 $X_{n_k}\xrightarrow{\text{q.m.}}X$。当 n 足够大，令 $n_{k'}=\sup\{n_k|n_k\leqslant n\}$，有

$$\|X_n-X\|\leqslant\left\|X_n-X_{n_{k'}}\right\|+\left\|X_{n_{k'}}-X\right\|\leqslant 2^{-k'}+\left\|X_{n_{k'}}-X\right\|$$

因此，当 $k\to+\infty$，$k'\to+\infty$ 时，$\|X_n-X\|\to 0$，则 $X_n\xrightarrow{\text{q.m.}}X$ 得证。

$\Leftarrow$ 由于

$$\|X_n-X_m\|\leqslant\|X_n-X\|+\|X_m-X\|\to 0$$

则 $E(X_n-X_m)^2\to 0$ 得证。

习题 7.4

设 (S, B, P) 为概率空间，其中样本空间 $S=[0, 1]$，B 是 σ 域，而 P 是在 S 上的标准均匀分布的概率测度。定义如下随机变量序列：

$$Z_1(s)=1,\quad 0\leqslant s\leqslant 1$$

$$Z_2(s)=\begin{cases}1, & 0\leqslant s\leqslant\dfrac{1}{2}\\ 0, & \text{其他}\end{cases}$$

$$Z_3(s)=\begin{cases}1, & 0<s\leqslant\dfrac{1}{2}\\ 0, & \text{其他}\end{cases}$$

$$Z_4(s)=\begin{cases}1, & 0\leqslant s\leqslant \dfrac{1}{3}\\ 0, & \dfrac{1}{3}< s\leqslant 1\end{cases}$$

$$Z_5(s)=\begin{cases}1, & 0< s< \dfrac{1}{3}\\ 0, & \text{其他}\end{cases}$$

$$Z_6(s)=\begin{cases}1, & 0< s\leqslant \dfrac{1}{3}\\ 0, & \text{其他}\end{cases}$$

$\cdots$

（1）随机序列 $\{Z_n，n=1，2，\cdots\}$ 依概率收敛于 0 吗？请给出理由。

（2）$\{Z_n，n=1，2，\cdots\}$ 几乎处处收敛于 0 吗？请给出理由。

证明：

（1）$Z_n \xrightarrow{\text{p}} 0$。当 $\dfrac{n(n+1)}{2}< N\leqslant \dfrac{(n+1)(n+2)}{2}$ 时，$P(|Z_N|>0)=\dfrac{1}{n+1}$。因此，$\lim\limits_{n\to+\infty} P(|Z_n|>0)=0$。$Z_n \xrightarrow{\text{p}} 0$ 得证。

（2）$Z_n \xrightarrow{\text{a.s.}} 0$。对任意 $s\in(0，1]$，当 n 足够大时，$Z_n(s)=0$。因此，$P\left[\lim\limits_{n\to\infty} Z_n(s)=0\right]=1$。$Z_n \xrightarrow{\text{a.s.}} 0$ 得证。

习题 7.5

令 X^n 为来自均值为 μ、方差为 σ^2 的总体分布的 IID 随机样本。应用强大数定律证明：样本方差 S_n^2 几乎处处收敛于 σ^2。

证明：

令 $\dfrac{1}{n}\sum\limits_{i=1}^{n} X_i=\overline{X}_n$，$\dfrac{1}{n}\sum\limits_{i=1}^{n} X_i^2=\overline{X}_n^2$，有

$$\begin{aligned}S_n^2&=\frac{1}{n-1}\sum_{i=1}^{n}(X_i-\overline{X})^2=\frac{1}{n-1}\sum_{i=1}^{n}(X_i-\mu+\mu-\overline{X})^2\\&=\frac{1}{n-1}\left[\sum_{i=1}^{n}(X_i-\mu)^2+2(\mu-\overline{X})\sum_{i=1}^{n}(X_i-\mu)+n(\mu-\overline{X})^2\right]\\&=\frac{1}{n-1}\left[\sum_{i=1}^{n}(X_i-\mu)^2-n(\mu-\overline{X})^2\right]\end{aligned}$$

$$= \frac{n}{n-1} \cdot \frac{1}{n}\sum_{i=1}^{n}(X_i-\mu)^2 - \frac{n}{n-1}\cdot(\mu-\overline{X})^2$$

由于 $E(X^2)=\sigma^2+\mu^2<\infty$，根据强大数定律有

$$\overline{X} \xrightarrow{\text{a.s.}} \mu，\ \frac{1}{n}\sum_{i=1}^{n}(X_i-\mu)^2 \xrightarrow{\text{a.s.}} \sigma^2$$

又因为 $\frac{n}{n-1}\to 1$，则 $S_n^2 \xrightarrow{\text{a.s.}} \sigma^2$，即样本方差 S_n^2 几乎处处收敛于 σ^2 得证。

习题 7.6

令 X^n 为来自均值为 μ、方差为 σ^2 的总体分布的 IID 随机样本。证明

$$E\left[\frac{\sqrt{n}\left(\overline{X}_n-\mu\right)}{\sigma}\right]=0$$

和

$$\operatorname{var}\left[\frac{\sqrt{n}\left(\overline{X}_n-\mu\right)}{\sigma}\right]=1$$

因此，中心极限定理中样本均值 $\overline{X}_n$ 的标准化使随机变量和极限分布 $N(0，1)$ 具有相同的均值和方差。

证明：

注意到

$$E(\overline{X}_n)=E\left(\frac{1}{n}\sum_{i=1}^{n}X_i\right)=\frac{1}{n}\sum_{i=1}^{n}E(X_i)=\mu$$

和

$$\operatorname{var}(\overline{X}_n)=\operatorname{var}\left(\frac{1}{n}\sum_{i=1}^{n}X_i\right)=\frac{1}{n^2}\sum_{i=1}^{n}\operatorname{var}(X_i)=\frac{\sigma^2}{n}$$

因此，

$$E\left[\frac{\sqrt{n}(\overline{X}_n-\mu)}{\sigma}\right]=\frac{\sqrt{n}}{\sigma}E(\overline{X}_n-\mu)=\frac{\sqrt{n}}{\sigma}\cdot 0=0$$

$$\operatorname{var}\left[\frac{\sqrt{n}(\overline{X}_n-\mu)}{\sigma}\right]=\frac{n}{\sigma^2}\operatorname{var}(\overline{X}_n-\mu)=\frac{n}{\sigma^2}\cdot\frac{\sigma^2}{n}=1$$

证毕。

习题 7.7

假设 $X^n = (X_1, \cdots, X_n)$ 是来自正态分布总体 $N(0, \sigma^2)$ 的 IID 随机样本，其中 $0 < \sigma^2 < \infty$，定义样本均值 $Z_n = n^{-1}\sum_{i=1}^{n} X_i$。

（1）对任意 $n \geqslant 1$，求 Z_n 的抽样分布函数 $F_n(z)$。

（2）当 $n \to +\infty$ 时，求 Z_n 的极限分布。

（3）Z_n 的极限分布与 $\lim_{n\to\infty} F_n(z)$ 是否相同？请解释。

（4）当 $n \to +\infty$ 时，求 $\sqrt{n}Z_n$ 的极限分布。

证明：

（1）由于 $X_i \overset{\text{IID}}{\sim} N(0, \sigma^2)$，有 $Z_n \sim N\left(0, \dfrac{\sigma^2}{n}\right)$，$\forall\, n \in N_{>0}$。

（2）根据 WLLN，当 $n \to \infty$ 时，$Z_n \xrightarrow{\text{p}} 0$。因此，当 $n \to \infty$ 时，$Z_n \xrightarrow{\text{d}} 0$。因此，$Z_n$ 的极限分布为退化分布 $F_Z(z) = 1(0 \leqslant z)$。

（3）由（1）得，$Z_n \sim \left(0, \dfrac{\sigma^2}{n}\right)$，$\forall n \in N_{>0}$，则 $\dfrac{\sqrt{n}}{\sigma} Z_n \sim N(0, 1)$。因此，$Z_n$ 的 CDF 为 $F_n(z) = P(Z_n \leqslant z) = P\left(\dfrac{\sqrt{n}}{\sigma} Z_n \leqslant \dfrac{\sqrt{n}}{\sigma} z\right) = \Phi\left(\dfrac{\sqrt{n}}{\sigma} z\right)$，其中 $\Phi(\cdot)$ 是标准正态分布的 CDF。则显然有

$$G(z) = \lim_{n\to\infty} F_n(z) = \lim_{n\to\infty} \Phi\left(\frac{\sqrt{n}}{\sigma} z\right) = \frac{1}{2} \cdot 1(z = 0) + 1 \cdot (z > 0)$$

因此，Z_n 的极限分布与 $\lim_{n\to\infty} F_{Z_n}(z)$ 并不相同。事实上，$G(z)$ 并不是一个 CDF，因为 $\lim_{x\to 0^+} G(x) \neq G(0)$。

（4）由（3）可得 $\dfrac{\sqrt{n}}{\sigma} Z_n \sim N(0, 1)$，则 $\sqrt{n}Z_n \sim N(0, \sigma^2)$。因此，当 $n \to \infty$ 时，$\sqrt{n}Z_n \xrightarrow{\text{d}} N(0, \sigma^2)$。

习题 7.8

伽玛分布 $\text{Gamma}(\alpha, \beta)$ 的 MGF 为 $M_X(t) = (1-\beta t)^{-\alpha}$。假设 X^n 为来自 $\text{Gamma}(\alpha, \beta)$ 的 IID 随机样本，那么 $\sqrt{n}(\overline{X}_n - \alpha\beta)$ 的 MGF 是什么？推导 $M_{\sqrt{n}(\overline{X}_n-\alpha\beta)}(t)$ 的极限。从这个极限，推导出 $\sqrt{n}(\overline{X}_n - \alpha\beta)$ 的极限分布。

解答：

令 $Y_n=\sqrt{n}(\overline{X}_n-\alpha\beta)$，则有

$$M_{Y_n}(t)=E\{\exp[\sqrt{n}(\overline{X}_n-\alpha\beta)t\}=\exp(-\sqrt{n}\alpha\beta t)E\left[\exp(\sqrt{n}\overline{X}_n t)\right]$$

$$=\exp(-\sqrt{n}\alpha\beta t)\cdot E\left[\exp\left(\sum_{i=1}^{n}\frac{t}{\sqrt{n}}X_i\right)\right]=\exp(-\sqrt{n}\alpha\beta t)\left[M_{X_i}\left(\frac{t}{\sqrt{n}}\right)\right]^n$$

$$=\exp(-\sqrt{n}\alpha\beta t)\cdot\left(1-\beta\frac{t}{\sqrt{n}}\right)^{-n\alpha}$$

此时，可以使用带有皮亚诺余项的泰勒展开来对上式做近似。当 $n\to\infty$ 时，有

$$M_{Y_n}(t)=\exp(-\sqrt{n}\alpha\beta t)\exp\left[-n\alpha\ln\left(1-\frac{\beta t}{\sqrt{n}}\right)\right]$$

$$=\exp(-\sqrt{n}\alpha\beta t)\exp\left\{-n\alpha\left[-\frac{\beta t}{\sqrt{n}}-\frac{\beta^2t^2}{2n}+o(n^{-1})\right]\right\}$$

$$=\exp\left[-\sqrt{n}\alpha\beta t+\sqrt{n}\alpha\beta t+\frac{\alpha\beta^2t^2}{2}+o(1)\right]$$

$$=\exp\left[\frac{\alpha\beta^2t^2}{2}+o(1)\right]$$

因此，$\lim\limits_{n\to\infty}M_{Y_n}(t)=\exp\left(\dfrac{\alpha\beta^2t^2}{2}\right)$，即当 $n\to\infty$ 时，有 $Y_n\xrightarrow{d}N(0,\ \alpha\beta^2)$。

习题 7.9

$X^n=(X_1,\ \cdots,\ X_n)$ 是从均匀分布 $U[\theta,\ 1]$ 中抽取的独立同分布随机样本，其中 $\theta<1$。定义 θ 的估计量 $Z_n=\min\limits_{1\leqslant i\leqslant n}X_i$。

（1）当 $n\to+\infty$ 时，证明 Z_n 是 θ 的一致估计量。

（2）当 $n\to+\infty$ 时，求 $n(Z_n-\theta)$ 的极限分布。

证明：

（1）根据定义，需要验证当 $n\to\infty$ 时，$Z_n\xrightarrow{p}\theta$。由于 $Z_n=\min\limits_{1\leqslant i\leqslant n}X_i$，其中 $X_i\overset{\text{IID}}{\sim}U[\theta,\ 1]$，可得 $Z_n\in[\theta,\ 1]$ 对所有 $n\geqslant 1$ 成立。因此，对 $\forall\varepsilon\in(0,\ 1-\theta)$，当 $n\to\infty$ 时，有

$$P(|Z_n-\theta|>\varepsilon)=P(Z_n>\theta+\varepsilon)=P(\min_{1\leqslant i\leqslant n}X_i>\theta+\varepsilon)$$

$$=\prod_{i=1}^{n}P(X_i>\theta+\varepsilon)=\left(1-\frac{\varepsilon}{1-\theta}\right)^n\to 0$$

则 Z_n 是 θ 的一致估计量得证。

（2）令 $F_n(z)$ 表示 $n(Z_n-\theta)$ 的 CDF。$n(Z_n-\theta)$ 的支撑域为 $[0,\ n(1-\theta)]$。则对任意 $z\in[0,\ n(1-\theta)]$，当 $n\to\infty$ 时有

$$F_n(z)=P[n(Z_n-\theta)\leqslant z]=P\left(Z_n\leqslant\frac{z}{n}+\theta\right)=1-P\left(Z_n>\frac{z}{n}+\theta\right)$$
$$=1-\left(1-\frac{z}{n(1-\theta)}\right)^n\to 1-\mathrm{e}^{-z/(1-\theta)}$$

因此，当 $n\to\infty$ 时有 $n(Z_n-\theta)\xrightarrow{\mathrm{d}}\exp(1-\theta)$。

习题 7.10

证明《概率论与统计学》教材引理 7.9，其中 Z_n 和 Z 为连续随机变量。

（1）给定常数 t 和 ε，证明 $P(Z\leqslant t-\varepsilon)\leqslant P(Z_n\leqslant t)+P(|Z_n-Z|\geqslant\varepsilon)$。该式给出了 $P(Z_n\leqslant t)$ 的下界。

（2）用类似方法求 $P(Z_n\leqslant t)$ 的上界。

（3）推导 $P(Z_n\leqslant t)\to P(Z\leqslant t)$。

证明：

（1）由于 $Z-Z_n+Z_n\leqslant t-\varepsilon$ 意味着 $Z_n\leqslant t$ 或 $Z-Z_n\leqslant-\varepsilon$，因此

$$\begin{aligned}P(Z\leqslant t-\varepsilon)&=P(Z-Z_n+Z_n\leqslant t-\varepsilon)\\&\leqslant P(Z_n\leqslant t\text{ 或 }Z-Z_n\leqslant-\varepsilon)\\&\leqslant P(Z_n\leqslant t)+P(Z-Z_n\leqslant-\varepsilon)\\&\leqslant P(Z_n\leqslant t)+P(|Z_n-Z|\geqslant\varepsilon)\end{aligned}$$

（2）由于 $Z-Z_n+Z_n>t+\varepsilon$ 意味着 $Z_n>t$ 或 $Z-Z_n>\varepsilon$，则

$$\begin{aligned}P(Z>t+\varepsilon)&=P(Z-Z_n+Z_n>t+\varepsilon)\\&\leqslant P(Z_n>t\text{ 或 }Z-Z_n>\varepsilon)\\&\leqslant P(Z_n>t)+P(Z-Z_n>\varepsilon)\\&\leqslant P(Z_n>t)+P(|Z_n-Z|>\varepsilon)\end{aligned}$$

由于 $P(Z>t+\varepsilon)=1-P(Z\leqslant t+\varepsilon)$ 和 $P(Z_n>t)=1-P(Z_n\leqslant t)$，有

$$P(Z\leqslant t+\varepsilon)\geqslant P(Z_n\leqslant t)-P(|Z_n-Z|\geqslant\varepsilon)$$

（3）由（1）和（2）可得

$$P(Z\leqslant t-\varepsilon)-P(|Z_n-Z|\geqslant\varepsilon)\leqslant P(Z_n\leqslant t)\leqslant P(Z\leqslant t+\varepsilon)+P(|Z_n-Z|\geqslant\varepsilon)$$

当 $n \to \infty$ 时，有

$$P(Z \leqslant t-\varepsilon) \leqslant \liminf_{n\to+\infty} P(Z_n \leqslant t) \leqslant \limsup_{n\to+\infty} P(Z_n \leqslant t) \leqslant P(Z \leqslant t+\varepsilon)$$

由于 Z 是连续型随机变量，因此 $P(Z \leqslant t-\varepsilon)$ 和 $P(Z \leqslant t+\varepsilon)$ 关于 ε 连续。令 $\varepsilon \to 0^+$，有 $\lim\limits_{n\to+\infty} P(Z_n \leqslant t) = P(Z \leqslant t)$。

习题 7.11

令 $X_n = Y_n + Z_n$，其中 $\{Y_n\}$ 是从正态总体分布 $N(0,\ 1)$ 中抽取的独立同分布序列，$\{Z_n\}$ 是从二元分布 $P\left(Z_n = \frac{1}{n}\right) = 1 - \frac{1}{n}$ 与 $P(Z_n = n) = \frac{1}{n}$ 中抽取的独立同分布序列，并且 Y_n 和 Z_n 相互独立。

（1）求 X_n 的极限分布。

（2）X_n 的极限分布也称为 X_n 的渐近分布，并且渐近分布的均值和方差也分别称作渐近均值和渐近方差。现分别求 X_n 的均值和方差的极限值 $\lim\limits_{n\to+\infty} EX_n$ 和 $\lim\limits_{n\to+\infty} \mathrm{var}X_n$，并给出理由说明它们是否分别与 X_n 的渐近均值和渐近方差相同。

解答：

（1）由于$Y_n \overset{\text{IID}}{\sim} N(0,\ 1)$，则当 $n \to \infty$ 时有 $Y_n \xrightarrow{\text{d}} N(0,\ 1)$。首先证明当 $n \to \infty$ 时有 $Z_n \xrightarrow{\text{p}} 0$。由于 $P\left(Z_n > \frac{1}{n}\right) = P(Z_n = n) = \frac{1}{n}$，$\forall n > 1$。因此，$\lim\limits_{n\to\infty} P\left(Z_n \geqslant \frac{1}{n}\right) = 0$，即 $Z_n \xrightarrow{\text{p}} 0$ 得证。由 Slutsky 定理可得

$$X_n = Y_n + Z_n \xrightarrow{\text{d}} N(0,\ 1)$$

（2）依题意得 $E(X_n) = 0$，$\mathrm{var}(X_n) = 1$。根据期望的线性性质可得

$$E(X_n) = E(Y_n) + E(Z_n) = 1 + \frac{1}{n} - \frac{1}{n^2}$$

则

$$\lim_{n\to\infty} E(X_n) = 1 \neq 0 = E(\lim_{n\to\infty} X_n)$$

即 X_n 的均值极限值 $\lim\limits_{n\to+\infty} E(X_n)$ 与 X_n 的渐近均值不相同。由于 Y_n 和 Z_n 相互独立，则

$$\begin{aligned}\mathrm{var}(X_n) &= \mathrm{var}(Y_n) + \mathrm{var}(Z_n) = 1 + E(Z_n^2) - E^2(Z_n) \\ &= 1 + \left(1 - \frac{1}{n}\right) \cdot \frac{1}{n^2} + \frac{1}{n} \cdot n^2 - \left(1 + \frac{1}{n} - \frac{1}{n^2}\right)^2 = n + o(n)\end{aligned}$$

故 $\lim\limits_{n\to\infty} \mathrm{var}(X_n) = \infty$。因此，$X_n$ 的方差的极限值 $\lim\limits_{n\to\infty} \mathrm{var}(X_n)$ 也不等于 X_n 的渐近方差。

习题 7.12

评价以下陈述的正确性："Z_n 的渐近分布函数是当 $n \to +\infty$ 时 Z_n 的分布函数的极限"，并给出理由。

解答：

这句话是错误的。请查看习题 7.7 中的反例。

习题 7.13

令 $\{X_i, Y_i\}_{i=1}^n$ 为 IID 随机样本，其中 X_i 和 Y_i 分别具有有限四阶矩。定义

$$(\hat{\alpha}, \hat{\beta}) = \arg\min_{\alpha, \beta} \sum_{i=1}^{n} (Y_i - \alpha - \beta X_i)^2$$

（1）分别推导 $\hat{\alpha}$ 和 $\hat{\beta}$ 的概率极限（记为 α^* 和 β^*），并给出推理过程。

（2）假设 $Y_i = \alpha^* + \beta^* X_i + \varepsilon_i$，且有矩条件 $E(\varepsilon_i|X) = 0$，$\mathrm{var}(\varepsilon_i|X) = \sigma^2$。分别推导 $\sqrt{n}(\hat{\alpha} - \alpha^*)$ 和 $\sqrt{n}(\hat{\beta} - \beta^*)$ 的渐近分布，并给出推理过程。

解答：

（1）令 $\hat{Q}_n(\alpha, \beta) = \sum_{i=1}^{n} (Y_i - \alpha - \beta X_i)^2$，可以通过求解以下 FOC 得到 $\hat{\alpha}$ 和 $\hat{\beta}$。

$$\frac{\partial \hat{Q}_n}{\partial \alpha} = -2 \sum_{i=1}^{n} (Y_i - \hat{\alpha} - \hat{\beta} X_i) = 0$$

$$\frac{\partial \hat{Q}_n}{\partial \beta} = -2 \sum_{i=1}^{n} X_i (Y_i - \hat{\alpha} - \hat{\beta} X_i) = 0$$

解得

$$\hat{\beta} = \frac{\sum_{i=1}^{n} X_i Y_i - \overline{Y} \cdot \sum_{i=1}^{n} X_i}{\sum_{i=1}^{n} X_i^2 - \overline{X} \cdot \sum_{i=1}^{n} X_i}$$

$$\hat{\alpha} = \overline{Y}_n - \overline{X}_n \hat{\beta}$$

由于 X 和 Y 分别具有有限的四阶矩，因此存在 X、Y 和 X^2 的期望和方差。

根据柯西–施瓦茨不等式，有

$$E|XY| \leqslant \left[E(X^2)E(Y^2)\right]^{\frac{1}{2}} < \infty, \qquad E(X^2Y^2) \leqslant \left[E(X^4)E(Y^4)\right]^{\frac{1}{2}} < \infty$$

因此，XY 的期望和方差存在。

根据弱大数定律可得，当 $n \to \infty$ 时，有

$$\overline{X}_n \xrightarrow{p} E(X),\quad \overline{Y}_n \xrightarrow{p} E(Y),\quad \overline{X_n^2} \xrightarrow{p} E(X^2),\quad \overline{XY} \xrightarrow{p} E(XY)$$

因此，根据连续映射定理有

$$\beta^* = \frac{E(XY) - E(X)E(Y)}{E(X^2) - (EX)^2}$$

$$\alpha^* = E(Y) - E(X)\beta^*$$

（2）令 $Y = (Y_1,\ Y_2,\ \cdots,\ Y_n)'$，$\mathbf{1}_n = (1,\ 1,\ \cdots,\ 1)'$，$X = (X_1,\ X_2,\ \cdots,\ X_n)'$，$\tilde{X} = (1_n,\ X)$，$\tilde{X}_i = (1,\ X_i)'$，$\theta = (\alpha,\ \beta)'$，$\boldsymbol{\varepsilon} = (\varepsilon_1,\ \varepsilon_2,\ \cdots,\ \varepsilon_n)$。则

$$\hat{\theta} = \arg\min_{\theta}(Y - \tilde{X}\theta)'(Y - \tilde{X}\theta) = \arg\min_{\theta}\hat{Q}_n(\theta)$$

一阶条件为

$$\frac{\partial \hat{Q}_n}{\partial \theta} = -2\tilde{X}'(Y - \tilde{X}\theta) = 0$$

解得 $\hat{\theta} = (\tilde{X}'\tilde{X})^{-1}\tilde{X}'Y$。

由于 $Y = \tilde{X}\theta^* + \boldsymbol{\varepsilon}$，有 $\hat{\theta} = \theta^* + (\tilde{X}'\tilde{X})^{-1}\tilde{X}'\boldsymbol{\varepsilon}$。则

$$\sqrt{n}(\hat{\theta} - \theta^*) = \sqrt{n}(\tilde{X}'\tilde{X})^{-1}\tilde{X}'\boldsymbol{\varepsilon} = \left(\frac{1}{n}\tilde{X}'\tilde{X}\right)^{-1}\left(\frac{1}{\sqrt{n}}\tilde{X}'\boldsymbol{\varepsilon}\right)$$

又因为 $\frac{1}{\sqrt{n}}\tilde{X}'\boldsymbol{\varepsilon} = \frac{1}{\sqrt{n}}\sum_{i=1}^{n}\tilde{X}_i\varepsilon_i$, $E(\tilde{X}_i\varepsilon_i) = E\left[\tilde{X}_iE(\varepsilon_i|X)\right] = 0$, $\mathrm{var}(\tilde{X}_i\varepsilon_i) = E(\tilde{X}_i\tilde{X}_i{}'\varepsilon_i^2) = E\left[\tilde{X}_i\tilde{X}_i{}'E(\varepsilon_i^2|X)\right] = \sigma^2E\left(\tilde{X}_i\tilde{X}_i{}'\right)$ 且 $\{X_i\varepsilon_i\}_{i=1}^n$ 为 IID，由 CLT 可得

$$\frac{1}{\sqrt{n}}\tilde{X}'\boldsymbol{\varepsilon} \xrightarrow{d} N\left[\mathbf{0},\ \sigma^2E(\tilde{X}_i\tilde{X}_i{}')\right]$$

由于

$$\left(\frac{1}{n}\tilde{X}'\tilde{X}\right)^{-1} = \begin{pmatrix} 1 & \overline{X} \\ \overline{X} & \overline{X^2} \end{pmatrix}^{-1} \xrightarrow{p} \begin{pmatrix} 1 & EX \\ EX & EX^2 \end{pmatrix}^{-1}$$

$$= \frac{1}{EX^2 - E^2X}\begin{pmatrix} EX^2 & -EX \\ -EX & 1 \end{pmatrix} = \frac{1}{\mathrm{var}(X)}\begin{pmatrix} EX^2 & -EX \\ -EX & 1 \end{pmatrix} = E\left[(\tilde{X}_i\tilde{X}_i{}')^{-1}\right]$$

由 Slutsky 定理可得

$$\sqrt{n}(\hat{\theta} - \theta^*) \xrightarrow{d} N\left\{\mathbf{0},\ E\left[(\tilde{X}_i\tilde{X}_i{}')^{-1}\right]\sigma^2E(\tilde{X}_i\tilde{X}_i{}')E\left[(\tilde{X}_i\tilde{X}_i{}')^{-1}\right]\right\} = N\left\{\mathbf{0},\ \sigma^2E\left[(\tilde{X}_i\tilde{X}_i{}')^{-1}\right]\right\}$$

得到渐近分布

$$\sqrt{n}(\hat{\alpha}-\alpha^*) \xrightarrow{d} N\left[0,\ \frac{E(X^2)}{\text{var}(X)}\right]$$

$$\sqrt{n}(\hat{\beta}-\beta^*) \xrightarrow{d} N\left[0,\ \frac{1}{\text{var}(X)}\right]$$

习题 7.14

证明若当 $n \to +\infty$ 时 $\sqrt{n}(\overline{X}_n-\mu)/\sigma \xrightarrow{d} N(0,\ 1)$，则 $\overline{X}_n \xrightarrow{p} \mu$，并给出推理过程。

证明：

由于当 $n \to \infty$ 时有 $\sqrt{n}(\overline{X}_n-\mu)/\sigma \xrightarrow{d} N(0,\ 1)$，$\sqrt{n}(\overline{X}_n-\mu)/\sigma = O_p(1)$。因此，$\overline{X}_n-\mu = O_p(n^{-1/2})$，i.e. $\overline{X}_n \xrightarrow{p} \mu$。

习题 7.15

设 $(Z_1,\ \cdots,\ Z_n)$ 是 IID $N(0,\ 1)$ 随机样本。$\left(\sum_{i=1}^{n} Z_i^2-n\right)/\sqrt{n}$ 的极限分布是什么？给出推理过程。

解答：

由于 $Z_i \overset{\text{IID}}{\sim} N(0,\ 1)$，有 $Z_i^2 \overset{\text{IID}}{\sim} \chi_1^2$。令 $Y_i = Z_i^2$，则有 $E(Y_i)=1$ 且 $\text{var}(Y_i)=2<\infty$。根据 CLT 可得当 $n \to +\infty$ 时

$$\frac{\sum_{i=1}^{n} Z_i^2-n}{\sqrt{2n}} = \frac{n^{-1}\sum_{i=1}^{n} Z_i^2-1}{\sqrt{2/n}} = \frac{\sqrt{n}(\overline{Y}_n-1)}{\sqrt{2}} \xrightarrow{d} N(0,\ 1)$$

因此，当 $n \to +\infty$ 时，$\left(\sum_{i=1}^{n} Z_i^2-n\right)/\sqrt{n} \xrightarrow{d} N(0,\ 2)$。

习题 7.16

设 X^n 为来自 $E(X_i)=\mu$，$\text{var}(X_i)=\sigma^2$，$E\left[(X_i-\mu)^4\right]=\mu_4$ 的总体分布的 IID 随机变量。定义 $S_n^2=(n-1)^{-1}\sum_{i=1}^{n}(X_i-\overline{X}_n)^2$。

（1）证明当 $n \to +\infty$ 时，$S_n^2 \xrightarrow{p} \sigma^2$。

（2）推导当 $n \to +\infty$ 时，$\sqrt{n}(S_n^2-\sigma^2)$ 的极限分布，并给出推理过程。

解答：

（1）记 $Y_i = X_i - \mu$ 和 $\overline{Y}_n = \frac{1}{n}\sum_{i=1}^{n} Y_i$。则 $S_n^2 = (n-1)^{-1}\sum_{i=1}^{n}(X_i - \overline{X}_n)^2 = (n-1)^{-1}\sum_{i=1}^{n}(Y_i - \overline{Y}_n)^2$。要证原命题，只要证 $S_n^{*2} = \frac{1}{n}\sum_{i=1}^{n}(Y_i - \overline{Y}_n)^2 \xrightarrow{p} \sigma^2$。

根据 LLN 可得

$$S_n^{*2} = \frac{1}{n}\sum_{i=1}^{n}\left[Y_i^2 - 2Y_i\overline{Y}_n + (\overline{Y}_n)^2\right] = \frac{1}{n}\sum_{i=1}^{n} Y_i^2 - (\overline{Y}_n)^2 \xrightarrow{p} E(Y_i^2) - 0^2 = \sigma^2$$

证毕。

（2）由于

$$\begin{aligned} S_n^2 &= \frac{1}{n-1}\sum_{i=1}^{n}(Y_i - \overline{Y}_n)^2 = \frac{1}{n}\sum_{i=1}^{n}(Y_i - \overline{Y}_n)^2 + \frac{1}{n}S_n^2 \\ &= \frac{1}{n}\sum_{i=1}^{n}\left[(X_i - \mu) - (\overline{X}_n - \mu)\right]^2 + \frac{1}{n}S_n^2 \\ &= \frac{1}{n}\sum_{i=1}^{n} Y_i^2 - (\overline{Y}_n)^2 + \frac{1}{n}S_n^2 \end{aligned}$$

有

$$\begin{aligned} \sqrt{n}(S_n^2 - \sigma^2) &= \frac{1}{\sqrt{n}}\sum_{i=1}^{n} Y_i^2 - \sqrt{n}\sigma^2 - \sqrt{n}(\overline{Y}_n t)^2 + \frac{1}{\sqrt{n}}S_n^2 \\ &= \sqrt{n}\left(\frac{1}{n}\sum_{i=1}^{n} Y_i^2 - \sigma^2\right) - (\sqrt{n}\overline{Y}_n)(\overline{Y}_n) + \frac{1}{\sqrt{n}}S_n^2 \end{aligned}$$

由（1）可得 $\frac{1}{\sqrt{n}}S_n^2 \xrightarrow{p} 0$。根据中心极限定理，有 $\sqrt{n}\overline{Y}_n \xrightarrow{d} N(0,\ \sigma^2)$ 和

$$\sqrt{n}\left(\frac{1}{n}\sum_{i=1}^{n} Y_i^2 - \sigma^2\right) \xrightarrow{d} N\left[0,\ \mathrm{var}(Y_i^2)\right] = N(0,\ \mu_4 - \sigma^4)$$

因此，由 Slutsky 定理可得

$$\sqrt{n}(S_n^2 - \sigma^2) = \sqrt{n}\left(\frac{1}{n}\sum_{i=1}^{n} Y_i^2 - \sigma^2\right) - O_p(1)\cdot o_p(1) + o_p(1) \xrightarrow{d} N(0,\ \mu_4 - \sigma^4)$$

习题 7.17

假设当 $n \to +\infty$ 时 $\sqrt{n}(\overline{X}_n - \mu)/\sigma \xrightarrow{\mathrm{d}} N(0,\ 1)$，其中 $-\infty < \mu < \infty$ 和 $0 < \sigma < \infty$。求如下统计量适当标准化之后的非退化极限分布，并给出推理过程：

（1）$Y_n = \mathrm{e}^{-\overline{X}_n}$；

（2）$Y_n = \overline{X}_n^2$，其中 $\mu = 0$。

解答：

（1）令 $g(x) = \mathrm{e}^{-x}$，显然 $g'(\mu) = -\mathrm{e}^{-\mu} \neq 0$。则由 Delta 方法可得

$$\frac{\sqrt{n}\left[g(\overline{X}_n) - g(\mu)\right]}{\sigma g'(\mu)} \xrightarrow{\mathrm{d}} N(0,\ 1)$$

即

$$\frac{\sqrt{n}\left[Y_n - \mathrm{e}^{-\mu}\right]}{-\mathrm{e}^{-\mu}\sigma} \xrightarrow{\mathrm{d}} N(0,\ 1)$$

（2）令 $g(x) = x^2$，显然 $g'(0) = 2\mu|_{\mu=0} = 0$，但 $g''(0) = 2 \neq 0$。因此，由二阶 Delta 方法可得

$$n\frac{\left[g(\overline{X}) - g(\mu)\right]^2}{\sigma^2} \xrightarrow{\mathrm{d}} \frac{g''(\mu)}{2}\chi_1^2$$

即

$$\frac{nY_n}{\sigma^2} \xrightarrow{\mathrm{d}} \chi_1^2$$

习题 7.18

令 X^n 为 IID Bernoulli(p) 随机样本，并定义 $\overline{X}_n = n^{-1}\sum_{i=1}^{n} X_i$。

（1）证明当 $n \to +\infty$ 时，$\sqrt{n}(\overline{X}_n - p) \xrightarrow{\mathrm{d}} N\left[0,\ p(1-p)\right]$。

（2）证明对 $p \neq 1/2$，当 $n \to +\infty$ 时，总体方差的估计量 $\overline{X}_n(1-\overline{X}_n)$ 满足

$$\sqrt{n}\left[\overline{X}_n(1-\overline{X}_n) - p(1-p)\right] \xrightarrow{\mathrm{d}} N\left[0,\ (1-2p)^2 p(1-p)\right]$$

（3）证明对 $p = 1/2$，当 $n \to +\infty$ 时，$n\left[\overline{X}_n(1-\overline{X}_n) - \frac{1}{4}\right] \xrightarrow{\mathrm{d}} -\frac{1}{4}\chi_1^2$。

证明:

(1) 依题意得 $E(\overline{X}_n) = p$, $\mathrm{var}(\overline{X}_n) = \dfrac{p(1-p)}{n}$。根据中心极限定理可得

$$\frac{\overline{X}_n - p}{\sqrt{p(1-p)/n}} \xrightarrow{\mathrm{d}} N(0,\ 1)$$

因此,

$$\sqrt{n}(\overline{X}_n - p) \xrightarrow{\mathrm{d}} N\left[0,\ p(1-p)\right], \qquad n \to \infty$$

(2) 令 $g(x) = x(1-x)$, 则 $g'(x) = 1 - 2x \neq 0$ a.s.。由 Delta 法可得

$$\sqrt{n}\left[g(\overline{X}_n) - g(p)\right] \xrightarrow{\mathrm{d}} N\left\{0,\ \left[g'(p)\right]^2 p(1-p)\right\}$$

因此,

$$\sqrt{n}\left[\overline{X}_n(1-\overline{X}_n) - p(1-p)\right] \xrightarrow{\mathrm{d}} N\left[0,\ p(1-p)(1-2p)^2\right]$$

(3) 令 $g(x) = x(1-x)$, 因此由二阶 Delta 法可得

$$n\left[\overline{X}_n(1-\overline{X}_n) - \frac{1}{4}\right] \xrightarrow{\mathrm{d}} -\frac{1}{4}\chi_1^2$$

习题 7.19

某制药厂生产一种新药, 并称该药物对某种疾病的治愈率达 80%。为检验其治愈率, 现从临床试验中随机选择 100 名患此疾病的病人。若至少 75% 的病人痊愈了, 该新药将通过检验。请计算如下两种情况下, 该药通过检验的概率:

(1) 该药实际治愈率为 80%;

(2) 该药实际治愈率为 70%。

解答:

令 $X_i = 1$ 表示患者 i 已康复, 否则 $X_i = 0$ 表示患者 i 未康复。

(1) 若该药实际治愈率为 80%, 则 $X_i \sim \mathrm{Bernoulli}(0.8)$。由中心极限定理可得 $\sqrt{n}\dfrac{\overline{X} - 0.8}{\sqrt{0.8 \times 0.2}} \xrightarrow{\mathrm{d}} N(0,\ 1)$。我们把 $Y_1 = \sqrt{100}\dfrac{\overline{X} - 0.8}{\sqrt{0.8 \times 0.2}}$ 近似视为标准正态随机变量, 则

$$P(\text{该药通过检验}) = P(\overline{X} \geqslant 0.75) = P\left(Y_1 \geqslant 10\frac{0.75 - 0.8}{\sqrt{0.8 \times 0.2}}\right)$$

$$= P(Y_1 \geqslant -1.25) \approx \Phi(1.25) \approx 0.894$$

（2）若该药实际治愈率为 70%，则 $X_i \sim \text{Bernoulli}(0.7)$。由中心极限定理可得 $\sqrt{n}\dfrac{\overline{X}-0.7}{\sqrt{0.7\times 0.3}} \xrightarrow{d} N(0,\ 1)$。我们把 $Y_2=\sqrt{100}\dfrac{\overline{X}-0.7}{\sqrt{0.7\times 0.3}}$ 近似视为标准正态随机变量，则

$$P(\text{该药通过检验}) = P(\overline{X} \geqslant 0.75) = P\left(Y_2 \geqslant 10\frac{0.75-0.7}{\sqrt{0.7\times 0.3}}\right)$$

$$= P(Y_1 \geqslant 1.09) = 1-\Phi(1.09) \approx 0.138$$

习题 7.20

假设某种人寿保险的死亡率为 0.005。现有 1000 个人购买此种寿险，求：

（1）一年中有 40 人死亡的概率；

（2）一年中少于 70 人死亡的概率。

解答：

令 X 表示一年中死亡的总人数。$X_i=1$ 表示第 i 人在这一年中死亡，否则 $X_i=0$ 。因此，$X=\sum_{i=1}^{1000} X_i$。

（1）依题意得，$X \sim \text{B}(0.005,\ 1000)$。由于 $p=0.005$ 较小而 $n=1000$ 较大，则有近似分布 $X \sim \text{Poisson}(np)$。因此，$P(X=40) \approx \dfrac{\text{e}^{-5}}{40!}\cdot 5^{40} \approx 0$。

（2）依题意得，$X_i \sim \text{Bernoulli}(0.005)$。由中心极限定理可得 $\sqrt{n}\dfrac{\overline{X}-0.005}{\sqrt{0.005\times 0.995}} \xrightarrow{d} N(0,\ 1)$。所以有近似分布 $Y=\sqrt{1000}\dfrac{\overline{X}-0.005}{\sqrt{0.005\times 0.995}} \sim N(0,\ 1)$。因此

$$P(X<70) = P(\overline{X}<0.07) = P\left(Y<\sqrt{1000}\frac{0.07-0.005}{\sqrt{0.005\times 0.995}}\right)$$

$$= P(Y<29.14) \approx \Phi(29.14) \approx 1$$

习题 7.21

证明 Slutsky 定理（《概率论与统计学》教材定理 7.8）。

证明：

回顾渐近等价性：若当 $n \to +\infty$ 时有 $Y_n - Z_n \xrightarrow{p} 0$ 且 $Z_n \xrightarrow{d} Z$，则 $Y_n \xrightarrow{d} Z$。

并且，$X_n \xrightarrow{d} X$ 意味着 $X_n = O_P(1)$。由于 $C_n \xrightarrow{p} c$，有 $|C_n - c| = o_P(1)$。

（1）由渐近等价性可得

$$X_n + (C_n - c) \xrightarrow{\mathrm{d}} X$$

即

$$X_n + C_n \xrightarrow{\mathrm{d}} X + c$$

（2）结论（2）为结论（1）的特例。

（3）由已知条件有

$$|X_nC_n - cX_n| = |X_n| \cdot |C_n - c| = O_P(1)o_P(1) = o_P(1)$$

由连续映射定理可得

$$cX_n \xrightarrow{\mathrm{d}} cX$$

因此，由渐近等价性得

$$C_nX_n = cX_n + (X_nC_n - cX_n) \xrightarrow{\mathrm{d}} cX$$

（4）由已知条件有

$$\left|\frac{X_n}{C_n} - \frac{X_n}{c}\right| = |X_n| \cdot \frac{|C_n - c|}{|cC_n|}$$

接下来要证明 $\frac{|C_n - c|}{|cC_n|} \xrightarrow{\mathrm{p}} 0$。对任意 $\varepsilon > 0$，

$$\begin{aligned}
P\left(\frac{|C_n - c|}{|cC_n|} > \varepsilon\right) &= P\left(|C_n - c| > \varepsilon|cC_n|\right) = P\left(|C_n - c| > \varepsilon|c| \cdot |C_n - c + c|\right) \\
&\leqslant P\left[|C_n - c| > \varepsilon|c| \cdot (|c| - |C_n - c|)\right] = P\left[(1 + \varepsilon|c|)\,|C_n - c| > \varepsilon c^2\right] \\
&= P\left(|C_n - c| > \frac{\varepsilon c^2}{1 + \varepsilon|c|}\right)
\end{aligned}$$

则当 $n \to +\infty$ 时有 $P\left(\frac{|C_n - c|}{|cC_n|} > \varepsilon\right) \to 0$。

由于 $C_n \xrightarrow{\mathrm{p}} c$，$P\left(\frac{|C_n - c|}{|cC_n|} > \varepsilon\right) \to 0$，$\frac{|C_n - c|}{|cC_n|} = o_p(1)$，则

$$\left|\frac{X_n}{C_n} - \frac{X_n}{c}\right| = |X_n| \cdot \frac{|C_n - c|}{|cC_n|} = O_P(1)o_P(1) = o_P(1)$$

因此，由连续映射定理可得 $\frac{X_n}{c} \xrightarrow{\mathrm{d}} \frac{X}{c}$，由渐近等价性得 $\frac{X_n}{C_n} \xrightarrow{\mathrm{d}} \frac{X}{c}$。

证毕。

习题 7.22

证明二阶 Delta 方法(《概率论与统计学》教材引理 7.12)。

证明:

依题意得

$$\frac{n\left[g(\overline{X}_n)-g(\mu)\right]}{\sigma^2}=\frac{n\left[g'(\mu)(\overline{X}_n-\mu)+\dfrac{g''(\xi)}{2}(\overline{X}_n-\mu)^2\right]}{\sigma^2}=\frac{g''(\xi)}{2}\left[\frac{\sqrt{n}\left(\overline{X}_n-\mu\right)}{\sigma}\right]^2$$

其中 $\xi=a\mu+(1-a)\overline{X}_n$, $a\in(0, 1)$。

由于 $X_n\xrightarrow{\text{p}}\mu$ 和 $\xi\xrightarrow{\text{p}}\mu$,并且 g 为连续函数,有

$$\frac{g''(\xi)}{2}\xrightarrow{\text{p}}\frac{g''(\mu)}{2}$$

由于 $\dfrac{\sqrt{n}\left(\overline{X}_n-\mu\right)}{\sigma}\xrightarrow{\text{d}}N(0, 1)$,并且 $h(x)=x^2$ 为连续函数,有

$$\left[\frac{\sqrt{n}\left(\overline{X}_n-\mu\right)}{\sigma}\right]^2\xrightarrow{\text{d}}\chi_1^2$$

因此,由 Slutsky 定理可得

$$\frac{n\left[g(\overline{X}_n)-g(\mu)\right]}{\sigma^2}\xrightarrow{\text{d}}\frac{g''(\mu)}{2}\chi_1^2$$

证毕。

第八章

参数估计和评估

章节回顾

本章介绍了参数推断中重要的概念与方法，重点回顾极大似然估计和矩估计的性质，以及估计量优度的判断准则。

1. 似然函数

给定观测数据 x^n，随机样本 X^n 的联合 PMF/PDF：$\hat{L}(\theta|x^n) = f_{X^n}(x^n, \theta)$ 称为随机样本 X^n 在其取值为观测数据 x^n 时的似然函数；$\ln \hat{L}(\theta|x^n)$ 称为随机样本 X^n 在其取值为观测数据 x^n 时的对数似然函数。

2. 极大似然估计，MLE

设 Θ 为有限维参数空间，优化问题 $\max\limits_{\theta\in\Theta}\hat{L}(\theta|X^n)$ 的极大化子 $\hat{\theta} \equiv \hat{\theta}_n(X^n) = \arg\max\limits_{\theta\in\Theta} \hat{L}(\theta|X^n)$ 称为未知参数 θ_0 的极大似然估计量，简记为 MLE。

（1）MLE 的存在性：设 Θ 是紧集，似然函数 $\hat{L}(\theta|X^n)$ 在 Θ 上依概率 1 连续，那么未知参数 θ_0 的极大似然估计量存在。

（2）MLE 的不变性：设 $\hat{\theta}$ 为 θ 的 MLE，$g(\cdot)$ 是 Θ 上的单射，那么 $g\left(\hat{\theta}\right)$ 是 $g(\theta)$ 的 MLE。

（3）MLE 的充分性：若随机样本 X^n 的似然函数为 $f_{X^n}(x^n, \theta)$，且 $T(X^n)$ 是 θ 的充分统计量，那么随机样本的似然函数的 MLE 也是充分统计量的似然函数的 MLE，即

$$\hat{\theta} = \underset{\theta\in\Theta}{\operatorname{argmax}} \ \ln f_{X^n}(x^n, \theta) = \underset{\theta\in\Theta}{\operatorname{argmax}} \ \ln f_{T(X^n)}\left[T(x^n), \theta\right]$$

3. 极值估计引理（White，1994）

设 Θ 是紧集，Q：$\Theta \to \boldsymbol{R}^m$ 是非随机连续函数，若以下条件成立：

（1）$\theta_0 = \arg\max\limits_{\theta\in\Theta} Q(\theta)$ 存在且唯一；

（2）随机函数列 $\{\hat{Q}_n(\theta)\}$ 在 Θ 上以概率 1 连续；

（3）随着 $n \to \infty$，$\sup_{\theta\in\Theta}\left|\hat{Q}_n(\theta) - Q(\theta)\right| \xrightarrow{\text{p}} 0$，

那么当 $n \to \infty$ 时，$\hat{\theta} = \arg\max_{\theta\in\Theta}\hat{Q}_n(\theta)$ 存在，并且 $\hat{\theta} \xrightarrow{\text{a.s.}} \theta_0$。

4. 极大似然估计的性质

（1）首先回顾建立 MLE 的一致性和渐近正态性所需的正则条件，为简便起见，设 θ 是标量，$f_X(x)$ 是未知总体分布的 PMF 或 PDF，Ω_X 是 $f_X(x)$ 的支撑。$\forall\, \theta \in \Theta \subseteq \boldsymbol{R}$，$f(x, \theta)$ 称为未知总体分布 $f_X(x)$ 的一个参数模型。假设以下条件成立：

① $X^n = (X_1, \cdots, X_n)$ 为来自某未知总体分布 $f_X(x)$ 的 IID 随机样本。

② 对每个 $\theta \in \Theta$，$f(x, \theta)$ 是某未知总体分布 $f_X(x)$ 的一个 PMF/PDF 模型，满足对支撑中的所有 x，$f(x, \theta) > 0$，其中 Θ 是有限维参数空间；存在唯一一个参数值 $\theta_0 \in \Theta$ 使得 $f(x, \theta_0)$ 与总体分布 $f_X(x)$ 一致，即对支撑中所有的 x，有 $f(x, \theta_0) = f_X(x)$；$\ln f(x, \theta)$ 是 (x, θ) 的连续函数，且其绝对值小于非负函数 $b(x)$，满足 $E\left[b(X_i)\right] < \infty$，其中期望 $E(\cdot)$ 定义在总体分布 $f_X(x)$ 上。

③ 参数空间 Θ 为有界闭集，即 Θ 为紧集。

④ 参数值 θ_0 是 $E\left[\ln f(X_i, \theta)\right]$ 的唯一最优解。

⑤ θ_0 是参数空间 Θ 的内点。

⑥ 对每个内点 $\theta \in \Theta$，$f(x, \theta)$ 关于 θ 二阶连续可导，满足 $\frac{\partial}{\partial\theta}f(x, \theta)$ 和 $\frac{\partial^2}{\partial\theta^2}f(x, \theta)$ 是 (x, θ) 的连续函数，其绝对值小于非负函数 $b(x)$，且 $E\left[b(X_i)\right] < \infty$，$E\left[b^2(X_i)\right] < \infty$；函数 $H(\theta) = E\left[\frac{\partial^2}{\partial\theta^2}\ln f(x, \theta)\right]$ 的绝对值在 Θ 不等于零，并且其绝对值为有限值。

（2）若假设①～④成立，那么 MLE $\hat{\theta} = \arg\max_{\theta\in\Theta}\sum_{i=1}^{n}\ln f(X_i, \theta)$ 是 θ_0 的一致估计量，即当 $n \to \infty$ 时 $\hat{\theta} \xrightarrow{\text{a.s.}} \theta_0$。

（3）若假设①、③和④成立，那么 $E\left[\frac{\partial}{\partial\theta}\ln f(x, \theta_0)\right] = 0$，其中 $\frac{\partial}{\partial\theta}\ln f(X_i, \theta)$ 称为 X_i 的记分函数。

（4）若假设①、③和④ 成立，定义

$$I(\theta) = \int_{-\infty}^{+\infty}\left[\frac{\partial}{\partial\theta}\ln f(x, \theta)\right]^2 f(x, \theta)\,\mathrm{d}x$$

$$H(\theta) = \int_{-\infty}^{+\infty}\frac{\partial^2}{\partial\theta^2}\ln f(x, \theta)\cdot f(x, \theta)\,\mathrm{d}x$$

那么 $\forall\Theta$ 的内点 θ，$I(\theta)+H(\theta)=0$，称为信息等式，[①]其中 $I(\theta)$ 称为信息矩阵，$H(\theta)$ 称为黑塞矩阵。

（5）若假设①～⑥成立，那么当 $n\to\infty$ 时，$\sqrt{n}(\hat{\theta}-\theta_0)\xrightarrow{\mathrm{d}} N\left[0,\ I(\theta_0)^{-1}\right]$。这称为 MLE 的渐近正态性。

5. 矩估计

矩估计方法通过前 p 阶样本矩估计总体矩。我们通常可采用以下基本步骤构造矩估计量：

（1）利用总体 PMF/PDF $f(x,\ \theta)$ 计算总体矩 $E_\theta\left(X_i^k\right)$，$k=1,\ 2,\ \cdots,\ p$

$$M_k(\theta)=E_\theta\left(X_i^k\right)=\begin{cases}\displaystyle\int_{-\infty}^{+\infty}x^kf(x,\ \theta)\mathrm{d}x, & X\text{ 是连续随机变量}\\ \displaystyle\sum_{x\in\Omega_X}x^kf(x,\ \theta), & X\text{ 是离散随机变量}\end{cases}$$

其中，Ω_X 是总体 PMF/PDF 的支撑，总体矩 $E_\theta\left(X_i^k\right)$ 依赖于参数 θ；

（2）计算随机样本 $X^n=(X_1,\ \cdots,\ X_n)$ 的样本矩 $\hat{m}_k=n^{-1}\sum_{i=1}^{n}X_i^k$，$k=1,\ 2,\ \cdots$；

（3）选择参数值 $\hat{\theta}$，使样本矩分别等于相应阶数的总体矩，一般而言，若 θ 是一个 $p\times 1$ 维参数向量，则需 p 个矩匹配方程 $\hat{m}_k=M_k(\hat{\theta})$，$k=1,\ 2,\ \cdots,\ p$，求解这 p 个联立方程，可得矩估计量 MME $\hat{\theta}=\hat{\theta}_n(X^n)$ 。

6. 估计量优度判断准则

如无明确指出，本书中的估计量判断准则一般指 MSE 准则。请注意 MSE 并不是唯一准则，在实际应用中还会遇到诸如平均绝对误差准则等其他准则。另外为了简单，以下主要考虑 θ 只有一个参数的情形。

（1）偏差：未知参数 θ 的估计量 $\hat{\theta}$ 的偏差定义为 $\mathrm{Bias}_\theta\left(\hat{\theta}\right)=E_\theta\left(\hat{\theta}\right)-\theta$。若 $\mathrm{Bias}(\hat{\theta})=0$，则称估计量 $\hat{\theta}$ 为 θ 的无偏估计量。

（2）均方误：令 θ 为总体参数，其估计量 $\hat{\theta}=\hat{\theta}_n(X^n)$ 的均方误为 $\mathrm{MSE}_\theta\left(\hat{\theta}\right)=E_\theta\left(\hat{\theta}-\theta\right)^2$，其中 $E_\theta(\cdot)$ 表示对随机样本 X^n 的联合分布 $f_{X^n}(X^n,\ \theta)$ 取期望。MSE 可以做如下分解 $E_\theta\left(\hat{\theta}-\theta\right)^2=\mathrm{var}_\theta\left(\hat{\theta}\right)+\left[\mathrm{Bias}_\theta\left(\hat{\theta}\right)\right]^2$，其中 var_θ 测度了估计量因抽样变化导致的变异性，Bias_θ 测度了估计方法的估计精度。通过 MSE 的分解，我们可以直观地认识到在 MSE 准则下，无偏估计并不一定总是最优的。

（3）估计量的相对有效性：设 $\hat{\theta}$ 和 $\tilde{\theta}$ 是参数 θ 的两个估计量，若 $\mathrm{MSE}_\theta\left(\hat{\theta}\right)\leqslant$

① White（1982）提出了著名的信息矩阵检验，它通过检验信息等式是否成立来检验参数似然模型 $f(x,\ \theta)$ 是否正确设定。

$\mathrm{MSE}_\theta(\tilde{\theta})$，则称 $\hat{\theta}$ 比 $\tilde{\theta}$ 更有效。

（4）广义无偏估计量：称 $\hat{\tau}=\hat{\tau}_n(X^n)$ 是参数 $\tau(\theta)$ 的无偏估计量，若 $\forall\,\theta\in\Theta$，$E_\theta(\hat{\tau})=\tau(\theta)$，其中 $E_\theta(\cdot)$ 是对 X^n 的联合概率分布 $f_{X^n}(X^n,\ \theta)$ 求期望，当 $\tau(\theta)=\theta$ 时，广义无偏估计量即为无偏估计量。

7. 一致最优无偏估计量

设 $\theta\in\Theta$ 是参数，定义 $\Gamma=\{\hat{\tau}:\ \boldsymbol{R}^n\to\boldsymbol{R}|E_\theta\hat{\tau}(X^n)=\tau(\theta)\}$ 是参数 $\tau(\theta)$ 的一类无偏估计量的集合，若存在 $\hat{\tau}^*\in\Gamma$，满足：

（1）$\forall\,\theta\in\Theta$，$E_\theta(\hat{\tau}^*)=\tau(\theta)$，即 τ^* 是广义无偏估计量；

（2）$\forall\,\theta\in\Theta$，$\mathrm{var}_\theta(\hat{\tau}^*)\leqslant\mathrm{var}_\theta(\hat{\tau})$，$\forall\,\hat{\tau}\in\Gamma$。

则称估计量 $\hat{\tau}^*$ 是 $\tau(\theta)$ 在参数空间 Θ 上属于 Γ 类所有估计量中的一致最小方差无偏估计 (uniform minimum variance unbiased estimator)，记作 UMVUE。

8. Cramer-Rao 下界

一般来讲，仅从一类无偏估计量中找到最优估计量也并不容易。Cramer-Rao 下界是在样本的总体分布函数形式已知时，另一类评估参数估计有效性的方法。

（1）设 X^n 是一个随机样本，其联合 PMF/PDF 为 $f_{X^n}(X^n,\ \theta)$，设 $\hat{\tau}=\hat{\tau}_n(X^n)$ 为参数 $\tau(\theta)$ 的任意估计量，且 $E_\theta(\hat{\tau})$ 是 θ 的可导函数，其中 $E_\theta(\cdot)$ 是关于随机样本 X^n 的期望。设 h：$\boldsymbol{R}^n\to\boldsymbol{R}$ 是任一可测函数，满足 $E_\theta|h(X^n)|<\infty$，如果积分与求导可交换，即

$$\frac{\mathrm{d}}{\mathrm{d}\theta}\int_{\boldsymbol{R}^n}h(X^n)f_{X^n}(X^n,\ \theta)\mathrm{d}X^n=\int_{\boldsymbol{R}^n}h(X^n)\frac{\partial f_{X^n}(X^n,\ \theta)}{\partial\theta}\mathrm{d}X^n$$

那么下面不等式成立

$$\mathrm{var}_\theta(\hat{\tau})\geqslant B_n(\theta)\equiv\frac{\left[\dfrac{\mathrm{d}E_\theta(\hat{\tau})}{\mathrm{d}\theta}\right]^2}{E_\theta\left[\dfrac{\partial\ln f_{X^n}(X^n,\ \theta)}{\partial\theta}\right]^2},\quad\forall\,n\in\boldsymbol{N}_{\geqslant 1},\quad\forall\,\theta\in\Theta$$

其中 $B_n(\theta)$ 称为 Cramer-Rao 下界，等号成立当且仅当 $\hat{\tau}$ 是 τ 的无偏估计量，此时

$$B_n(\theta)=\frac{\left[\tau'(\theta)\right]^2}{E_\theta\left[\dfrac{\partial\ln f_{X^n}(X^n,\ \theta)}{\partial\theta}\right]^2}$$

（2）若 X^n 是独立同分布的随机样本，此时 Cramer-Rao 下界可以用如下方式求得

$$B_n(\theta)=\frac{\left[\dfrac{\mathrm{d}}{\mathrm{d}\theta}E_\theta(\hat{\tau})\right]^2}{nI(\theta)}$$

其中 $I(\theta) = E_\theta\left[\frac{\partial}{\partial\theta}\ln f(x,\ \theta)\right]^2 = \int_{-\infty}^{+\infty}\left[\frac{\partial}{\partial\theta}\ln f(x,\ \theta)\right]^2 f(x,\ \theta)\mathrm{d}x$ 是总体分布的费雪信息，根据信息等式，Cramer-Rao 下界也可写作 $B_n(\theta) = \left[\frac{\mathrm{d}}{\mathrm{d}\theta}E_\theta(\hat{\tau})\right]^2\left[-nH(\theta)\right]^{-1}$，其中 $H(\theta)$ 是随机变量的黑塞函数或黑塞矩阵。

（3）设 X^n 是一个随机样本，其联合 PMF/PDF 为 $f_{X^n}(X^n,\ \theta)$，设 $\hat{\tau} = \hat{\tau}_n(X^n)$ 为参数 $\tau(\theta)$ 的任一无偏估计量，$E_\theta(\hat{\tau})$ 是 θ 的可导函数，对任一 $\boldsymbol{R}^n$ 上的可测函数 h，若 $E_\theta|h(X^n)| < \infty$，且 $\frac{\mathrm{d}}{\mathrm{d}\theta}E_\theta\left[h(X^n)\right] = E_\theta\left[h(X^n)\frac{\partial}{\partial\theta}\ln f_{X^n}(X^n,\ \theta)\right]$，那么 $\hat{\tau}$ 到达 Cramer-Rao 下界当且仅当 $\exists\,\alpha:\ \Theta \to \boldsymbol{R}$，使得

$$\hat{\tau} - \tau(\theta) = \hat{\tau}_n(X^n) - \tau(\theta) = \alpha(\theta)\frac{\partial}{\partial\theta}\ln\hat{L}(\theta|X^n)$$

9. Lehmann-Scheffe 定理，Casella 等（2024）定理 7.5.1

设 $\theta \in \Theta$ 是参数，定义 $\Gamma = \{\hat{\tau}:\ \boldsymbol{R}^n \to \boldsymbol{R}|E_\theta\hat{\tau}(X^n) = \tau(\theta)\}$ 是参数 $\tau(\theta)$ 的一类无偏估计量的集合。设 $\hat{\theta}$ 是 θ 的完备充分统计量，若 $\hat{\tau} = \phi(\hat{\theta}) \in \Gamma$，则 $\hat{\tau}$ 是 $\tau(\theta)$ 的最优无偏估计。

习题解答

习题 8.1

假设有服从 PMF $f(x,\ \theta)$ 分布的离散随机变量 X 的一个观测值，其中 $\theta \in \Theta = 1,\ 2,\ 3$。求 θ 的 MLE。

x	$f(x,\ 1)$	$f(x,\ 2)$	$f(x,\ 3)$
0	1/3	1/4	0
1	1/3	1/4	0
2	0	1/4	1/4
3	1/6	1/4	1/2
4	1/6	0	1/4

解答：

根据定义，我们知道在这种情况下，MLE 的计算公式为

$$\hat{\theta}_{\text{MLE}} = \hat{\theta}(X) = \arg\max_{\theta\in\Theta} \hat{L}(\theta|X) = \arg\max_{\theta\in\Theta} f(x, \theta)$$

对于 X 的每个取值 x，在下面列出相应的 MLE：

x	0	1	2	3	4
$\hat{\theta}_{\text{MLE}}$	1	1	2 或 3	3	3

习题 8.2

设 X^n 为 IID 随机样本，总体分布来自如下两个 PDF 其中之一。若 $\theta = 0$，则

$$f(x, \theta) = \begin{cases} 1, & 0 < x < 1 \\ 0, & \text{其他} \end{cases}$$

若 $\theta = 1$，则

$$f(x, \theta) = \begin{cases} \dfrac{1}{2\sqrt{x}}, & 0 < x < 1 \\ 0, & \text{其他} \end{cases}$$

求 θ 的 MLE。

解答：

首先分别写出 $\theta = 0$ 和 $\theta = 1$ 时的极大似然函数取值。对于 $\theta = 0$，有

$$\hat{L}(0|X^n) = \prod_{i=1}^{n} \mathbf{1}(0 < X_i < 1)$$

对于 $\theta = 1$，有

$$\hat{L}(1|X^n) = 2^{-n} \prod_{i=1}^{n} X_i^{-1/2} \mathbf{1}(0 < X_i < 1)$$

由于 $\hat{\theta}_{\text{MLE}} = \arg\max_{\theta} \hat{L}(\theta|X^n)$，得到 θ 的 MLE 为

$$\hat{\theta}_{\text{MLE}} = \begin{cases} 0, & \prod_{i=1}^{n} X_i > 2^{-2n} \\ 1, & \prod_{i=1}^{n} X_i < 2^{-2n} \\ 0 \text{ 或 } 1, & \prod_{i=1}^{n} X_i = 2^{-2n} \end{cases}$$

习题 8.3

假设一个观测值 X 来自 $N(0,\ \sigma^2)$ 总体。

（1）求 σ^2 的无偏估计量；

（2）求 σ 的 MLE；

（3）讨论如何求 σ 的矩估计量。

解答：

（1）由于 $E(X^2)=\mathrm{var}(X)+\mu^2=\sigma^2$，因此可以得出 X^2 是 σ^2 的无偏估计量。

（2）σ^2 的似然函数为

$$\hat{L}(\sigma^2|X)=\frac{1}{\sqrt{2\pi\sigma^2}}\exp\left\{-\frac{1}{2\sigma^2}X^2\right\}$$

因而对数似然函数为

$$\ln\hat{L}(\sigma^2|X)=-\frac{1}{2}\ln 2\pi-\frac{1}{2}\ln\sigma^2-\frac{X^2}{2\sigma^2}$$

由 FOC 条件得

$$\frac{\mathrm{d}\ln\hat{L}(\sigma^2|X)}{\mathrm{d}\sigma^2}=-\frac{1}{2\sigma^2}+\frac{X^2}{2\sigma^4}\bigg|_{\sigma^2=\hat{\sigma}^2}=0$$

解得估计量为

$$\hat{\sigma}^2=X^2$$

对于所有 $\sigma^2<X^2$，记分函数大于 0，这意味着对数似然函数单调递增；对于所有 $\sigma^2>X^2$，记分函数小于 0，这意味着对数似然函数单调递减。因此，$\hat{\sigma}^2=X^2$ 是对数似然函数的全局最大解。故 $\hat{\sigma}^2_{\mathrm{MLE}}=X^2$，以及

$$\hat{\sigma}_{\mathrm{MLE}}=\sqrt{X^2}=|X|$$

（3）由于一阶矩 $E(X)=0$ 已经给出，我们只需要考虑二阶矩 $\sigma^2=X^2$。因此，

$$\hat{\sigma}_{MME}=|X|$$

习题 8.4

假设随机变量 $\{Y_1,\ \cdots,\ Y_n\}$ 满足

$$Y_i=\beta x_i+\varepsilon_i,\qquad i=1,\ \cdots,\ n$$

其中 x_1，$\cdots$，x_n 为非随机常数，而 $\{\varepsilon_i\}$ 是来自 $N(0,\ \sigma^2)$ 分布的 IID 序列，其中 σ^2 未知。

（1）求 $(\beta,\ \sigma^2)$ 的二维充分统计量；

（2）求 β 的 MLE，并证明其为 β 的无偏估计量；

（3）求 β 的 MLE 的分布。

解答：

（1）由于 $\{\varepsilon_i\}$ 是一个来自 $N(0,\ \sigma^2)$ 分布的 IID 序列，则 $\{Y_i\}$ 也是一个独立随机变量序列，且 $Y_i \sim N(\beta x_i,\ \sigma^2)$。则 $\theta = (\beta,\ \sigma^2)$ 的似然函数为

$$\hat{L}(\theta|Y^n) = \prod_i^n \frac{1}{\sqrt{2\pi\sigma^2}} \exp\left[-\frac{1}{2\sigma^2}(Y_i - \beta x_i)^2\right]$$
$$= (2\pi\sigma^2)^{-n/2} \exp\left(-\frac{\beta^2 \sum_i x_i^2}{2\sigma^2}\right) \exp\left(-\frac{1}{2\sigma^2}\sum_i Y_i^2 + \frac{\beta}{\sigma^2}\sum_i x_i Y_i\right)$$

由因子分解定理可得，$\left(\sum_i Y_i^2,\ \sum_i x_i Y_i\right)$ 是 $(\beta,\ \sigma^2)$ 的二维充分统计量。

（2）由（1）得 $\theta = (\beta,\ \sigma^2)$ 的对数似然函数为

$$\ln \hat{L}(\beta,\ \sigma^2|Y^n) = -\frac{n}{2}\ln(2\pi) - \frac{n}{2}\ln\sigma^2 - \frac{1}{2\sigma^2}\sum_i Y_i^2 + \frac{\beta}{\sigma^2}\sum_i x_i Y_i - \frac{\beta^2}{2\sigma^2}\sum_i x_i^2$$

由 FOC 条件得

$$\frac{\partial \ln \hat{L}}{\partial \beta} = \frac{1}{\hat{\sigma}^2}\sum_i x_i Y_i - \frac{\hat{\beta}}{\hat{\sigma}^2}\sum_i x_i^2 = 0$$

从而有

$$\hat{\beta} = \frac{\sum_{i=1}^n x_i Y_i}{\sum_{i=1}^n x_i^2}$$

由 SOC 条件得

$$\frac{\partial^2 \ln \hat{L}}{\partial \beta^2} = -\frac{1}{\sigma^2}\sum_i x_i^2 < 0$$

因此，$\hat{\beta}_{\mathrm{MLE}} = \left(\sum_i x_i^2\right)^{-1} \sum_{i=1}^n x_i Y_i$ 为全局最大解，即 MLE。

因为

$$E(\hat{\beta})=\frac{\sum_{i}^{n}x_iE(Y_i)}{\sum_{i}^{n}x_i^2}=\frac{\sum_{i}^{n}x_i\cdot\beta x_i}{\sum_{i}^{n}x_i^2}=\beta$$

所以 $\hat{\beta}_{\text{MLE}}$ 为 β 的无偏估计量。

（3）由于 $\sum_{i}^{n}x_i^2$ 是非随机的，并且 Y_i 服从独立正态分布，因此 $\hat{\beta}_{\text{MLE}}$ 服从均值为 β 的正态分布，并且

$$\text{var}(\hat{\beta})=\text{var}\left(\frac{\sum_{i}^{n}x_iY_i}{\sum_{i}^{n}x_i^2}\right)=\frac{1}{\left(\sum_{i}x_i^2\right)^2}\sum_{i}x_i^2\text{var}(Y_i)=\frac{\sigma^2}{\left(\sum_{i}x_i^2\right)^2}\sum_{i}x_i^2=\frac{\sigma^2}{\sum_{i}x_i^2}$$

因此，

$$\hat{\beta}_{\text{MLE}}\sim N\left(\beta,\ \frac{\sigma^2}{\sum_{i}x_i^2}\right)$$

习题 8.5

假设《概率论与统计学》教材第三节的假设 8.1～8.6 成立，但是密度模型 $f(x,\theta)$ 可能不是对未知总体 PDF $f_X(x)$ 的正确设定，即对所有实数 x，不存在 $\theta\in\Theta$ 使得 $f_X(x)=f(x,\theta)$。

$$\text{MLE }\hat{\theta}=\arg\max_{\theta\in\Theta}\ln\hat{L}(\theta|X^n)\text{ 称为QMLE}$$

（1）证明当 $n\to+\infty$ 时，几乎处处有 $\hat{\theta}\to\theta_0$，并给出推理过程；

（2）对 $\sqrt{n}\left(\hat{\theta}-\theta_0\right)$ 渐近分布求导，并与定理 8.5 的结论进行比较。

解答：

证明可见 White（1982）。

（1）不失一般性，假设 θ 是 p 维向量，只需将假设 8.1～8.6 中相应的导数修改为对向量求导即可。[①] 在此题中，由于密度模型 $f(x,\theta)$ 可能不是对未知总体 PDF $f_X(x)$

① 假设 8.1～8.6 可见章节概要极大似然估计的性质（1）①～⑥。

的正确设定，因此假设 8.2（2）不再成立。可以使用极值估计引理证明 $\hat{\theta} \xrightarrow{\text{a.s.}} \theta_0$。极值估计引理可见章节概要。

令 $Q(\theta) = E\left[\ln f(X_i,\ \theta)\right]$ 和 $\hat{Q}_n(\theta) = \dfrac{1}{n}\sum_{i=1}^{n} \ln f(x_i,\ \theta)$。由假设 8.3、假设 8.4 和假设 8.2（3）可知，要使用极值估计量引理，只需证明：（1）$Q(\theta)$ 是 $\theta \in \Theta$ 的非随机连续实值函数；（2）$\lim\limits_{n\to+\infty} \sup\limits_{\theta\in\Theta} \left|\hat{Q}_n(\theta) - Q(\theta)\right| = 0$ 的概率为 1。要验证这两个条件，需要使用一致强大数定律 (USLLN)，见第七章章节概要 12。

此题有 $g(x,\ \theta) = \ln f(x,\ \theta)$，由假设 8.1 和假设 8.2（3）可知，一致强大数定律的条件满足。因此，极值估计量引理的所有条件满足。则随着 $n \to +\infty$，几乎处处有 $\hat{\theta} \to \theta_0$。

（2）当假设 8.2（2）不再成立时，我们将求出 θ 的渐近分布。

因随着 $n \to +\infty$，几乎处处有 $\hat{\theta} \to \theta_0$，且 θ_0 是参数空间 Θ 的内点，因此当 n 充分大时，$\hat{\theta}$ 也是 Θ 内点的概率为 1。故一阶条件为

$$\left.\frac{\mathrm{d}\ln \hat{L}_n(\theta|X^n)}{\mathrm{d}\theta}\right|_{\theta=\hat{\theta}_n} = \frac{\mathrm{d}}{\mathrm{d}\theta}\sum_{i=1}^{n} \ln f(X_i,\ \hat{\theta}_n) = \frac{1}{n}\sum_{i=1}^{n} \frac{\partial \ln f(X_i,\ \hat{\theta}_n)}{\partial\theta} = 0$$

由拉格朗日中值定理，

$$\frac{1}{n}\sum_{i=1}^{n} \frac{\partial \ln f\,(X_i,\ \theta_0)}{\partial\theta} + \left[\frac{1}{n}\sum_{i=1}^{n} \frac{\partial^2 \ln f(X_i,\ \bar{\theta}_n)}{\partial\theta\partial\theta'}\right](\hat{\theta}_n - \theta_0) = 0 \tag{8.1}$$

其中 $\bar{\theta}_n$ 位于 $\hat{\theta}_n$ 和 θ_0 之间，即存在某个 $\lambda \in (0,\ 1)$，有 $\bar{\theta}_n = \lambda\hat{\theta}_n + (1-\lambda)\theta_0$。当 $n \to +\infty$ 时，

$$\left|\bar{\theta}_n - \theta_0\right| = \left|\lambda\left(\hat{\theta}_n - \theta_0\right)\right| \leqslant \left|\hat{\theta}_n - \theta_0\right| \xrightarrow{\text{p}} 0$$

定义样本 Hessian 函数：

$$\hat{H}(\theta) = \frac{1}{n}\sum_{i=1}^{n} \frac{\partial^2 \ln f\,(X_i,\ \theta)}{\partial\theta\partial\theta'}$$

则随着 $n \to \infty$，$\hat{H}(\bar{\theta}_n)$ 以概率趋于 1 可逆。因此，由方程 (8.1) 可得

$$\sqrt{n}(\hat{\theta}_n - \theta_0) = \left[-\hat{H}(\bar{\theta}_n)\right]^{-1}\frac{1}{\sqrt{n}}\sum_{i=1}^{n} \frac{\partial \ln f(X_i,\ \theta_0)}{\partial\theta}$$

首先，定义记分函数为

$$S_i(\theta) = \frac{\partial \ln f\,(X_i,\ \theta)}{\partial\theta}, \quad i = 1,\ \cdots,\ n$$

在随机样本 X^n 为 IID 的假设下，$\{S_i(\theta_0)\}_{i=1}^n$ 也是 IID 序列。由假设 8.4～8.6，可以得到

$$E\left[S_i(\theta_0)\right]=E\left[\frac{\partial \ln f(X_i,\ \theta)}{\partial \theta}\right]\Bigg|_{\theta=\theta_0}=\frac{\partial E\left[\ln f(X_i,\ \theta)\right]}{\partial \theta}\Bigg|_{\theta=\theta_0}=0$$

当 θ_0 是参数空间 Θ 的内点，实际上是 $\max_{\theta\in\Theta} E\left[\ln f(X_i,\ \theta)\right]$ 的一阶条件。

此外，给定 $E\left[S_i(\theta_0)\right]=0$，由假设 8.6（1）可得方差

$$\operatorname{var}\left[S_i(\theta_0)\right]=E\left[S_i(\theta_0)^2\right]=E\left[\frac{\partial \ln f(X_i,\ \theta_0)}{\partial \theta}\frac{\partial \ln f(X_i,\ \theta_0)}{\partial \theta'}\right]=I(\theta_0)<\infty$$

则随着 $n\to+\infty$，由中心极限定理可得

$$\frac{1}{\sqrt{n}}\sum_{i=1}^{n}\frac{\partial \ln f(X_i,\ \theta_0)}{\partial \theta}=\frac{1}{\sqrt{n}}\sum_{i=1}^{n}S(X_i,\ \theta_0)\xrightarrow{\mathrm{d}}N\left[0,\ I(\theta_0)\right]$$

接下来要证明随着 $n\to+\infty$，$\hat{H}(\bar{\theta}_n)\to H(\theta_0)$ 的概率为 1，其中 $H(\theta)=E\left[\frac{\partial^2 \ln f(X_i,\ \theta)}{\partial \theta^2}\right]$。作分解：

$$\hat{H}(\bar{\theta}_n)-H(\theta_0)=\left[\hat{H}(\bar{\theta}_n)-H(\bar{\theta}_n)\right]+\left[H(\bar{\theta}_n)-H(\theta_0)\right]$$

对于第二项，由《概率论与统计学》教材引理 7.7（几乎处处连续性定理），几乎处处有 $\bar{\theta}\to\theta_0$，以及 $H(\theta)=E\left[\frac{\partial^2}{\partial\theta\partial\theta'}\ln f(X_i,\ \theta)\right]$ 为 θ 的连续函数（给定假设 8.6），有

$$H\left(\bar{\theta}_n\right)-H\left(\theta_0\right)\xrightarrow{\text{a.s.}}0$$

对于第一项，随着 $n\to+\infty$，由 USLLN 可得

$$\begin{aligned}\left|\hat{H}\left(\bar{\theta}_n\right)-\bar{H}\left(\bar{\theta}_n\right)\right|&=\left|\frac{1}{n}\sum_{i=1}^{n}\frac{\partial^2 \ln f\left(X_i,\ \bar{\theta}_n\right)}{\partial \theta^2}-\left\{E\left[\frac{\partial^2 \ln f(X_i,\ \theta)}{\partial \theta^2}\right]\right\}_{\theta=\bar{\theta}_n}\right|\\&\leqslant\sup_{\theta\in\Theta}\left|\frac{1}{n}\sum_{i=1}^{n}\frac{\partial^2 \ln f(X_i,\ \theta)}{\partial \theta^2}-E\left[\frac{\partial^2 \ln f(X_i,\ \theta)}{\partial \theta^2}\right]\right|\xrightarrow{\text{a.s.}}0\end{aligned}$$

由上述三式，有 $\hat{H}\left(\bar{\theta}_n\right)-H(\theta_0)\xrightarrow{\text{a.s.}}0$。因为 $H(\theta)$ 是连续函数而且在 θ_0 处可逆，所以

$$\hat{H}(\bar{\theta}_n)^{-1}\xrightarrow{\text{a.s.}}H(\theta_0)^{-1}$$

综上，随着 $n\to+\infty$，由 Slutsky 定理可得

$$\sqrt{n}(\hat{\theta}_n - \theta_0) = \left[-\hat{H}(\bar{\theta}_n) \right]^{-1} \frac{1}{\sqrt{n}} \sum_{i=1}^{n} S(X_i, \theta_0)$$

$$\xrightarrow{d} N\left[0, H(\theta_0)^{-1} I(\theta_0) H(\theta_0)^{-1}\right]$$

而由《概率论与统计学》教材定理 8.5，

$$\sqrt{n}(\hat{\theta} - \theta_0) \xrightarrow{d} N\left[0, -H(\theta_0)^{-1}\right]$$

此处之所以存在差异，是因为当密度模型 $f(x, \theta)$ 可能不是对未知总体 PDF $f_X(x)$ 的正确设定时，信息矩阵等式 $H(\theta_0) + I(\theta_0) = 0$ 不再成立。

习题 8.6

令 X^n 为 IID Bernoulli(p) 随机样本。证明：

（1）$\overline{X}_n$ 是未知参数 p 的 MLE；

（2）$\overline{X}_n$ 的方差达到 Cramer-Rao 下界，因而 $\overline{X}_n$ 是参数 p 的最优无偏估计量。

证明：

（1）由于 $X^n \overset{\text{IID}}{\sim}$ Bernoulli(p)，X_i 的 PMF 为

$$f_{X_i}(x_i) = p^{x_i}(1-p)^{1-x_i}, \quad i = 1, 2, \cdots, n$$

因而对数似然函数为

$$\ln \hat{L}(p|X^n) = \sum_{i=1}^{n} X_i \ln p + (n - \sum_{i=1}^{n} X_i) \ln(1-p)$$

由 FOC 条件得

$$\frac{\partial \ln \hat{L}(\hat{p}|X^n)}{\partial p} = \frac{\sum_{i=1}^{n} X_i}{\hat{p}} - \frac{n - \sum_{i=1}^{n} X_i}{1 - \hat{p}} = 0$$

解得

$$\hat{p} = \frac{\sum_{i=1}^{n} X_i}{n} = \overline{X}_n$$

由 SOC 条件得

$$\frac{\partial^2 \ln \hat{L}(p|X^n)}{\partial p^2} = -\frac{\sum_{i=1}^{n} X_i}{p^2} - \frac{n - \sum_{i=1}^{n} X_i}{(1-p)^2} < 0$$

因此，$\hat{p} = \overline{X}_n$ 为全局最大解，$\overline{X}_n$ 是未知参数 p 的 MLE 得证。

（2）由（1），

$$\begin{aligned}\frac{\partial \ln \hat{L}(p|X^n)}{\partial p} &= p^{-1}\sum_{i=1}^{n} X_i - (1-p)^{-1}\left(n - \sum_{i=1}^{n} X_i\right) \\ &= \frac{(1-p)\sum_{i=1}^{n} X_i - p\left(n - \sum_{i=1}^{n} X_i\right)}{p(1-p)} \\ &= \frac{\sum_{i=1}^{n} X_i - np}{p(1-p)} = \frac{n}{p(1-p)}(\overline{X}_n - p)\end{aligned}$$

上式得出

$$\overline{X}_n - p = \frac{p(1-p)}{n} \cdot \frac{\partial \ln \hat{L}(p|X^n)}{\partial p}$$

其中 $\frac{p(1-p)}{n}$ 与样本无关。因为 $E\overline{X}_n = p$，即 $\overline{X}_n$ 是 p 的无偏估计量，所以根据定理 8.12，估计量 $\overline{X}_n$ 达到 Cramer-Rao 下界。因此，$\overline{X}_n$ 是参数 p 的最优无偏估计量。

习题 8.7

令 $\hat{\theta}_1$，…，$\hat{\theta}_k$ 是参数 θ 的 k 个无偏估计量。$\mathrm{var}(\hat{\theta}_i) = \sigma_i^2$，且若 $i \neq j$，有 $\mathrm{cov}(\hat{\theta}_i, \hat{\theta}_j) = 0$，其中 i，$j = 1$，…，k。

（1）证明：在所有线性组合型 $\sum_{i=1}^{k} a_i\hat{\theta}_i$ 的估计量中，其中 a_i 为常数，且 $E\left(\sum_{i=1}^{k} a_i\hat{\theta}_i\right) = \theta$，估计量 $\hat{\theta}^* = \frac{\sum_{i=1}^{k} \hat{\theta}_i/\sigma_i^2}{\sum_{i=1}^{k} 1/\sigma_i^2}$ 有最小方差；

（2）证明：$\mathrm{var}(\hat{\theta}^*) = \frac{1}{\sum_{i=1}^{k} 1/\sigma_i^2}$。

证明：

（1）由于 $\hat{\theta}_i$ 互不相关，我们需要求解以下最小化问题：

$$\min_{a_1, a_2, \cdots, a_k} \mathrm{var}\left(\sum_{i=1}^{k} a_i\hat{\theta}_i\right) = \sum_{i=1}^{k} a_i^2\sigma_i^2 \quad \text{s.t. } E\left(\sum_{i=1}^{k} a_i\hat{\theta}_i\right) = \theta$$

又由 $\hat{\theta}_i$ 的无偏性可得

$$E\left(\sum_{i=1}^{k} a_i\hat{\theta}_i\right) = \theta \Leftrightarrow \sum_{i=1}^{k} a_i = 1$$

因此，最小化问题转化为

$$\min_{a_1,\ a_2,\ \cdots,\ a_k} \sum_{i=1}^{k} a_i^2\sigma_i^2 \text{ s.t. } \sum_{i=1}^{k} a_i = 1$$

定义拉格朗日函数：

$$\mathcal{L} = \sum_{i=1}^{k} a_i^2\sigma_i^2 + \lambda(1 - \sum_{i=1}^{k} a_i)$$

由 FOC 条件解得 $2\sigma_i^2 a_i^* = \lambda^*$ 和 $\sum_{i=1}^{k} a_i = 1$。将 $a_i^* = \dfrac{\lambda^*}{2\sigma_i^2}$ 代入 $\sum_{i=1}^{k} a_i = 1$ 可得

$$\lambda^* = \frac{2}{\sum_{i=1}^{k} \sigma_i^{-2}}, \quad a_i^* = \frac{\sigma_i^{-2}}{\sum_{i=1}^{k} \sigma_i^{-2}}$$

因为 $\sum_{i=1}^{k} a_i^2\sigma_i^2$ 是关于 a_i 的凸函数，所以 a_i^* 是全局最小解。因此，$\hat{\theta}^* = \dfrac{\sum_{i=1}^{k} \hat{\theta}_i/\sigma_i^2}{\sum_{i=1}^{k} 1/\sigma_i^2}$ 达到最小方差。

（2）

$$\text{var}(\hat{\theta}^*) = \sum_{i=1}^{k} a_i^{*2}\sigma_i^2 = \sum_{i=1}^{k} \frac{\left(1/\sigma_i^2\right)^2 \sigma_i^2}{\left(\sum_{i=1}^{k} 1/\sigma_i^2\right)^2} = \frac{1}{\sum_{i=1}^{k} 1/\sigma_i^2}$$

证毕。

习题 8.8

令 X^n 为来自正态总体分布 $N(\mu,\ \sigma^2)$ 的 IID 随机样本，其中 σ^2 已知。证明：

（1）$\overline{X}_n$ 是 μ 的 MLE；

（2）$\overline{X}_n$ 达到 Cramer-Rao 下界，因而是 μ 的最优无偏估计量。

证明：

（1）由于 $X^n \overset{\text{IID}}{\sim} N(\mu, \sigma^2)$，$X_i$ 的 PDF 为

$$f_{X_i}(x_i) = \frac{1}{\sqrt{2\pi}\sigma}\exp\left\{-\frac{(X_i-\mu)^2}{2\sigma^2}\right\}, \quad i=1, 2, \cdots, n$$

因而对数似然函数为

$$\ln \hat{L}(\mu|X^n) = -n\ln(\sqrt{2\pi}\sigma) - \frac{\sum_{i=1}^{n}(X_i-\mu)^2}{2\sigma^2}$$

由 FOC 条件得

$$\frac{\partial \ln \hat{L}(\mu|X^n)}{\partial \mu} = \frac{\sum_{i=1}^{n}(X_i-\mu)}{\sigma^2} = 0$$

解得 $\hat{\mu} = \overline{X}_n$。由 SOC 条件得

$$\frac{\partial^2 \ln \hat{L}(\mu|X^n)}{\partial \mu^2} = -\frac{n}{\sigma^2} < 0$$

因此，$\hat{\mu} = \overline{X}_n$ 为全局最大解，$\overline{X}_n$ 是未知参数 μ 的 MLE 得证。

（2）首先，$\hat{\mu} = \overline{X}_n$ 是 μ 的无偏估计量。注意到 $\frac{\partial \ln \hat{L}(\mu|X^n)}{\partial \mu}$ 可以写成如下形式：

$$\frac{\partial \ln \hat{L}(\mu|X^n)}{\partial \mu} = \frac{\sum_{i=1}^{n}(X_i-\mu)}{\sigma^2} = \frac{\sum_{i=1}^{n}X_i - n\mu}{\sigma^2} = \frac{n}{\sigma^2}(\overline{X}_n - \mu)$$

上式得出

$$\overline{X}_n - \mu = \frac{\sigma^2}{n}\frac{\partial \ln \hat{L}(\mu|X^n)}{\partial \mu}$$

其中 $\frac{\sigma^2}{n}$ 与样本无关。由定理 8.12 可得估计量 $\overline{X}_n$ 达到 Cramer-Rao 下界，因而 $\overline{X}_n$ 是参数 μ 的最优无偏估计量。

习题 8.9

令 X^n 为来自正态总体分布 $N(\theta, 1)$ 的 IID 随机样本，估计量 $\hat{\theta} = \overline{X}_n^2 - (1/n)$ 是 θ^2 的最优无偏估计量，计算方差并证明其大于 Cramer-Rao 下界。

提示：可用 χ^2 的性质计算 $\overline{X}_n^2 - (1/n)$ 的方差。

解答：

首先验证 $\hat{\theta}$ 是 θ^2 的最优无偏估计。注意到 $\overline{X}_n \sim N\left(\theta, \dfrac{1}{n}\right)$ 是 θ 的充分完备统计量，首先验证 $\hat{\theta}$ 无偏：

$$E\hat{\theta} = E\overline{X}_n^2 - \frac{1}{n} = (E\overline{X}_n)^2 + \mathrm{var}\overline{X}_n - \frac{1}{n} = \theta^2$$

根据 Lehmann-Sheffe 定理，我们知道 $\hat{\theta}$ 是 θ^2 的最优无偏估计。下面计算 $\mathrm{var}\hat{\theta}$。

记 $Y = \dfrac{\overline{X}_n - \theta}{1/\sqrt{n}}$，则 $Y \sim N(0, 1)$ 并且 $Y^2 \sim \chi_1^2$。下面计算 $\hat{\theta}$ 的方差。因为 $Y^2 \sim \chi_1^2$，所以 $\mathrm{var}Y^2 = 2$。因此，

$$\begin{aligned}\mathrm{var}(\hat{\theta}) &= \mathrm{var}\left(\overline{X}_n^2 - \frac{1}{n}\right) = \mathrm{var}\left[\left(\frac{\overline{X}_n - \theta + \theta}{1/\sqrt{n}} \cdot \frac{1}{\sqrt{n}}\right)^2\right] = \mathrm{var}\left\{\left[(Y + \sqrt{n}\theta)\frac{1}{\sqrt{n}}\right]^2\right\} \\ &= \mathrm{var}\left[\frac{1}{n}(Y^2 + 2\sqrt{n}\theta Y + n\theta^2)\right] = \frac{1}{n^2}\mathrm{var}Y^2 + \frac{4\theta^2}{n}\mathrm{var}Y + \frac{4\sqrt{n}\theta}{n^2}\mathrm{cov}(Y^2, Y) \\ &= \frac{2}{n^2} + \frac{4\theta^2}{n} + \frac{4\sqrt{n}\theta}{n^2}\left[E(Y^3) - E(Y)E(Y^2)\right] \overset{\triangle}{=} \frac{2}{n^2} + \frac{4\theta^2}{n}\end{aligned}$$

其中 $\triangle$ 是由标准正态分布的奇数阶矩为零这一事实得出的。

然后继续计算 Cramer-Rao 下界。由于 $E(\hat{\theta}) = \theta^2$，有 $\dfrac{\mathrm{d}E(\hat{\theta})}{\mathrm{d}\theta} = 2\theta$。因为 $X_i \overset{\mathrm{IID}}{\sim} N(\theta, 1)$，$X_i$ 的 PDF 为

$$f_{X_i}(x_i) = \frac{1}{\sqrt{2\pi}}\exp\left[-\frac{(X_i - \theta)^2}{2}\right], \quad i = 1, 2, \cdots, n$$

因而对数似然函数为

$$\ln\hat{L}(\theta|X^n) = -\frac{n}{2}\ln 2\pi - \frac{1}{2}\sum_{i=1}^{n}(X_i - \theta)^2$$

可以得到关于 θ 的一阶偏导数如下：

$$\frac{\partial \ln\hat{L}(\theta|X^n)}{\partial\theta} = \sum_{i=1}^{n} X_i - n\theta = n\overline{X}_n - n\theta = n(\overline{X}_n - E\overline{X}_n)$$

因为 $\overline{X}_n \sim N\left(\theta, \dfrac{1}{n}\right)$，所以

$$E\left[\frac{\partial \ln\hat{L}(\theta|X^n)}{\partial\theta}\right]^2 = n^2\mathrm{var}(\overline{X}_n) = n$$

则 Cramer-Rao 下界为

$$B_n(\theta) = \frac{\left[\dfrac{\mathrm{d}E(\hat{\theta})}{\mathrm{d}\theta}\right]^2}{E\left\{\left[\dfrac{\partial \ln \hat{L}(\theta|X^n)}{\partial\theta}\right]^2\right\}} = \frac{4\theta^2}{n}$$

即

$$\mathrm{var}(\hat{\theta}) = \frac{2}{n^2} + \frac{4\theta^2}{n} > \frac{4\theta^2}{n} = B_n(\theta)$$

因此，估计量 $\hat{\theta}$ 的方差大于 Cramer-Rao 下界得证。

习题 8.10

假设 X^n 为正态总体分布 $N(\mu，\sigma^2)$ 的 IID 随机样本。令 S_n^2 为样本方差，求使 cS_n 为 σ 的无偏估计量的常数值 c。

解答：

见第六章习题 6.7 解答。

习题 8.11

令 X^n 为来自正态总体分布 $N(\theta，\theta^2)$ 的 IID 随机样本，其中 $\theta > 0$。这里，$\overline{X}_n$ 和 cS_n 均为 θ 的无偏估计量，其中 $\overline{X}_n$ 和 S_n 分别为样本均值和样本方差的算术平方根，其中

$$c = \frac{\sqrt{n-1}\Gamma\left[(n-1)/2\right]}{\sqrt{2}\Gamma(n/2)}$$

（1）证明：对任意数 a，估计量 $a\overline{X}_n + (1-a)cS_n$ 是 θ 的无偏估计量；

（2）求：使估计量方差最小的 a 值。

解答：

（1）由于 $\overline{X}_n$ 和 cS_n 是 θ 的两个无偏估计量，有 $E(\overline{X}_n) = E(cS_n) = \theta$，则

$$E\left[a\overline{X}_n + (1-a)cS_n\right] = aE(\overline{X}_n) + (1-a)E(cS_n) = a\theta + (1-a)\theta = \theta$$

因此，对任意数 a，估计量 $a\overline{X}_n + (1-a)cS_n$ 是 θ 的无偏估计量得证。

（2）由于 S_n^2 是样本方差，有 $\dfrac{(n-1)S_n^2}{\theta^2} \sim \chi^2_{n-1}$，所以 $E(S_n^2) = \theta^2$。此外，有 $\mathrm{var}(\overline{X}_n) = \dfrac{\theta^2}{n}$。接下来，计算估计量 $a\overline{X}_n + (1-a)cS_n$ 的方差。由于 $X^n \overset{\text{IID}}{\sim} N(\theta，\theta^2)$，则 $\overline{X}_n$ 和 S_n

互相独立。因此，

$$\begin{aligned}\operatorname{var}\left[a\overline{X}_n+(1-a)cS_n\right] &= a^2\cdot\operatorname{var}(\overline{X}_n)+(1-a)^2\cdot\operatorname{var}(cS_n)\\ &= a^2\frac{\theta^2}{n}+(1-a)^2\left[E(c^2S_n^2)-E^2(cS_n)\right]\\ &= \frac{\theta^2}{n}a^2+(1-a)^2(c^2\theta^2-\theta^2)\\ &= \left(\frac{1}{n}+c^2-1\right)\theta^2a^2-2(c^2-1)\theta^2a+(c^2-1)\theta^2\end{aligned}$$

接下来我们将证明 $c>1$。由于函数 $y=\sqrt{x}$ 为凹函数，有 $cE(S_n)=E(cS_n)=\theta=\sqrt{\theta^2}=\sqrt{E(S_n^2)}>E(\sqrt{S_n^2})=E(S_n)$，因此 $c>1$。

由于 $\operatorname{var}\left[a\overline{X}_n+(1-a)cS_n\right]$ 是关于 a 的二次函数，且 $\left(\frac{1}{n}+c^2-1\right)\theta^2>0$，因此使估计量方差最小的 a 值为

$$\arg\min_a \operatorname{var}\left[a\overline{X}_n+(1-a)cS_n\right]=\frac{-2(c^2-1)\theta^2}{-2\left(\frac{1}{n}+c^2-1\right)\theta^2}=\frac{c^2-1}{\frac{1}{n}+c^2-1}$$

习题 8.12

假设 $\hat{\theta}_1$，$\hat{\theta}_2$ 和 $\hat{\theta}_3$ 均为 θ 的估计量且已知 $E(\hat{\theta}_1)=E(\hat{\theta}_2)=\theta, E(\hat{\theta}_3)\neq\theta, \operatorname{var}(\hat{\theta}_1)=12$，$\operatorname{var}(\hat{\theta}_2)=10$，$E(\hat{\theta}_3-\theta)^2=6$。依 MSE 准则，哪个估计量为最佳估计量？

解答：

由于

$$\text{MSE}(\hat{\theta}_1)=\operatorname{var}(\hat{\theta}_1)=12,\qquad \text{MSE}(\hat{\theta}_2)=\operatorname{var}(\hat{\theta}_2)=10,\qquad \text{MSE}(\hat{\theta}_3)=6$$

所以依 MSE 准则，估计量 $\hat{\theta}_3$ 为最佳估计量。

习题 8.13

假设 X^n 为来自某总体分布的 IID 随机样本，均值 μ 和方差 σ^2 未知。定义参数 $\theta=(\mu-2)^2$。

（1）假设 $\hat{\theta}=(\overline{X}_n-2)^2$ 为 θ 的一个估计量，其中 $\overline{X}_n$ 是样本均值。证明：$\hat{\theta}$ 并非 θ 的无偏估计量。

（2）找出 θ 的一个无偏估计量。

解答：

（1）由于

$$\begin{aligned}E(\hat{\theta}) &= E(\overline{X}_n - 2)^2 = E(\overline{X}_n - \mu + \mu - 2)^2 \\ &= E(\overline{X}_n - \mu)^2 + 2(\mu - 2)E\left(\overline{X}_n - \mu\right) + (\mu - 2)^2 \\ &= \mathrm{var}(\overline{X}_n) + (\mu - 2)^2 > (\mu - 2)^2 = \theta\end{aligned}$$

因此 $\hat{\theta}$ 并非 θ 的无偏估计量得证。

（2）由（1）可得

$$E(\hat{\theta}) = \mathrm{var}(\overline{X}_n) + \theta = \frac{\sigma^2}{n} + \theta$$

由于 $S_n^2 = \dfrac{1}{n-1}\sum_{i=1}^{n}(X_i - \overline{X}_n)^2$ 是 σ^2 的无偏估计量，因此有 $\tilde{\theta} = \hat{\theta} - \dfrac{S_n^2}{n}$ 满足

$$E(\tilde{\theta}) = E(\hat{\theta}) - E\left(\frac{S_n^2}{n}\right) = E(\hat{\theta}) - \frac{\sigma^2}{n} = \theta$$

则得到 θ 的一个无偏估计量为 $\tilde{\theta} = \hat{\theta} - \dfrac{S_n^2}{n}$。

习题 8.14

假设 X^n 是指数分布总体的 IID 随机样本，其 PDF 为

$$f_X(x) = \begin{cases} \dfrac{1}{\theta}\mathrm{e}^{-x/\theta}, & x > 0 \\ 0, & x \leqslant 0 \end{cases}$$

定义 θ 的两个估计量：$\hat{\theta}_1 = \overline{X}_n$ 与 $\hat{\theta}_2 = n \min\limits_{1\leqslant i\leqslant n}\{X_i\}$。

（1）证明：$\hat{\theta}_1$ 与 $\hat{\theta}_2$ 是 θ 的无偏估计量。请给出推理过程。

（2）就 MSE 而言，θ 的估计量 $\hat{\theta}_1$ 与 $\hat{\theta}_2$ 哪个更有效？请给出推理过程。

解答：

（1）由于

$$E(\hat{\theta}_1) = E(\overline{X}_n) = E(X) = \theta$$

所以 $\hat{\theta}_1$ 是 θ 的无偏估计量得证。

记 $F_{\hat{\theta}_2}(z)$ 为 $\hat{\theta}_2$ 的 CDF，由定义可得，当 $z > 0$ 时，有

$$F_{\hat{\theta}_2}(z)=P\left(\min_{1\leqslant i\leqslant n}X_i\leqslant\frac{z}{n}\right)=1-P\left(\min_{1\leqslant i\leqslant n}X_i>\frac{z}{n}\right)$$
$$=1-\prod_{i=1}^{n}P\left(X_i>\frac{z}{n}\right)=1-\left(\int_{\frac{z}{n}}^{+\infty}\frac{1}{\theta}\mathrm{e}^{-\frac{x}{\theta}}\mathrm{d}x\right)^n$$
$$=1-\left(\mathrm{e}^{-\frac{z}{n\theta}}\right)^n=1-\mathrm{e}^{-\frac{z}{\theta}}$$

当 $z\leqslant 0$ 时，由于 $X^n\overset{\text{IID}}{\sim}\exp(\theta)$，易得 $F_{\hat{\theta}_2}(z)=0$。因此，$\hat{\theta}_2\sim\exp(\theta)$。所以 $E(\hat{\theta}_2)=\theta$，即 $\hat{\theta}_2$ 是 θ 的无偏估计量。

（2）由于 $\hat{\theta}_1$ 和 $\hat{\theta}_2$ 都是 θ 的无偏估计量，所以 MSE 等于其方差。由（1）可得

$$\mathrm{var}(\hat{\theta}_1)=\frac{\theta^2}{n}，\ \mathrm{var}(\hat{\theta}_2)=\theta^2$$

因此，依 MSE 准则，估计量 $\hat{\theta}_1$ 更有效。

习题 8.15

令 X^n 为 IID $U[0,\ \theta]$ 随机样本，其中 θ 未知。定义 θ 的两个估计量为

$$\hat{\theta}_1=\frac{n+1}{n}\max_{1\leqslant i\leqslant n}X_i$$
$$\hat{\theta}_2=\frac{2}{n}\sum_{i=1}^{n}X_i$$

（1）证明：$P(\max\limits_{1\leqslant i\leqslant n}X_i\leqslant t)=\left[F_X(t)\right]^n$，其中 $F_X(\cdot)$ 是总体分布 $U[0,\ \theta]$ 的 CDF；

（2）计算：$E_\theta(\hat{\theta}_1)$ 和 $\mathrm{var}_\theta(\hat{\theta}_1)$；

（3）证明：$\hat{\theta}_1$ 依概率收敛于 θ；

（4）计算：$E_\theta(\hat{\theta}_2)$ 和 $\mathrm{var}_\theta(\hat{\theta}_2)$；

（5）证明：$\hat{\theta}_2$ 依概率收敛于 θ；

（6）$\hat{\theta}_1$ 和 $\hat{\theta}_2$ 哪个更有效？请解释。

解答：

（1）

$$P(\max_i X_i\leqslant t)=P(X_i\leqslant t,\ i=1,\ \cdots,\ n)=\prod_{i=1}^{n}P(X_i\leqslant t)=\left[F_X(t)\right]^n$$

（2）只需要考虑 $t\in[0,\ \theta]$ 的情况。因为 $\max\limits_i X_i$ 的累积分布函数 $F_{\max_i X_i}(t)=F_X(t)^n=\left(\frac{t}{\theta}\right)^n$，所以它的概率密度函数为 $f_{\max_i X_i}(t)=\frac{\mathrm{d}}{\mathrm{d}t}F_{\max_i X_i}(t)=\frac{nt^{n-1}}{\theta^n}$。因此，

$$E_\theta(\max_i X_i) = \int_0^\theta t \cdot \frac{nt^{n-1}}{\theta^n}\mathrm{d}t = \frac{n}{\theta^n}\int_0^\theta t^n \mathrm{d}t = \frac{n}{\theta^n}\left[\frac{t^{n+1}}{n+1}\right]\Bigg|_0^\theta = \frac{n}{n+1}\theta$$

$$E_\theta\left[(\max_i X_i)^2\right] = \int_0^\theta t^2 \frac{nt^{n-1}}{\theta^n}\mathrm{d}t = \frac{n}{n+2}\theta^2$$

所以

$$\begin{aligned}\mathrm{var}_\theta(\hat{\theta}_1) &= \frac{(n+1)^2}{n^2}\mathrm{var}_\theta(\max_i X_i) = \frac{(n+1)^2}{n^2}\{E_\theta\left[(\max_i X_i)^2\right] - E_\theta^2(\max_i X_i)\} \\ &= \frac{(n+1)^2}{n^2}\left[\frac{n}{n+2}\theta^2 - \frac{n^2}{(n+1)^2}\theta^2\right] = \left[\frac{(n+1)^2}{n(n+2)} - 1\right]\theta^2 = \frac{1}{n(n+2)}\theta^2\end{aligned}$$

（3）由（2）可得 $\hat{\theta}_1$ 无偏，因此随着 $n \to +\infty$，

$$\mathrm{MSE}(\hat{\theta}_1) = \mathrm{var}_\theta(\hat{\theta}_1) = \frac{1}{n(n+2)}\theta^2 \to 0$$

因此，由切比雪夫不等式可得 $\hat{\theta}_1 \xrightarrow{\mathrm{p}} \theta$。

（4）

$$E_\theta(\hat{\theta}_2) = \frac{2}{n}\sum_{i=1}^n E_\theta(X_i) = 2E_\theta(X_i) = 2 \cdot \frac{\theta}{2} = \theta$$

$$\begin{aligned}\mathrm{var}_\theta(\hat{\theta}_2) &= \frac{4}{n}\mathrm{var}_\theta(X_i) = \frac{4}{n}\left[E_\theta(X_i^2) - E_\theta^2(X_i)\right] \\ &= \frac{4}{n}\left(\int_0^\theta \frac{t^2}{\theta}\mathrm{d}t - \frac{\theta^2}{4}\right) = \frac{4}{n}\left(\frac{\theta^2}{3} - \frac{\theta^2}{4}\right) = \frac{1}{3n}\theta^2\end{aligned}$$

（5）由（4）可得 $\hat{\theta}_2$ 无偏，因此随着 $n \to +\infty$，

$$\mathrm{MSE}(\hat{\theta}_2) = \mathrm{var}_\theta(\hat{\theta}_2) = \frac{1}{3n}\theta^2 \to 0$$

因此，由切比雪夫不等式得 $\hat{\theta}_2 \xrightarrow{\mathrm{p}} \theta$。

（6）由（3）和（5）可得，对所有 $n \geqslant 1$，有

$$\mathrm{var}_\theta(\hat{\theta}_2) = \frac{1}{3n}\theta^2 \geqslant \frac{1}{n(n+2)}\theta^2 = \mathrm{var}_\theta(\hat{\theta}_1)$$

因此，估计量 $\hat{\theta}_1$ 更有效（除非 $n = 1$，此时两个估计量是一样的）。

习题 8.16

一个 IID 随机样本 X^n 来自均值为 μ、方差为 σ^2 的总体分布。考察 μ 的如下估计量：

$$\hat{\mu} = \frac{2}{n(n+1)}\sum_{i=1}^n iX_i$$

（1）证明：$\hat{\mu}$ 是 μ 的无偏估计量。

（2）哪个估计量更有效，$\hat{\mu}$ 或 $\overline{X}_n$？请解释。

提示：$\sum_{i=1}^{n} i = \frac{n(n+1)}{2}$ 且 $\sum_{i=1}^{n} i^2 = \frac{n(n+1)(2n+1)}{6}$

解答：

（1）

$$E(\hat{\mu}) = \frac{2}{n(n+1)} \sum_{i=1}^{n} iE(X_i) = \frac{2\mu}{n(n+1)} \sum_{i=1}^{n} i = \mu \frac{2}{n(n+1)} \frac{n(n+1)}{2} = \mu$$

因此，$\hat{\mu}$ 是 μ 的无偏估计量。

（2）由于 $\hat{\mu}$ 和 $\overline{X}_n$ 均为 μ 的无偏估计量，只需计算它们的方差，有

$$\text{MSE}(\overline{X}_n) = \text{var}(\overline{X}_n) = \frac{\sigma^2}{n}$$

和

$$\text{MSE}(\hat{\mu}) = \text{var}(\hat{\mu}) = \text{var}\left[\frac{2}{n(n+1)} \sum_{i=1}^{n} iX_i\right] = \frac{4}{n^2(n+1)^2} \sum_{i=1}^{n} i^2\sigma^2$$
$$= \sigma^2 \frac{4}{n^2(n+1)^2} \frac{n(n+1)(2n+1)}{6} = \frac{4n+2}{3n^2+3n}\sigma^2$$

由于

$$\text{MSE}(\hat{\mu}) - \text{MSE}(\overline{X}) = \frac{4n+2}{3n^2+3n}\sigma^2 - \frac{\sigma^2}{n} = \frac{n-1}{3n(n+1)}\sigma^2 \geqslant 0$$

所以依 MSE 准则，估计量 $\overline{X}_n$ 更有效（除非 $n = 1$，此时两个估计量是一样的）。

习题 8.17

假设 $X^n = (X_1, \cdots, X_n)$ 为独立随机样本，且对 $i = 1, \cdots, n$，有 $E(X_i) = \alpha i$，$\text{var}(X_i) = \sigma^2$。考察如下一类 α 的估计量：

$$\hat{\alpha} = \sum_{i=1}^{n} c_i X_i$$

其中 c_i 为某常数。

（1）证明：$\hat{\alpha}$ 是 α 的无偏估计量，当且仅当 $\sum_{i=1}^{n} ic_i = 1$。

（2）求：$\hat{\alpha}$ 的最优无偏估计量对应的 c_i 值。

解答：

（1）由于

$$E(\hat{\alpha}) = E\left(\sum_{i=1}^{n} c_i X_i\right) = \sum_{i=1}^{n} c_i E(X_i) = \sum_{i=1}^{n} c_i \alpha i = \alpha \sum_{i=1}^{n} i c_i$$

要使 $\hat{\alpha}$ 是 α 的无偏估计量，则有

$$E(\hat{\alpha}) = \alpha \sum_{i=1}^{n} i c_i = \alpha \iff \sum_{i=1}^{n} i c_i = 1$$

因此，当且仅当 $\sum_{i=1}^{n} i c_i = 1$ 时，$\hat{\alpha}$ 为 α 的无偏估计量。

（2）依照 MSE 准则，方差最小的无偏估计量就是最优无偏估计量。因此，在 $\sum_{i=1}^{n} i c_i = 1$ 的条件下最小化 $\mathrm{var}\hat{\alpha}$。由于 X^n 为 IID 随机样本，

$$\mathrm{var}(\hat{\alpha}) = \mathrm{var}\left(\sum_{i=1}^{n} c_i X_i\right) = \sum_{i=1}^{n} c_i^2 \mathrm{var}(X_i) = \sigma^2 \sum_{i=1}^{n} c_i^2$$

由柯西-施瓦茨不等式可得

$$1 = \sum_{i=1}^{n} i c_i \leqslant \left(\sum_{i=1}^{n} i^2\right)^{\frac{1}{2}} \left(\sum_{i=1}^{n} c_i^2\right)^{\frac{1}{2}} \tag{8.2}$$

因此，

$$\mathrm{var}(\hat{\alpha}) = \sigma^2 \sum_{i=1}^{n} c_i^2 \geqslant \sigma^2 \left(\sum_{i=1}^{n} i^2\right)^{-1} = \frac{6\sigma^2}{n(n+1)(2n+1)} \tag{8.3}$$

当式 (8.2) 中等号成立时，式 (8.3) 中 $\mathrm{var}(\hat{\alpha})$ 达到最小值，记 $\frac{c_i}{i} = \frac{c_j}{j} = k$。因此，当 $k\sum_{i=1}^{n} i^2 = 1$ 时，有 $k = \frac{6}{n(n+1)(2n+1)}$，此时 $\hat{\alpha}$ 的最优无偏估计量对应的 c_i 值为

$$c_i = \frac{6i}{n(n+1)(2n+1)}, \quad i = 1，2，\cdots，n$$

习题 8.18

假设 X^n 是 IID $N(0，\sigma^2)$ 随机样本。定义

$$S_n^2 = (n-1)^{-1} \sum_{i=1}^{n} (X_i - \overline{X}_n)^2$$

其中 $\overline{X}_n = n^{-1}\sum_{i=1}^{n} X_i$，且

$$\hat{\sigma}_n^2 = n^{-1}\sum_{i=1}^{n} X_i^2$$

哪个估计量更有效？请给出推理过程。

解答：

由于 $X_i \overset{\text{IID}}{\sim} N(0, \sigma^2)$，则

$$E(\hat{\sigma}_n^2) = n^{-1}\sum_{i=1}^{n} E(X_i^2) = n^{-1}\sum_{i=1}^{n}\{\text{var}(X_i) + [E(X_i)]^2\} = \text{var}(X_i) = \sigma^2$$

因此，这两个估计量均为无偏估计量。依照 MSE 准则，方差最小的无偏估计量就是最优无偏估计量。

由于 $\frac{(n-1)S_n^2}{\sigma^2} \sim \chi_{n-1}^2$，则 $\text{var}(S_n^2) = \frac{2\sigma^4}{n-1}$，只需计算 $\text{var}(\hat{\sigma}_n^2)$。由于

$$\text{var}(\hat{\sigma}_n^2) = \text{cov}\left(n^{-1}\sum X_i^2, n^{-1}\sum X_i^2\right) = n^{-1}\text{var}(X_i^2)$$

$$= n^{-1}\left[E(X_i^4) - (EX_i^2)^2\right] = n^{-1}(3\sigma^4 - \sigma^4) = \frac{2\sigma^4}{n} < \text{var}(S_n^2)$$

因此，依照 MSE 准则，估计量 $\hat{\sigma}_n^2$ 更有效。

习题 8.19

假设有 IID 随机样本 $X^{2n} = (X_1, \cdots, X_n, X_{n+1}, \cdots, X_{2n})$ 来自正态总体分布 $N(\mu, \sigma^2)$。令 S_1^2、S_2^2 以及 S^2 分别为前一半样本 $(X_1, \cdots, X_n)$、后一半样本 $(X_{n+1}, \cdots, X_{2n})$ 以及整个样本 X^{2n} 的样本方差。

（1）比较 σ^2 的 3 个估计量 S_1^2、S_2^2 和 S^2 的相对有效性。

（2）定义 $\bar{S}^2 = \frac{1}{2}(S_1^2 + S_2^2)$，$\bar{S}^2$ 和 S^2 哪个是 σ^2 的更有效估计量？

解答：

（1）由于 $E(S_1^2) = E(S_2^2) = E(S^2) = \sigma^2$，依照 MSE 准则，只需计算估计量 S_1^2、S_2^2 和 S^2 的方差。回忆 $\text{var}(\chi_n^2) = 2n$。由于 $\frac{(n-1)S_1^2}{\sigma^2} \sim \chi_{n-1}^2$、$\frac{(n-1)S_2^2}{\sigma^2} \sim \chi_{n-1}^2$ 和 $\frac{(2n-1)S^2}{\sigma^2} \sim \chi_{2n-1}^2$，有

$$\mathrm{var}(S_i^2) = \frac{\sigma^4}{(n-1)^2} \cdot \mathrm{var}\left[\frac{(n-1)S_i^2}{\sigma^2}\right] = \frac{2\sigma^4}{n-1}, \quad i = 1, 2$$

$$\mathrm{var}(S^2) = \frac{\sigma^4}{(2n-1)^2} \cdot \mathrm{var}\left[\frac{(2n-1)S^2}{\sigma^2}\right] = \frac{2\sigma^4}{2n-1}$$

可得

$$\mathrm{var}(S^2) < \mathrm{var}(S_1^2) = \mathrm{var}(S_2^2)$$

因此，依照 MSE 准则，估计量 S^2 比 S_1^2 和 S_2^2 更有效，且 S_1^2 和 S_2^2 一样有效。

（2）由于 $E(\bar{S}^2) = E(S^2) = \sigma^2$，依照 MSE 准则，只需计算估计量 $\bar{S}^2$ 和 S^2 的方差。

由于

$$\mathrm{var}(\bar{S}^2) = \mathrm{var}\left(\frac{S_1^2 + S_2^2}{2}\right) = \frac{1}{4}(\mathrm{var}S_1^2 + \mathrm{var}S_2^2) = \frac{\sigma^4}{n-1} > \frac{2\sigma^4}{2n-1} = \mathrm{var}(S^2)$$

因此，依照 MSE 准则，估计量 S^2 比 $\bar{S}^2$ 更有效。

习题 8.20

假设 S_1^2、S_2^2 和 S_3^2 分别是基于 3 个 IID 随机样本 $\{X_1, \cdots, X_{n_1}\}$、$\{Y_1, \cdots, Y_{n_2}\}$ 和 $\{Z_1, \cdots, Z_{n_3}\}$ 的样本方差，这 3 个随机样本相互独立且来自同一个正态总体分布 $N(\mu, \sigma^2)$。样本容量 n_1，n_2，n_3 给定且可有不同取值。定义 σ^2 的一类估计量如下：

$$S^2 = c_1 S_1^2 + c_2 S_2^2 + c_3 S_3^2$$

其中 c_1，c_2，c_3 是待定常数。

（1）在什么条件下，S^2 是 σ^2 的无偏估计量?

（2）在 S^2 一类估计量中，求 σ^2 的最优无偏估计量。请给出推理过程。

解答：

（1）由于

$$E(S^2) = c_1 E(S_1^2) + c_2 E(S_2^2) + c_3 E(S_3^2) = (c_1 + c_2 + c_3)\sigma^2$$

因此，只有当 $c_1 + c_2 + c_3 = 1$ 时，S^2 是 σ^2 的无偏估计量。

（2）依照 MSE 准则，最优无偏估计量是方差最小的无偏估计量。我们只需在 $\sum_{i=1}^{3} c_i = 1$ 的条件下最小化 $\mathrm{var}(S^2)$。

由于 $\frac{(n_i-1)S_i^2}{\sigma^2} \sim \chi^2_{n_i-1}$，有

$$\mathrm{var}(S_i^2) = \frac{\sigma^4}{(n_i-1)^2}\mathrm{var}\left[\frac{(n_i-1)S_2^2}{\sigma^2}\right] = \frac{\sigma^4}{(n_i-1)^2}\cdot 2(n_i-1) = \frac{2\sigma^4}{n_i-1}$$

并且，S_1^2、S_2^2、S_3^3 相互独立，有

$$\begin{aligned}\mathrm{var}(S^2) &= \mathrm{var}\left(\sum_{i=1}^{3} c_i S_i\right) = \sum_{i=1}^{3} c_i^2 \mathrm{var}(S_i^2) = 2\sigma^4 \sum_{i=1}^{3}\frac{c_i^2}{n_i-1} \\ &= 2\sigma^4\left[\sum_{i=1}^{3}\frac{c_i^2}{(n_i-1)}\right]\left[\sum_{i=1}^{3}(n_i-1)\right]\left[\sum_{i=1}^{3}(n_i-1)\right]^{-1} \\ &= \frac{2\sigma^4}{\sum_{i=1}^{3}(n_i-1)}\left[\sum_{i=1}^{3}\frac{c_i^2}{(n_i-1)}\right]\left[\sum_{i=1}^{3}(n_i-1)\right]\end{aligned}$$

由柯西–施瓦茨不等式可得

$$1 = \sum_{i=1}^{3} c_i = \sum_{i=1}^{3}\frac{c_i}{\sqrt{n_i-1}}\sqrt{n_i-1} \leqslant \left[\sum_{i=1}^{3}\frac{c_i^2}{(n_i-1)}\right]^{\frac{1}{2}}\left[\sum_{i=1}^{3}(n_i-1)\right]^{\frac{1}{2}}$$

上式等号成立当且仅当 $\frac{c_i}{\sqrt{n_i-1}} = c\sqrt{n_i-1}$，其中 c_i 为常数，$i = 1，2，3$。又因为有 $\sum_{i=1}^{3} c_i = 1$，则 c_i 的取值只能为正数。解得

$$c_i = \frac{n_i-1}{n_1+n_2+n_3-3}, \quad i = 1，2，3$$

因此，σ^2 的最优无偏估计量为

$$S^2 = \frac{(n_1-1)S_1^2+(n_2-1)S_2^2+(n_3-1)S_3^2}{n_1+n_2+n_3-3}$$

习题 8.21

假设 X^n 是联合概率分布 PMF/PDF $f_{X^n}(x^n，\theta)$ 的随机样本，$\hat{\tau} = \hat{\tau}_n(X^n)$ 是参数 $\tau(\theta)$ 的无偏估计量，其中 $f_{X^n}(x^n，\theta)$ 和 $\tau(\theta)$ 是 θ 的连续可微函数。由无偏性可知

$$\int\left[\hat{\tau}_n(x^n)-\tau(\theta)\right]f_{X^n}(x^n，\theta)\mathrm{d}x^n = 0$$

假设正则条件成立，可交换积分和微分运算顺序。通过对上述积分恒等式求导，得出 Cramer-Rao 下界。请给出推理过程。此方法可参见 Frieden（1995）。

解答：

不妨设 $\tau(\theta)$，$\theta \in \boldsymbol{R}^p$。由于 $\hat{\tau} = \hat{\tau}_n(X^n)$ 是参数 $\tau(\theta)$ 的无偏估计量，有 $E\left[\hat{\tau}_n(X^n) - \tau(\theta)\right] = 0$。由定义可得

$$\int [\hat{\tau}_n(x^n) - \tau(\theta)]\, f_{X^n}(x^n, \theta)\mathrm{d}x^n = 0 \tag{8.4}$$

式 (8.4) 两边对 θ 求导，有

$$\begin{aligned}
&-\int \frac{\partial \tau(\theta)}{\partial \theta'} f_{X^n}(x^n, \theta)\mathrm{d}x^n + \int \left[\hat{\tau}_n(x^n) - \tau(\theta)\right] \frac{\partial f_{X^n}(x^n, \theta)}{\partial \theta'}\mathrm{d}x^n \\
&= -\frac{\partial \tau(\theta)}{\partial \theta'} \int f_{X^n}(x^n, \theta)\mathrm{d}x^n + \int \left[\hat{\tau}_n(x^n) - \tau(\theta)\right] \frac{\partial \ln f_{X^n}(x^n, \theta)}{\partial \theta'} f_{X^n}(x^n, \theta)\mathrm{d}x^n \\
&= -\frac{\partial \tau(\theta)}{\partial \theta'} + E\left\{\left[\hat{\tau}_n(x^n) - \tau(\theta)\right] \frac{\partial \ln f_{X^n}(x^n, \theta)}{\partial \theta'}\right\} = 0
\end{aligned}$$

即

$$\frac{\partial \tau(\theta)}{\partial \theta'} = E\left\{\left[\hat{\tau}_n(x^n) - \tau(\theta)\right] \frac{\partial \ln f_{X^n}(x^n, \theta)}{\partial \theta'}\right\} \tag{8.5}$$

为了导出 Cramer-Rao 下界，需要使用以下不等式

$$E(\boldsymbol{X}\boldsymbol{X}') \geqslant E(\boldsymbol{X}\boldsymbol{Y}')E^{-1}(\boldsymbol{Y}\boldsymbol{Y}')E(\boldsymbol{Y}\boldsymbol{X}') \tag{8.6}$$

其中 X 和 Y 为 $p \times 1$ 维随机向量。这个不等式可以由恒等式

$$E(X - \boldsymbol{A}\boldsymbol{Y})(X - \boldsymbol{A}\boldsymbol{Y})' \geqslant 0$$

变形而来，其中 $\boldsymbol{A} = E(\boldsymbol{Y}\boldsymbol{X}')E^{-1}(\boldsymbol{Y}\boldsymbol{Y}')$

将 $\left[\hat{\tau}_n(x^n) - \tau(\theta)\right]$ 看作 X，$\dfrac{\partial \ln f_{X^n}(x^n, \theta)}{\partial \theta}$ 看作 Y，使用不等式 (8.6)，并将式 (8.5) 代入，有

$$\begin{aligned}
\mathrm{var}\hat{\tau}_n(x^n) &= E\left\{\left[\hat{\tau}_n(x^n) - \tau(\theta)\right]\left[\hat{\tau}_n(x^n) - \tau(\theta)\right]'\right\} \\
&\geqslant \frac{\partial \tau(\theta)}{\partial \theta'} E^{-1}\left[\frac{\partial \ln f_{X^n}(x^n, \theta)}{\partial \theta} \frac{\partial \ln f_{X^n}(x^n, \theta)}{\partial \theta'}\right] \frac{\partial \tau(\theta)}{\partial \theta'}
\end{aligned}$$

其中等式右边为 $\tau(\theta)$ 的无偏估计量的 Cramer-Rao 下界。

习题 8.22

假设 $X^n = (X_1, \cdots, X_n)$ 为来自如下分布的 IID 随机样本：$P(X = -1) = \dfrac{1-\theta}{2}$，$P(X = 0) = \dfrac{1}{2}$，$P(X = 1) = \dfrac{\theta}{2}$。

（1）求 θ 的 MLE，并检验其是否无偏；

（2）求 θ 的 MME 估计量；

（3）计算 θ 无偏估计量的 Cramer-Rao 下界。

解答：

（1）X_i 的 PMF 为

$$f(x_i,\ \theta)=\left(\frac{1-\theta}{2}\right)^{\mathbf{1}(x_i=-1)}\left(\frac{1}{2}\right)^{\mathbf{1}(x_i=0)}\left(\frac{\theta}{2}\right)^{\mathbf{1}(x_i=1)}$$

因而对数似然函数为

$$\ln\hat{L}(\theta|x^n)=\ln\left(\frac{1-\theta}{2}\right)\sum_{i=1}^{n}\mathbf{1}(x_i=-1)+\ln\left(\frac{1}{2}\right)\sum_{i=1}^{n}\mathbf{1}(x_i=0)+\ln\left(\frac{\theta}{2}\right)\sum_{i=1}^{n}\mathbf{1}(x_i=1)$$

由 FOC 条件得

$$\frac{\partial\ln\hat{L}(\theta|x^n)}{\partial\theta}=\frac{-1}{1-\theta}\sum_{i=1}^{n}\mathbf{1}(x_i=-1)+\frac{1}{\theta}\sum_{i=1}^{n}\mathbf{1}(x_i=1)=0$$

由 SOC 条件得

$$\frac{\partial^2\ln\hat{L}(\theta|x^n)}{\partial^2\theta}=\frac{-1}{(1-\theta)^2}\sum_{i=1}^{n}\mathbf{1}(x_i=-1)-\frac{1}{\theta^2}\sum_{i=1}^{n}\mathbf{1}(x_i=1)<0$$

因此，解得 θ 的 MLE 为

$$\hat{\theta}_{\text{MLE}}=\frac{\sum_{i=1}^{n}\mathbf{1}(x_i=1)}{\sum_{i=1}^{n}\mathbf{1}(x_i=1)+\sum_{i=1}^{n}\mathbf{1}(x_i=-1)}=\frac{\sum_{i=1}^{n}\mathbf{1}(x_i=1)}{n-\sum_{i=1}^{n}\mathbf{1}(x_i=0)}$$

为检验 θ 的 MLE 是否无偏，记 $a=\sum_{i=1}^{n}\mathbf{1}(x_i=-1)$，$b=\sum_{i=1}^{n}\mathbf{1}(X_i=0)$，$c=\sum_{i=1}^{n}\mathbf{1}(X_i=1)$，则 $\hat{\theta}_{\text{MLE}}=\dfrac{c}{a+c}=\dfrac{c}{n-b}$。

首先，计算条件方差 $E(c|b)$。当 b 固定时，有 $n-b$ 个 X_i 取值为 -1 或 1。若从这些 X_i 中随机选择一个，那么选择的 X_i 为 1 的概率是 $P(X_i=1|X_i\neq 0)=\theta$，故有 $c|b\sim\text{Binomial}(n-b,\ \theta)$，则 $E(c|b)=(n-b)\theta$。因此，由重期望律，

$$E(\hat{\theta}_{\text{MLE}})=E\left(\frac{c}{n-b}\right)=E\left[E\left(\frac{c}{n-b}\,\middle|\,b\right)\right]=E\left[\frac{(n-b)\theta}{n-b}\right]=E(\theta)=\theta$$

因此，θ 的 MLE 为无偏估计量。

（2）因为只有一个参数，所以我们只需考虑一阶矩。由于

$$E(X)=-1\times\frac{1-\theta}{2}+1\times\frac{\theta}{2}=\theta-\frac{1}{2}$$

有

$$\frac{1}{n}\sum_{i=1}^{n}X_i=\hat{\theta}_{\text{MME}}-\frac{1}{2}$$

因此，

$$\hat{\theta}_{\text{MME}}=\frac{1}{n}\sum_{i=1}^{n}X_i+\frac{1}{2}$$

该估计量是无偏的，因为

$$E(\hat{\theta}_{\text{MME}})=E(X_i)+1/2=\theta-1/2+1/2=\theta$$

（3）由定义得无偏估计量的 Cramer-Rao 下界 $B_n(\theta)$ 为

$$B_n(\theta)=\frac{1}{E_\theta\left[\dfrac{\partial\ln f_{X^n}(X^n,\ \theta)}{\partial\theta}\right]^2}$$

根据信息矩阵等式，有

$$\begin{aligned}B_n(\theta)&=\frac{1}{E_\theta\left[\dfrac{\partial\ln f_{X^n}(X^n,\ \theta)}{\partial\theta}\right]^2}=\frac{1}{-E_\theta\left[\dfrac{\partial^2\ln f_{X^n}(X^n,\ \theta)}{\partial\theta^2}\right]}\\&=\frac{1}{-E_\theta\left[\dfrac{\partial^2\sum_{i=1}^{n}\ln f_{X_i}(X_i,\ \theta)}{\partial\theta^2}\right]}=\frac{1}{-nE_\theta\left[\dfrac{\partial^2\ln f_{X_i}(X_i,\ \theta)}{\partial\theta^2}\right]}\end{aligned}$$

其中

$$\ln f_{X_i}(X_i,\ \theta)=\mathbf{1}(X_i=-1)\ln\left(\frac{1-\theta}{2}\right)+\mathbf{1}(X_i=0)\ln\left(\frac{1}{2}\right)+\mathbf{1}(X_i=1)\ln\left(\frac{\theta}{2}\right)$$

且

$$\frac{\partial^2\ln f_{X_i}(X_i,\ \theta)}{\partial^2\theta}=\frac{-1}{(1-\theta)^2}\mathbf{1}(X_i=-1)-\frac{1}{\theta^2}\mathbf{1}(X_i=1)$$

因为 $E\left[\mathbf{1}(X_i=1)\right]=P(X_i=1)=\dfrac{\theta}{2}$ 和 $E\left[1(x_i=-1)\right]=P(X_i=-1)=\dfrac{1-\theta}{2}$，所以

$$E\left[\frac{\partial^2 \ln f_{X_i}(X_i,\ \theta)}{\partial^2\theta}\right] = \frac{-1}{2(1-\theta)} - \frac{1}{2\theta} = \frac{-1}{2\theta(1-\theta)}$$

因此，θ 无偏估计量的 Cramer-Rao 下界为

$$B_n(\theta) = \frac{2\theta(1-\theta)}{n}$$

习题 8.23

令 X_1，…，X_n 为来自如下 PMF 总体分布的 IID 随机样本

$$f(x,\ \theta) = \begin{cases} \theta, & x = 1 \\ 1-\theta, & x = 0 \end{cases}$$

其中 $0 < \theta < 1$。

（1）求 θ 的 MLE 估计量 $\hat{\theta}$。

（2）$\hat{\theta}$ 是否为 θ 的最优无偏估计量？

注：

可参考练习题 8.6。

习题 8.24

令 $\theta = (\mu,\ \sigma^2)$。有如下 PDF 的随机变量 X

$$f(x,\ \theta) = \frac{1}{\sqrt{2\pi}\sigma x}\mathrm{e}^{-\frac{(\ln x-\mu)^2}{2\sigma^2}},\quad 0 < x < \infty$$

称为对数正态 LN(μ，σ^2) 随机变量，因为其对数服从 $N(\mu,\ \sigma^2)$，即 $\ln X \sim N(\mu,\ \sigma^2)$。

假设 $X^n = (X_1,\ \cdots,\ X_n)$ 为来自对数正态总体 LN(0，σ^2) 总体的 IID 随机样本。有两个关于 σ^2 的估计量：$\hat{\sigma}^2 = n^{-1}\sum_{i=1}^{n}(\ln X_i)^2$ 和 ${S_n}^2 = (n-1)^{-1}\sum_{i=1}^{n}(\ln X_i - \hat{\mu})^2$，其中 $\hat{\mu} = n^{-1}\sum_{i=1}^{n}\ln X_i$。在 MSE 准则下，哪个估计量更有效？请给出推理过程。

解答：

记 $Y_i = \ln X_i$，$i = 1,\ 2,\ \cdots,\ n$，则 $Y_i \overset{\text{IID}}{\sim} N(0,\ \sigma^2)$，因此 $\hat{\sigma}^2 = n^{-1}\sum_{i=1}^{n}Y_i^2$ 且 ${S_n}^2 = (n-1)^{-1}\sum_{i=1}^{n}(Y_i - \overline{Y})^2$，其中 $\overline{Y} = \hat{\mu}$。则此问题与 8.18 相同，$\hat{\sigma}^2$ 更有效。

习题 8.25

令 $\theta=(\mu,\ \sigma^2)$。有如下 PDF 的随机变量 X

$$f(x,\ \theta)=\frac{1}{\sqrt{2\pi}\sigma x}\mathrm{e}^{-\frac{(\ln x-\mu)^2}{2\sigma^2}},\qquad 0<x<\infty$$

称为对数正态 $\mathrm{LN}(\mu,\ \sigma^2)$ 随机变量，因为其对数服从 $N(\mu,\ \sigma^2)$，即 $\ln X\sim N(\mu,\ \sigma^2)$。

假设 $X^n=(X_1,\ \cdots,\ X_n)$ 为来自对数正态分布 $\mathrm{LN}(\mu,\ \sigma^2)$ 总体的 IID 随机样本。

（1）求 $(\mu,\ \sigma^2)$ 的极大似然估计量 (MLE)。

（2）用 $\hat{\mu}$ 表示 μ 的 MLE 估计量。$\hat{\mu}$ 是 μ 的最优无偏估计量吗?

解答:

（1）这里的估计量与正态分布 MLE 估计量的唯一区别就是用 $\ln X_i$ 代替 X_i。因此，易得

$$\hat{\mu}=\sum\ln X_i/n,\ \hat{\sigma}^2=\sum(\ln X_i-\hat{\mu})^2/n$$

（2）首先，易得 $\hat{\mu}$ 无偏且 $\mathrm{var}(\hat{\mu})=\sigma^2/n$。要计算 Cramer-Rao 下界 $B_n(\mu)=\dfrac{1}{-nH(\mu)}$，需要计算 μ 的 Hessian 矩阵。由于

$$\ln f(X,\ \theta)=-\frac{1}{2}\ln(2\pi)-\frac{1}{2}\ln\sigma^2-\ln X-\frac{(\ln X-\mu)^2}{2\sigma^2}$$

则

$$\frac{\partial\ln f(X,\ \theta)}{\partial\mu}=\frac{\ln X-\mu}{\sigma^2}$$

Hessian 矩阵为

$$H(\mu)=\frac{\partial^2\ln f(X,\ \theta)}{\partial\mu^2}=-\frac{1}{\sigma^2}$$

因此

$$B_n(\mu)=\frac{1}{-nH(\mu)}=\frac{1}{-n\left(-\dfrac{1}{\sigma^2}\right)}=\sigma^2/n$$

且 $\hat{\mu}$ 是 μ 的最优无偏估计量。

习题 8.26

假设 $X^n=(X_1,\ \cdots,\ X_n)$ 为来自泊松分布 Poisson(λ) 的 IID 随机样本，其 PMF 为

$$f_X(x)=\mathrm{e}^{-\lambda}\frac{\lambda^x}{x!},\ x=0,\ 1,\ 2,\ \cdots$$

其中参数 λ 未知。

（1）求 λ 的充分统计量。

（2）求 λ 的 MLE 估计量。

（3）λ 的 MLE 估计量是其无偏估计量吗？请给出推理过程。

解答：

（1）可见 6.22，λ 的充分统计量为：$\overline{X} = \frac{1}{n}\sum_{i=1}^{n} X_i$。

（2）依题意得对数似然函数为

$$\ln \hat{L}(\lambda|X^n) = -n\lambda - \sum_{i=1}^{n}\ln(X_i!) + \ln\lambda\sum_{i=1}^{n} X_i$$

由 FOC 条件得

$$\frac{\partial \ln \hat{L}(\lambda|X^n)}{\partial\lambda} = -n + \frac{1}{\lambda}\sum_{i=1}^{n} X_i = 0$$

解得

$$\hat{\lambda}_{\text{MLE}} = \frac{1}{n}\sum_{i=1}^{n} X_i$$

由 SOC 条件得

$$\frac{\partial^2 \ln \hat{L}(\lambda|X^n)}{\partial^2\lambda} = \frac{-1}{\lambda^2}\sum_{i=1}^{n} X_i < 0$$

因此，$\hat{\lambda}_{\text{MLE}} = \frac{1}{n}\sum_{i=1}^{n} X_i$ 为全局最大解。

（3）由于

$$\frac{\partial \ln \hat{L}(\lambda|X^n)}{\partial\lambda} = -n + \frac{1}{\lambda}\sum_{i=1}^{n} X_i = \frac{n}{\lambda}(\overline{X} - \lambda) = \frac{n}{\lambda}(\hat{\lambda}_{\text{MLE}} - \lambda)$$

$$\hat{\lambda}_{\text{MLE}} - \lambda = \frac{\lambda}{n}\frac{\partial \ln \hat{L}(\lambda|X^n)}{\partial\lambda}$$

由《概率论与统计学》教材定理 8.12 可得，$\hat{\lambda}_{\text{MLE}}$ 达到 Cramer-Rao 下界，因而 $\hat{\lambda}_{\text{MLE}} = \frac{1}{n}\sum_{i=1}^{n} X_i$ 是参数 λ 的最优无偏估计量。

习题 8.27

假设 $X^n = (X_1, \cdots, X_n)$ 为来自韦伯分布的独立同分布随机样本，其 PDF 为

$$f(x, \beta) = \begin{cases} \dfrac{\alpha}{\beta} x^{\alpha-1}\exp(-x^{\alpha}/\beta), & x > 0 \\ 0, & x \leqslant 0 \end{cases}$$

其中 $\alpha > 0$，$\beta > 0$。设 α 已知，因此 β 是唯一未知参数。

（1）求 β 的充分统计量。

（2）求 β 的极大似然估计量。

（3）在（2）中求得的 MLE 是 β 的无偏统计量吗？

（4）在（2）中求得的 MLE 达到 Cramer-Rao 下界吗？

对每一部分解答，请都给出推理过程。

解答：

（1）令 $f_{X^n}(x^n, \beta)$ 记作 X^n 的 PDF，则

$$f_{X^n}(x^n, \beta) = \left(\frac{\alpha}{\beta}\right)^n \exp\left(\sum_{i=1}^{n} -x_i^{\alpha}/\beta\right)\left(\prod_{i=1}^{n} x_i\right)^{\alpha-1} = g(x^n, \beta)h(x^n)$$

其中

$$g(x^n, \beta) = \left(\frac{\alpha}{\beta}\right)^n \exp\left(-\sum_{i=1}^{n} x_i^{\alpha}/\beta\right), \quad h(x^n) = \left(\prod_{i=1}^{n} x_i\right)^{\alpha-1}$$

由因子分解定理，β 的充分统计量为 $\sum_{i=1}^{n} X_i^{\alpha}$。

（2）对数似然函数为

$$\ln \hat{L}(\beta|X^n) = n\ln\alpha - n\ln\beta + (\alpha-1)\sum_{i=1}^{n}\ln X_i - \beta^{-1}\sum_{i=1}^{n} X_i^{\alpha}$$

由 FOC 条件得

$$\frac{\partial \ln \hat{L}(\beta)}{\partial \beta} = -\frac{n}{\beta} + \frac{1}{\beta^2}\sum_{i=1}^{n} X_i^{\alpha} = \frac{n}{\beta^2}\left(n^{-1}\sum_{i=1}^{n} X_i^{\alpha} - \beta\right) = 0 \tag{8.7}$$

解得 $\hat{\beta} = n^{-1}\sum_{i=1}^{n} X_i^{\alpha}$。又因为

$$\frac{\partial \ln \hat{L}}{\partial \beta} = \sum_{i=1}^{n} X_i^{\alpha} \left(\frac{1}{\beta} - \frac{n}{2\sum X_i^{\alpha}} \right)^2 - \frac{n^2}{4\sum X_i^{\alpha}}$$

接下来，我们说明 $\hat{\beta}$ 是一个全局最大解。事实上，可以用 t 来代替 $\frac{1}{\beta}$ 并得到两个不同的根，即 $t = 0$ 和 $t = \frac{n}{\sum X_i^{\alpha}}$。但由于 $t = 0$ 不可能实现，只能得到 $t = 1/\hat{\beta}$。因此，对任意 $\beta > \hat{\beta}$ 有 $\frac{\partial \ln \hat{L}}{\partial \beta} < 0$，对任意 $0 < \beta < \hat{\beta}$ 有 $\frac{\partial \ln \hat{L}}{\partial \beta} > 0$。因此，$\hat{\beta}$ 是一个全局最大解，是 β 的极大似然估计量。

（3）在（2）中求得的 MLE 是 β 的无偏统计量。由于

$$E(\hat{\beta}) = E\left(n^{-1} \sum_{i=1}^{n} X_i^{\alpha} \right) = E(X^{\alpha}) = \int_0^{+\infty} \frac{\alpha}{\beta} x^{2\alpha-1} \mathrm{e}^{-x^{\alpha}/\beta} \mathrm{d}x$$

$$= \int_0^{+\infty} \beta \cdot \frac{x^{\alpha}}{\beta} \cdot \mathrm{e}^{-x^{\alpha}/\beta} \mathrm{d}\frac{x^{\alpha}}{\beta} \xlongequal{t=x^{\alpha}/\beta} \beta \int_0^{+\infty} t\mathrm{e}^{-t} \mathrm{d}t = \beta$$

（4）由等式 (8.7) 有 $\hat{\beta} - \beta = \frac{\beta^2}{n} \frac{\partial \ln \hat{L}}{\partial \beta}$，由（洪永淼，2022) 定理 8.12 可得，在（2）中求得的 $\hat{\beta}$ 达到 Cramer-Rao 下界。

习题 8.28

令 $X^{n+1} = (X_1, \cdots, X_{n+1})$ 为 IID Bernoulli(p) 产生的随机样本，定义函数 $h(p)$：

$$h(p) = P\left(\sum_{i=1}^{n} X_i > X_{n+1} \right)$$

即 $h(p)$ 是前 n 个观测值之和超过第 $n+1$ 个的概率。

（1）证明

$$T(X^{n+1}) = \begin{cases} 1, & \sum_{i=1}^{n} X_i > X_{n+1} \\ 0, & \text{其他} \end{cases}$$

是 $h(p)$ 的无偏估计量。

（2）求 $h(p)$ 的最优无偏估计量。

解答：

（1）依题意得

$$E\left[T(X^{n+1})\right] = 1 \cdot P\left(\sum_{i=1}^{n} X_i > X_{n+1}\right) = h(p)$$

因此 $T(X^{n+1})$ 是 $h(p)$ 的无偏估计量。

（2）要求 $h(p)$ 的最优无偏估计量，需要先引入如下引理，这也是 Casella 等（2024）中的练习题 7.56。

引理　如果 T 是参数 θ 的完全充分统计量，且 $h(X_1, X_2, \cdots, X_n)$ 是 $\tau(\theta)$ 的任意无偏估计量，那么

$$\phi(T) = E(h(X_1, \cdots, X_n)|T)$$

是 $\tau(\theta)$ 的最优无偏估计量。

因为 $\sum_{i=1}^{n+1} X_i$ 为 p 的完全充分统计量，所以根据上述引理，$\mathrm{E}\left(T \,\middle|\, \sum_{i=1}^{n+1} X_i\right)$ 是 $h(p)$ 的最优无偏估计量。进一步明确计算该表达式，有

$$\begin{aligned}
\mathrm{E}\left(T \,\middle|\, \sum_{i=1}^{n+1} X_i = y\right) &= P\left(\sum_{i=1}^{n} X_i > X_{n+1} \,\middle|\, \sum_{i=1}^{n+1} X_i = y\right) \\
&= P\left(\sum_{i=1}^{n} X_i > X_{n+1}, \ \sum_{i=1}^{n+1} X_i = y\right)\left[P\left(\sum_{i=1}^{n+1} X_i = y\right)\right]^{-1} \\
&= P\left(\sum_{i=1}^{n} X_i > X_{n+1}, \ \sum_{i=1}^{n+1} X_i = y\right)\left[\binom{n+1}{y} p^y (1-p)^{n+1-y}\right]^{-1} \\
&= P_A \left[\binom{n+1}{y} p^y (1-p)^{n+1-y}\right]^{-1}
\end{aligned}$$

若 $y = 0$，有

$$P_A = P\left(\sum_{i=1}^{n} X_i > X_{n+1}, \ \sum_{i=1}^{n+1} X_i = 0\right) = 0$$

若 $y > 0$，有

$$P_A = P\left(\sum_{i=1}^{n} X_i > X_{n+1}, \ \sum_{i=1}^{n+1} X_i = y, \ X_{n+1} = 0\right) + P\left(\sum_{i=1}^{n} X_i > X_{n+1}, \ \sum_{i=1}^{n+1} X_i = y, \ X_{n+1} = 1\right)$$

$$= P\left(\sum_{i=1}^{n} X_i > 0,\ \sum_{i=1}^{n} X_i = y\right) P(X_{n+1} = 0) +$$

$$P\left(\sum_{i=1}^{n} X_i > 1,\ \sum_{i=1}^{n} X_i = y - 1\right) P(X_{n+1} = 1)$$

$$= \binom{n}{y} p^y (1-p)^{n-y} (1-p) + P_B \cdot p$$

若 $y = 1$ 或 2，有 $P_B = 0$。

若 $y > 2$，总有 $\sum_{i=1}^{n} X_i > 1 \geqslant X_{n+1}$。因此 $E\left(T \,\middle|\, \sum_{i=1}^{n+1} X_i > 2\right) = 1$。

因此，UMVUE（一致最小方差无偏估计）$E\left(T \,\middle|\, \sum_{i=1}^{n+1} X_i = y\right)$ 有如下表达式

$$E\left(T \middle| \sum_{i=1}^{n+1} X_i = y\right) = \begin{cases} 0, & y = 0 \\ \dfrac{\binom{n}{y} p^y (1-p)^{n-y}(1-p)}{\binom{n+1}{y} p^y (1-p)^{n-y+1}} = 1 - \dfrac{y}{n+1}, & y = 1 \text{ 或 } y = 2 \\ 1, & y > 2 \end{cases}$$

通过检验 $\sum_{i=1}^{n+1} X_i$ 是否为完全统计量来完成证明。记 $S = \sum_{i=1}^{n+1} X_i$，则

$$E\left[g(S)\right] = \sum_{s=1}^{n+1} g(s) \binom{n+1}{s} p^s (1-p)^{n+1-s}$$

“对于所有 p，都有 $E\left[g(S)\right] = 0$” 当且仅当 “对于所有 $s = 0, 1, \cdots, n+1$，都有 $g(s)\binom{n+1}{s} = 0$”，等价于 $P\left[g(S) = 0\right] = 1$。因此，$S$ 是完全统计量。

证毕。

习题 8.29

令 X 为来自如下 PMF 的一个观测值

$$f(x,\ \theta) = \left(\frac{\theta}{2}\right)^{|x|} (1-\theta)^{1-|x|}, \quad x = -1,\ 0,\ 1;\ 0 \leqslant \theta \leqslant 1$$

（1）求：θ 的 MLE。

（2）定义估计量 $T(X)$

$$T(X)=\begin{cases}2, & X=1\\ 0, & 其他\end{cases}$$

证明 $T(X)$ 为 θ 的无偏估计量。

（3）求较之 $T(X)$ 更好的一个估计量，并证明其更有效。

解答：

（1）X^n 的似然函数为

$$\hat{L}(\theta|X^n)=\left(\frac{\theta}{2}\right)^{\sum_{i=1}^{n}|X_i|}(1-\theta)^{n-\sum_{i=1}^{n}|X_i|}$$

因而对数似然函数为

$$\ln\hat{L}(\theta|X_n)=\sum_{i=1}^{n}|X_i|\ln\left(\frac{\theta}{2}\right)+\left(n-\sum_{i=1}^{n}|X_i|\right)\ln(1-\theta)$$

由 FOC 条件得

$$\frac{\partial\ln\hat{L}}{\partial\theta}=\sum_{i=1}^{n}|X_i|\frac{1}{\theta}-\left(n-\sum_{i=1}^{n}|X_i|\right)\frac{1}{1-\theta}=0$$

解得

$$\hat{\theta}=n^{-1}\sum_{i=1}^{n}|X_i|$$

由 SOC 条件得

$$\frac{\partial^2\ln\hat{L}}{\partial\theta^2}=-\frac{1}{\theta^2}\sum_{i=1}^{n}|X_i|-\frac{1}{(1-\theta)^2}\left(n-\sum_{i=1}^{n}|X_i|\right)$$

由于 X_i 的取值范围是 -1，0，1，所以 $|X_i|\leqslant 1$，意味着 $\sum|X_i|\leqslant n$。因此 $\frac{\partial^2\ln\hat{L}}{\partial\theta^2}<0$，也即 $\ln\hat{L}$ 是一个严格凹函数，$\hat{\theta}=n^{-1}\sum_{i=1}^{n}|X_i|$ 是对数似然函数的全局最大解，即 MLE。

（2）$T(X)$ 为 θ 的无偏估计量，因为

$$E\left[T(X)\right]=2\cdot P(X=1)+0\cdot P(X\neq 1)=2\cdot\frac{\theta}{2}=\theta$$

（3）较之 $T(X)$ 更好的一个估计量为

$$T^*(X)=\begin{cases}1, & x=\pm 1\\ 0, & \text{其他}\end{cases}$$

由于

$$E(T^*)=1\cdot P(X=1)+1\cdot P(X=-1)+0\cdot P(X=0)=\frac{\theta}{2}+\frac{\theta}{2}=\theta$$

则 $T^*(X)$ 无偏，因此可以比较 T 和 T^* 的方差。简单计算可得

$$\operatorname{var}(T)=E(T^2)-(ET)^2=4\cdot\frac{\theta}{2}-\theta^2=2\theta-\theta^2$$

$$\operatorname{var}(T^*)=E(T^{*2})-(ET^*)^2=\theta-\theta^2$$

因此，依照 MSE 准则，T^* 是比 T 更好的估计量。

习题 8.30

假设 $X^n=(X_0, X_1, X_2, \cdots, X_n)$ 是样本容量为 n 的随机观测样本。考虑如下模型：

$$X_i=\theta X_{i-1}+\varepsilon_i, \quad i=1, \cdots, n$$

其中 $\{\varepsilon_i\}_{i=1}^n \overset{\text{IID}}{\sim} N(0, \sigma_\varepsilon^2)$，$X_0\sim f_0(x)$，$\theta$ 为未知标量参数，但 X_0 的密度函数 $f_0(x)$ 已知。

在统计学上，所谓的贝叶斯学派提出了一种估计未知参数 θ 的重要方法。第一步假设参数 θ 是随机的并且服从某个先验分布。假设 θ 的先验分布为 $\mathrm{N}(0, \sigma_\theta^2)$，其中 σ_ε^2 和 σ_θ^2 均为已知常数。

（1）推导随机向量 (θ, X^n) 的联合概率密度函数 $f(\theta, X^n)$，其中 $X^n=(x_0, x_1, x_2, \cdots, x_n)$；

（2）给定样本 X^n，推导条件概率密度函数 $f(\theta|X^n)$，该函数被称作后验概率密度；

（3）贝叶斯估计量 $\hat{\theta}=\hat{\theta}_n(X^n)$ 最小化了如下平均均方误

$$\hat{\theta}=\arg\min_a\int(a-\theta)^2 f(\theta, X^n)\mathrm{d}\theta$$

求 θ 的贝叶斯估计量。

在上述每步中，请详细阐述理由。

提示：可运用乘法运算法则 $P(A\cap B)=P(A|B)P(B)$。

解答：

（1）由于 X_i 的分布只依赖于 X_{i-1} 和 ε_i，有

$$f_{\theta,\ X_0,\ X^n}(\theta,\ x^n) = f_\theta(\theta) f_0(x_0) \prod_{t=1}^{n} f_{X_t|\theta,\ X_{t-1}}(x_n|\theta,\ x_{t-1})$$

其中 $f_\theta = \dfrac{1}{\sqrt{2\pi}\sigma_\theta}\exp\left(-\dfrac{\theta^2}{2\sigma_\theta^2}\right)$。

由于 $X_i = \theta X_{i-1} + \varepsilon_i$ 且 $\{\varepsilon_i\} \overset{\text{IID}}{\sim} N(0,\ \sigma_\varepsilon^2)$，我们有 $X_i|(\theta,\ X_{i-1}) \sim N(\theta X_{i-1},\ \sigma_\varepsilon^2)$，则

$$f_{X_i|(\theta,\ X_{i-1})}(x_i|\theta,\ x_{i-1}) = \frac{1}{\sqrt{2\pi}\sigma_\varepsilon}\exp\left[-\frac{(x_i - \theta x_{i-1})^2}{2\sigma_\varepsilon^2}\right]$$

因此，

$$f(\theta,\ x^n) = \frac{f_0(x_0)}{(2\pi)^{(1+n)/2}\sigma_\theta \cdot \sigma_\varepsilon^n}\exp\left(-\frac{\theta^2}{2\sigma_\theta^2}\right)\exp\left[-\frac{\sum_{i=1}^{n}(x_i - \theta x_{i-1})^2}{2\sigma_\varepsilon^2}\right]$$

（2）X^n 的边际分布为 $f_{X^n}(x^n) = \int_{-\infty}^{+\infty} f(\theta,\ x^n)\mathrm{d}\theta$。根据条件分布的定义，$f(\theta|X^n) = \dfrac{f(\theta,\ X^n)}{f_{X^n}(X^n)}$。由于

$$\begin{aligned}
f(\theta,\ x^n) &= k_1\exp\left(-\frac{\theta^2}{2\sigma_\theta^2}\right)\exp\left[-\frac{\sum_{i=1}^{n}(x_i - \theta x_{i-1})^2}{2\sigma_\varepsilon^2}\right] \\
&= k_1\exp\left[-\frac{\theta^2}{2\sigma_\theta^2} - \frac{\sum_{i=1}^{n}(x_i - \theta x_{i-1})^2}{2\sigma_\varepsilon^2}\right] \\
&= k_1\exp\left\{-\frac{1}{2\sigma_\varepsilon^2\sigma_\theta^2}\left[\sigma_\varepsilon^2\theta^2 + \sigma_\theta^2\sum_{i=1}^{n}(x_i - \theta x_{i-1})^2\right]\right\} \\
&= k_1\exp\left\{-\frac{1}{2\sigma_\varepsilon^2\sigma_\theta^2}\left[\sigma_\varepsilon^2\theta^2 + \sigma_\theta^2\sum_{i=1}^{n}(x_{i-1}^2\theta^2 - 2x_i x_{i-1}\theta + x_i^2)\right]\right\} \\
&= k_1\exp\left\{-\frac{1}{2\sigma_\varepsilon^2\sigma_\theta^2}\left[\left(\sigma_\varepsilon^2 + \sigma_\theta^2\sum_{i=1}^{n}x_{i-1}^2\right)\theta^2 - 2\sigma_\theta^2\sum_{i=1}^{n}x_i x_{i-1}\theta + \sigma_\theta^2\sum_{i=1}^{n}x_i^2\right)\right]\right\} \\
&= k_1\exp\left\{\frac{1}{2\sigma_\varepsilon^2\sigma_\theta^2}\left[\left(\sigma_\varepsilon^2+\sigma_\theta^2\sum_{i=1}^{n}x_{i-1}^2\right)\left(\theta^2-2\frac{\sigma_\theta^2\sum_{i=1}^{n}x_i x_{i-1}}{\sigma_\varepsilon^2+\sigma_\theta^2\sum_{i=1}^{n}x_{i-1}^2}\theta\right)+\sigma_\theta^2\sum_{i=1}^{n}x_i^2\right]\right\}
\end{aligned}$$

$$= k_1 k_2 \exp\left\{-\frac{1}{2\sigma_\varepsilon^2\sigma_\theta^2}\left(\sigma_\varepsilon^2 + \sigma_\theta^2\sum_{i=1}^{n} x_{i-1}^2\right)\left[\theta - \mu_\theta(x^n)\right]^2\right\} = k_1 k_2 g(\theta)$$

其中 $k_1 = \dfrac{f_0(x_0)}{(2\pi)^{(1+n)/2}\sigma_\theta \cdot \sigma_\varepsilon^n}$，$k_2$ 包含 x_i 但是不包含 θ，$\mu_\theta(x^n) = \dfrac{\sigma_\theta^2\sum_{i=1}^{n} x_i x_{i-1}}{\sigma_\varepsilon^2 + \sigma_\theta^2\sum_{i=1}^{n} x_{i-1}^2}$，$g(\theta) \equiv \exp\left\{-\dfrac{1}{2A}\left[\theta - \mu_\theta(x^n)\right]^2\right\}$，$A \equiv \dfrac{\sigma_\varepsilon^2\sigma_\theta^2}{\sigma_\varepsilon^2 + \sigma_\theta^2\sum_{i=1}^{n} x_{i-1}^2}$。而

$$\int_{-\infty}^{+\infty} g(\theta)\mathrm{d}\theta = \sqrt{2\pi A}\int_{-\infty}^{+\infty}\frac{1}{\sqrt{2\pi A}}\exp\left\{-\frac{\left[\theta - \mu_\theta(x^n)\right]^2}{2A}\right\}\mathrm{d}\theta = \sqrt{2\pi A}$$

其中最后一个等式是利用 $\mathrm{N}\left[\mu_\theta(x^n),\ A\right]$ 的 PDF 积分为 1 的性质。因此，

$$f(\theta|X^n) = \frac{g(\theta)}{\int_{-\infty}^{+\infty} g(\theta)\mathrm{d}\theta} = \frac{1}{\sqrt{2\pi A}}\exp\left\{-\frac{1}{2A}\left[\theta - \mu_\theta(x^n)\right]^2\right\}$$

（3）依题意得，$\hat{\theta} = \arg\min_a \int (a-\theta)^2 f(\theta,\ X^n)\mathrm{d}\theta$。对 $\int (a-\theta)^2 f(\theta,\ X^n)\mathrm{d}\theta$ 求一阶导数可得

$$2\int(\hat{\theta} - \theta) f(\theta,\ X^n)\mathrm{d}\theta = 0$$

因此，

$$\hat{\theta} = \frac{\int \theta f(\theta,\ X^n)\mathrm{d}\theta}{\int f(\theta,\ X^n)\mathrm{d}\theta} = \frac{\int \theta g(\theta)\mathrm{d}\theta}{\int g(\theta)\mathrm{d}\theta}$$

由于 $g(\theta) = k_3\phi(\theta)$，其中 k_3 为常数，而 $\phi(\theta)$ 是正态分布 $\mathrm{N}\left[\mu_\theta(X^n),\ A\right]$ 的 PDF，所以

$$\hat{\theta} = \frac{\int \theta\phi(\theta)\mathrm{d}\theta}{\int \phi(\theta)\mathrm{d}\theta} = \mu_\theta(X^n) = \frac{\sigma_\theta^2\sum_{i=1}^{n} X_i X_{i-1}}{\sigma_\varepsilon^2 + \sigma_\theta^2\sum_{i=1}^{n} X_{i-1}^2}$$

第九章

假设检验

章节回顾

本章的关键词有：假设、简单假设与复合假设、假设检验、临界域或拒绝域、单边检验与双边检验、检验功效、第一类错误和第二类错误、一致最大功效检验 、检验水平和检验大小、内曼-皮尔逊引理、基于充分统计量的似然比检验、单调似然比、单调似然比与单边假设检验的一致最大功效检验、沃尔德检验 、拉格朗日乘子检验、似然比检验。

在章节回顾中，我们补充了一些新的知识：单边检验与双边检验、单调似然比、以及单调似然比与单边假设检验的一致最大功效检验。这些内容来自苏良军 (2007)。

1. 假设

假设是关于总体分布或总体分布某些特征的表述。假设检验问题中有两个互补的假设，称为原假设 (null hypothesis) 和备择假设 (alternative hypothesis)，分别用 H_0 和 H_A（有的书使用 H_1) 表示。原假设是关于总体分布或总体分布中某些特征的陈述，备择假设则是对原假设的否定。

2. 简单假设与复合假设

当且仅当假设中只有一个总体分布时，该假设称为简单假设。若假设包含了多于一个总体分布，则称为复合假设。

3. 假设检验

假设检验是一种统计决策规则，它设定了

（1）对什么样本值 X^n，决定不拒绝（也称为接受）H_0 为真；

（2）对什么样本值 X^n，拒绝 H_0 而接受 H_A 为真。

4. 临界域或拒绝域

将随机样本 X^n 的样本空间中那些拒绝 H_0 的样本点的集合 C 称为拒绝域或临界域。拒绝域的补集称为接受域，接受域通常记为 A。

5. 单边检验与双边检验

针对参数检验，根据 H_0 和 H_A 的形式，假设检验可分为单边或是双边的。单边检验通常包括

$$H_0: \theta = \theta_0 \quad 对 \quad H_A: \theta > \theta_0 (或 H_A: \theta < \theta_0)$$
$$H_0: \theta \geqslant \theta_0 \quad 对 \quad H_A: \theta < \theta_0$$
$$H_0: \theta \leqslant \theta_0 \quad 对 \quad H_A: \theta > \theta_0$$

双边检验通常指 $H_0: \theta = \theta_0$ 对 $H_1: \theta \neq \theta_0$。在这一情形下，通常双边检验的拒绝域位于抽样分布的双尾。

6. 检验功效

若 C 是检验原假设 $H_0: \theta \in \Theta_0$ 的拒绝域，则函数 $\pi(\theta) = P_\theta (X^n \in C)$ 称为拒绝原假设 H_0 的检验功效，其中 $P_\theta(\cdot)$ 是当随机样本 X^n 服从分布 $f_{X^n}(X^n, \theta)$ 时的概率测度。

7. 第一类错误和第二类错误

若 $H_0: \theta \in \Theta_0$ 成立，但观测数据 x^n 落在临界域 C 中，则犯了第一类错误。犯第一类错误的概率为

$$\alpha(\theta) \equiv P_\theta (X^n \in C|H_0)$$

若 $H_A: \theta \in \Theta_0^c$ 成立但观测数据 x^n 落在接受域 A 内，则犯了第二类错误。犯第二类错误的概率为

$$\beta(\theta) \equiv P_\theta (X^n \in A|H_A) = 1 - P_\theta (X^n \in C|H_A)$$

8. 一致最大功效检验

令 T 为一族关于 $H_0: \theta \in \Theta_0$ 和 $H_A: \theta \in \Theta_A$ 的检验的集合，且 $\pi(\theta)$ 为某一检验 $T(X^n) \in T$ 的功效函数。若对所有 $\theta \in \Theta_A$，$\pi(\theta) \geqslant \tilde{\pi}(\theta)$，其中 $\tilde{\pi}(\theta)$ 是 T 集合中任意其他检验 $G(X^n)$ 的功效函数。则检验 $T(X^n)$ 称为 T 上的一致最大功效检验。

9. 检验水平和检验大小

如果对检验统计量 $T(X^n)$，有 $P[T(X^n) > c|H_0] \leqslant \alpha$，则 α 的值是检验统计量 $T(X^n)$ 犯第一类错误的最大值，称为检验水平 (level)。若 $T(X^n)$ 的水平为 α 且 $P[T(X^n) > c|H_0] = \alpha$，则该检验称为大小 (size) 为 α 的检验。显然，一族水平为 α 的统计检验包含了大小为 α 的检验。

10. 内曼-皮尔逊引理

考虑检验一个简单的原假设 H_0：$\theta=\theta_0$ 和一个简单的备择假设 H_A：$\theta=\theta_1$，其中对应于 $\theta_i(i=0，1)$ 的随机样本 X^n 的 PMF/PDF 为 $f_{X^n}(X^n，\theta_i)$。给定某个常数 $c\geqslant 0$，定义一个检验的拒绝域 $C_n(c)$ 和接受域 $A_n(c)$ 分别为

（a）

$$C_n(c)=\left\{X^n \,\middle|\, \frac{f_{X^n}(X^n，\theta_1)}{f_{X^n}(X^n，\theta_0)}>c\right\}$$

和

$$A_n(c)=\left\{X^n \,\middle|\, \frac{f_{X^n}(X^n，\theta_1)}{f_{X^n}(X^n，\theta_0)}\leqslant c\right\},$$

且（b）

$$P\left[X^n\in C_n(c)|H_0\right]=\alpha$$

则

（1）充分性：满足上述条件（a）和（b）的任意检验是水平为 α 的一致最大功效检验。

（2）必要性：若存在一个检验，当 $c>0$ 时满足上述条件，则每个水平为 α 的一致最大功效检验均为大小 α 的检验，即满足条件（b）；且每个水平为 α 的一致最大功效检验都满足上述条件（a），除了可能一个有 $P(X^n\in A|H_0)=P(X^n\in A|H_A)=0$ 的零概率集合 A 之外。

11. 基于充分统计量的似然比检验

假设 $T(X^n)$ 是 θ 的充分统计量，$g(t，\theta_i)$ 是对应 $\theta_i(i=0，1)$ 时 $T(X^n)$ 的 PMF/PDF。若给定 $c\geqslant 0$，定义一个检验的拒绝域和接受域分别为

$$C_n(c)=\left\{t \,\middle|\, \frac{g(t，\theta_1)}{g(t，\theta_0)}>c\right\}$$

和

$$A_n(c)=\left\{t \,\middle|\, \frac{g(t，\theta_1)}{g(t，\theta_0)}\leqslant c\right\}$$

其中 $P\left[T(X^n)\in C_n(c)|H_0\right]=\alpha$。则任何基于 $T(X^n)$ 的拒绝域为 $C_n(c)$ 的检验都是 H_0：$\theta=\theta_0$ 和 H_A：$\theta=\theta_1$ 的水平为 α 的一致最大功效检验。

12. 单调似然比

若对于每个 $\theta_1>\theta_0$，$f(x；\theta_1)/f(x；\theta_0)$ 是 x 在 $\{x：f(x；\theta_1)>0$ 或 $f(x；\theta_0)>0\}$

上的单调非递减函数，则具有实值参数 θ 的一元随机变量 X 的概率密度函数族 $\{f(x;\ \theta):\ \theta \in \Theta\}$ 有单调似然比。

上述定义中的随机变量可以是来自总体分布 $f(\cdot;\ \theta)$ 的随机观测，或是某一分布参数的充分统计量。在后一情况下，令 $X^n \equiv (X_1,\ \cdots,\ X_n)'$ 表示来自具有概率密度函数 $f(x;\ \theta)$，$\theta \in \Theta$ 的分布的随机样本；令 $T = \tau(X^n)$ 是 θ 的充分统计量。则 $X_1,\ \cdots,\ X_n$ 的联合概率密度函数可写成 $f(x_1,\ \cdots,\ x_n;\ \theta) = g[\tau(X^n);\ \theta]h(X^n)$。因此，似然比为

$$\frac{L(\theta_1;\ X^n)}{L(\theta_0;\ X^n)} = \frac{g\left[\tau(X^n);\ \theta_1\right]}{g\left[\tau(X^n);\ \theta_0\right]}$$

其仅通过充分统计量 $T = \tau(X^n)$ 取决于数据。因此，若想得到一致最大势检验，则不需要考虑基于除了充分统计量之外的任何统计量的检验。这一结论支持了充分性的重要性。一般地，当 $\theta_1 > \theta_0$ 时，上述比率是 $T = \tau(X^n)$ 的增函数。在这些情况下，我们有统计量 T 的单调似然比。

13. 单调似然比与单边假设检验的一致最大功效检验

如果概率密度函数族 $\{f(x;\ \theta),\ \theta \in \Theta \subset \boldsymbol{R}\}$ 有统计量 T 的单调似然比，$T = \tau(X)$ 为 θ 的一个充分统计量。考虑检验 H_0：$\theta \leqslant \theta_0$ 对 H_A：$\theta > \theta_0$ 的问题，其中 θ_0 是给定的常数。那么存在大小为 α 的一致最大功效检验，它由下式给出：

$$\phi^*(X) = P\,(\text{拒绝}\mathrm{H}_0|X) = \begin{cases} 1, & \tau(X) > k, \\ r, & \tau(X) = k, \\ 0, & \tau(X) < k \end{cases}$$

其中 $r \in (0,\ 1)$ 与 k 是常数使得 $\beta(\theta_0) = \alpha$，其中 $\beta(\theta) = E_\theta\left[P\,(\text{拒绝}\mathrm{H}_0|X)\right] = P_\theta(\text{拒绝}\mathrm{H}_0)$ 是检验 ϕ^* 的功效函数。

注：本章后续部分，将考虑如何构建检验统计量以检验如下参数假设

$$\mathrm{H}_0:\ g(\theta) = \boldsymbol{0}$$

和

$$\mathrm{H}_A:\ g(\theta) \neq \boldsymbol{0}$$

其中 g：$\boldsymbol{R}^p \to \boldsymbol{R}^J$ 是 $p \times 1$ 维参数向量 θ 的连续可导 $J \times 1$ 维向量值函数，整数 J 是参数向量 θ 所受的约束个数。假设 $J \leqslant p$，即约束个数不超过参数个数。

14. 沃尔德检验

假定假设 9.1～9.3 以及 H_0 成立，则当 $n \to +\infty$ 时，

$$W = ng(\hat{\theta})'\left[G(\hat{\theta})\hat{V}G(\hat{\theta})'\right]^{-1}g(\hat{\theta}) \xrightarrow{d} \chi_J^2$$

其中 $\hat{\theta}$ 为 θ 在 H_A 下的估计值。

Wald 检验的一组正则条件（即假设 9.1～9.3）为：

假设 9.1　$\sqrt{n}(\hat{\theta} - \theta_0) \xrightarrow{d} N(0,\ \boldsymbol{V})$，其中 $\boldsymbol{V}$ 为 p 阶对称有界非奇异矩阵，未知参数 θ_0 是紧参数空间 Θ 的内点。

假设 9.2　当 $n \to +\infty$ 时，$\hat{\boldsymbol{V}} \xrightarrow{p} \boldsymbol{V}$。

假设 9.3　$g: \boldsymbol{R}^p \to \mathbf{R}^J$ 是 $\theta \in \Theta$ 的连续可导函数，且 $J \times p$ 梯度矩阵 $\boldsymbol{G}(\theta_0) = \dfrac{\partial g(\theta_0)}{\partial \theta'}$ 的秩为 J，其中 $J \leqslant p$。

15. 拉格朗日乘子 (LM) 检验

假定假设 8.1～8.6、假设 9.3 以及 H_0 成立。定义 LM 检验统计量

$$\mathrm{LM} = n\tilde{\lambda}'G(\tilde{\theta})\left[-\hat{H}(\tilde{\theta})\right]^{-1}G(\tilde{\theta})'\tilde{\lambda}$$

其中 $\tilde{\theta} = \arg\max\limits_{\theta \in \Theta_0} \hat{l}(\theta)$，$\Theta_0 = \{\theta:\ g(\theta) = 0\}$，$\hat{l}(\theta) = \dfrac{1}{n}\sum\limits_{i=1}^{n} \ln f(X_i,\ \theta)$，$\tilde{\lambda}$ 为拉格朗日乘子。则在 H_0：$g(\theta_0) = 0$ 之下，当 $n \to +\infty$ 时

$$\mathrm{LM} \xrightarrow{d} \chi_J^2$$

假设 8.1～8.6 为

假设 8.1：$X^n = (X_1,\ \cdots,\ X_n)$ 为来自某未知总体分布 $f_X(x)$ 的 IID 随机样本。

假设 8.2：（1）对每个 $\theta \in \Theta$，$f(x,\ \theta)$ 是某未知总体分布 $f_X(x)$ 的一个 PMF/PDF 模型，满足对支撑中的所有 x，$f(x,\ \theta) > 0$，其中 Θ 是有限维参数空间；（2）存在唯一一个参数值 $\theta_0 \in \Theta$ 使得 $f(x,\ \theta_0)$ 与总体分布 $f_X(x)$ 一致，即对支撑中所有的 x，有 $f(x,\ \theta_0) = f_X(x)$；（3）$\ln f(x,\ \theta)$ 是 $(x,\ \theta)$ 的连续函数，且其绝对值小于非负函数 $b(x)$，满足 $E\left[b(X_i)\right] < \infty$，其中期望 $E(\cdot)$ 定义在总体分布 $f_X(x)$ 上。

假设 8.3：参数空间 Θ 为有界闭集，即 Θ 为紧集。

假设 8.4：参数值 θ_0 是 $E\left[\ln f(X_i,\ \theta)\right]$ 的唯一最优解。

假设 8.5：θ_0 是参数空间 Θ 的内点。

假设 8.6：对每个内点 $\theta \in \Theta$，$f(x,\ \theta)$ 关于 θ 二阶连续可导，满足：（1）$\dfrac{\partial}{\partial \theta} \ln f(x,\ \theta)$ 和 $\dfrac{\partial^2}{\partial \theta \partial \theta'} \ln f(x,\ \theta)$ 是 $(x,\ \theta)$ 的连续函数，而且每个分量的绝对值小于非负函数 $b(x)$，且 $E\left[b(X_i)\right] < \infty$，$E\left[b^2(X_i)\right] < \infty$；（2）矩阵 $\boldsymbol{H}(\theta) = E\left[\dfrac{\partial^2}{\partial \theta \partial \theta'} \ln f(X_i,\ \theta)\right]$ 可逆。

16. 似然比检验

假设 X^n 为来自总体分布为 $f_X(x) = f(x, \theta_0)$ 的 IID 随机样本，其中真实参数值 θ_0 未知。X^n 的似然函数为

$$f_{X^n}(X^n, \theta) = \prod_{i=1}^{n} f(X_i, \theta)$$

定义似然比统计量：

$$\hat{\Lambda} = \frac{\max_{\theta\in\Theta} f_{X^n}(X^n, \theta)}{\max_{\theta\in\Theta_0} f_{X^n}(X^n, \theta)} = \frac{\prod_{i=1}^{n} f(X_i, \hat{\theta})}{\prod_{i=1}^{n} f(X_i, \tilde{\theta})}$$

其中 $\hat{\theta}$ 和 $\tilde{\theta}$ 分别为无约束和有约束 MLE 估计量，即

$$\hat{\theta} = \arg\max_{\theta\in\Theta} \hat{l}(\theta)$$

$$\tilde{\theta} = \arg\max_{\theta\in\Theta_0} \hat{l}(\theta)$$

其中

$$\hat{l}(\theta) = \frac{1}{n}\sum_{i=1}^{n} \ln f(X_i, \theta)$$

是对数似然函数的样本均值，Θ_0 是满足约束条件 $g(\theta) = 0$ 的参数空间 Θ，即 $\Theta_0 = \{\theta \in \Theta: g(\theta) = 0\}$。

正式定义似然比检验统计量为

$$\mathrm{LR} = 2\ln\hat{\Lambda} = 2n\left[\hat{l}(\hat{\theta}) - \hat{l}(\tilde{\theta})\right]$$

若假设 8.1～8.6、假设 9.3 以及 H_0: $g(\theta_0) = 0$ 成立，则在原假设 H_0 下，当 $n \to +\infty$ 时，

$$\mathrm{LR} \xrightarrow{d} \chi_J^2$$

习题解答

习题 9.1

假设 X^n 为来自正态分布 $N(\mu,\ \sigma^2)$ 的 IID 随机样本，其中 μ 是未知参数，而 σ^2 是已知常数。

考察在显著水平 α 上关于 H_0：$\mu=\mu_0$ 和 H_A：$\mu\neq\mu_0$ 的检验统计量 $Z_n=\sqrt{n}(\overline{X}_n-\mu_0)/\sigma$。

（1）求：该检验的第一类错误。

（2）求：该检验的第二类错误。

（3）在备择假设 H_A：$\mu=\mu_0+\delta$，$\delta\neq 0$ 下推导该检验的功效函数。若 $|\delta|$ 增加，检验的功效将如何变化？若样本容量 n 增加，检验的功效又将如何变化？

解答：

（1）在原假设 H_0 下，$Z_n\sim N(0,\ 1)$。因此，犯第一类错误的概率为

$$\alpha(\mu)=P\left(X^n\in C|H_0\right)=P(|Z_n|>z_{\alpha/2}|H_0)=2\left[1-\Phi(z_{\alpha/2})\right]$$

其中 C 为拒绝域，$\Phi(\cdot)$ 是标准正态分布的 CDF 并且 $z_{\alpha/2}=\Phi^{-1}\left(1-\dfrac{\alpha}{2}\right)$。

（2）在备择假设 H_A 下，有

$$Z_n=\sqrt{n}\left(\frac{\overline{X}_n-\mu}{\sigma}\right)+\sqrt{n}\frac{\mu-\mu_0}{\sigma}\sim N\left(\sqrt{n}\frac{\mu-\mu_0}{\sigma},\ 1\right)$$

因此，该检验的第二类错误的概率为

$$\begin{aligned}\beta(\theta)&=P\left(-z_{\alpha/2}\leqslant Z_n\leqslant z_{\alpha/2}\right)\\&=P\left(-z_{\alpha/2}-\sqrt{n}\frac{\mu-\mu_0}{\sigma}\leqslant Z_n-\sqrt{n}\frac{\mu-\mu_0}{\sigma}\leqslant z_{\alpha/2}-\sqrt{n}\frac{\mu-\mu_0}{\sigma}\right)\\&=\Phi\left(z_{\alpha/2}-\sqrt{n}\frac{\mu-\mu_0}{\sigma}\right)-\Phi\left(-z_{\alpha/2}-\sqrt{n}\frac{\mu-\mu_0}{\sigma}\right)\end{aligned}$$

（3）在备择假设 H_A 下，即 $\mu=\mu_0+\delta$ 时，将功效函数表示为

$$\pi(\delta,\ n)=1-\beta(\theta)=1-\Phi\left(z_{\alpha/2}-\frac{\sqrt{n}\delta}{\sigma}\right)+\Phi\left(-z_{\alpha/2}-\frac{\sqrt{n}\delta}{\sigma}\right)$$

由此可以推断出 $\pi(\delta,\ n)=\pi(-\delta,\ n)$。因此，首先考虑固定 n 和 $\delta>0$ 时的情形。因为

$$\begin{aligned}\frac{\partial \pi}{\partial \delta} &= \frac{\sqrt{n}}{\sqrt{2\pi}\sigma}\left\{\exp\left[-\frac{1}{2}\left(z_{\alpha/2}-\frac{\sqrt{n}\delta}{\sigma}\right)^2\right]-\exp\left[-\frac{1}{2}\left(z_{\alpha/2}+\frac{\sqrt{n}\delta}{\sigma}\right)^2\right]\right\}\\ &= \frac{\sqrt{n}}{\sqrt{2\pi}\sigma}\exp\left[-\frac{1}{2}\left(z_{\alpha/2}-\frac{\sqrt{n}\delta}{\sigma}\right)^2\right]\left\{1-\exp\left[-\frac{1}{2}\left(z_{\alpha/2}+\frac{\sqrt{n}\delta}{\sigma}\right)^2+\right.\right.\\ &\quad\left.\left.\frac{1}{2}\left(z_{\alpha/2}-\frac{\sqrt{n}\delta}{\sigma}\right)^2\right]\right\}\\ &= \frac{\sqrt{n}}{\sqrt{2\pi}\sigma}\exp\left[-\frac{1}{2}\left(z_{\alpha/2}-\frac{\sqrt{n}\delta}{\sigma}\right)^2\right]\left[1-\exp\left(-2z_{\alpha/2}\frac{\sqrt{n}\delta}{\sigma}\right)\right]>0\end{aligned}$$

所以当样本量固定时，检验功效会随着 $|\delta|$ 的增大而增大。同样，可以得到

$$\frac{\partial \pi}{\partial n} = \frac{\delta}{2\sqrt{2\pi n}\sigma}\exp\left[-\frac{1}{2}\left(z_{\alpha/2}-\frac{\sqrt{n}\delta}{\sigma}\right)^2\right]\left[1-\exp\left(-2z_{\alpha/2}\frac{\sqrt{n}\delta}{\sigma}\right)\right]>0$$

所以当 δ 固定时，检验功效会随着 n 的增大而增大。

习题 9.2

假设 X^n 为来自正态分布 $N(\mu, \sigma^2)$ 的 IID 随机样本，其中 μ，σ^2 均为未知参数。求在显著水平 α 上，t 检验对 H_0：$\mu=\mu_0$ 和 H_A：$\mu \neq \mu_0$ 的接受域和拒绝域。

解答：

分别用 $\overline{X}_n$ 和 S_n 表示样本均值和样本方差。因此，在给定显著水平 α 上，t 检验对 H_0：$\mu=\mu_0$ 和 H_A：$\mu \neq \mu_0$ 的接受域和拒绝域为

$$A_n=\left\{X^n \,\middle|\, \left|\frac{\overline{X}_n-\mu_0}{S_n/\sqrt{n}}\right| \leqslant t_{n-1,\ \frac{\alpha}{2}}\right\}, \quad C_n=\left\{X^n \,\middle|\, \left|\frac{\overline{X}_n-\mu_0}{S_n/\sqrt{n}}\right| > t_{n-1,\ \frac{\alpha}{2}}\right\}$$

其中 $t_{n-1,\ \frac{\alpha}{2}}$ 为分布 t_{n-1} 的上 $\dfrac{\alpha}{2}$ 分位数。

习题 9.3

假设 $\{X_i, Y_i\}_{i=1}^n$ 为来自总体分布为联合 PMF $f(x, y; \beta, \rho)=\dfrac{(\beta+x)^{-\rho}}{\Gamma(\rho)}y^{\rho-1}e^{-y/(\beta+x)}$，$x$，$y>0$ 的 IID 随机样本。

考察检验原假设 H_0：$\rho=1$，即原假设下总体分布由联合 PMF $f(x, y; \beta)=\dfrac{1}{\beta+x}e^{-y/(\beta+x)}$，$x$，$y>0$ 给定。其中 β 为已知常数。

（1）推导关于 H_0 的对数似然比检验统计量；

（2）推导关于 H_0 的 LM 检验统计量；

（3）推导基于 MLE 方法的关于 H_0 的沃尔德检验统计量。

解答：

（1）随机样本的对数似然函数为

$$\ln\hat{L}(\rho) = -n\ln\Gamma(\rho) - \rho\sum_{i=1}^{n}\ln(\beta + X_i) + (\rho - 1)\sum_{i=1}^{n}\ln Y_i - \sum_{i=1}^{n}\frac{Y_i}{\beta + X_i}$$

记 $\hat{\rho}$ 为 ρ 的 MLE。在原假设 H_0 成立的前提下，$\ln\hat{L}(1) = -\sum_{i=1}^{n}\ln(\beta + X_i) - \sum_{i=1}^{n}\frac{Y_i}{\beta + X_i}$。

所以似然比检验统计量为

$$\begin{aligned}\mathrm{LR} &= 2\left[\ln\hat{L}(\rho) - \ln\hat{L}(1)\right]\\ &= -2n\ln\Gamma(\hat{\rho}) - 2(\hat{\rho} - 1)\sum_{i=1}^{n}\ln(\beta + X_i) + 2(\hat{\rho} - 1)\sum_{i=1}^{n}\ln Y_i\end{aligned}$$

（2）定义 $\hat{l}(\rho) = \frac{1}{n}\ln\hat{L}(\rho)$，以及拉格朗日函数

$$L(\rho，\lambda) = \hat{l}(\rho) + \lambda(\rho - 1)$$

由一阶条件得

$$\begin{cases}\dfrac{\partial L}{\partial\rho} = -\psi(\tilde{\rho}) - \dfrac{1}{n}\sum_{i=1}^{n}\ln(\beta + X_i) + \dfrac{1}{n}\sum_{i=1}^{n}\ln Y_i + \tilde{\lambda} = 0\\ \dfrac{\partial L}{\partial\lambda} = \tilde{\rho} - 1 = 0\end{cases}$$

其中 $\psi(x) = \frac{\mathrm{d}}{\mathrm{d}x}\ln\Gamma(x)$，所以 $\tilde{\lambda} = \psi(1) + \frac{1}{n}\sum_{i=1}^{n}\ln(\beta + X_i) - \frac{1}{n}\sum_{i=1}^{n}\ln Y_i$，检验函数 $g(\rho) = \rho - 1$ 有常数梯度 $G(\rho) \equiv 1$；且样本似然函数对 ρ 的二阶偏导为

$$\hat{H}(\rho) = \frac{\partial^2\hat{l}(\rho)}{\partial\rho^2} = -\psi'(\rho) \tag{9.1}$$

$\hat{H}(1) = -\psi'(1) = -\zeta(2) = -\frac{\pi^2}{6}$，其中 $\zeta(s) = \sum_{n=1}^{+\infty}\frac{1}{n^s}$ 是 Riemann zeta 函数。综上，LM 检验统计量为

$$\mathrm{LM} = -n\tilde{\lambda}^2 G^2(1)[\hat{H}(1)]^{-1} = -n\tilde{\lambda}^2\cdot\frac{1}{-\dfrac{\pi^2}{6}} = n\frac{6\tilde{\lambda}^2}{\pi^2}$$

（3）由公式 (9.1)，基于 MLE 的沃尔德检验统计量为

$$W = -n\left[g(\hat{\rho})\right]^2\left[\hat{H}(\hat{\rho})\right] = n(\hat{\rho}-1)^2\psi'(\hat{\rho})$$

习题 9.4

假设 X^n 为来自正态分布 $N(\mu,\ \sigma^2)$ 的 IID 随机样本，其中 $\sigma^2 = \sigma_0^2$ 为已知常数。

（1）推导原假设 H_0：$\mu = \mu_0$ 和备择假设 H_A：$\mu \neq \mu_0$ 的对数似然比检验统计量。

（2）在原假设 H_0 下，对数似然比检验统计量的分布是什么？

（3）证明似然比检验等价于基于检验统计量 $Z_n = \sqrt{n}(\overline{X}_n - \mu_0)/\sigma_0$ 的检验，后者在 H_0 下服从 $N(0,\ 1)$ 分布。

解答：

（1）标准化对数似然函数为

$$\hat{l}(\mu) = -\frac{1}{2}\ln(2\pi\sigma_0^2) - \frac{\sum_{i=1}^{n}(X_i-\mu)^2}{2n\sigma_0^2}$$

解得无约束的 MLE 为

$$\hat{\mu} = \overline{X}_n = \frac{1}{n}\sum X_i$$

在原假设 H_0 成立的前提下，有约束 MLE $\tilde{\mu} = \mu_0$。因此，

$$\hat{l}(\hat{\mu}) = -\frac{1}{2}\ln(2\pi\sigma_0^2) - \frac{\sum_{i=1}^{n}(X_i-\overline{X}_n)^2}{2n\sigma_0^2}$$

$$\hat{l}(\tilde{\mu}) = -\frac{1}{2}\ln(2\pi\sigma_0^2) - \frac{\sum_{i=1}^{n}(X_i-\mu_0)^2}{2n\sigma_0^2}$$

从而对数似然比检验统计量为

$$\mathrm{LR} = 2n\left[\hat{l}(\hat{\mu}) - \hat{l}(\tilde{\mu})\right] = \frac{1}{\sigma_0^2}\sum_{i=1}^{n}\left[(X_i-\mu_0)^2 - (X_i-\overline{X}_n)^2\right] = \left(\frac{\overline{X}_n-\mu_0}{\sigma_0/\sqrt{n}}\right)^2$$

其中最后一步源于

$$\sum_{i=1}^{n}(X_i-\mu_0)^2 = \sum_{i=1}^{n}\left[(X_i-\overline{X}_n)+(\overline{X}_n-\mu_0)\right]^2 = \sum_{i=1}^{n}(X_i-\overline{X}_n)^2 + n(\overline{X}_n-\mu_0)^2 \tag{9.2}$$

（2）由（1）得

$$\mathrm{LR}=\left(\frac{\overline{X}_n-\mu_0}{\sigma/\sqrt{n}}\right)^2=Z_n^2$$

其中在 H_0 条件下，因为 $Z_n=\dfrac{\overline{X}_n-\mu_0}{\sigma/\sqrt{n}}\sim N(0,\ 1)$，所以 LR 服从 χ_1^2 分布。

（3）为了证明这两个检验统计量在 H_0 条件下是等价的，只要证明其拒绝域相同。在显著性水平 α 下的 LR 检验统计量的拒绝域为 $\{\mathrm{LR}\leqslant\chi_{1,\ \alpha}^2\}$。而

$$\{\mathrm{LR}\leqslant\chi_{1,\ \alpha}^2\}=\{Z_n^2\leqslant\chi_{1,\ \alpha}^2\}=\left\{Z_n^2\leqslant Z_{\frac{\alpha}{2}}^2\right\}=\left\{-Z_{\frac{\alpha}{2}}\leqslant Z_n\leqslant Z_{\frac{\alpha}{2}}\right\}$$

右手边正是基于检验统计量 $Z_n=\sqrt{n}(\overline{X}_n-\mu_0)/\sigma_0$ 的检验的拒绝域。因此似然比检验等价于基于检验统计量 Z_n 的检验。
证毕。

习题 9.5

假设 X^n 为来自正态分布 $N(\mu,\ \sigma^2)$ 的 IID 随机样本，其中 μ 和 σ^2 均为未知参数。

（1）推导原假设 H_0：$\mu=\mu_0$ 和备择假设 H_A：$\mu\neq\mu_0$ 的对数似然比检验统计量。

（2）在原假设 H_0 下，对数似然比检验统计量的分布是什么？

（3）证明似然比检验等价于基于检验统计量 $T=\sqrt{n}(\overline{X}_n-\mu_0)/S_n$ 的检验，后者在原假设 H_0 下服从学生 t_{n-1} 分布，其中 S_n 是样本标准差。

解答：

（1）标准化对数似然函数为

$$\hat{l}(\mu,\ \sigma^2)=-\frac{1}{2}\ln(2\pi\sigma^2)-\frac{\sum_{i=1}^{n}(X_i-\mu)^2}{2n\sigma^2}$$

解得无约束的 MLE 为

$$\hat{\mu}=\overline{X}_n$$

$$\hat{\sigma}^2=\frac{\sum_{i=1}^{n}(X_i-\overline{X}_n)^2}{n}$$

在原假设 H_0 成立的前提下，我们解得有约束 MLE $\tilde{\mu}=\mu_0$ 和 $\tilde{\sigma}^2=\dfrac{\sum_{i=1}^{n}(X_i-\mu_0)^2}{n}$，因此

$$\hat{l}(\hat{\mu},\ \hat{\sigma}^2) = -\frac{1}{2}\ln\left(2\pi\frac{\sum_{i=1}^{n}(X_i-\overline{X}_n)^2}{n}\right) - \frac{1}{2}$$

$$\hat{l}(\tilde{\mu},\ \tilde{\sigma}^2) = -\frac{1}{2}\ln\left(2\pi\frac{\sum_{i=1}^{n}(X_i-\mu_0)^2}{n}\right) - \frac{1}{2}$$

由式 (9.2)，对数似然比检验统计量为

$$\mathrm{LR} = 2n\left[\hat{l}(\hat{\mu},\ \hat{\sigma}^2) - \hat{l}(\tilde{\mu},\ \tilde{\sigma}^2)\right] = n\ln\left[\frac{\sum_{i=1}^{n}(X_i-\mu_0)^2}{\sum_{i=1}^{n}(X_i-\overline{X}_n)^2}\right] = n\ln\left[1+\frac{n(\overline{X}_n-\mu_0)^2}{(n-1)S_n^2}\right]$$

（2）由定理 6.9 易得在 H_0 条件下，$T=\frac{\overline{X}_n-\mu_0}{S_n/\sqrt{n}} \sim t_{n-1}$。将 $T=\frac{\overline{X}_n-\mu_0}{S_n/\sqrt{n}}$ 代入 LR 检验统计量可得

$$\mathrm{LR} = n\ln\left[1+\frac{n(\overline{X}_n-\mu_0)^2}{(n-1)S_n^2}\right] = n\ln\left(1+\frac{T^2}{n-1}\right) \tag{9.3}$$

（3）由于对称性，基于 T 的双边检验等价于基于 T^2 的单边检验。由式 (9.3) 可知，LR 是 T^2 的严格单调增函数，所以 LR 和 T^2 两个检验是等价的。

习题 9.6

假设 X^n 为来自正态分布 $N(\mu,\ \sigma^2)$ 的 IID 随机样本，其中 μ 为未知参数。

（1）推导原假设 H_0：$\sigma^2=\sigma_0^2$ 和备择假设 H_A：$\sigma^2\neq\sigma_0^2$ 的对数似然比检验统计量。

（2）在原假设 H_0 下，对数似然比检验统计量的分布是什么？

解答：

（1）标准化对数似然函数为

$$\hat{l}(\mu,\ \sigma^2) = -\frac{1}{2}\ln(2\pi\sigma^2) - \frac{\sum_{i=1}^{n}(X_i-\mu)^2}{2n\sigma^2}$$

在备择假设 H_A 成立的前提下，求得无约束 MLE

$$\hat{\mu} = \overline{X}_n, \quad \hat{\sigma}^2 = \frac{\sum_{i=1}^{n}(X_i - \overline{X})^2}{n}$$

在原假设 H_0 成立的前提下，求得有约束 MLE

$$\tilde{\mu} = \overline{X}_n, \quad \tilde{\sigma}^2 = \sigma_0^2$$

因此，

$$\hat{l}(\hat{\mu}, \hat{\sigma}^2) = -\frac{1}{2}\ln\left[2\pi\frac{\sum_{i=1}^{n}(X_i - \overline{X}_n)^2}{n}\right] - \frac{1}{2}$$

$$\hat{l}(\tilde{\mu}, \sigma_0^2) = -\frac{1}{2}\ln(2\pi\sigma_0^2) - \frac{\sum_{i=1}^{n}(X_i - \overline{X}_n)^2}{2n\sigma_0^2}$$

从而对数似然比检验统计量为

$$\mathrm{LR} = 2n\left[\hat{l}(\hat{\mu}, \hat{\sigma}^2) - \hat{l}(\tilde{\mu}, \sigma_0^2)\right] = -n\ln\left[\frac{\sum_{i=1}^{n}(X_i - \overline{X}_n)^2}{n\sigma_0^2}\right] + \frac{\sum_{i=1}^{n}(X_i - \overline{X}_n)^2}{\sigma_0^2} - n$$

（2）由教材定理 9.4，在 H_0 下，LR 的渐近分布为 χ_1^2。

习题 9.7

假设 X^{n_1} 是来自正态分布 $N(\mu_1, \sigma_1^2)$ 的 IID 随机样本，Y^{n_2} 是来自正态分布 $N(\mu_2, \sigma_2^2)$ 的 IID 随机样本，且两个随机样本 X^{n_1} 和 Y^{n_2} 之间相互独立，其中 μ_1，μ_2，σ_1^2，σ_2^2 均为未知参数。

（1）推导原假设 H_0：$\sigma_1^2 = \sigma_2^2$ 和备择假设 H_A：$\sigma_1^2 \neq \sigma_2^2$ 的对数似然比检验统计量。

（2）假设 $n_1 = n_2 = n$，在原假设 H_0 下，随着 $n \to \infty$，对数似然比检验统计量的分布是什么？

解答：

（1）(X^{n_1}, Y^{n_2}) 的对数似然函数为

$$\begin{aligned}&\ln\hat{L}\left(\mu_1, \mu_2, \sigma_1^2, \sigma_2^2\right)\\ &= -\frac{n_1}{2}\ln(2\pi\sigma_1^2) - \sum_{i=1}^{n_1}\frac{(X_i - \mu_1)^2}{2\sigma_1^2} - \frac{n_2}{2}\ln(2\pi\sigma_2^2) - \sum_{i=1}^{n_2}\frac{(Y_i - \mu_2)^2}{2\sigma_2^2}\end{aligned}$$

解得无约束的 MLE 为

$$\hat{\mu}_1 = \overline{X}, \quad \hat{\mu}_2 = \overline{Y}, \quad \hat{\sigma}_1^2 = \frac{\sum_{i=1}^{n}(X_i - \overline{X})^2}{n_1}, \quad \hat{\sigma}_2^2 = \frac{\sum_{i=1}^{n}(Y_i - \overline{Y})^2}{n_2}$$

在原假设 H_0 成立的前提下，解得有约束的 MLE 为

$$\tilde{\mu}_1 = \overline{X}, \quad \tilde{\mu}_2 = \overline{Y}, \quad \tilde{\sigma}_1^2 = \tilde{\sigma}_2^2 = \frac{1}{n_1 + n_2}\left[\sum_{i=1}^{n_1}(X_i - \overline{X})^2 + \sum_{i=1}^{n_2}(Y_i - \overline{Y})^2\right]$$

因此，对数似然比检验统计量为

$$\begin{aligned}
\mathrm{LR} &= 2\left[\ln L(\hat{\mu}_1,\ \hat{\mu}_2,\ \hat{\sigma}_1^2,\ \hat{\sigma}_2^2) - \ln L(\tilde{\mu}_1,\ \tilde{\mu}_2,\ \tilde{\sigma}_1^2,\ \tilde{\sigma}_2^2)\right] \\
&= (n_1 + n_2)\ln\left\{\frac{2\pi}{n_1 + n_2}\left[\sum(X_i - \overline{X})^2 + \sum(Y_i - \overline{Y})^2\right]\right\} \\
&\quad - n_1 \ln\left[\frac{2\pi}{n_1}\sum(X_i - \overline{X})^2\right] - n_2 \ln\left[\frac{2\pi}{n_2}\sum(Y_i - \overline{Y})^2\right]
\end{aligned}$$

（2）因为只有一个约束，所以在原假设 H_0 成立的前提下，根据《概率论与统计学》教材定理 9.4，$\mathrm{LR} \xrightarrow{d} \chi_1^2$。

习题 9.8

假设 X^{n_1} 为来自正态分布 $N(\mu_1,\ \sigma^2)$ 的 IID 随机样本，Y^{n_2} 为来自正态分布 $N(\mu_2,\ \sigma^2)$ 的 IID 随机样本，且两个随机样本 X^{n_1} 和 Y^{n_2} 之间相互独立，其中 μ_1，μ_2，σ^2 均为未知参数。

（1）推导原假设 H_0：$\mu_1 = \mu_2$ 和备择假设 H_A：$\mu_1 \neq \mu_2$ 的对数似然比检验统计量。

（2）在原假设 H_0 下，对数似然比检验统计量的分布是什么?

解答：

（1）对数似然函数为

$$\hat{L}(\theta) = -\frac{n_1 + n_2}{2}\ln(2\pi\sigma^2) - \frac{\sum_{i=1}^{n_1}(X_i - \mu_1)^2 + \sum_{i=1}^{n_2}(Y_i - \mu_2)^2}{2\sigma^2}$$

在备择假设 H_A 成立的前提下，$\hat{\mu}_1 = \overline{X}$，$\hat{\mu}_2 = \overline{Y}$，$\hat{\sigma}^2 = \frac{1}{n_1 + n_2}\left[\sum_{i=1}^{n_1}(X_i - \overline{X})^2 + \sum_{i=1}^{n_2}(Y_i - \overline{Y})^2\right]$。

所以，

$$\hat{L}(\hat{\theta}) = -\frac{n_1+n_2}{2}\ln(2\pi\hat{\sigma}^2) - \frac{n_1+n_2}{2}$$

在原假设 H_0 成立的前提下，令 $\mu = \mu_1 = \mu_2$，则

$$\hat{L}(\theta) = -\frac{n_1+n_2}{2}\ln(2\pi\sigma^2) - \frac{\sum_{i=1}^{n_1}(X_i-\mu) + \sum_{i=1}^{n_2}(Y_i-\mu)^2}{2\sigma^2}$$

在原假设 H_0 成立的前提下，解得有约束 MLE

$$\tilde{\mu} = \frac{\sum_{i=1}^{n_1}X_i + \sum_{i=1}^{n_2}Y_i}{n_1+n_2}, \quad \tilde{\sigma}^2 = \frac{\sum_{i=1}^{n_1}(X_i-\tilde{\mu}) + \sum_{i=1}^{n_2}(Y_i-\tilde{\mu})^2}{(n_1+n_2)}$$

故

$$L(\tilde{\theta}) = -\frac{n_1+n_2}{2}\ln(2\pi\tilde{\sigma}^2) - \frac{n_1+n_2}{2}$$

因此，LR 检验统计量为

$$\begin{aligned}\mathrm{LR} &= 2\left[L(\hat{\theta}) - L(\tilde{\theta})\right] = (n_1+n_2)\ln\left(\frac{\tilde{\sigma}^2}{\hat{\sigma}^2}\right) \\ &= (n_1+n_2)\ln\frac{\sum_{i=1}^{n_1}(X_i-\tilde{\mu}) + \sum_{i=1}^{n_2}(Y_i-\tilde{\mu})^2}{\sum_{i=1}^{n_1}(X_1-\overline{X})^2 + \sum_{i=1}^{n_2}(Y_i-\overline{Y})^2}\end{aligned} \tag{9.4}$$

（2）令 $F = \dfrac{(\overline{X}-\overline{Y})^2}{\left(\dfrac{1}{n_1}+\dfrac{1}{n_2}\right)^2 S^2}$，其中 $S^2 = \dfrac{(n_1-1)S_X^2 + (n_2-1)S_Y^2}{n_1+n_2-2}$，其中 S_X^2 和 S_Y^2 分别为 X 和 Y 的样本方差。接下来要证明 $F \sim F_{1,\ n_1+n_2-2}$。因为 $\overline{X} \sim N\left(\mu,\ \dfrac{\sigma^2}{n_1}\right)$，$\overline{Y} \sim N\left(\mu,\ \dfrac{\sigma^2}{n_2}\right)$ 且 X，Y 相互独立，所以

$$\frac{\overline{X}-\overline{Y}}{\sigma\sqrt{\dfrac{1}{n_1}+\dfrac{1}{n_2}}} \sim N(0,\ 1)$$

又因为 $\dfrac{(n_1-1)S_X^2}{\sigma^2} \sim \chi^2_{n_1-1}$，$\dfrac{(n_2-1)S_Y^2}{\sigma^2} \sim \chi^2_{n_2-1}$ 且 X，Y 相互独立，所以

$$\frac{(n_1+n_2-2)S^2}{\sigma^2}=\frac{(n_1-1)S_X^2+(n_2-1)S_Y^2}{\sigma^2}\sim\chi^2_{n_1+n_2-2}$$

基于上述两式以及 $\overline{X}$ 和 $\dfrac{(n_1-1)S_X^2}{\sigma^2}$ 独立、$\overline{Y}$ 和 $\dfrac{(n_2-1)S_Y^2}{\sigma^2}$ 独立的事实，有

$$\begin{aligned}F&=\frac{(\overline{X}-\overline{Y})^2}{\left(\dfrac{1}{n_1}+\dfrac{1}{n_2}\right)^2S^2}\\&=\frac{\left(\dfrac{\overline{X}-\overline{Y}}{\sigma\sqrt{\dfrac{1}{n_1}+\dfrac{1}{n_2}}}\right)^2}{\dfrac{(n_1+n_2-2)S^2}{\sigma^2}\Big/(n_1+n_2-2)}=\frac{\chi_1^2}{\chi^2_{n_1+n_2-2}/(n_1+n_2-2)}\sim F_{1,\ n_1+n_2-2}\end{aligned}$$

下面将证明 LR 检验统计量是关于 F 的严格增函数。由于 $\tilde{\mu}=\dfrac{\sum_{i=1}^{n_1}X_i+\sum_{i=1}^{n_2}Y_i}{n_1+n_2}=\dfrac{n_1}{n_1+n_2}\overline{X}+\dfrac{n_2}{n_1+n_2}\overline{Y}$，令 $\lambda_1=\dfrac{n_1}{n_1+n_2}$，$\lambda_2=\dfrac{n_2}{n_1+n_2}$，可以得到 $\tilde{\mu}=\lambda_1\overline{X}+\lambda_2\overline{Y}$。因此，

$$\begin{aligned}&\sum_{i=1}^{n_1}(X_i-\tilde{\mu})^2+\sum_{i=1}^{n_2}(Y_i-\tilde{\mu})^2\\&=\sum_{i=1}^{n_1}\left[(X_i-\overline{X})+\lambda_2(\overline{X}-\overline{Y})\right]^2+\sum_{i=1}^{n_2}\left[(Y_i-\overline{Y})-\lambda_1(\overline{X}-\overline{Y})\right]^2\\&=\sum_{i=1}^{n_1}(X_i-\overline{X})^2+\sum_{i=1}^{n_2}(Y_i-\overline{Y})^2+2\lambda_2\sum_{i=1}^{n_1}(X_i-\overline{X})(\overline{X}-\overline{Y})\\&\quad-2\lambda_1\sum_{i=1}^{n_1}(Y_i-\overline{Y})(\overline{X}-\overline{Y})+(n_2\lambda_1^2+n_1\lambda_2^2)(\overline{X}-\overline{Y})^2\\&=\sum_{i=1}^{n_1}(X_i-\overline{X})^2+\sum_{i=1}^{n_2}(Y_i-\overline{Y})^2+(n_2\lambda_1^2+n_1\lambda_2^2)(\overline{X}-\overline{Y})^2\end{aligned}$$

即

$$\sum_{i=1}^{n_1}(X_i-\tilde{\mu})^2+\sum_{i=1}^{n_2}(Y_i-\tilde{\mu})^2=\sum_{i=1}^{n_1}(X_i-\overline{X})^2+\sum_{i=1}^{n_2}(Y_i-\overline{Y})^2+(n_2\lambda_1^2+n_1\lambda_2^2)(\overline{X}-\overline{Y})^2 \quad (9.5)$$

把方程 (9.5) 代入 LR 检验统计量 (9.4)，得到

$$\mathrm{LR}=(n_1+n_2)\ln\frac{\sum_{i=1}^{n_1}(X_i-\overline{X})^2+\sum_{i=1}^{n_2}(Y_i-\overline{Y})^2+(n_2\lambda_1^2+n_1\lambda_2^2)(\overline{X}-\overline{Y})^2}{\sum_{i=1}^{n_1}(X_1-\overline{X})^2+\sum_{i=1}^{n_2}(Y_i-\overline{Y})^2}$$

$$=(n_1+n_2)\ln\left[1+\frac{(n_2\lambda_1^2+n_1\lambda_2^2)(\overline{X}-\overline{Y})^2}{\sum_{i=1}^{n_1}(X_1-\overline{X})^2+\sum_{i=1}^{n_2}(Y_i-\overline{Y})^2}\right]$$

$$=(n_1+n_2)\ln\left[1+\frac{(n_2\lambda_1^2+n_1\lambda_2^2)(\overline{X}-\overline{Y})^2}{(n_1-1)S_X^2+(n_2-1)S_Y^2}\right]$$

$$=(n_1+n_2)\ln\left[1+\frac{(n_2\lambda_1^2+n_1\lambda_2^2)(n_1+n_2)^2}{(n_1+n_2-2)n_1^2n_2^2}F\right]$$

故 LR 检验统计量是关于 F 的严格增函数，所以 LR 检验等价于 F 检验。

接下来推导 LR 检验统计量的分布，其 CDF 为

$$F_{\mathrm{LR}}(x)=P(\mathrm{LR}\leqslant x)$$

$$=P\left\{(n_1+n_2)\ln\left[1+\frac{(n_2\lambda_1^2+n_1\lambda_2^2)(n_1+n_2)^2}{(n_1+n_2-2)n_1^2n_2^2}F\right]\leqslant x\right\}$$

$$=P\left\{F\leqslant\frac{(n_1+n_2-2)n_1^2n_2^2}{(n_2\lambda_1^2+n_1\lambda_2^2)(n_1+n_2)^2}\left[\exp\left(\frac{x}{n_1+n_2}\right)-1\right]\right\}$$

$$=F_F\left\{\frac{(n_1+n_2-2)n_1^2n_2^2}{(n_2\lambda_1^2+n_1\lambda_2^2)(n_1+n_2)^2}\left[\exp\left(\frac{x}{n_1+n_2}\right)-1\right]\right\}$$

其中 $F_F(\cdot)$ 是 $F_{1,\ n_1+n_2-2}$ 分布的 CDF。

习题 9.9

证明拉格朗日乘子检验统计量 LM 可表示为

$$\mathrm{LM}=n\left[\frac{\partial\hat{l}(\tilde{\theta})}{\partial\theta}\right]'\left[-\hat{H}(\tilde{\theta})\right]^{-1}\left[\frac{\partial\hat{l}(\tilde{\theta})}{\partial\theta}\right]$$

解答：

已知拉格朗日乘子检验统计量为

$$\mathrm{LM}=n\tilde{\lambda}'G(\tilde{\theta})\left[-H(\tilde{\theta})\right]^{-1}G(\tilde{\theta})'\tilde{\lambda}$$

在导出拉格朗日乘子检验的过程中，我们考虑了以下有约束 MLE 问题：

$$\max\quad \hat{l}(\theta)$$

$$\text{s.t.}\quad g(\theta)=0$$

拉格朗日函数为

$$L(\theta, \lambda) = \hat{l}(\theta) - \lambda' g(\theta)$$

一阶条件为

$$\frac{\partial L}{\partial \theta} = \frac{\partial \hat{l}(\tilde{\theta})}{\partial \theta} - G(\tilde{\theta})'\tilde{\lambda} = 0$$

$$\frac{\partial L}{\partial \lambda} = g(\theta) = 0$$

由一阶条件有 $\frac{\partial \hat{l}(\tilde{\theta})}{\partial \theta} = G(\tilde{\theta})'\tilde{\lambda}$，将其代入拉格朗日乘子检验统计量中，有

$$\text{LM} = n\left[\frac{\partial \hat{l}(\tilde{\theta})}{\partial \theta}\right]'\left[-\hat{H}(\tilde{\theta})\right]^{-1}\left[\frac{\partial \hat{l}(\tilde{\theta})}{\partial \theta}\right]$$

习题 9.10

假设第九章第四节的正则条件成立。证明在原假设 H_0：$g(\theta_0) = 0$ 下，基于 MLE $\hat{\theta}$ 的沃尔德检验统计量 W 渐近等价于《概率论与统计学》教材定理 9.3 的 LM 检验统计量。

解答：

LM 检验统计量和沃尔德检验统计量 W 分别为

$$\text{LM} = n\tilde{\lambda}'G(\tilde{\theta})\left[-\hat{H}(\tilde{\theta})\right]^{-1}G(\tilde{\theta})'\tilde{\lambda}$$

$$W = ng(\hat{\theta})'\left[-G(\hat{\theta})\hat{H}(\hat{\theta})^{-1}G(\hat{\theta})'\right]^{-1}g(\hat{\theta})$$

其中 $\tilde{\lambda}$ 和 $\tilde{\theta}$ 为有约束条件下的拉格朗日乘子和 MLE；$G(\theta) = \frac{\partial g(\theta)}{\partial \theta'}$ 为 $g(\theta)$ 的雅克比矩阵；$\hat{H}(\theta) = \frac{\partial^2 \hat{l}(\theta)}{\partial \theta \partial \theta'}$ 为样本黑塞矩阵，是对数似然函数的样本均值 $\hat{l}(\theta)$ 的黑塞矩阵；$\hat{\theta}$ 为无约束条件下的 MLE。我们要证明 $\text{LM} - W = o_p(1)$。回顾 LM 检验统计量，其拉格朗日函数为 $L(\theta, \lambda) = \hat{l}(\theta) - \lambda' g(\theta)$。由 FOC 条件得

$$\frac{\partial L}{\partial \theta} = \frac{\partial \hat{l}(\tilde{\theta})}{\partial \theta} - G(\tilde{\theta})'\tilde{\lambda} = 0$$

$$\frac{\partial L}{\partial \lambda} = g(\tilde{\theta}) = 0$$

因此

$$\frac{\partial\hat{l}(\tilde{\theta})}{\partial\theta}=G(\tilde{\theta})'\tilde{\lambda}$$

$$g(\tilde{\theta})=0$$

对上述两个方程的左边在点 $\theta=\hat{\theta}$ 处进行泰勒展开，得

$$G(\tilde{\theta})'\tilde{\lambda}=\frac{\partial\hat{l}(\hat{\theta})}{\partial\theta}+\frac{\partial^2\hat{l}(\bar{\theta}_a)}{\partial\theta\partial\theta'}(\tilde{\theta}-\hat{\theta})=\hat{H}(\bar{\theta}_a)(\tilde{\theta}-\hat{\theta}) \tag{9.6}$$

$$0=g(\hat{\theta})+G(\bar{\theta}_b)(\tilde{\theta}-\hat{\theta}) \tag{9.7}$$

其中 $\bar{\theta}_a=a\tilde{\theta}+(1-a)\hat{\theta}$，$\bar{\theta}_b=b\tilde{\theta}+(1-b)\hat{\theta}$，$a$，$b\in(0，1)$，且 $\hat{H}(\bar{\theta}_a)=\dfrac{\partial^2\hat{l}(\bar{\theta}_a)}{\partial\theta\partial\theta'}$ 是样本黑塞矩阵。由方程 (9.6) 可得 $(\tilde{\theta}-\hat{\theta})=\left[\hat{H}(\bar{\theta}_a)\right]^{-1}G(\tilde{\theta})'\tilde{\lambda}$。把此式代入方程 (9.7) 可得

$$g(\hat{\theta})=-G(\bar{\theta}_b)(\tilde{\theta}-\hat{\theta})=-G(\bar{\theta}_b)\left[\hat{H}(\bar{\theta}_a)\right]^{-1}G(\tilde{\theta})'\tilde{\lambda}$$

因此

$$\begin{aligned}W&=ng(\hat{\theta})'\left[-G(\hat{\theta})\hat{H}(\hat{\theta})^{-1}G(\hat{\theta})'\right]^{-1}g(\hat{\theta})\\&=n\tilde{\lambda}'G(\tilde{\theta})\left[\hat{H}(\bar{\theta}_a)\right]^{-1}G(\bar{\theta}_b)'\left[-G(\hat{\theta})\hat{H}(\hat{\theta})^{-1}G(\hat{\theta})'\right]^{-1}G(\bar{\theta}_b)\left[\hat{H}(\bar{\theta}_a)\right]^{-1}G(\tilde{\theta})'\tilde{\lambda}\end{aligned}$$

令

$$A_n=G(\tilde{\theta})\left[\hat{H}(\bar{\theta}_a)\right]^{-1}G(\bar{\theta}_b)'\left[-G(\hat{\theta})\hat{H}(\hat{\theta})^{-1}G(\hat{\theta})'\right]^{-1}G(\bar{\theta}_b)\left[\hat{H}(\bar{\theta}_a)\right]^{-1}G(\tilde{\theta})'$$

$$B_n=\left[-G(\hat{\theta})\hat{H}(\hat{\theta})^{-1}G(\hat{\theta})'\right]^{-1}$$

因为 $\hat{\theta}\xrightarrow{\text{p}}\theta_0$ 和 $\bar{\theta}_a\xrightarrow{\text{p}}\theta_0$，所以

$$\operatorname*{plim}_{n\to\infty}A_n=\operatorname*{plim}_{n\to\infty}B_n=\left[-G(\theta_0)\hat{H}(\theta_0)^{-1}G(\theta_0)'\right]^{-1}，\text{ i.e. }A_n-B_n=o_p(1)$$

从教材中 LM 检验的渐近分布的推导中，可知

$$\sqrt{n}\tilde{\lambda}=O_p(1) \tag{9.8}$$

因此，

$$\text{LM}-W=\sqrt{n}\tilde{\lambda}'(A_n-B_n)\sqrt{n}\tilde{\lambda}=O_p(1)o_p(1)O_p(1)=o_p(1)$$

因此，沃尔德检验统计量 W 渐近等价于 LM 检验统计量。

证毕。

习题 9.11

信息矩阵等式（《概率论与统计学》教材引理 8.3）在推导 LR 检验统计量的渐近分布时起到什么作用？若信息矩阵等式不成立，在原假设 H_0：$g(\theta_0)=0$ 下是否必然有 $LR \xrightarrow{d} \chi_J^2$。请给出推理过程。

解答：

如果信息矩阵等式不成立，我们就不能用它来简化 LM 统计量，那么

$$LM = n\tilde{\lambda}'G(\tilde{\theta})\hat{H}(\tilde{\theta})^{-1}G(\tilde{\theta})'\left[G(\tilde{\theta})\hat{H}(\tilde{\theta})^{-1}\hat{I}(\tilde{\theta})\hat{H}(\tilde{\theta})^{-1}G(\tilde{\theta})'\right]^{-1}G(\tilde{\theta})\hat{H}(\tilde{\theta})^{-1}G(\tilde{\theta})'\tilde{\lambda}$$

其中 $\tilde{\lambda}$ 和 $\tilde{\theta}$ 为有约束条件下的拉格朗日乘子和 MLE，$G(\theta)=\dfrac{\partial g(\theta)}{\partial \theta}$ 为 $g(\theta)$ 的梯度函数，$\hat{H}(\theta)=\dfrac{\partial^2 \hat{l}(\theta)}{\partial\theta\partial\theta'}$ 为对数似然函数的样本均值 $\hat{l}(\theta)$ 的黑塞矩阵，$\hat{I}(\theta)=\dfrac{\partial^2 \hat{l}(\theta)}{\partial\theta\partial\theta'}$ 为样本信息矩阵。

由习题 9.16 可得

$$LR = -\sqrt{n}\tilde{\lambda}'G(\tilde{\theta})\hat{H}(\bar{\theta}_b)^{-1}\hat{H}(\bar{\theta}_a)\hat{H}(\bar{\theta}_b)^{-1}G(\tilde{\theta})'\sqrt{n}\tilde{\lambda}$$

因此，$LM - LR \neq o_p(1)$，则 $LR \xrightarrow{d} \chi_J^2$ 不一定成立。

习题 9.12

假设 X^n 为来自伯努利分布 Bernoulli(p) 的 IID 随机样本，构建一个关于 H_0：$p \leqslant p_0$ 和 H_A：$p > p_0$ 的一致最大功效检验。给出推理过程。

解答：

首先，考虑似然比

$$\frac{f(X^n,\ p_1)}{f(X^n,\ p_2)} = \frac{p_1^{\sum_{i=1}^n X_i}(1-p_1)^{n-\sum_{i=1}^n X_i}}{p_2^{\sum_{i=1}^n X_i}(1-p_2)^{n-\sum_{i=1}^n X_i}} = \left[\frac{(1-p_2)p_1}{(1-p_1)p_2}\right]^{\sum_{i=1}^n X_i}\frac{(1-p_1)^n}{(1-p_2)^n}$$

当 $p_1 > p_2$ 时，$\dfrac{(1-p_2)p_1}{(1-p_1)p_2} > 1$。因此 $\dfrac{f(X^n,\ p_1)}{f(X^n,\ p_2)}$ 随着 $\sum\limits_{i=1}^n X_i$ 的增加而增加，即分布族 Bernoulli(p) 具有单调似然比。

根据 Shao（2003）中的定理 6.2，可求得 H_0 和 H_A 的一致最大功效检验。当检验水平为 α，临界值为 c 时，一致最大功效检验为

$$T(X^n)=\begin{cases}1, & \sum_{i=1}^{n} X_i < c \\ r, & \sum_{i=1}^{n} X_i = c \\ 0, & \sum_{i=1}^{n} X_i > c\end{cases}$$

其中 r 是使得 $P\left(\sum_{i=1}^{n} X_i \leqslant c|\mathrm{H}_0\right)=1-\alpha$ 的常数，且 $T(X_n)$ 为我们接受原假设 H_0 的概率。

习题 9.13

假设 X^n 为来自泊松分布 Poisson（λ）的 IID 随机样本，考虑检验假设检验 H_0： $\lambda=\lambda_0$ 和 H_A： $\lambda \neq \lambda_0$。分别构造沃尔德检验统计量 W、拉格朗日检验统计量 LM 及似然比检验统计量 LR，并给出推导过程。

解答：

由于 $X_i \sim \mathrm{Poisson}(\lambda)$，则有 $f_{X_i}(x_i)=\dfrac{\lambda^{x_i}}{x_i!}\mathrm{e}^{-\lambda}$。记 $\overline{X}=\sum_{i=1}^{n} X_i$ 令 $\hat{l}(\lambda)$ 表示样本对数似然函数的平均数，有

$$\hat{l}(\lambda)=\overline{X}\ln\lambda-\lambda-\frac{1}{n}\sum_{i=1}^{n}\ln X_i!$$

$$\hat{S}(\lambda)=\frac{\mathrm{d}\hat{l}(\lambda)}{\mathrm{d}\lambda}=\frac{\overline{X}}{\lambda}-1$$

$$\hat{H}(\lambda)=\frac{\mathrm{d}\hat{S}(\lambda)}{\mathrm{d}\lambda}=-\frac{\overline{X}}{\lambda^2}$$

$$g(\lambda)=\lambda-\lambda_0$$

$$G(\lambda)=\frac{\mathrm{d}g(\lambda)}{\mathrm{d}\lambda}=1$$

易得 MLE$\hat{\lambda}=\overline{X}$。所以沃尔德检验统计量为

$$W=ng(\hat{\lambda})'\left[-G(\hat{\lambda})\hat{H}(\hat{\lambda})^{-1}G(\hat{\lambda})'\right]^{-1}g(\lambda)=\frac{n}{\overline{X}}(\overline{X}-\lambda_0)^2$$

受约束优化问题的拉格朗日方程为

$$L(x,\ \lambda)=\hat{l}(\lambda)-\mu g(\lambda)=\overline{X}\ln\lambda-\lambda-\frac{1}{n}\sum_{i=1}^{n}\ln X_i!-\mu(\lambda-\lambda_0)$$

由 FOC 得

$$\frac{\partial L}{\partial \lambda} = \frac{\overline{X}}{\tilde{\lambda}} - 1 - \tilde{\mu} = 0$$
$$\frac{\partial L}{\partial \mu} = \tilde{\lambda} - \lambda_0 = 0$$

解得

$$\tilde{\lambda} = \lambda_0，\ \tilde{\mu} = \frac{\overline{X}}{\lambda_0} - 1$$

所以 LM 检验统计量为

$$\mathrm{LM} = n\tilde{\mu}G(\tilde{\lambda})\left[-\hat{H}(\tilde{\lambda})\right]^{-1}G(\tilde{\lambda})'\tilde{\mu} = \frac{n}{\overline{X}}(\overline{X} - \lambda_0)^2$$

LR 检验统计量为

$$\mathrm{LR} = 2n\left[\hat{l}(\hat{\lambda}) - \hat{l}(\tilde{\lambda})\right] = 2n\left(\overline{X}\ln\frac{\overline{X}}{\lambda_0} - \overline{X} + \lambda_0\right)$$

习题 9.14

假设第八章第三节的正则条件以及假设 9.3 成立，证明在原假设 H_0：$g(\theta) = \mathbf{0}$ 下，LM 和 LR 渐近等价。

证明：

记 $\tilde{\lambda}$ 和 $\tilde{\theta}$ 为有约束条件下的拉格朗日乘子和 MLE，$G(\theta) = \dfrac{\partial g(\theta)}{\partial \theta}$ 为 $g(\theta)$ 的梯度函数，$\hat{H}(\theta) = \dfrac{\partial^2 \hat{l}(\theta)}{\partial \theta \partial \theta'}$ 为对数似然函数的样本均值 $\hat{l}(\theta)$ 的黑塞矩阵，$\hat{\theta}$ 为无约束条件下的 MLE。由于

$$\mathrm{LR} = 2\ln\hat{\Lambda} = 2n\left[\hat{l}(\hat{\theta}) - \hat{l}(\tilde{\theta})\right]$$

将 $\hat{l}(\tilde{\theta})$ 在无约束 MLE 估计量 $\hat{\theta}$ 处作二阶泰勒展开。由 $\dfrac{\mathrm{d}}{\mathrm{d}\theta'}\hat{l}(\hat{\theta}) = 0$（无约束 MLE $\hat{\theta}$ 的一阶条件），得

$$\begin{aligned}\mathrm{LR} &= 2n\left\{\hat{l}(\hat{\theta}) - \left[\hat{l}(\hat{\theta}) + \frac{\mathrm{d}\hat{l}(\hat{\theta})}{\mathrm{d}\theta'}(\tilde{\theta} - \hat{\theta}) + \frac{1}{2}(\tilde{\theta} - \hat{\theta})'\frac{\mathrm{d}^2\hat{l}(\bar{\theta}_a)}{\mathrm{d}\theta\mathrm{d}\theta'}(\tilde{\theta} - \hat{\theta})\right]\right\} \\ &= \sqrt{n}(\tilde{\theta} - \hat{\theta})'\left[-\hat{H}(\bar{\theta}_a)\right]\sqrt{n}(\tilde{\theta} - \hat{\theta}) \qquad (9.9)\end{aligned}$$

其中存在 $a \in [0，1]$ 使得 $\bar{\theta}_a = a\tilde{\theta} + (1 - a)\hat{\theta}$。

在有约束 MLE 估计量 $\tilde{\theta}$ 处对 $\frac{\mathrm{d}}{\mathrm{d}\theta}\hat{l}(\hat{\theta})=\mathbf{0}$ 作泰勒展开得

$$\mathbf{0}=\frac{\mathrm{d}\hat{l}(\hat{\theta})}{\mathrm{d}\theta}=\frac{\mathrm{d}\hat{l}(\tilde{\theta})}{\mathrm{d}\theta}+\hat{H}(\bar{\theta}_b)(\hat{\theta}-\tilde{\theta})$$

其中 $\bar{\theta}_b$ 位于 $\tilde{\theta}$ 和 $\hat{\theta}$ 之间。由上式与有约束 MLE 估计量的一阶条件 $G(\tilde{\theta})'\tilde{\lambda}_n=-\frac{\mathrm{d}}{\mathrm{d}\theta}\hat{l}(\tilde{\theta})$，可得

$$\sqrt{n}(\hat{\theta}-\tilde{\theta})=-\hat{H}(\bar{\theta}_b)^{-1}\sqrt{n}\frac{\mathrm{d}\hat{l}(\tilde{\theta})}{\mathrm{d}\theta}=\hat{H}(\bar{\theta}_b)^{-1}G(\tilde{\theta})'\sqrt{n}\tilde{\lambda} \tag{9.10}$$

这一关系为拉格朗日乘子估计量 $\tilde{\lambda}$ 提供了另一种解释：其测度了无约束和有约束 MLE 估计量 $\hat{\theta}$ 和 $\tilde{\theta}$ 之间的差异。方程 (9.9) 和 (9.10) 推出

$$\mathrm{LR}=-\sqrt{n}\tilde{\lambda}'G(\tilde{\theta})\hat{H}(\bar{\theta}_b)^{-1}\hat{H}(\bar{\theta}_a)\hat{H}(\bar{\theta}_b)^{-1}G(\tilde{\theta})'\sqrt{n}\tilde{\lambda}$$

回忆 LM 统计量定义 $\mathrm{LM}=n\tilde{\lambda}'G(\tilde{\theta})\left[-\hat{H}(\tilde{\theta})\right]^{-1}G(\tilde{\theta})'\tilde{\lambda}$ 以及 $\sqrt{n}\tilde{\lambda}=O_p(1)$（方程 9.8）。因此，

$$\begin{aligned}\mathrm{LR}-\mathrm{LM}&=-\sqrt{n}\tilde{\lambda}'G(\tilde{\theta})\left[\hat{H}(\bar{\theta}_b)^{-1}\hat{H}(\bar{\theta}_a)\hat{H}(\bar{\theta}_b)^{-1}-\hat{H}(\tilde{\theta})^{-1}\right]G(\tilde{\theta})'\sqrt{n}\tilde{\lambda}\\&=O_p(1)o_p(1)O_p(1)=o_p(1)\end{aligned}$$

即在原假设 H_0 下，LR 和 LM 渐近等价。
证毕。

第十章

经典线性回归分析

章节回顾

随机变量（向量）X 和 Y 之间的回归关系可以用于研究 X 对 Y 的影响。本章介绍经典线性回归理论，读者一方面可以通过阅读本章快速了解线性回归理论，另一方面也可以为进一步学习现代计量经济学理论做好准备。关于线性回归分析和现代计量经济学，更进一步的讨论可见 Hong（2020）。本章引入以下记号：设 $\boldsymbol{Z} = (Y,\ \boldsymbol{X}')'$ 是随机向量，其中 $Y \in \boldsymbol{R}$，$\boldsymbol{X} = (1,\ X_1,\ \cdots,\ X_k)' \in \boldsymbol{R}^{k+1}$，$E(Y^2) < \infty$，$E(Y|\boldsymbol{X})$ 存在，称为 Y 基于 X 的回归函数。我们称 Y 为因变量或被解释变量，称 $\boldsymbol{X}$ 为自变量或解释变量。为了帮助读者在未来更好地学习计量经济学，本节尽量使用矩阵形式描述回归模型的性质，每一种矩阵描述都会在对应的习题解答中进一步展开为详细的变量形式。以下结论的具体推导和详细解释可见《概率论与统计学》教材。

1. 经典线性回归模型假设

假设 $\{Z_i\}_{i=1}^n$ 是一个容量为 n 的可观测随机样本，其中 $Z_i = (Y_i,\ \boldsymbol{X}_i')'$，$Y_i \in \boldsymbol{R}$，$\boldsymbol{X}_i = (1,\ X_{1i},\ \cdots,\ X_{ki})' \in \boldsymbol{R}^{k+1}$，$i = 1,\ \cdots,\ n$，$p = k+1$。我们希望通过 Z_i 推断 $E(Y_i|\boldsymbol{X}_i)$ 的信息。记 $Y = (Y_1,\ \cdots,\ Y_n)' \in \boldsymbol{R}^n$，$\boldsymbol{X} = (X_1,\ \cdots,\ X_n)' \in \boldsymbol{R}^{n\times p}$，$\boldsymbol{\varepsilon} = (\varepsilon_1,\ \cdots,\ \varepsilon_n)' \in \boldsymbol{R}^n$，$\varepsilon_i$ 是不可观测的随机扰动项，也称为误差项。首先介绍建立经典线性回归理论所需的基本假设。

（1）线性模型假设：$Y = \boldsymbol{X}\boldsymbol{\beta}^o + \boldsymbol{\varepsilon}$，其中 $\boldsymbol{\beta}^o \in \boldsymbol{R}^p$ 是数据生成过程的真实未知参数。

（2）严格外生性假设：$E(\boldsymbol{\varepsilon}|\boldsymbol{X}) = \boldsymbol{0}$。若 $\boldsymbol{X}$ 是非随机变量，严格外生性条件简化为：$E(\boldsymbol{\varepsilon}) = \boldsymbol{0}$；若 $\{Z_i\}_{i=1}^n$ 为 IID 随机样本，严格外生性条件简化为 $E(\varepsilon_i|\boldsymbol{X}_i) = 0$，$i = 1,\ \cdots,\ n$。

（3）非奇异假设：称 $\boldsymbol{X}'\boldsymbol{X} = \sum_{i=1}^{n} \boldsymbol{X}_i\boldsymbol{X}_i'$ 为随机样本 $\boldsymbol{X}$ 的信息矩阵，设以下条件成立：

① $\det \boldsymbol{X}'\boldsymbol{X} \neq 0$，即信息矩阵非奇异；

② $\lim_{n\to\infty} \lambda_{\min}(\boldsymbol{X}'\boldsymbol{X}) = \infty$，即随着样本容量的增加，信息矩阵的最小特征值趋于无穷大。

（4）球形误差方差假设：给定随机样本 $\boldsymbol{X}$，随机误差项 $\boldsymbol{\varepsilon}$ 满足 $E(\boldsymbol{\varepsilon\varepsilon}'|\boldsymbol{X}) = \sigma^2\boldsymbol{I}_n$，其中 $\boldsymbol{I}_n$ 是 n 阶单位矩阵，球形误差方差假设意味着：

① 条件同方差 $E(\varepsilon_i^2|\boldsymbol{X}) = \sigma^2 > 0$，$i = 1$，…，$n$；

② 条件非自相关 $E(\varepsilon_i\varepsilon_j|\boldsymbol{X}) = 0$，$\forall\, i \neq j$，$i$，$j = 1$，…，$n$。

2. 普通最小二乘估计

线性回归模型 $\boldsymbol{Y} = \boldsymbol{X\beta} + \boldsymbol{u}$ 的残差平方和定义为

$$\mathrm{SSR}(\boldsymbol{\beta}) \equiv (\boldsymbol{Y} - \boldsymbol{X\beta})'(\boldsymbol{Y} - \boldsymbol{X\beta}) = \boldsymbol{u}'\boldsymbol{u}$$

其中 $\boldsymbol{\beta} \in \boldsymbol{R}^p$ 是模型参数，$\boldsymbol{u} \in \boldsymbol{R}^p$ 是回归模型残差。普通最小二乘估计 $\hat{\boldsymbol{\beta}}$ 是最优化问题 $\min_{\beta\in\boldsymbol{R}^p} \mathrm{SSR}(\boldsymbol{\beta})$ 的解，即 $\hat{\beta} = \arg\min_{\beta\in\boldsymbol{R}^p} \mathrm{SSR}(\boldsymbol{\beta})$，$\hat{\boldsymbol{\beta}}$ 简称为 OLS 估计。

（1）OLS 的存在性：若经典线性回归模型的假设（1）和假设（3.i）成立，则 OLS 估计量 $\hat{\boldsymbol{\beta}}$ 存在，且 $\hat{\boldsymbol{\beta}} = (\boldsymbol{X}'\boldsymbol{X})^{-1}\boldsymbol{X}'\boldsymbol{Y}$。

（2）正交条件：记最小二乘估计的模型残差为 $\mathrm{e}_i = Y_i - \hat{Y}_i = (\boldsymbol{X}_i'\beta^o + \varepsilon_i) - \boldsymbol{X}_i'\hat{\beta}$，$i = 1$，…，$n$，记 $\mathrm{e} = (\mathrm{e}_1, \cdots, \mathrm{e}_n)'$。则由正交性条件 $\boldsymbol{X}'\mathrm{e} = \boldsymbol{0}$ 可以得到

$$\mathrm{e}'(\hat{\boldsymbol{Y}} - \overline{Y}\boldsymbol{1}_n) = \boldsymbol{e}'(\boldsymbol{X}\hat{\boldsymbol{\beta}} - \overline{Y}\boldsymbol{1}_n) = -\overline{Y}\mathrm{e}'\boldsymbol{1}_n$$

其中 $\overline{Y} = \sum_{i=1}^{n} Y_i$ 是样本均值，$\boldsymbol{1}_n = (1, \cdots, 1)' \in \boldsymbol{R}^n$。记 $v_1 = (1, 0, \cdots, 0)' \in \boldsymbol{R}^p$，那么 $v_1'\boldsymbol{X}'\mathrm{e} = \boldsymbol{1}_n'\mathrm{e} = 0$（因为 $\boldsymbol{X}'$ 的第一行是由 1 构成的行向量）。因此，有

$$\mathrm{e}'(\hat{\boldsymbol{Y}} - \overline{Y}\boldsymbol{1}_n) = \sum_{i=1}^{n} (\hat{Y}_i - \overline{Y})\mathrm{e}_i = 0 \tag{10.1}$$

3. 拟合优度与模型选择准则

我们常用以下指标衡量线性模型对于数据的拟合程度好坏：

（1）非中心化 R^2：非中心化多元相关系数平方 R^2 定义为 $R_{uc}^2 \equiv \dfrac{\hat{\boldsymbol{Y}}'\hat{\boldsymbol{Y}}}{\boldsymbol{Y}'\boldsymbol{Y}}$，其中 $\hat{\boldsymbol{Y}} = \boldsymbol{X}\hat{\boldsymbol{\beta}}$，对于 OLS 统计量，根据正交条件，非中心化 R^2 又可写作 $R_{uc}^2 = 1 - \dfrac{\boldsymbol{e}'\boldsymbol{e}}{\boldsymbol{Y}'\boldsymbol{Y}}$，

$\forall \boldsymbol{\beta} \in \boldsymbol{R}^p$，$0 \leqslant R_{uc}^2 \leqslant 1$。

（2）中心化 R^2（也叫决定系数）：决定系数定义为

$$R^2 \equiv 1 - \frac{\boldsymbol{e}'\boldsymbol{e}}{(\boldsymbol{Y} - \bar{Y}\boldsymbol{1}_n)'(\boldsymbol{Y} - \bar{Y}\boldsymbol{1}_n)}$$

对于 OLS 统计量，根据正交条件，中心化 R^2 又可写为

$$R^2 = \frac{(\hat{\boldsymbol{Y}} - \bar{Y}\boldsymbol{1}_n)'(\hat{\boldsymbol{Y}} - \bar{Y}\boldsymbol{1}_n)}{(\boldsymbol{Y} - \bar{Y}\boldsymbol{1}_n)'(\boldsymbol{Y} - \bar{Y}\boldsymbol{1}_n)} \tag{10.2}$$

事实上，由正交条件的结论 (10.1)，有

$$(\boldsymbol{Y} - \bar{Y}\boldsymbol{1}_n)'(\boldsymbol{Y} - \bar{Y}\boldsymbol{1}_n) = (\hat{\boldsymbol{Y}} - \bar{Y}\boldsymbol{1}_n)'(\hat{\boldsymbol{Y}} - \bar{Y}\boldsymbol{1}_n) + \boldsymbol{e}'\boldsymbol{e} \tag{10.3}$$

注意，只有在 X_i 包含截距项时，中心化 $R^2 \in [0,\ 1]$。另外，中心化 R^2 会随着自变量数目的增加而增加，因此中心化 R^2 只能用于自变量数目相等时的线性回归模型的比较。

（3）Akaike（赤池）信息准则（AIC）：线性回归模型可通过选择合适的未知参数数目 p，以最小化所谓的 Akaike 信息准则，即 AIC 准则来选择模型，$\text{AIC} = \ln(s^2) + \dfrac{2p}{n}$，其中 $s^2 = \dfrac{\boldsymbol{e}'\boldsymbol{e}}{n-p}$ 是 $E(\varepsilon_i^2) = \sigma^2$ 的残差方差估计量，第一项 $\ln(s^2)$ 测度模型的拟合优度，而第二项 $2p/n$ 测度模型的复杂程度。

（4）贝叶斯信息准则（BIC）：线性回归模型也可以通过选择合适的维数 p，以最小化以下所谓的贝叶斯信息准则，即 BIC 准则来选择模型，$\text{BIC} = \ln(s^2) + \dfrac{p \ln n}{n}$。

（5）调整后 R^2：通过对中心化 R^2 的自由度进行调整以消除残差方差估计量的偏差和被解释变量 Y 的方差估计的偏差，可以得到调整后的 R^2

$$\bar{R}^2 = 1 - \frac{\boldsymbol{e}'\boldsymbol{e}/(n-p)}{(n-1)^{-1}(\boldsymbol{Y} - \bar{Y}\boldsymbol{1}_n)'(\boldsymbol{Y} - \bar{Y}\boldsymbol{1}_n)}$$

$\bar{R}^2$ 可能取负值。在习题 10.4 中，我们会证明 $\bar{R}^2 = 1 - \dfrac{n-1}{n-p}(1-R^2)$。

4. OLS 估计量的性质

若经典线性回归模型中除假设（3.ii）外其他假设成立，那么对所有 $n > p$，OLS 具有如下性质：

（1）无偏性：$E(\hat{\boldsymbol{\beta}}|\boldsymbol{X}) = \boldsymbol{\beta}^o$。

（2）方差结构：$\text{var}(\hat{\boldsymbol{\beta}}|\boldsymbol{X}) = E\{[\hat{\boldsymbol{\beta}} - E(\hat{\boldsymbol{\beta}}|\boldsymbol{X})][\hat{\boldsymbol{\beta}} - E(\hat{\boldsymbol{\beta}}|\boldsymbol{X})]'|\boldsymbol{X}\} = \sigma^2(\boldsymbol{X}'\boldsymbol{X})^{-1}$。

（3）正交性：$\text{cov}(\hat{\boldsymbol{\beta}},\ \boldsymbol{e}|\boldsymbol{X}) = \boldsymbol{0}$。

（4）高斯-马尔科夫定理：对 $\boldsymbol{\beta}^o$ 的任一线性无偏估计量 $\hat{\boldsymbol{b}}$，$\text{var}(\hat{\boldsymbol{b}}|\boldsymbol{X}) - \text{var}(\hat{\boldsymbol{\beta}}|\boldsymbol{X})$ 是

半正定矩阵，即 $\hat{\boldsymbol{\beta}}$ 是最有效的线性无偏估计，记作 BLUE（best linear unbiased estimator）。

（5）残差方差估计量 $s^2 = \frac{\boldsymbol{e}'\boldsymbol{e}}{n-p} = \frac{1}{n-p}\sum_{i=1}^{n} e_i^2$ 是 $\sigma^2 = E(\varepsilon_i^2)$ 的无偏估计量，即 $E(s^2|\boldsymbol{X}) = \sigma^2$。

5. OLS 估计量的抽样分布

为了推导有限样本下 OLS 的抽样分布，假设 $\boldsymbol{\varepsilon}|\boldsymbol{X} \sim N(\boldsymbol{0},\ \sigma^2\boldsymbol{I}_n)$，信息矩阵 $\boldsymbol{X}'\boldsymbol{X}$ 非奇异，那么

（1）$(\hat{\boldsymbol{\beta}} - \boldsymbol{\beta}^o)|\boldsymbol{X} \sim N\left[\boldsymbol{0},\ \sigma^2(\boldsymbol{X}'\boldsymbol{X})^{-1}\right]$；

（2）$\forall \boldsymbol{R} \in \boldsymbol{R}^{J\times p}$ 为非随机矩阵，$\boldsymbol{R}(\hat{\boldsymbol{\beta}} - \beta^o)|\boldsymbol{X} \sim N\left[\boldsymbol{0},\ \sigma^2\boldsymbol{R}(\boldsymbol{X}'\boldsymbol{X})^{-1}\boldsymbol{R}'\right]$；

（3）残差方差估计量 $\frac{(n-p)s^2}{\sigma^2}|\boldsymbol{X} = \frac{\boldsymbol{e}'\boldsymbol{e}}{\sigma^2}|\boldsymbol{X} \sim \chi^2_{n-p}$，并且 s^2 与 $\hat{\boldsymbol{\beta}}$ 独立。

6. 参数假设检验

假设线性回归模型正确设定，信息矩阵非奇异，并且 $\boldsymbol{\varepsilon}|\boldsymbol{X} \sim N(\boldsymbol{0},\ \sigma^2\boldsymbol{I}_n)$，根据 $\hat{\boldsymbol{\beta}}$ 和 s^2 的抽样分布，考虑以下假设 H_0：$\boldsymbol{R\beta}^0 = \boldsymbol{r}$，其中 $\boldsymbol{R} \in \boldsymbol{R}^{J\times p}$ 是一个非随机的选择矩阵，$\boldsymbol{r} \in \boldsymbol{R}^J$ 是非随机向量，J 是对 $\boldsymbol{\beta}^0$ 的限制条件个数。假设 $J \leqslant p$，即参数的限制条件个数不超过未知参数 $\boldsymbol{\beta}^0$ 的维数。以下介绍两种检验统计量，它们分别对应 $J = 1$ 和 $J \geqslant 1$ 的情形：当 $J = 1$ 时，使用 t 检验；当 $J \geqslant 1$ 时，使用 F 检验。

（1）t 检验：当 $J = 1$ 时，在 H_0 下有

$$\frac{\boldsymbol{R}\hat{\boldsymbol{\beta}} - \boldsymbol{r}}{\sqrt{\mathrm{var}(\boldsymbol{R}\hat{\boldsymbol{\beta}} - \boldsymbol{r}|\boldsymbol{X})}} = \frac{\boldsymbol{R}\hat{\boldsymbol{\beta}} - \boldsymbol{r}}{\sqrt{\sigma^2\boldsymbol{R}(\boldsymbol{X}'\boldsymbol{X})^{-1}\boldsymbol{R}'}} \sim N(0,\ 1)$$

由于需要使用 s^2 估计 σ^2，得到如下 T 检验统计量

$$T = \frac{\boldsymbol{R}\hat{\boldsymbol{\beta}} - \boldsymbol{r}}{\sqrt{s^2\boldsymbol{R}(\boldsymbol{X}'\boldsymbol{X})^{-1}\boldsymbol{R}'}} \sim t_{n-p}$$

并且在 H_0 下随着 $n \to \infty$，$T \xrightarrow{\mathrm{d}} N(0,\ 1)$。

（2）F 检验：当 $J \geqslant 1$ 时，在 H_0 下有

$$\frac{(\boldsymbol{R}\hat{\boldsymbol{\beta}} - \boldsymbol{r})'\left[\boldsymbol{R}(\boldsymbol{X}'\boldsymbol{X})^{-1}\boldsymbol{R}'\right]^{-1}(\boldsymbol{R}\hat{\boldsymbol{\beta}} - \boldsymbol{r})}{\sigma^2}|\boldsymbol{X} \sim \chi^2_J$$

因此检验统计量

$$F = \frac{(\boldsymbol{R}\hat{\boldsymbol{\beta}} - \boldsymbol{r})'\left[\boldsymbol{R}(\boldsymbol{X}'\boldsymbol{X})^{-1}\boldsymbol{R}'\right]^{-1}(\boldsymbol{R}\hat{\boldsymbol{\beta}} - \boldsymbol{r})/J}{s^2} \sim F_{J,\ n-p}$$

并且在 H_0 下，随着 $n \to \infty$，$JF \xrightarrow{\mathrm{d}} \chi^2_J$。

7. 广义最小二乘估计

在推导普通最小二乘估计的抽样分布时，我们假设 $\boldsymbol{\varepsilon}|\boldsymbol{X} \sim N(0, \sigma^2 \boldsymbol{I}_n)$。但是条件同方差和条件非自相关时，此假设并不成立。一般地，我们假设 $\boldsymbol{\varepsilon}|\boldsymbol{X} \sim N(0, \sigma^2 \boldsymbol{V})$，其中 $\boldsymbol{V} = V(\boldsymbol{X})$ 是一个已知的 n 阶对称有限正定方阵。

（1）OLS 估计量的性质：假设信息矩阵非奇异，若 $\boldsymbol{\varepsilon}|\boldsymbol{X} \sim N(0, \sigma^2 \boldsymbol{V})$，其中 $\boldsymbol{V} = V(\boldsymbol{X})$ 是一个已知的 n 阶有界对称正定方阵，那么在其他经典假设成立时，有

① 无偏性：$E(\hat{\boldsymbol{\beta}}|\boldsymbol{X}) = \boldsymbol{\beta}^o$；

② 方差结构：$\operatorname{var}(\hat{\boldsymbol{\beta}}|\boldsymbol{X}) = \sigma^2(\boldsymbol{X}'\boldsymbol{X})^{-1}\boldsymbol{X}'\boldsymbol{V}\boldsymbol{X}(\boldsymbol{X}'\boldsymbol{X})^{-1} \neq \sigma^2(\boldsymbol{X}'\boldsymbol{X})^{-1}$；

③ 正态分布：$\hat{\boldsymbol{\beta}} - \boldsymbol{\beta}^o|\boldsymbol{X} \sim \mathrm{N}\left[\boldsymbol{0}, \sigma^2(\boldsymbol{X}'\boldsymbol{X})^{-1}\boldsymbol{X}'\boldsymbol{V}\boldsymbol{X}(\boldsymbol{X}'\boldsymbol{X})^{-1}\right]$；

④ 相关性：$\operatorname{cov}(\hat{\boldsymbol{\beta}}, \boldsymbol{e}|\boldsymbol{X}) \neq \boldsymbol{0}$。

如果我们把正态分布的假设替换为 $E(\boldsymbol{\varepsilon}|\boldsymbol{X}) = 0$，$\operatorname{var}(\boldsymbol{\varepsilon}|\boldsymbol{X}) = \sigma^2\boldsymbol{V}$，结论①、②和④仍然成立。

（2）广义最小二乘估计的构造：注意到任一 n 阶正定矩阵 $\boldsymbol{V}$ 可以分解为 $\boldsymbol{V} = \boldsymbol{C}^{-1}(\boldsymbol{C}')^{-1}$，其中 $\boldsymbol{C}$ 是 n 阶非奇异方阵，那么我们可以对原来的线性回归模型做变换：

$$\boldsymbol{Y} = \boldsymbol{X}\boldsymbol{\beta} + \boldsymbol{u} \implies \boldsymbol{C}\boldsymbol{Y} = \boldsymbol{C}\boldsymbol{X}\boldsymbol{\beta} + \boldsymbol{C}\boldsymbol{u}$$

将变换后的模型记作 $\boldsymbol{Y}^* = \boldsymbol{X}^*\boldsymbol{\beta} + \boldsymbol{u}^*$，此时未知的真实数据生成过程也变为 $\boldsymbol{Y}^* = \boldsymbol{X}^*\boldsymbol{\beta}^o + \boldsymbol{\varepsilon}^*$，变换后的 OLS 估计量 $\hat{\boldsymbol{\beta}}^*$ 称为广义最小估计量，记作 GLS：

$$\hat{\boldsymbol{\beta}}^* = (\boldsymbol{X}^{*\prime}\boldsymbol{X}^*)^{-1}\boldsymbol{X}^{*\prime}\boldsymbol{Y}^* = (\boldsymbol{X}'\boldsymbol{V}^{-1}\boldsymbol{X})^{-1}\boldsymbol{X}'\boldsymbol{V}^{-1}\boldsymbol{Y}$$

（3）GLS 的性质：由于 GLS 在形式上是变换后模型的 OLS，因此它具有和 OLS 相似的性质。若数据生成过程是线性的，严格外生性假设成立，信息矩阵非奇异，并且 $\operatorname{var}(\boldsymbol{\varepsilon}|\boldsymbol{X}) = \boldsymbol{V} = V(\boldsymbol{X})$ 是一个已知的 n 阶有界对称正定方阵，那么

① 无偏性：$E(\hat{\boldsymbol{\beta}}^*|\boldsymbol{X}) = \boldsymbol{\beta}^o$；

② 方差结构：$\operatorname{var}(\hat{\boldsymbol{\beta}}^*|\boldsymbol{X}) = \sigma^2(\boldsymbol{X}^{*\prime}\boldsymbol{X}^*)^{-1} = \sigma^2\left(\boldsymbol{X}'\boldsymbol{V}^{-1}\boldsymbol{X}\right)^{-1}$；

③ 不相关：$\operatorname{cov}(\hat{\boldsymbol{\beta}}^*, \boldsymbol{e}^*|\boldsymbol{X}) = \boldsymbol{0}$；其中 $\boldsymbol{e}^* = \boldsymbol{Y}^* - \boldsymbol{X}^*\hat{\boldsymbol{\beta}}^*$；

④ 高斯-马尔科夫定理：$\hat{\boldsymbol{\beta}}^*$ 是最优线性无偏估计量（BLUE）；

⑤ 残差方差估计量：$E(s^{*2}|\boldsymbol{X}) = \sigma^2$，其中 $s^{*2} = \dfrac{\boldsymbol{e}^{*\prime}\boldsymbol{e}^*}{n-p}$；

（4）类似地，若我们假设条件正态分布，那么可以得到变换后对应的参数检验统计量为

① $T^* = \dfrac{\boldsymbol{R}\hat{\boldsymbol{\beta}}^* - \boldsymbol{r}}{\sqrt{s^{*2}\boldsymbol{R}(\boldsymbol{X}^{*\prime}\boldsymbol{X}^*)^{-1}\boldsymbol{R}'}} \sim t_{n-p}$，

② $F^* = \dfrac{(\boldsymbol{R}\hat{\boldsymbol{\beta}}^* - \boldsymbol{r})'\left[\boldsymbol{R}(\boldsymbol{X}^{*\prime}\boldsymbol{X}^*)^{-1}\boldsymbol{R}'\right]^{-1}(\boldsymbol{R}\hat{\boldsymbol{\beta}}^* - \boldsymbol{r})/J}{s^{*2}} \sim F_{J,\ n-p}$。

习题解答

习题 10.1

假设 $\boldsymbol{Y} = \boldsymbol{X}\boldsymbol{\theta}_0 + \boldsymbol{\varepsilon}$，$\boldsymbol{X}'\boldsymbol{X}$ 是非奇异矩阵。令 $\hat{\boldsymbol{\theta}} = (\boldsymbol{X}'\boldsymbol{X})^{-1}\boldsymbol{X}'\boldsymbol{Y}$ 为 OLS 估计量且 $\boldsymbol{e} = \boldsymbol{Y} - \boldsymbol{X}\hat{\boldsymbol{\theta}}$ 为 $n \times 1$ 维估计残差向量。定义一个 $n \times n$ 维投影矩阵 $\boldsymbol{P} = \boldsymbol{X}(\boldsymbol{X}'\boldsymbol{X})^{-1}\boldsymbol{X}'$ 与 $\boldsymbol{M} = \boldsymbol{I} - \boldsymbol{P}$，其中 $\boldsymbol{I}$ 是 $n \times n$ 单位矩阵。证明：

（1）$\boldsymbol{X}'\boldsymbol{e} = 0$；

（2）$\hat{\boldsymbol{\theta}} - \boldsymbol{\theta}_0 = (\boldsymbol{X}'\boldsymbol{X})^{-1}\boldsymbol{X}'\boldsymbol{\varepsilon}$；

（3）$\boldsymbol{P}$ 与 $\boldsymbol{M}$ 对称且幂等（即 $\boldsymbol{P}^2 = \boldsymbol{P}$，$\boldsymbol{M}^2 = \boldsymbol{M}$），$\boldsymbol{P}\boldsymbol{X} = \boldsymbol{X}$ 且 $\boldsymbol{M}\boldsymbol{X} = \boldsymbol{0}$；

（4）$\mathrm{SSR}(\hat{\boldsymbol{\theta}}) \equiv \boldsymbol{e}'\boldsymbol{e} = \boldsymbol{Y}'\boldsymbol{M}\boldsymbol{Y} = \boldsymbol{\varepsilon}'\boldsymbol{M}\boldsymbol{\varepsilon}$。

证明：

（1）

$$\boldsymbol{X}'\boldsymbol{e} = \boldsymbol{X}'(Y - \boldsymbol{X}\hat{\boldsymbol{\theta}}) = \boldsymbol{X}'\left[Y - \boldsymbol{X}(\boldsymbol{X}'\boldsymbol{X})^{-1}\boldsymbol{X}'Y\right] = \left[\boldsymbol{X}' - (\boldsymbol{X}'\boldsymbol{X})(\boldsymbol{X}'\boldsymbol{X})^{-1}\boldsymbol{X}'\right]Y = 0$$

（2）

$$\begin{aligned}\hat{\boldsymbol{\theta}} - \boldsymbol{\theta}_0 &= (\boldsymbol{X}'\boldsymbol{X})^{-1}\boldsymbol{X}'Y - \boldsymbol{\theta}_0 \\ &= (\boldsymbol{X}'\boldsymbol{X})^{-1}\boldsymbol{X}'(\boldsymbol{X}\boldsymbol{\theta}_0 + \varepsilon) - \boldsymbol{\theta}_0 \\ &= (\boldsymbol{X}'\boldsymbol{X})^{-1}(\boldsymbol{X}'\boldsymbol{X})\boldsymbol{\theta}_0 + (\boldsymbol{X}'\boldsymbol{X})^{-1}\boldsymbol{X}'\varepsilon - \boldsymbol{\theta}_0 \\ &= (\boldsymbol{X}'\boldsymbol{X})^{-1}\boldsymbol{X}'\varepsilon\end{aligned}$$

（3）首先证明 P 对称且幂等。

$$P' = \left[\boldsymbol{X}(\boldsymbol{X}'\boldsymbol{X})^{-1}\boldsymbol{X}'\right]' = \boldsymbol{X}\left[(\boldsymbol{X}'\boldsymbol{X})'\right]^{-1}\boldsymbol{X}' = \boldsymbol{X}(\boldsymbol{X}'\boldsymbol{X})^{-1}\boldsymbol{X}' = P$$

$$P^2 = \boldsymbol{X}(\boldsymbol{X}'\boldsymbol{X})^{-1}\boldsymbol{X}' \cdot \boldsymbol{X}(\boldsymbol{X}'\boldsymbol{X})^{-1}\boldsymbol{X}' = \boldsymbol{X}(\boldsymbol{X}'\boldsymbol{X})^{-1}(\boldsymbol{X}'\boldsymbol{X})(\boldsymbol{X}'\boldsymbol{X})^{-1}\boldsymbol{X}' = \boldsymbol{X}(\boldsymbol{X}'\boldsymbol{X})^{-1}\boldsymbol{X}' = P$$

由 $P' = P$，可知 M 对称，即

$$M' = (I - P)' = I' - P' = I - P = M$$

因为单位矩阵与任意矩阵可交换，有

$$M^2=(I-P)^2=I-2P+P^2=I-2P+P=I-P=M$$

即 $M^2=M$。根据定义可以得到

$$\boldsymbol{P X}=\boldsymbol{X}(\boldsymbol{X}'\boldsymbol{X})^{-1}\boldsymbol{X}'\boldsymbol{X}=\boldsymbol{X}$$

$$\boldsymbol{M X}=I-P)\boldsymbol{X}=\boldsymbol{X}-P\boldsymbol{X}=\boldsymbol{X}-\boldsymbol{X}=0$$

（4）因为

$$\boldsymbol{e}=Y-\boldsymbol{X}\hat{\boldsymbol{\theta}}=Y-\boldsymbol{X}(\boldsymbol{X}'\boldsymbol{X})^{-1}\boldsymbol{X}'Y=(I-P)Y=MY=M\boldsymbol{X}\boldsymbol{\theta}_0+M\varepsilon \tag{10.4}$$

将 $M\boldsymbol{X}=0$ 代入式 (10.4)，得到 $\boldsymbol{e}=M\varepsilon$。故

$$\mathrm{SSR}(\hat{\boldsymbol{\theta}})=\boldsymbol{e}'\boldsymbol{e}=(M\varepsilon)'M\varepsilon=\varepsilon'M'M\varepsilon=\varepsilon'M^2\varepsilon=\varepsilon'M\varepsilon$$

习题 10.2

考虑双变量线性回归模型

$$Y_i=\boldsymbol{X}_i'\boldsymbol{\theta}_0+\varepsilon_i,\quad i=1,\ \cdots,\ n$$

其中 $X_i=(1,\ X_{1i})'$，$\boldsymbol{\theta}_0=(\alpha_0,\ \beta_0)'$，$\varepsilon_i$ 是随机扰动项。

（1）令 $\hat{\boldsymbol{\theta}}=(\hat{\alpha},\ \hat{\beta})'$ 为 OLS 估计量。证明：$\hat{\alpha}=\overline{Y}-\hat{\beta}\overline{X}_1$，且

$$\begin{aligned}\hat{\beta}&=\frac{\sum_{i=1}^{n}(X_{1i}-\overline{X}_1)(Y_i-\overline{Y})}{\sum_{i=1}^{n}(X_{1i}-\overline{X}_1)^2}\\&=\frac{\sum_{i=1}^{n}(X_{1i}-\overline{X}_1)Y_i}{\sum_{i=1}^{n}(X_{1i}-\overline{X}_1)^2}\\&=\sum_{i=1}^{n}C_iY_i\end{aligned}$$

其中 $C_i=(X_{1i}-\overline{X}_1)/\sum_{i=1}^{n}(X_{1i}-\overline{X}_1)^2$。

（2）假设 $\boldsymbol{X}=(X_{11},\ \cdots,\ X_{1n})'$ 和 $\boldsymbol{\varepsilon}=(\varepsilon_1,\ \cdots,\ \varepsilon_n)'$ 是相互独立的，证明：

$$\mathrm{var}(\hat{\beta}|\boldsymbol{X}) = \sigma_{\varepsilon}^2/\left[(n-1)S_{X_1}^2\right]$$

其中 $S_{X_1}^2$ 是 $\{X_{1i}\}_{i=1}^n$ 的样本方差。这个结果表明，$\{X_{1i}\}$ 的方差越大，β_0 的 OLS 估计越准确。

（3）令 $\hat{\rho}$ 表示 Y_i 和 X_{1i} 之间的样本相关系数，即

$$\hat{\rho} = \frac{\sum_{i=1}^{n}(X_{1i}-\overline{X}_1)(Y_i-\overline{Y})}{\sqrt{\sum_{i=1}^{n}(X_{1i}-\overline{X}_1)^2\sum_{i=1}^{n}(Y_i-\overline{Y})^2}}$$

证明：$R^2=\hat{\rho}^2$。因此，$\{Y_i\}_{i=1}^n$ 和 $\{X_{1i}\}_{i=1}^n$ 之间的样本相关系数的平方是 Y_i 的样本方差可被预测值 $\widehat{Y}_i$ 所解释的比例。这也表明，R^2 测度了 $\{Y_i\}_{i=1}^n$ 和 $\{X_{1i}\}_{i=1}^n$ 之间的样本线性相关程度。

证明：

（1）令 $\boldsymbol{Y}=(Y_1, Y_2, \cdots, Y_n)'$，$\tilde{\boldsymbol{X}}=(\mathbf{1}_n, \boldsymbol{X})$，那么

$$\tilde{\boldsymbol{X}}'\tilde{\boldsymbol{X}} = \begin{pmatrix} n & \sum_{i=1}^{n}X_{1i} \\ \sum_{i=1}^{n}X_{1i} & \sum_{i=1}^{n}X_{1i}^2 \end{pmatrix}$$

$\det\tilde{\boldsymbol{X}}'\tilde{\boldsymbol{X}}=0$ 当且仅当 X_{1i} 同分布于某一退化分布。不妨认为 $\tilde{\boldsymbol{X}}'\tilde{\boldsymbol{X}}$ 非奇异，可以得到

$$(\tilde{\boldsymbol{X}}'\tilde{\boldsymbol{X}})^{-1} = \frac{1}{n\sum_{i=1}^{n}X_{1i}^2-\left(\sum_{i=1}^{n}X_{1i}\right)^2}\begin{pmatrix} \sum_{i=1}^{n}X_{1i}^2 & -\sum_{i=1}^{n}X_{1i} \\ -\sum_{i=1}^{n}X_{1i} & n \end{pmatrix}$$

所以最小二乘估计量为

$$\begin{aligned}\hat{\boldsymbol{\theta}} &= (\hat{\alpha}, \hat{\beta})' = (\tilde{\boldsymbol{X}}'\tilde{\boldsymbol{X}})^{-1}\tilde{\boldsymbol{X}}'\boldsymbol{Y} \\ &= \frac{1}{n\sum_{i=1}^{n}X_{1i}^2-\left(\sum_{i=1}^{n}X_{1i}\right)^2}\begin{pmatrix} \sum_{i=1}^{n}X_{1i}^2 & -\sum_{i=1}^{n}X_{1i} \\ -\sum_{i=1}^{n}X_{1i} & n \end{pmatrix}\begin{pmatrix} \sum_{i=1}^{n}Y_i \\ \sum_{i=1}^{n}X_{1i}Y_i \end{pmatrix}\end{aligned}$$

$$= \frac{1}{\overline{X_1^2} - \overline{X}_1^2} \begin{pmatrix} \overline{X_1^2} & -\overline{X}_1 \\ -\overline{X}_1 & 1 \end{pmatrix} \begin{pmatrix} \overline{Y} \\ \overline{X_1 Y} \end{pmatrix} = \frac{1}{\overline{X_1^2} - \overline{X}_1^2} \begin{pmatrix} \overline{X_1^2}\overline{Y} - \overline{X}_1 \overline{X_1 Y} \\ \overline{X_1 Y} - \overline{X}_1 \overline{Y} \end{pmatrix}$$

因此，

$$\hat{\alpha} - \overline{Y} + \hat{\beta}\overline{X}_1 = \frac{\overline{X_1^2}\overline{Y} - \overline{X}_1 \overline{X_1 Y}}{\overline{X_1^2} - \overline{X}_1^2} - \overline{Y} + \frac{\overline{X_1 Y} - \overline{X}_1 \overline{Y}}{\overline{X_1^2} - \overline{X}_1^2}\overline{X}_1 \tag{10.5}$$

$$= \frac{1}{\overline{X_1^2} - \overline{X}_1^2}(\overline{X_1^2}\overline{Y} - \overline{X}_1 \overline{X_1 Y} - \overline{X_1^2}\overline{Y} + \overline{X}_1^2\overline{Y} + \overline{X}_1 \overline{X_1 Y} - \overline{X}_1^2\overline{Y}) = 0$$

其中式 (10.5) 等号成立源于下式：

$$\hat{\beta} = \frac{\sum_{i=1}^{n}(X_{1i} - \overline{X}_1)(Y_i - \overline{Y})}{\sum_{i=1}^{n}(X_{1i} - \overline{X}_1)^2}$$

$$= \frac{n\overline{X_1 Y} - n\overline{X}_1 \overline{Y}}{n\overline{X_1^2} - n\overline{X}_1^2}$$

$$= \frac{\overline{X_1 Y} - \overline{X}_1 \overline{Y}}{\overline{X_1^2} - \overline{X}_1^2}$$

故 $\hat{\alpha} = \overline{Y} - \hat{\beta}\overline{X}_1$。下面证明题目中关于 $\hat{\beta}$ 的表达式：

$$\hat{\beta} = \frac{\sum_{i=1}^{n}(X_{1i} - \overline{X}_1)(Y_i - \overline{Y})}{\sum_{i=1}^{n}(X_{1i} - \overline{X}_1)^2}$$

$$= \frac{\sum_{i=1}^{n}(X_{1i} - \overline{X}_1)Y_i - \overline{Y}\sum_{i=1}^{n}(X_{1i} - \overline{X}_1)}{\sum_{i=1}^{n}(X_{1i} - \overline{X}_1)^2}$$

$$= \frac{\sum_{i=1}^{n}(X_{1i} - \overline{X}_1)Y_i - \overline{Y}\left(\sum_{i=1}^{n} X_{1i} - n\overline{X}_1\right)}{\sum_{i=1}^{n}(X_{1i} - \overline{X}_1)^2}$$

$$= \frac{\sum_{i=1}^{n}(X_{1i} - \overline{X}_1)Y_i}{\sum_{i=1}^{n}(X_{1i} - \overline{X}_1)^2} = \sum_{i=1}^{n} C_i Y_i$$

得证。

（2）因为 $\boldsymbol{X}$ 和 $\boldsymbol{\varepsilon}$ 独立，由回归恒等式可知 $\mathrm{var}(\boldsymbol{Y}|\boldsymbol{X}) = \mathrm{var}(\boldsymbol{\varepsilon}|\boldsymbol{X}) = \mathrm{var}(\boldsymbol{\varepsilon})$。因此，

$$\begin{aligned}\mathrm{var}(\hat{\beta}|\boldsymbol{X}) &= \mathrm{var}\left(\sum_{i=1}^{n} C_i Y_i|\boldsymbol{X}\right) = \sum_{i=1}^{n} C_i^2 \mathrm{var}(Y_i|\boldsymbol{X}) \\ &= \sigma_{\varepsilon}^2 \sum_{i=1}^{n} C_i^2 = \sigma_{\varepsilon}^2 \sum_{i=1}^{n} \frac{(X_{1i}-\overline{X}_1)^2}{\left[\sum_{i=1}^{n}(X_{1i}-\overline{X}_1)^2\right]^2} \\ &= \frac{\sigma_{\varepsilon}^2}{\sum_{i=1}^{n}(X_{1i}-\overline{X}_1)^2} = \frac{\sigma_{\varepsilon}^2}{(n-1)S_{X_1}^2}\end{aligned}$$

（3）因为 X_i 包含截距项，由式 (10.2) 可得

$$R^2 \equiv \frac{\sum_{i=1}^{n}(\hat{Y}_i-\overline{Y})^2}{\sum_{i=1}^{n}(Y_i-\overline{Y})^2} = \frac{\sum_{i=1}^{n}(\hat{Y}_i-\overline{Y})^2 \sum_{i=1}^{n}(X_{1i}-\overline{X}_1)^2}{\sum_{i=1}^{n}(Y_i-\overline{Y})^2 \sum_{i=1}^{n}(X_{1i}-\overline{X}_1)^2}$$

因此只需证明

$$\sum_{i=1}^{n}(\hat{Y}_i-\overline{Y})^2 \sum_{i=1}^{n}(X_{1i}-\overline{X}_1)^2 = \left[\sum_{i=1}^{n}(X_{1i}-\overline{X})(Y_i-\overline{Y})\right]^2$$

因为 $\hat{Y}_i-\overline{Y} = \hat{\alpha}+\hat{\beta}X_{1i}-\overline{Y} = \overline{Y}-\hat{\beta}\overline{X}_1+\hat{\beta}X_{1i}-\overline{Y} = \hat{\beta}(X_{1i}-\overline{X}_1)$，所以

$$\begin{aligned}&\sum_{i=1}^{n}(\hat{Y}_i-\overline{Y})^2 \sum_{i=1}^{n}(X_{1i}-\overline{X}_1)^2 \\ &= \sum_{i=1}^{n}\hat{\beta}^2(X_{1i}-\overline{X}_1)^2 \cdot \sum_{i=1}^{n}(X_{1i}-\overline{X}_1)^2 \\ &= \sum_{i=1}^{n}\left\{\left[\frac{\sum_{i=1}^{n}(X_{1i}-\overline{X}_1)(Y_i-\overline{Y})}{\sum_{i=1}^{n}(X_{1i}-\overline{X}_1)^2}\right]^2 (X_{1i}-\overline{X}_1)^2\right\} \cdot \sum_{i=1}^{n}(X_{1i}-\overline{X}_1)^2 \\ &= \frac{\left[\sum_{i=1}^{n}(X_{1i}-\overline{X}_1)(Y_i-\overline{Y})\right]^2}{\left[\sum_{i=1}^{n}(X_{1i}-\overline{X}_1)^2\right]^2} \cdot \left[\sum_{i=1}^{n}(X_{1i}-\overline{X}_1)^2\right]^2 = \left[\sum_{i=1}^{n}(X_{1i}-\overline{X}_1)(Y_i-\overline{Y})\right]^2\end{aligned}$$

即

$$R^2 = \hat{\rho}^2$$

证毕。

习题 10.3

考虑线性回归模型：

$$Y_i = \boldsymbol{X}_i'\boldsymbol{\theta}_0 + \varepsilon_i, \quad i = 1, \cdots, n$$

其中 X_i 和 $\boldsymbol{\theta}_0$ 是 $p \times 1$ 维向量。令 $\hat{Y}_i = \boldsymbol{X}_i'\hat{\boldsymbol{\theta}}$，其中 $\hat{\boldsymbol{\theta}}$ 是 OLS 估计量。证明：

$$R^2 = \hat{\rho}_{Y\hat{Y}}^2$$

这里 $\hat{\rho}_{Y\hat{Y}}$ 是 Y 和 $\hat{Y}$ 之间的样本相关系数。

证明：

根据定义，

$$\hat{\rho}_{Y\hat{Y}} = \frac{\sum_{i=1}^{n}(\hat{Y}_i - \overline{Y})(Y_i - \overline{Y})}{\sqrt{\sum_{i=1}^{n}(\hat{Y}_i - \overline{Y})^2 \sum_{i=1}^{n}(Y_i - \overline{Y})^2}}$$

由于 X_i 包含截距项，由式 (10.2) 可得

$$R^2 \equiv \frac{\sum_{i=1}^{n}(\hat{Y}_i - \overline{Y})^2}{\sum_{i=1}^{n}(Y_i - \overline{Y})^2} = \frac{\left[\sum_{i=1}^{n}(\hat{Y}_i - \overline{Y})^2\right]^2}{\sum_{i=1}^{n}(Y_i - \overline{Y})^2 \sum_{i=1}^{n}(\hat{Y}_i - \overline{Y})^2}$$

只需证明

$$\left[\sum_{i=1}^{n}(\hat{Y}_i - \overline{Y})^2\right]^2 = \left[\sum_{i=1}^{n}(\hat{Y}_i - \overline{Y})(Y_i - \overline{Y})\right]^2 \tag{10.6}$$

由式 (10.1) 可得

$$\begin{aligned}
\sum_{i=1}^{n}(\hat{Y}_i - \overline{Y})^2 &= \sum_{i=1}^{n}\left[(\hat{Y}_i - \overline{Y})(\hat{Y}_i - Y_i + Y_i - \overline{Y})\right] \\
&= \sum_{i=1}^{n}\left[(\hat{Y}_i - \overline{Y})(\hat{Y}_i - Y_i)\right] + \sum_{i=1}^{n}(\hat{Y}_i - \overline{Y})(Y_i - \overline{Y}) \\
&= \sum_{i=1}^{n}(\hat{Y}_i - \overline{Y})(Y_i - \overline{Y})
\end{aligned}$$

故式 (10.6) 成立。
证毕。

习题 10.4

在线性回归模型中，调整的 R^2，记为 $\bar{R}^2$，定义如下：

$$\bar{R}^2 = 1 - \frac{\boldsymbol{e}'\boldsymbol{e}/(n-p)}{(\boldsymbol{Y} - \overline{Y}\mathbf{1}_n)'(\boldsymbol{Y} - \overline{Y}\mathbf{1}_n)/(n-1)}$$

这里 $\mathbf{1}_n = (1, \cdots, 1)'$ 为 $n \times 1$ 维向量，其中每个元素均为 1。证明：

$$\bar{R}^2 = 1 - \frac{n-1}{n-p}(1-R^2)$$

证明：

$$\begin{aligned}
\bar{R}^2 &= 1 - \frac{\boldsymbol{e}'\boldsymbol{e}/(n-p)}{(\boldsymbol{Y} - \overline{Y}\mathbf{1}_n)'(\boldsymbol{Y} - \overline{Y}\mathbf{1}_n)/(n-1)} \\
&= 1 - \frac{n-1}{n-p}\frac{\boldsymbol{e}'\boldsymbol{e}}{(\boldsymbol{Y} - \overline{Y}\mathbf{1}_n)'(\boldsymbol{Y} - \overline{Y}\mathbf{1}_n)} \\
&= 1 - \frac{n-1}{n-p}\frac{\boldsymbol{e}'\boldsymbol{e}}{\sum_{i=1}^{n}(Y_i - \overline{Y})^2} \\
&= 1 - \frac{n-1}{n-p}(1-R^2)
\end{aligned}$$

证毕。

习题 10.5

R^2 高是否意味着线性回归模型 $Y_i = \boldsymbol{X}_i'\boldsymbol{\theta}_0 + \varepsilon_i$ 中真实参数 $\boldsymbol{\theta}_0$ 的 OLS 估计是精确的？请解释。

解答：

根据《概率论与统计学》教材定理 10.3 可以知道，无论变量的解释能力有多强，只要在模型中加入新的变量，就可以提高 R^2，所以 R^2 和估计的准确性并没有明显的关系。

正如《概率论与统计学》教材所说：首先，R^2 可用于自变量数目相等的线性回归模型的比较，但不适用于比较不同自变量数目的线性回归模型，因为模型的自变量越多，R^2 会越大，即使新增加的自变量对因变量没有真正的解释力，R^2 也会增加。其次，R^2 不是正确模型设定的判断标准，它测度的是抽样变化而非总体。R^2 高并不意味着模型设定正确，同样，正确的模型设定也并不意味着 R^2 高。事实上，给定自变量 X_i，R^2 值的大小与线性回归模型的信噪比有关。严格来讲，R^2 只是测度了一种关联性，与因果关系无关。在经济时间序列实证分析中，高的 R^2 通常容易获得。有时即使两变量间的因果关系很弱或几乎不存在，也能获得高的 R^2。例如，在伪回归中，因变量 Y_i 和自变量 X_i 之间不存在因果关系，但由于它们在时间上常常表现出相同的趋势，结果 R^2 接近于 1。

习题 10.6

设计一个可推得简单回归的经济理论。对 $Y_i = \hat{\alpha}_1 + \hat{\beta}_1 X_i + e_i$ 进行拟合且拟合程度高，得到很高的 R^2（记作 R_1^2）和很大的 t 统计量（记作 T_1）。但是考虑到经济学可能完全错误、经济主体并非理性、平衡不存在等原因，也许上述的公式推导不一定正确。因此，对 $X_i = \hat{\alpha}_2 + \hat{\beta}_2 Y_i + e_{2i}$ 进行拟合，再次得到满意的结果（很高的 R_2^2 和很大的 t 统计量 T_2），排除上述疑虑。那么：

（1）R_1^2 与 R_2^2 是什么关系？请给出推理过程。

（2）$\hat{\beta}$ 与 $\hat{\beta}_2$ 是什么关系？请给出推理过程。

（3）T_1 与 T_2 是什么关系？请给出推理过程。

解答：

（1）由习题 10.2（3）直接可得

$$R_1^2 = \hat{\rho}_{XY}^2 = R_2^2$$

（2）由习题 10.2（1）可得

$$\hat{\beta}_1 = \frac{\sum_{i=1}^{n}(X_i - \overline{X})(Y_i - \overline{Y})}{\sum_{i=1}^{n}(X_i - \overline{X})^2} = \frac{S_{XY}}{S_X^2}$$

和

$$\hat{\beta}_2 = \frac{\sum_{i=1}^{n}(X_i - \overline{X})(Y_i - \overline{Y})}{\sum_{i=1}^{n}(Y_i - \overline{Y})^2} = \frac{S_{XY}}{S_Y^2}$$

其中 S_X^2、S_Y^2 和 S_{XY} 分别为 X 的样本方差、Y 的样本方差和 X，Y 的样本协方差。

因此，

$$\frac{\hat{\beta}_1}{\hat{\beta}_2}=\frac{\sum_{i=1}^{n}(Y_i-\overline{Y})^2}{\sum_{i=1}^{n}(X_i-\overline{X})^2}=\frac{S_Y^2}{S_X^2}$$

即 $\hat{\beta}_1$ 和 $\hat{\beta}_2$ 与 Y 和 X 的样本方差成正比。一个直接的结果是 $\hat{\beta}_1$ 和 $\hat{\beta}_2$ 同号（同正或者同负）。

此外，

$$\hat{\beta}_1\hat{\beta}_2=\frac{\left[\sum_{i=1}^{n}(X_i-\overline{X})(Y_i-\overline{Y})\right]^2}{\left[\sum_{i=1}^{n}(X_i-\overline{X})^2\right]\left[\sum_{i=1}^{n}(Y_i-\overline{Y})^2\right]}=\hat{\rho}_{XY}^2=R^2$$

一个直接的结果是 $\hat{\beta}_1\hat{\beta}_2\leqslant 1$。

（3）记 $\theta_1=(\alpha_1,\ \beta_1)'$ 和 $\theta_2=(\alpha_2,\ \beta_2)'$，$\theta_{10}$ 和 θ_{20} 分别为其真值。首先计算 T_1。对于第一个模型，因为 $\hat{\theta}_1=(\boldsymbol{X}'\boldsymbol{X})^{-1}\boldsymbol{X}'\boldsymbol{Y}=(\boldsymbol{X}'\boldsymbol{X})^{-1}\boldsymbol{X}'(\boldsymbol{X}\theta_{10}+\varepsilon)$，有 $\hat{\theta}_1-\theta_{10}=(\boldsymbol{X}'\boldsymbol{X})^{-1}\boldsymbol{X}'\boldsymbol{\varepsilon}$，所以

$$\operatorname{var}\left(\hat{\theta}_1-\theta_{10}\right)=\sigma_{\varepsilon}^2(\boldsymbol{X}'\boldsymbol{X})^{-1}\boldsymbol{X}'\boldsymbol{X}(\boldsymbol{X}'\boldsymbol{X})^{-1}=\sigma_{\varepsilon}^2(\boldsymbol{X}'\boldsymbol{X})^{-1}$$

因为 $\hat{\beta}_1=R\hat{\theta}_1$，其中 $R=(0,\ 1)\in\boldsymbol{R}^{1\times 2}$，所以 $\dfrac{\hat{\beta}_1}{\sqrt{\sigma_{\varepsilon}^2R(\boldsymbol{X}'\boldsymbol{X})^{-1}R'}}\sim N(0,\ 1)$。

由于 σ_{ε}^2 未知，我们用 $s_1^2=\boldsymbol{e}_1'\boldsymbol{e}_1$ 进行替代，其中 $\boldsymbol{e}_1$ 是第一个回归模型的残差。则可得

$$T_1=\frac{\hat{\beta}_1}{\sqrt{s^2R(\boldsymbol{X}'\boldsymbol{X})^{-1}R'}}=\frac{\dfrac{\hat{\beta}_1}{\sqrt{\sigma_{\varepsilon}^2R(\boldsymbol{X}'\boldsymbol{X})^{-1}R'}}}{\sqrt{\dfrac{(n-2)s^2}{(n-2)\sigma_{\varepsilon}^2}}}=\frac{N(0,\ 1)}{\sqrt{\chi_{n-2}^2/(n-2)}}\sim t_{n-2}$$

从习题 10.2（1），有

$$(\boldsymbol{X}'\boldsymbol{X})^{-1}=\frac{1}{n\sum_{i=1}^{n}X_{1i}^2-\left(\sum_{i=1}^{n}X_{1i}\right)^2}\begin{pmatrix}\sum_{i=1}^{n}X_{1i}^2 & -\sum_{i=1}^{n}X_{1i}\\ -\sum_{i=1}^{n}X_{1i} & n\end{pmatrix}$$

所以

$$T_1 = \frac{\hat{\beta}_1}{\sqrt{s_1^2 \cdot \dfrac{n}{n\sum_{i=1}^{n} X_{1i}^2 - \left(\sum_{i=1}^{n} X_{1i}\right)^2}}} = \frac{\hat{\beta}_1}{\sqrt{s_1^2 \cdot \dfrac{1}{n(n-1)S_X^2}}}$$

类似地，可以得到 $T_2 = \dfrac{\hat{\beta}_2}{\sqrt{s_2^2 \cdot \dfrac{1}{n(n-1)S_Y^2}}}$。因此，

$$\frac{T_1}{T_2} = \frac{\hat{\beta}_1}{\hat{\beta}_2} \cdot \frac{\sqrt{s_2^2 \cdot \dfrac{1}{S_Y^2}}}{\sqrt{s_1^2 \cdot \dfrac{1}{S_X^2}}} = \frac{S_Y^2}{S_X^2} \cdot \frac{\sqrt{s_2^2 S_X^2}}{\sqrt{s_1^2 \cdot S_Y^2}} = \frac{\sqrt{s_2^2/(n-1)S_X^2}}{\sqrt{s_1^2/(n-1)S_Y^2}} = \frac{\sqrt{1-R^2}}{\sqrt{1-R^2}} = 1$$

所以 $T_1 = T_2$。

习题 10.7

［多重共线性的影响］考虑回归模型

$$Y_i = \alpha_0 + \beta_{10} X_{1i} + \beta_{20} X_{2i} + \varepsilon_i, \quad i = 1，\cdots，n$$

假设 $\boldsymbol{X}'\boldsymbol{X}$ 为非奇异矩阵，$E(\varepsilon|X) = 0$，以及 $E(\varepsilon\varepsilon'|X) = \sigma^2 I$。令 $\hat{\boldsymbol{\theta}} = (\hat{\alpha}_0，\hat{\beta}_1，\hat{\beta}_2)'$ 为 OLS 估计量。证明：

$$\operatorname{var}(\hat{\beta}_1|X) = \frac{\sigma^2}{(1-\hat{r}^2)\sum_{i=1}^{n}(X_{1i} - \overline{X}_1)^2}$$

$$\operatorname{var}(\hat{\beta}_2|X) = \frac{\sigma^2}{(1-\hat{r}^2)\sum_{i=1}^{n}(X_{2i} - \overline{X}_2)^2}$$

其中 $\overline{X}_1 = n^{-1}\sum_{i=1}^{n} X_{1i}$，$\overline{X}_2 = n^{-1}\sum_{i=1}^{n} X_{2i}$，并且

$$\hat{r}^2 = \frac{\left[\sum_{i=1}^{n}(X_{1i} - \overline{X}_1)(X_{2i} - \overline{X}_2)\right]^2}{\sum_{i=1}^{n}(X_{1i} - \overline{X}_1)^2 \sum_{i=1}^{n}(X_{2i} - \overline{X}_2)^2}$$

证明：

令 $\boldsymbol{Y}=(Y_1, Y_2, \cdots, Y_n)'$，$\boldsymbol{X}_1=(X_{11}, X_{12}, \cdots, X_{1n})'$，$\boldsymbol{X}_2=(X_{21}, X_{22}, \cdots, X_{2n})'$，$\mathbf{1}_n=(1, 1, \cdots, 1)'$，$\boldsymbol{X}=(\mathbf{1}_n, \boldsymbol{X}_1, \boldsymbol{X}_2)$。由《概率论与统计学》教材中的定理 10.4，$\operatorname{var}\left(\hat{\boldsymbol{\theta}}|\boldsymbol{X}\right)=\sigma^2(\boldsymbol{X}'\boldsymbol{X})^{-1}$。因此，只需计算 $(\boldsymbol{X}'\boldsymbol{X})^{-1}$。对于 n 阶可逆方阵 $\boldsymbol{A}$，$\boldsymbol{A}^{-1}=\dfrac{1}{\det \boldsymbol{A}}\operatorname{adj}\boldsymbol{A}$，其中 $\operatorname{adj}\boldsymbol{A}=(\boldsymbol{A}_{ji})_{n\times n}$ 是 $\boldsymbol{A}$ 的伴随矩阵，$\boldsymbol{A}_{ji}$ 是 $\boldsymbol{A}$ 的 (i, j) 元 $\boldsymbol{A}_{i,j}$ 的代数余子式。首先计算 $\det \boldsymbol{X}'\boldsymbol{X}$。

$$
\begin{aligned}
\det \boldsymbol{X}'\boldsymbol{X} &= \det\begin{pmatrix} n & \sum_{i=1}^n X_{1i} & \sum_{i=1}^n X_{2i} \\ \sum_{i=1}^n X_{1i} & \sum_{i=1}^n X_{1i}^2 & \sum_{i=1}^n X_{1i}X_{2i} \\ \sum_{i=1}^n X_{2i} & \sum_{i=1}^n X_{1i}X_{2i} & \sum_{i=1}^n X_{2i}^2 \end{pmatrix} \\
&= \det\begin{pmatrix} n & n\overline{X}_1 & n\overline{X}_2 \\ n\overline{X}_1 & \sum_{i=1}^n X_{1i}^2 & \sum_{i=1}^n X_{1i}X_{2i} \\ n\overline{X}_2 & \sum_{i=1}^n X_{1i}X_{2i} & \sum_{i=1}^n X_{2i}^2 \end{pmatrix} \\
&\xlongequal[\text{③}-\overline{X}_2\text{①}]{\text{①}-\overline{X}_1\text{①}} \det\begin{pmatrix} n & \sum_{i=1}^n X_{1i} & \sum_{i=1}^n X_{2i} \\ 0 & \sum_{i=1}^n X_{1i}^2 - n\overline{X}_1^2 & \sum_{i=1}^n X_{1i}X_{2i} - n\overline{X}_1\overline{X}_2 \\ 0 & \sum_{i=1}^n X_{1i}X_{2i} - n\overline{X}_1\overline{X}_2 & \sum_{i=1}^n X_{2i}^2 - n\overline{X}_2^2 \end{pmatrix} \\
&= n\det\begin{pmatrix} (n-1)S_{X_1}^2 & (n-1)S_{X_1X_2} \\ (n-1)S_{X_1X_2} & (n-1)S_{X_2}^2 \end{pmatrix} = n(n-1)^2\left(S_{X_1}^2 S_{X_2}^2 - S_{X_1X_2}^2\right)
\end{aligned}
$$

由 $\hat{\boldsymbol{\theta}}=\left(\hat{\alpha}_0, \hat{\beta}_1, \hat{\beta}_2\right)'$ 可知 $\operatorname{var}\left(\hat{\beta}_1|\boldsymbol{X}\right)=\sigma^2(\boldsymbol{X}'\boldsymbol{X})_{22}^{-1}$ 以及 $\operatorname{var}\left(\hat{\beta}_2|\boldsymbol{X}\right)=\sigma^2(\boldsymbol{X}'\boldsymbol{X})_{33}^{-1}$，其中 $(\boldsymbol{X}'\boldsymbol{X})_{ij}^{-1}$ 表示 $(\boldsymbol{X}'\boldsymbol{X})^{-1}$ 的 (i, j) 元。故

$$
\begin{aligned}
\operatorname{var}(\hat{\beta}_1|X) &= \sigma^2\frac{\operatorname{adj}(\boldsymbol{X}'\boldsymbol{X})_{22}}{\det \boldsymbol{X}'\boldsymbol{X}} = \sigma^2\cdot\frac{n\sum_{i=1}^n X_{2i}^2 - \left(\sum_{i=1}^n X_{2i}\right)^2}{n(n-1)^2(S_{X_1}^2S_{X_2}^2 - S_{X_1X_2}^2)} \\
&= \frac{\sigma^2 S_{X_2}^2}{(n-1)(S_{X_1}^2S_{X_2}^2 - S_{X_1X_2}^2)} = \frac{\sigma^2 S_{X_2}^2/S_{X_1}^2S_{X_2}^2}{(n-1)(S_{X_1}^2S_{X_2}^2 - S_{X_1X_2}^2)/S_{X_1}^2S_{X_2}^2}
\end{aligned}
$$

$$= \frac{\sigma^2}{(n-1)\left(1-\frac{S_{X_1X_2}^2}{S_{X_1}^2 S_{X_2}^2}\right)S_{X_1}^2} = \frac{\sigma^2}{(1-\hat{r}^2)\sum_{i=1}^{n}(X_{1i}-\overline{X}_1)^2}$$

其中

$$\frac{S_{X_1X_2}^2}{S_{X_1}^2 S_{X_2}^2} = \frac{\left[\sum_{i=1}^{n}(X_{1i}-\overline{X}_1)(X_{2i}-\overline{X}_2)\right]^2}{\sum_{i=1}^{n}(X_{1i}-\overline{X}_1)^2\sum_{i=1}^{n}(X_{2i}-\overline{X}_2)^2} = \hat{r}^2$$

类似地，可以求得

$$\mathrm{var}(\hat{\beta}_2|\boldsymbol{X}) = \sigma^2\frac{\mathrm{adj}(\boldsymbol{X}'\boldsymbol{X})_{33}}{\det \boldsymbol{X}'\boldsymbol{X}} = \frac{\sigma^2}{(1-\hat{r}^2)\sum_{i=1}^{n}(X_{2i}-\overline{X}_2)^2}$$

习题 10.8

考虑线性回归模型：

$$Y_i = \boldsymbol{X}_i'\boldsymbol{\theta}_0 + \varepsilon_i, \quad i=1, \cdots, n$$

其中 $\boldsymbol{X}_i = (1, X_{1i}, \cdots, X_{ki})'$。假设 $\boldsymbol{X}'\boldsymbol{X}$ 为非奇异矩阵，$E(\boldsymbol{\varepsilon}|\boldsymbol{X}) = \boldsymbol{0}$，以及 $E(\boldsymbol{\varepsilon}\boldsymbol{\varepsilon}'|\boldsymbol{X}) = \sigma^2\boldsymbol{I}$。令 R_j^2 是变量 X_{ji} 对所有其他解释变量 $\{X_{it}, 0 \leqslant i \leqslant k, i \neq j\}$ 回归的决定系数。证明：

$$\mathrm{var}(\hat{\beta}_j|X) = \frac{\sigma^2}{(1-R_j^2)\sum_{i=1}^{n}(X_{ji}-\overline{X}_j)^2}$$

其中 $\overline{X}_j = n^{-1}\sum_{i=1}^{n}X_{ji}$。因子 $1/(1-R_j^2)$ 称作方差膨胀因子（variance inflation factor, VIF），用来衡量解释变量 X_i 之间的多重共线性的程度。

证明：

该回归模型的矩阵形式为 $\boldsymbol{Y} = \boldsymbol{X}'\boldsymbol{\theta}_0 + \boldsymbol{\varepsilon}$。在不失一般性的前提下，将解释变量的顺序重新排列为 $\boldsymbol{X} = (\boldsymbol{X}_j, \boldsymbol{X}_{-j})$，其中 $\boldsymbol{X}_{-j}$ 是其他解释变量的列。那么有

$$\mathrm{var}(\hat{\boldsymbol{\theta}}) = \sigma^2(\boldsymbol{X}'\boldsymbol{X})^{-1} = \sigma^2\left(\begin{pmatrix}\boldsymbol{X}_j' \\ \boldsymbol{X}_{-j}'\end{pmatrix}\begin{pmatrix}\boldsymbol{X}_j & \boldsymbol{X}_{-j}\end{pmatrix}\right)^{-1} = \sigma^2\begin{pmatrix}\boldsymbol{X}_j'\boldsymbol{X}_j & \boldsymbol{X}_j'\boldsymbol{X}_{-j} \\ \boldsymbol{X}_{-j}'\boldsymbol{X}_j & \boldsymbol{X}_{-j}'\boldsymbol{X}_{-j}\end{pmatrix}^{-1}$$

令 $(\boldsymbol{X}'\boldsymbol{X})^{-1} = \begin{pmatrix} A & \boldsymbol{C} \\ \boldsymbol{B} & \boldsymbol{D} \end{pmatrix}$，则 $\begin{pmatrix} \boldsymbol{X}_j'\boldsymbol{X}_j & \boldsymbol{X}_j'\boldsymbol{X}_{-j} \\ \boldsymbol{X}_{-j}'\boldsymbol{X}_j & \boldsymbol{X}_{-j}'\boldsymbol{X}_{-j} \end{pmatrix} \begin{pmatrix} A & \boldsymbol{C} \\ \boldsymbol{B} & \boldsymbol{D} \end{pmatrix} = \boldsymbol{I}_n$，其中 $A \in \boldsymbol{R}$，$\boldsymbol{C}' \in \boldsymbol{R}^{n-1}$，$\boldsymbol{B} \in \boldsymbol{R}^{n-1}$ 并且 $\boldsymbol{D} \in \boldsymbol{R}^{(n-1)\times(n-1)}$。要求 $\mathrm{var}(\hat{\beta}_j)$，只需求 A。有

$$\begin{cases} \boldsymbol{X}_j'\boldsymbol{X}_jA + \boldsymbol{X}_j'\boldsymbol{X}_{-j}\boldsymbol{B} = 1 \\ X_{-j}'X_jA + X_{-j}'X_{-j}\boldsymbol{B} = \boldsymbol{0} \end{cases}$$

第二个方程可得 $\boldsymbol{B} = -(\boldsymbol{X}_{-j}'\boldsymbol{X}_{-j})^{-1}\boldsymbol{X}_{-j}'\boldsymbol{X}_jA$，代入第一个方程可得 $\boldsymbol{X}_j'\boldsymbol{X}_jA - \boldsymbol{X}_j'\boldsymbol{X}_{-j}(\boldsymbol{X}_{-j}'\boldsymbol{X}_{-j})^{-1}\boldsymbol{X}_{-j}'\boldsymbol{X}_jA = 1$，则

$$A = \frac{1}{\boldsymbol{X}_j'\boldsymbol{X}_j - \boldsymbol{X}_j'\boldsymbol{X}_{-j}(\boldsymbol{X}_{-j}'\boldsymbol{X}_{-j})^{-1}\boldsymbol{X}_{-j}'\boldsymbol{X}_j}$$

定义投影矩阵 $\boldsymbol{M} = \boldsymbol{I}_{k+1} - \boldsymbol{X}_{-j}(\boldsymbol{X}_{-j}'\boldsymbol{X}_{-j})^{-1}\boldsymbol{X}_{-j}'$。因此，

$$\mathrm{var}(\hat{\beta}_j) = \sigma^2 A = \frac{\sigma^2}{\boldsymbol{X}_j'\left[\boldsymbol{I}_{k+1} - \boldsymbol{X}_{-j}(\boldsymbol{X}_{-j}'\boldsymbol{X}_{-j})^{-1}\boldsymbol{X}_{-j}'\right]\boldsymbol{X}_j} = \frac{\sigma^2}{\boldsymbol{X}_j'\boldsymbol{M}\boldsymbol{X}_j}$$

考虑回归模型 $\boldsymbol{X}_j = \gamma_0\boldsymbol{X}_{-j} + \boldsymbol{u}$。令 $\hat{\boldsymbol{u}}$ 表示回归残差，由习题 10.1（4）可得

$$\boldsymbol{X}_j'\boldsymbol{M}\boldsymbol{X}_j = \hat{\boldsymbol{u}}'\hat{\boldsymbol{u}} = \mathrm{SSR}_j$$

其中下标 j 表示以 X_j 为因变量的模型 SSR。因此，

$$\mathrm{var}(\hat{\beta}_j) = \frac{\sigma^2}{\mathrm{SSR}_j} = \frac{\sigma^2}{\frac{\mathrm{SSR}_j}{\mathrm{SST}_j}\cdot\mathrm{SST}_j} = \frac{\sigma^2}{\left[1 - \left(1 - \frac{\mathrm{SSR}_j}{\mathrm{SST}_j}\right)\right]\cdot\mathrm{SST}_j} = \frac{\sigma^2}{(1 - R_j^2)\cdot\mathrm{SST}_j}$$

其中 $\mathrm{SST}_j = (\boldsymbol{X}_j - \overline{X}_j\boldsymbol{1}_{k+1})'(\boldsymbol{X}_j - \overline{X}_j\boldsymbol{1}_{k+1})$。

证毕。

习题 10.9

考虑以下线性回归模型：

$$Y_i = \boldsymbol{X}_i'\boldsymbol{\theta}_0 + u_i, \quad i = 1, \cdots, n$$

其中

$$u_i = \sigma(\boldsymbol{X}_i)\varepsilon_i$$

这里 $\{\boldsymbol{X}_i\}_{i=1}^n$ 是一个非随机序列，并且 $\sigma(\boldsymbol{X}_i)$ 是 $\boldsymbol{X}_i$ 的一个正函数，使得

$$\boldsymbol{\Omega}=\begin{pmatrix}\sigma^2(\boldsymbol{X}_1) & 0 & 0 & & 0\\ 0 & \sigma^2(\boldsymbol{X}_2) & 0 & & 0\\ 0 & 0 & \sigma^2(\boldsymbol{X}_3) & & 0\\ \vdots & \vdots & \vdots & \ddots & \vdots\\ 0 & 0 & 0 & & \sigma^2(\boldsymbol{X}_n)\end{pmatrix}=\boldsymbol{\Omega}^{\frac{1}{2}}\boldsymbol{\Omega}^{\frac{1}{2}}$$

其中

$$\boldsymbol{\Omega}^{\frac{1}{2}}=\begin{pmatrix}\sigma(\boldsymbol{X}_1) & 0 & 0 & & 0\\ 0 & \sigma(\boldsymbol{X}_2) & 0 & & 0\\ 0 & 0 & \sigma(\boldsymbol{X}_3) & & 0\\ \vdots & \vdots & \vdots & \ddots & \vdots\\ 0 & 0 & 0 & & \sigma(\boldsymbol{X}_n)\end{pmatrix}$$

假设 $\{\varepsilon_i\}\overset{\text{IID}}{\sim}N(0,\ 1)$，则 $\{u_i\}\sim N\left[0,\ \sigma^2(\boldsymbol{X}_i)\right]$。令 $\hat{\boldsymbol{\theta}}$ 表示 $\boldsymbol{\theta}_0$ 的 OLS 估计量。

（1）$\hat{\boldsymbol{\theta}}$ 是 $\boldsymbol{\theta}_0$ 的无偏估计量吗？

（2）证明：$\text{var}(\hat{\boldsymbol{\theta}})=(\boldsymbol{X}'\boldsymbol{X})^{-1}\boldsymbol{X}'\boldsymbol{\Omega}\boldsymbol{X}(\boldsymbol{X}'\boldsymbol{X})^{-1}$。

考虑另一个估计量：

$$\begin{aligned}\tilde{\boldsymbol{\theta}}&=(\boldsymbol{X}'\boldsymbol{\Omega}^{-1}\boldsymbol{X})^{-1}\boldsymbol{X}'\boldsymbol{\Omega}^{-1}\boldsymbol{Y}\\&=\left[\sum_{i=1}^{n}\sigma^{-2}(\boldsymbol{X}_i)\boldsymbol{X}_i\boldsymbol{X}_i'\right]^{-1}\sum_{i=1}^{n}\sigma^{-2}(\boldsymbol{X}_i)\boldsymbol{X}_iY_i\end{aligned}$$

（3）$\tilde{\boldsymbol{\theta}}$ 是 $\boldsymbol{\theta}_0$ 的无偏估计量吗？

（4）证明：$\text{var}(\tilde{\boldsymbol{\theta}})=(\boldsymbol{X}'\boldsymbol{\Omega}^{-1}\boldsymbol{X})^{-1}$。

（5）$\text{var}(\hat{\boldsymbol{\theta}})-\text{var}(\tilde{\boldsymbol{\theta}})$ 是半正定（PSD）吗？估计量 $\hat{\boldsymbol{\theta}}$ 和 $\tilde{\boldsymbol{\theta}}$，哪一个更有效？

（6）$\tilde{\boldsymbol{\theta}}$ 是 $\boldsymbol{\theta}_0$ 的最优线性无偏估计量（BLUE）吗？

提示：回答这一问题有很多方法，一种简单的方法是考虑下面变换模型

$$Y_i^*=\boldsymbol{X}_i^{*\prime}\boldsymbol{\theta}_0+\varepsilon_i,\qquad i=1,\ \cdots,\ n$$

其中 $Y_i^*=Y_i/\sigma(\boldsymbol{X}_i)$，$\boldsymbol{X}_i^*=\boldsymbol{X}_i/\sigma(\boldsymbol{X}_i)$。这一模型是通过对模型 $Y_i=\boldsymbol{X}_i'\boldsymbol{\theta}_0+u_i$ 除以 $\sigma(\boldsymbol{X}_i)$ 而得。用矩阵符号，以上变换模型可写为

$$\boldsymbol{Y}^*=\boldsymbol{X}^*\boldsymbol{\theta}_0+\boldsymbol{\varepsilon}$$

其中 $\boldsymbol{Y}^*=\boldsymbol{\Omega}^{-\frac{1}{2}}\boldsymbol{Y}$ 是 $n\times 1$ 维向量，$\boldsymbol{X}^*=\boldsymbol{\Omega}^{-\frac{1}{2}}\boldsymbol{X}$ 是 $n\times p$ 维矩阵。

（7）构造两个关于原假设 H_0：$\theta_{10}=0$ 的检验统计量。一个检验是基于 $\hat{\boldsymbol{\theta}}$，另一个检验是基于 $\tilde{\boldsymbol{\theta}}$。当 H_0：$\theta_{10}=0$ 成立时，所构造的检验统计量的有限样本分布分别是什么？在有限样本条件下哪一个检验更有效？为什么？

（8）考虑检验原假设 H_0：$\boldsymbol{R}\boldsymbol{\theta}_0=\boldsymbol{r}$，其中$\boldsymbol{R}$ 是 $J\times p$ 的满秩矩阵，$\boldsymbol{r}$ 是 $J\times 1$ 向量，且 $J\leqslant p$。现构造两个检验统计量：一个检验是基于 $\hat{\boldsymbol{\theta}}$，另一个检验是基于 $\tilde{\boldsymbol{\theta}}$。当原假设 H_0：$\boldsymbol{R}\boldsymbol{\theta}_0=\boldsymbol{r}$ 成立时，所构造的检验统计量的有限样本分布分别是什么？

证明：

（1）因为 $\boldsymbol{Y}=\boldsymbol{X}\boldsymbol{\theta}_0+\boldsymbol{u}$，所以 $E(\boldsymbol{Y})=\boldsymbol{X}\boldsymbol{\theta}_0+E(\boldsymbol{u})=\boldsymbol{X}\boldsymbol{\theta}_0$。又因为

$$E(\hat{\boldsymbol{\theta}})=E\left[(\boldsymbol{X}'\boldsymbol{X})^{-1}\boldsymbol{X}'\boldsymbol{Y}\right]=(\boldsymbol{X}'\boldsymbol{X})^{-1}\boldsymbol{X}'E(\boldsymbol{Y})=(\boldsymbol{X}'\boldsymbol{X})^{-1}\boldsymbol{X}'\boldsymbol{X}\boldsymbol{\theta}_0=\boldsymbol{\theta}_0$$

所以 $\hat{\boldsymbol{\theta}}$ 是 $\boldsymbol{\theta}_0$ 的无偏估计量。

（2）

$$\begin{aligned}\operatorname{var}(\hat{\boldsymbol{\theta}})&=\operatorname{var}(\hat{\boldsymbol{\theta}}-\boldsymbol{\theta}_0)=\operatorname{var}\left[(\boldsymbol{X}'\boldsymbol{X})^{-1}\boldsymbol{X}'\boldsymbol{Y}-\boldsymbol{\theta}_0\right]=\operatorname{var}\left[(\boldsymbol{X}'\boldsymbol{X})^{-1}\boldsymbol{X}'(\boldsymbol{X}\boldsymbol{\theta}_0+\boldsymbol{u})-\boldsymbol{\theta}_0\right]\\&=\operatorname{var}\left[(\boldsymbol{X}'\boldsymbol{X})^{-1}\boldsymbol{X}'\boldsymbol{u}big\right]=(\boldsymbol{X}'\boldsymbol{X})^{-1}\boldsymbol{X}'\operatorname{var}(\boldsymbol{u})\boldsymbol{X}(\boldsymbol{X}'\boldsymbol{X})^{-1}\\&=(\boldsymbol{X}'\boldsymbol{X})^{-1}\boldsymbol{X}'\boldsymbol{\Omega}(\boldsymbol{X}'\boldsymbol{X})^{-1}\end{aligned}$$

证毕。

（3）因为

$$E(\tilde{\boldsymbol{\theta}})=\left(\boldsymbol{X}'\boldsymbol{\Omega}^{-1}\boldsymbol{X}\right)^{-1}\boldsymbol{X}'\boldsymbol{\Omega}^{-1}E(\boldsymbol{Y})=(\boldsymbol{X}'\boldsymbol{\Omega}^{-1}\boldsymbol{X})^{-1}\boldsymbol{X}'\boldsymbol{\Omega}^{-1}\boldsymbol{X}\boldsymbol{\theta}_0=\boldsymbol{\theta}_0$$

所以 $\tilde{\boldsymbol{\theta}}$ 是 $\boldsymbol{\theta}_0$ 的无偏估计量。

（4）

$$\begin{aligned}\operatorname{var}(\tilde{\boldsymbol{\theta}})&=\operatorname{var}\left[(\boldsymbol{X}'\boldsymbol{\Omega}^{-1}\boldsymbol{X})^{-1}\boldsymbol{X}'\boldsymbol{\Omega}^{-1}\boldsymbol{Y}\right]=\operatorname{var}\left[(\boldsymbol{X}'\boldsymbol{\Omega}^{-1}\boldsymbol{X})^{-1}\boldsymbol{X}'\boldsymbol{\Omega}^{-1}(\boldsymbol{X}\boldsymbol{\theta}_0+\boldsymbol{u})\right]\\&=\operatorname{var}\left[(\boldsymbol{X}'\boldsymbol{\Omega}^{-1}\boldsymbol{X})^{-1}\boldsymbol{X}'\boldsymbol{\Omega}^{-1}\boldsymbol{u}\right]\\&=(\boldsymbol{X}'\boldsymbol{\Omega}^{-1}\boldsymbol{X})^{-1}\boldsymbol{X}'\boldsymbol{\Omega}^{-1}\cdot\operatorname{var}(\boldsymbol{u})\cdot\left[(\boldsymbol{X}'\boldsymbol{\Omega}^{-1}\boldsymbol{X})^{-1}\boldsymbol{X}'\boldsymbol{\Omega}^{-1}\right]'\\&=(\boldsymbol{X}'\boldsymbol{\Omega}^{-1}\boldsymbol{X})^{-1}\boldsymbol{X}'\boldsymbol{\Omega}^{-1}\cdot\boldsymbol{\Omega}\cdot\boldsymbol{\Omega}^{-1}\boldsymbol{X}(\boldsymbol{X}'\boldsymbol{\Omega}^{-1}\boldsymbol{X})^{-1}=(\boldsymbol{X}'\boldsymbol{\Omega}^{-1}\boldsymbol{X})^{-1}\end{aligned}$$

（5）

$$\begin{aligned}&\operatorname{var}(\hat{\boldsymbol{\theta}})-\operatorname{var}(\tilde{\boldsymbol{\theta}})=(\boldsymbol{X}'\boldsymbol{X})^{-1}\boldsymbol{X}'\boldsymbol{\Omega}\boldsymbol{X}(\boldsymbol{X}'\boldsymbol{X})^{-1}-(\boldsymbol{X}'\boldsymbol{\Omega}^{-1}\boldsymbol{X})^{-1}\\&=(\boldsymbol{X}'\boldsymbol{X})^{-1}\boldsymbol{X}'\boldsymbol{\Omega}\boldsymbol{X}(\boldsymbol{X}'\boldsymbol{X})^{-1}-(\boldsymbol{X}'\boldsymbol{X})^{-1}\boldsymbol{X}'\boldsymbol{X}(\boldsymbol{X}'\boldsymbol{\Omega}^{-1}\boldsymbol{X})^{-1}\boldsymbol{X}'\boldsymbol{X}(\boldsymbol{X}'\boldsymbol{X})^{-1}\\&=(\boldsymbol{X}'\boldsymbol{X})^{-1}\boldsymbol{X}'\left[\boldsymbol{\Omega}-\boldsymbol{X}(\boldsymbol{X}'\boldsymbol{\Omega}^{-1}\boldsymbol{X})^{-1}\boldsymbol{X}'\right]\boldsymbol{X}(\boldsymbol{X}'\boldsymbol{X})^{-1}\end{aligned}$$

$$= \left[(X'X)^{-1}X'\Omega^{\frac{1}{2}}\right]\left[I_n - \Omega^{-\frac{1}{2}}X(X'\Omega^{-1}X)^{-1}X'\Omega^{-\frac{1}{2}}\right]\left[\Omega^{\frac{1}{2}}X(X'X)^{-1}\right]$$

记 $M = I_n - \Omega^{-\frac{1}{2}}X(X'\Omega^{-1}X)^{-1}X'\Omega^{-\frac{1}{2}} = I_n - P$，$Q = \Omega^{\frac{1}{2}}X(X'X)^{-1}$，因此 $\mathrm{var}(\hat{\theta}) - \mathrm{var}(\tilde{\theta}) = Q'MQ$。注意到

$$P' = \left[\Omega^{-\frac{1}{2}}X(X'\Omega^{-1}X)^{-1}X'\Omega^{-\frac{1}{2}}\right]' = P$$

以及

$$P^2 = \left[\Omega^{-\frac{1}{2}}X(X'\Omega^{-1}X)^{-1}X'\Omega^{-\frac{1}{2}}\right]\cdot\left[\Omega^{-\frac{1}{2}}X(X'\Omega^{-1}X)^{-1}X'\Omega^{-\frac{1}{2}}\right]$$
$$= \Omega^{-\frac{1}{2}}X(X'\Omega^{-1}X)^{-1}X'\Omega^{-1}X(X'\Omega^{-1}X)^{-1}X'\Omega^{-\frac{1}{2}}$$
$$= \Omega^{-\frac{1}{2}}X(X'\Omega^{-1}X)^{-1}X'\Omega^{-\frac{1}{2}} = P$$

故 M 是 n 阶对称幂等矩阵。

$$\mathrm{var}(\hat{\theta}) - \mathrm{var}(\tilde{\theta}) = (QM)'(MQ)$$

故 $\mathrm{var}(\hat{\theta}) - \mathrm{var}(\tilde{\theta})$ 是半正定，估计量 $\tilde{\theta}$ 比 $\hat{\theta}$ 更有效。

（6）变换后模型

$$Y^* = X^*\theta_0 + \varepsilon$$

的 OLS 估计量为

$$(X^{*\prime}X^*)^{-1}X^{*\prime}Y^* = (X'\Omega^{-1}X)^{-1}X'\Omega^{-1}Y = \tilde{\theta}$$

由《概率论与统计学》教材定理 10.11，$\tilde{\theta}$ 是 θ_0 的最优线性无偏估计量（BLUE）。

（7）我们将首先建立一般检验统计量，用于检验 H_0：$R\theta_0 = r$，其中 $R \in \boldsymbol{R}^{J\times p}$，$r \in \boldsymbol{R}^p$。首先考虑基于 $\hat{\theta}$ 的检验。若 H_0 成立，有

$$R\hat{\theta} - r = R(\theta - \theta_0) = R\left[(X'X)^{-1}X'Y - \theta_0\right] = R(X'X)^{-1}X'u = R(X'X)^{-1}X'\Omega^{\frac{1}{2}}\varepsilon$$

又因为 $\varepsilon \sim N(0,\ I_n)$，所以

$$R\theta - r|X \sim N\left[0,\ R(X'X)^{-1}X'\Omega X(X'X)^{-1}R'\right] \tag{10.7}$$

令 $R = (0,\ 1,\ 0,\ \cdots,\ 0)'$，$r = 0$。因此给定 X，基于 $\hat{\theta}$ 的检验统计量是

$$\hat{t} = \frac{\hat{\theta}_1}{\left[R(X'X)^{-1}X'\Omega X(X'X)^{-1}R'\right]^{\frac{1}{2}}} = \frac{\hat{\theta}_1}{\left\{\left[(X'X)^{-1}X'\Omega X(X'X)^{-1}\right]_{2,\ 2}\right\}^{\frac{1}{2}}} \sim N(0,\ 1)$$

同理，由于 $\tilde{\theta}$ 是变换后模型的 OLS，给定 X，得到基于 $\tilde{\theta}$ 的检验统计量是

$\tilde{t} = \tilde{\beta}_{10}\left[(X'\Omega^{-1}X)^{-1}\right]_{2,\ 2}^{-1/2} \sim N(0,\ 1)$。因为前面已求得 $\mathrm{var}(\hat{\theta}) - \mathrm{var}(\tilde{\theta})$ 半正定，则

$$\left[\mathrm{var}(\hat{\theta}) - \mathrm{var}(\tilde{\theta})\right]_{2,\ 2} \geqslant 0$$

所以

$$\left[(X'X)^{-1}X'\Omega X(X'X)^{-1}\right]_{2,\ 2} \geqslant (X'\Omega^{-1}X)_{2,\ 2}$$

可得

$$|\hat{\theta}_1|\left\{\left[(X'X)^{-1}X'\Omega X(X'X)^{-1}\right]_{2,\ 2}\right\}^{-1/2} \leqslant |\hat{\theta}_1|\left\{(X'\Omega^{-1}X)_{2,\ 2}\right\}^{-1/2}$$

i.e. $|E(\hat{t}) - 0| \leqslant |E(\tilde{t}) - 0|$。由于 $\mathrm{var}(\hat{t}) = 1 = \mathrm{var}(\tilde{t})$，根据习题 9.1（3），在 H_1 成立的前提下，基于 $\tilde{\theta}$ 的检验比基于 $\hat{\theta}$ 的检验更有效。事实上，习题 9.1（3）的解答中隐含了如下的结论：对于任意在原假设下分布为 $N(0,\ 1)$ 而在备择假设下分布为 $N(\delta,\ 1)$ 的检验统计量 Z，当检验的拒绝域具有 $(-\infty,\ -c) \cup (c,\ +\infty)$ 的形式时，拒绝原假设的概率是 $|\delta|$ 的增函数。

（8）根据式 (10.7)，由《概率论与统计学》教材定理 10.7，不失一般性令 $1 < J$，可以得到检验统计量是

$$\hat{F} = (R\hat{\theta} - r)'\left[R(X'X)^{-1}X'\Omega X(X'X)^{-1}R'\right]^{-1}(R\hat{\theta} - r) \sim \chi_J^2$$

同理，基于 $\tilde{\theta}$ 的检验统计量是

$$\tilde{F} = (R\tilde{\theta} - R)'\left[R(X'\Omega^{-1}X)R'\right]^{-1}(R\tilde{\theta} - r) \sim \chi_J^2$$

习题 10.10

考虑经典回归模型：

$$Y_i = X_i'\theta_0 + \varepsilon_i, \quad i = 1,\ \cdots,\ n$$

假设 $X'X$ 为非奇异矩阵。现检验原假设

$$H_0:\ R\theta_0 = r$$

F 检验统计量定义为

$$F = \frac{(R\hat{\theta} - r)'\left[R(X'X)^{-1}R'\right]^{-1}(R\hat{\theta} - r)/J}{s^2}$$

证明：

$$F = \frac{(\tilde{e}'\tilde{e} - e'e)/J}{e'e/(n-p)}$$

其中 $\boldsymbol{e}'\boldsymbol{e}$ 是无约束回归模型的残差平方和，$\tilde{\boldsymbol{e}}'\tilde{\boldsymbol{e}}$ 是有约束回归模型的残差平方和，其中约束条件是 $\boldsymbol{R\theta}=\boldsymbol{r}$。

证明：

记 $\tilde{\boldsymbol{\theta}}$ 为 H_0 成立时的 OLS 估计量，即

$$\tilde{\boldsymbol{\theta}}=\arg\min_{\theta\in R^p}(\boldsymbol{Y}-\boldsymbol{X\theta})(\boldsymbol{Y}-\boldsymbol{X\theta})\quad \text{s.t.}\quad \boldsymbol{R\theta}=\boldsymbol{r}$$

首先建立拉格朗日函数

$$L(\boldsymbol{\theta},\ \boldsymbol{\lambda})=(\boldsymbol{Y}-\boldsymbol{X\theta})'(\boldsymbol{Y}-\boldsymbol{X\theta})+2\boldsymbol{\lambda}'(\boldsymbol{r}-\boldsymbol{R\theta})$$

其中$\boldsymbol{\lambda}$ 是一个 $J\times 1$ 的向量，称为拉格朗日乘子向量。由 FOC 条件得

$$\frac{\partial L(\tilde{\boldsymbol{\theta}},\ \tilde{\boldsymbol{\lambda}})}{\partial \boldsymbol{\theta}}=-2\boldsymbol{X}'(\boldsymbol{Y}-\boldsymbol{X}\tilde{\boldsymbol{\theta}})-2\boldsymbol{R}'\tilde{\boldsymbol{\lambda}}=\boldsymbol{0}$$

$$\frac{\partial L(\tilde{\boldsymbol{\theta}},\ \tilde{\boldsymbol{\lambda}})}{\partial \boldsymbol{\lambda}}=2(\boldsymbol{r}-\boldsymbol{R}\tilde{\boldsymbol{\theta}})=\boldsymbol{0}$$

无约束回归模型的 OLS 估计量是 $\hat{\boldsymbol{\theta}}=(\boldsymbol{X}'\boldsymbol{X})^{-1}\boldsymbol{X}'\boldsymbol{Y}$，结合上述 FOC 条件中的第一个方程，可得

$$-(\hat{\boldsymbol{\theta}}-\tilde{\boldsymbol{\theta}})=(\boldsymbol{X}'\boldsymbol{X})^{-1}\boldsymbol{R}'\tilde{\boldsymbol{\lambda}}$$

$$\boldsymbol{R}(\boldsymbol{X}'\boldsymbol{X})^{-1}\boldsymbol{R}'\tilde{\boldsymbol{\lambda}}=-\boldsymbol{R}(\hat{\boldsymbol{\theta}}-\tilde{\boldsymbol{\theta}})$$

所以，$\boldsymbol{R}(\boldsymbol{X}'\boldsymbol{X})^{-1}\boldsymbol{R}'\tilde{\boldsymbol{\lambda}}=-\boldsymbol{R}(\hat{\boldsymbol{\theta}}-\tilde{\boldsymbol{\theta}})$。因此，拉格朗日乘子为

$$\begin{aligned}\tilde{\boldsymbol{\lambda}}&=-\left[\boldsymbol{R}(\boldsymbol{X}'\boldsymbol{X})^{-1}\boldsymbol{R}'\right]^{-1}\boldsymbol{R}(\hat{\boldsymbol{\theta}}-\tilde{\boldsymbol{\theta}})\\&=-\left[\boldsymbol{R}(\boldsymbol{X}'\boldsymbol{X})^{-1}\boldsymbol{R}'\right]^{-1}(\boldsymbol{R}\hat{\boldsymbol{\theta}}-\boldsymbol{r})\end{aligned}$$

这里使用了约束条件 $\boldsymbol{R}\tilde{\boldsymbol{\theta}}=\boldsymbol{b}$。

现在，将 $\tilde{\boldsymbol{\lambda}}$ 代入 $\hat{\boldsymbol{\theta}}-\tilde{\boldsymbol{\theta}}$ 的表达式，可得

$$\hat{\boldsymbol{\theta}}-\tilde{\boldsymbol{\theta}}=(\boldsymbol{X}'\boldsymbol{X})^{-1}\boldsymbol{R}'\left[\boldsymbol{R}(\boldsymbol{X}'\boldsymbol{X})^{-1}\boldsymbol{R}'\right]^{-1}(\boldsymbol{R}\hat{\boldsymbol{\theta}}-\boldsymbol{r})$$

根据定义，有约束的回归模型的估计残差

$$\tilde{\boldsymbol{e}}=\boldsymbol{Y}-\boldsymbol{X}\tilde{\boldsymbol{\theta}}=\boldsymbol{Y}-\boldsymbol{X}\hat{\boldsymbol{\theta}}+\boldsymbol{X}(\hat{\boldsymbol{\theta}}-\tilde{\boldsymbol{\theta}})=\boldsymbol{e}+\boldsymbol{X}(\hat{\boldsymbol{\theta}}-\tilde{\boldsymbol{\theta}})$$

因为 $\boldsymbol{e}'\boldsymbol{X}=0$，所以有

$$\begin{aligned}\tilde{\boldsymbol{e}}'\tilde{\boldsymbol{e}}&=\boldsymbol{e}'\boldsymbol{e}+(\hat{\boldsymbol{\theta}}-\tilde{\boldsymbol{\theta}})'\boldsymbol{X}'\boldsymbol{X}(\hat{\boldsymbol{\theta}}-\tilde{\boldsymbol{\theta}})\\&=\boldsymbol{e}'\boldsymbol{e}+(\boldsymbol{R}\hat{\boldsymbol{\theta}}-\boldsymbol{r})'\left[\boldsymbol{R}(\boldsymbol{X}'\boldsymbol{X})^{-1}\boldsymbol{R}'\right]^{-1}(\boldsymbol{R}\hat{\boldsymbol{\theta}}-\boldsymbol{r})\end{aligned}$$

因此

$$(\boldsymbol{R}\hat{\boldsymbol{\theta}}-\boldsymbol{r})'\left[\boldsymbol{R}(\boldsymbol{X}'\boldsymbol{X})^{-1}\boldsymbol{R}'\right]^{-1}(\boldsymbol{R}\hat{\boldsymbol{\theta}}-\boldsymbol{r})=\tilde{\boldsymbol{e}}'\tilde{\boldsymbol{e}}-\boldsymbol{e}'\boldsymbol{e}$$

最后，由 F 检验统计量的定义和 $s^2=\dfrac{\boldsymbol{e}'\boldsymbol{e}}{n-p}$，得

$$F=\frac{(\boldsymbol{R}\hat{\boldsymbol{\theta}}-\boldsymbol{r})'\left[\boldsymbol{R}(\boldsymbol{X}'\boldsymbol{X})^{-1}\boldsymbol{R}'\right]^{-1}(\boldsymbol{R}\hat{\boldsymbol{\theta}}-\boldsymbol{r})/J}{s^2}=\frac{(\tilde{\boldsymbol{e}}'\tilde{\boldsymbol{e}}-\boldsymbol{e}'\boldsymbol{e})/J}{\boldsymbol{e}'\boldsymbol{e}/(n-p)}$$

证毕。

习题 10.11

证明 F 检验统计量等于 $\tilde{\boldsymbol{\lambda}}$ 的二次型，其中 $\tilde{\boldsymbol{\lambda}}$ 是有约束线性回归 $\boldsymbol{Y}=\boldsymbol{X}\boldsymbol{\theta}_0+\boldsymbol{\varepsilon}$ 中 OLS 估计的拉格朗日乘子。结果表明，F 检验等同于拉格朗日乘子检验。

证明：

由习题 10.10 可得拉格朗日乘子为 $\tilde{\boldsymbol{\lambda}}=-\left[\boldsymbol{R}(\boldsymbol{X}'\boldsymbol{X})^{-1}\boldsymbol{R}'\right]^{-1}(\boldsymbol{R}\hat{\boldsymbol{\theta}}-\boldsymbol{r})$，则

$$\begin{aligned}F&=\frac{(\boldsymbol{R}\hat{\boldsymbol{\theta}}-\boldsymbol{r})'\left[\boldsymbol{R}(\boldsymbol{X}'\boldsymbol{X})^{-1}\boldsymbol{R}'\right]^{-1}(\boldsymbol{R}\hat{\boldsymbol{\theta}}-\boldsymbol{r})/J}{s^2}\\&=\frac{(\boldsymbol{R}\hat{\boldsymbol{\theta}}-\boldsymbol{r})'\left[\boldsymbol{R}(\boldsymbol{X}'\boldsymbol{X})^{-1}\boldsymbol{R}'\right]^{-1}\boldsymbol{R}(\boldsymbol{X}'\boldsymbol{X})^{-1}\boldsymbol{R}'\left[\boldsymbol{R}(\boldsymbol{X}'\boldsymbol{X})^{-1}\boldsymbol{R}'\right]^{-1}(\boldsymbol{R}\hat{\boldsymbol{\theta}}-\boldsymbol{r})/J}{s^2}\\&=\frac{\tilde{\boldsymbol{\lambda}}'\boldsymbol{R}(\boldsymbol{X}'\boldsymbol{X})^{-1}\boldsymbol{R}'\tilde{\boldsymbol{\lambda}}}{Js^2}\end{aligned}$$

其中 $s^2=\dfrac{\boldsymbol{e}'\boldsymbol{e}}{n-k}$，并且 $\left[\boldsymbol{R}(\boldsymbol{X}'\boldsymbol{X})^{-1}\boldsymbol{R}'\right]'=\boldsymbol{R}(\boldsymbol{X}'\boldsymbol{X})^{-1}\boldsymbol{R}'$。因为 $\boldsymbol{R}(\boldsymbol{X}'\boldsymbol{X})^{-1}\boldsymbol{R}'$ 是实对称矩阵，故 F 检验统计量是 $\tilde{\boldsymbol{\lambda}}$ 的二次型。

习题 10.12

考虑练习题 10.7 的检验问题。证明：

$$F=\frac{\sum_{i=1}^{n}(\hat{Y}_i-\tilde{Y}_i)^2/J}{s^2}=\frac{(\hat{\boldsymbol{\theta}}-\tilde{\boldsymbol{\theta}})'\boldsymbol{X}'\boldsymbol{X}(\hat{\boldsymbol{\theta}}-\tilde{\boldsymbol{\theta}})/J}{s^2}$$

其中 $\hat{Y}_i=\boldsymbol{X}_i'\hat{\boldsymbol{\theta}}$，$\tilde{Y}_i=\boldsymbol{X}_i'\tilde{\boldsymbol{\theta}}$，且 $\hat{\boldsymbol{\theta}}$ 和 $\tilde{\boldsymbol{\theta}}$ 分别是无约束回归模型和有约束回归模型的 OLS 估计量。这表明 F 检验与无约束模型拟合值和有约束模型拟合值之间的偏差平方总和成正比。

证明：

由习题 10.10 可得

$$\hat{\boldsymbol{\theta}} - \tilde{\boldsymbol{\theta}} = (\boldsymbol{X}'\boldsymbol{X})^{-1}R'\left[R(\boldsymbol{X}'\boldsymbol{X})^{-1}R'\right]^{-1}(\boldsymbol{R}\hat{\boldsymbol{\theta}} - \boldsymbol{r})$$

由习题 10.11 可得

$$\begin{aligned}
F &= \frac{(\boldsymbol{R}\hat{\boldsymbol{\theta}} - \boldsymbol{r})'\left[\boldsymbol{R}(\boldsymbol{X}'\boldsymbol{X})^{-1}\boldsymbol{R}'\right]^{-1}(\boldsymbol{R}\hat{\boldsymbol{\theta}} - \boldsymbol{r})/J}{s^2} \\
&= \frac{(\boldsymbol{R}\hat{\boldsymbol{\theta}} - \boldsymbol{r})'\left[\boldsymbol{R}(\boldsymbol{X}'\boldsymbol{X})^{-1}\boldsymbol{R}'\right]^{-1}\boldsymbol{R}(\boldsymbol{X}'\boldsymbol{X})^{-1}\boldsymbol{R}'\left[\boldsymbol{R}(\boldsymbol{X}'\boldsymbol{X})^{-1}\boldsymbol{R}'\right]^{-1}(\boldsymbol{R}\hat{\boldsymbol{\theta}} - \boldsymbol{r})/J}{s^2} \\
&= \frac{(\boldsymbol{R}\hat{\boldsymbol{\theta}}-\boldsymbol{r})'\left[\boldsymbol{R}(\boldsymbol{X}'\boldsymbol{X})^{-1}\boldsymbol{R}'\right]^{-1}\boldsymbol{R}(\boldsymbol{X}'\boldsymbol{X})^{-1}\boldsymbol{X}'\boldsymbol{X}(\boldsymbol{X}'\boldsymbol{X})^{-1}\boldsymbol{R}'\left[\boldsymbol{R}(\boldsymbol{X}'\boldsymbol{X})^{-1}\boldsymbol{R}'\right]^{-1}(\boldsymbol{R}\hat{\boldsymbol{\theta}}-\boldsymbol{r})/J}{s^2} \\
&= \frac{(\hat{\boldsymbol{\theta}} - \tilde{\boldsymbol{\theta}})'\boldsymbol{X}'\boldsymbol{X}(\hat{\boldsymbol{\theta}} - \tilde{\boldsymbol{\theta}})/J}{s^2}
\end{aligned}$$

又因为 $\hat{Y}_i = \boldsymbol{X}_i'\hat{\boldsymbol{\theta}}$ 和 $\tilde{Y}_i = \boldsymbol{X}_i'\tilde{\boldsymbol{\theta}}$，所以

$$F = \frac{(\boldsymbol{X}\hat{\boldsymbol{\theta}} - \boldsymbol{X}\tilde{\boldsymbol{\theta}})'(\boldsymbol{X}\hat{\boldsymbol{\theta}} - \boldsymbol{X}\tilde{\boldsymbol{\theta}})/J}{s^2} = \frac{(\hat{\boldsymbol{Y}} - \tilde{\boldsymbol{Y}})'(\hat{\boldsymbol{Y}} - \tilde{\boldsymbol{Y}})/J}{s^2} = \frac{\sum_{i=1}^{n}(\hat{Y}_i - \tilde{Y}_i)^2/J}{s^2}$$

证毕。

习题 10.13

考虑经典回归模型

$$Y_i = \boldsymbol{X}_i'\boldsymbol{\theta}_0 + \varepsilon_i = \alpha_0 + \sum_{j=1}^{k}\beta_{j0}X_{ji} + \varepsilon_i, \quad i = 1, \cdots, n$$

现检验原假设

$$\mathrm{H}_0: \beta_{10} = \cdots = \beta_{k0} = 0$$

考虑 F 检验统计量

$$F = \frac{(\tilde{\boldsymbol{e}}'\tilde{\boldsymbol{e}} - \boldsymbol{e}'\boldsymbol{e})/k}{\boldsymbol{e}'\boldsymbol{e}/(n-k-1)}$$

其中 $\boldsymbol{e}'\boldsymbol{e}$ 是以上无约束回归模型的残差平方和，而 $\tilde{\boldsymbol{e}}'\tilde{\boldsymbol{e}}$ 是以下有约束回归模型

$$Y_i = \alpha_0^o + \varepsilon_i$$

的残差平方和。假设 $\boldsymbol{X}'\boldsymbol{X}$ 为非奇异矩阵。

（1）证明：

$$F=\frac{R^2/k}{(1-R^2)/(n-k-1)}$$

其中 R^2 是无约束模型的决定系数；

（2）假设 $\varepsilon|X\sim N(0,\ \sigma^2\boldsymbol{I}_n)$，证明：当原假设 H_0：$\beta_{10}=\cdots=\beta_{k0}=0$ 成立以及 $n\to+\infty$ 时，

$$(n-k-1)R^2\xrightarrow{d}\chi_k^2$$

证明：

（1）当我们在 H_0 下运行回归模型时，我们正在最小化 $\sum_{i=1}^{n}(Y_i-\alpha)^2$。其一阶条件是 $2\sum_{i=1}^{n}(Y_i-\hat{\alpha})=0$，解得 $\hat{\alpha}=\overline{Y}$。因此，$\tilde{\boldsymbol{e}}'\tilde{\boldsymbol{e}}=\sum_{i=1}^{n}(Y_i-\overline{Y})^2=\text{SST}$，它是有约束回归模型的残差平方和和无约束回归模型的总平方和。因为 $\boldsymbol{e}'\boldsymbol{e}=\sum_{i=1}^{n}(Y_i-\hat{Y}_i)^2=\text{SSR}$ 且 $R^2=1-\frac{\text{SSR}}{\text{SST}}$，所以

$$F=\frac{(\text{SST}-\text{SSR})/k}{\text{SSR}/(n-k-1)}=\frac{\left(1-\frac{\text{SSR}}{\text{SST}}\right)/k}{\frac{\text{SSR}}{\text{SST}}/(n-k-1)}=\frac{R^2/k}{(1-R^2)/(n-k-1)}$$

证毕。

（2）首先，想要证明当 $n\to+\infty$ 时，$kF\xrightarrow{d}\chi_k^2$。由于 $F\sim F_{k,\ n-k-1}$，有 $F=\frac{U/k}{V/(n-k-1)}$，其中 $U\sim\chi_k^2$，$V\sim\chi_{n-k-1}^2$，则

$$kF=\frac{U}{V/(n-k-1)}$$

令 $V=\sum_{i=1}^{n-k-1}Z_i^2$，其中 $Z_i\overset{\text{IID}}{\sim}N(0,\ 1)$，由弱大数定律可得

$$\frac{V}{n-k-1}\xrightarrow{p}E(Z_i^2)=1$$

因此，由 Slutsky 定理可得当 $n\to+\infty$ 时有

$$kF\xrightarrow{d}\chi_k^2$$

其次，要证明 $R^2 = o_p(1)$。由 $F = \dfrac{R^2/k}{(1-R^2)/(n-k-1)}$，有

$$(n-k-1)R^2 = kF(1-R^2) = O_p(1)(1-R^2)$$

所以

$$\left[n-k-1+O_p(1)\right]R^2 = O_p(1)$$

因此

$$R^2 = \frac{O_p(1)}{n-k-1+O_p(1)} = o_p(1)$$

最后证明 $(n-k-1)R^2 \xrightarrow{\mathrm{d}} \chi_k^2$。因为 $(n-k-1)R^2 = (1-R^2)kF$ 和 $1-R^2 \xrightarrow{\mathrm{p}} 1$，所以由 Slutsky 定理和 $kF \xrightarrow{\mathrm{d}} \chi_k^2$ 可得当 $n \to +\infty$ 时，有

$$(n-k-1)R^2 = kF(1-R^2) \xrightarrow{\mathrm{d}} \chi_k^2$$

证毕。

习题 10.14

假设 $\boldsymbol{X}'\boldsymbol{X}$ 为非奇异矩阵。考虑对整个样本建立如下模型：

$$Y_i = \boldsymbol{X}_i'\boldsymbol{\theta}_0 + (D_i\boldsymbol{X}_i)'\gamma_0 + \varepsilon_i, \quad i = 1, \cdots, n$$

其中 D_i 为时间虚拟变量。当 $i \leqslant n_1$ 时，$D_i = 0$，当 $i > n_1$ 时，$D_i = 1$。该模型也可写成两个单独的模型：

$$Y_i = \boldsymbol{X}_i'\boldsymbol{\theta}_0 + \varepsilon_i, \quad i = 1, \cdots, n_1$$

和

$$Y_i = \boldsymbol{X}_i'(\boldsymbol{\theta}_0 + \boldsymbol{\gamma}_0) + \varepsilon_i, \quad i = n_1 + 1, \cdots, n$$

令 SSR_u、SSR_1、SSR_2 分别代表上述三个 OLS 回归方程的残差平方和，证明：

$$\mathrm{SSR}_u = \mathrm{SSR}_1 + \mathrm{SSR}_2$$

该等式意味着通过 OLS 对第一个包含时间虚拟变量的全样本回归模型的估计残差平方和，等价于对两个子样本回归模型分别估计而得到的估计残差平方和的加总。

证明：

第一个回归模型的损失函数为

$$L_1 = \sum_{i=1}^{n}\left[Y_i - \boldsymbol{X}_i'\boldsymbol{\theta} - (D_i\boldsymbol{X}_i)'\boldsymbol{\gamma}\right]^2$$

由于 $D_i = 1(i > n_1)$，L_1 又可以被写成

$$L_1 = \sum_{i=1}^{n_1}(Y_i - \boldsymbol{X}_i'\boldsymbol{\theta})^2 + \sum_{i=n_1+1}^{n}\left[Y_i - \boldsymbol{X}_i'(\boldsymbol{\theta} + \boldsymbol{\gamma})\right]^2$$

由于 $\boldsymbol{\theta}$ 与 $\boldsymbol{\gamma}$ 无关，可以将 $\boldsymbol{\theta} + \boldsymbol{\gamma}$ 视为一个新的参数，记为 $\boldsymbol{\delta}$，并分别通过最小化它的两个项来最小化 L_1，即对以下两个回归模型 $Y_i = \boldsymbol{X}_i'\boldsymbol{\theta}_0 + \varepsilon_i$ 和 $Y_i = \boldsymbol{X}_i'\boldsymbol{\delta}_0 + \varepsilon_i$ 分别求 OLS 估计量 $\hat{\boldsymbol{\theta}}$ 和 $\hat{\boldsymbol{\delta}}$。通过令 $\hat{\boldsymbol{\gamma}} = \hat{\boldsymbol{\delta}} - \hat{\boldsymbol{\theta}}$，有

$$\begin{aligned}\mathrm{SSR}_u &= \sum_{i=1}^{n}\left[Y_i - \boldsymbol{X}_i'\hat{\boldsymbol{\theta}} - (D_i\boldsymbol{X}_i)'\hat{\boldsymbol{\gamma}}\right]^2 = \sum_{i=1}^{n_1}(Y_i - \boldsymbol{X}_i'\hat{\boldsymbol{\theta}})^2 + \sum_{i=n_1+1}^{n}\left[Y_i - \boldsymbol{X}_i'(\hat{\boldsymbol{\theta}} + \hat{\boldsymbol{\gamma}})\right]^2 \\ &= \mathrm{SSR}_1 + \sum_{i=n_1+1}^{n}(Y_i - \boldsymbol{X}_i'\hat{\boldsymbol{\delta}})^2 = \mathrm{SSR}_1 + \mathrm{SSR}_2\end{aligned}$$

证毕。

习题 10.15

考虑二次多项式回归模型

$$Y_i = a_0 + \beta_{10}X_i + \beta_{20}X_i^2 + \varepsilon_i, \quad i = 1, \cdots, n$$

并利用其对数据进行拟合。假设 β_1 与 β_2 的 OLS 估计 P 值分别是 0.67 与 0.84，无法拒绝 β_1 与 β_2 在 5% 显著性水平上均为零的假设吗？请解释。

证明：

无法拒绝。首先，P 值均大于 0.05 说明我们无法拒绝 β_1 与 β_2 在 5% 显著性水平上分别为零各自假设。其次，不能用 t 检验来检验联合假设：H_0：$\beta_{10} = \beta_{20} = 0$，应该使用 F（或者卡方）检验。

习题 10.16

假设 $\boldsymbol{X}'\boldsymbol{X}$ 是一个 $p \times p$ 维矩阵，$\boldsymbol{V}$ 是一个 $n \times n$ 维矩阵，$\boldsymbol{X}'\boldsymbol{X}$ 和 $\boldsymbol{V}$ 均是对称和非奇异的，并且当 $n \to +\infty$ 时，最小特征值 $\lambda_{\min}(\boldsymbol{X}'\boldsymbol{X}) \to +\infty$。此外，$0 < c \leqslant \lambda_{\max}(\boldsymbol{V}) \leqslant C < \infty$。证明：对任意的 $\boldsymbol{\tau} \in \boldsymbol{R}^p$，满足 $\boldsymbol{\tau}'\boldsymbol{\tau} = 1$，当 $n \to +\infty$ 时，有

$$\boldsymbol{\tau}'\mathrm{var}(\hat{\boldsymbol{\theta}}|\boldsymbol{X})\boldsymbol{\tau} = \sigma^2\boldsymbol{\tau}'(\boldsymbol{X}'\boldsymbol{X})^{-1}\boldsymbol{X}'\boldsymbol{V}\boldsymbol{X}(\boldsymbol{X}'\boldsymbol{X})^{-1}\boldsymbol{\tau} \to 0$$

因此，在条件异方差情形下，当 $n \to +\infty$ 时，$\mathrm{var}(\hat{\boldsymbol{\theta}}|X)$ 趋于零。

证明：

把实矩阵 $\boldsymbol{A}$ 的最小和最大特征值分别记为 $\lambda_{\min}(\boldsymbol{A})$ 和 $\lambda_{\max}(\boldsymbol{A})$。有以下两个结论，其证明可见丘维生（2019）。

（1）设 $\boldsymbol{A} \in \boldsymbol{R}^{n\times n}$ 是对称矩阵，$\boldsymbol{x} \in \boldsymbol{R}^{n}$，则

$$\lambda_{\min}(\boldsymbol{A})\|\boldsymbol{x}\|^2 \leqslant \boldsymbol{x}'\boldsymbol{A}\boldsymbol{x} \leqslant \lambda_{\max}(A)\|\boldsymbol{x}\|^2 \tag{10.8}$$

（2）对于 n 阶非奇异方阵 $\boldsymbol{A}$，若 λ 是 $\boldsymbol{A}$ 的特征值，则 λ^{-1} 是 $\boldsymbol{A}^{-1}$ 的特征值。

因为 $\boldsymbol{X}'\boldsymbol{X}$ 非奇异，所以 $\lambda_{\min}(\boldsymbol{X}'\boldsymbol{X}) > 0$，并且 $\lambda_{\max}\left[(\boldsymbol{X}'\boldsymbol{X})^{-1}\right] = \left[\lambda_{\min}(\boldsymbol{X}'\boldsymbol{X})\right]^{-1}$

由式 (10.8)

$$\begin{aligned}\|\boldsymbol{X}(\boldsymbol{X}'\boldsymbol{X})^{-1}\boldsymbol{\tau}\|^2 &= \boldsymbol{\tau}'(\boldsymbol{X}'\boldsymbol{X})^{-1}\boldsymbol{X}'\boldsymbol{X}(\boldsymbol{X}'\boldsymbol{X})^{-1}\boldsymbol{\tau} = \boldsymbol{\tau}'(\boldsymbol{X}'\boldsymbol{X})^{-1}\boldsymbol{\tau} \\ &\leqslant \lambda_{\max}\left[(\boldsymbol{X}'\boldsymbol{X})^{-1}\right]\|\boldsymbol{\tau}\|^2 = \lambda_{\max}\left[(\boldsymbol{X}'\boldsymbol{X})^{-1}\right]\end{aligned}$$

当 $n \to +\infty$ 时，$\lambda_{\min}(\boldsymbol{X}'\boldsymbol{X}) \to +\infty$，故 $\lim\limits_{n\to\infty} \lambda_{\max}\left[(\boldsymbol{X}'\boldsymbol{X})^{-1}\right] = 0$。所以 $\lim\limits_{n\to\infty} \|\boldsymbol{X}(\boldsymbol{X}'\boldsymbol{X})^{-1}\boldsymbol{\tau}\| = 0$。又因为 $\lambda_{\max}(\boldsymbol{V}) \leqslant C < \infty$，所以当 $n \to +\infty$ 时有

$$\begin{aligned}\boldsymbol{\tau}'\mathrm{var}(\hat{\boldsymbol{\theta}}|\boldsymbol{X})\boldsymbol{\tau} &= \sigma^2\boldsymbol{\tau}'(\boldsymbol{X}'\boldsymbol{X})^{-1}\boldsymbol{X}'\boldsymbol{V}\boldsymbol{X}(\boldsymbol{X}'\boldsymbol{X})^{-1}\boldsymbol{\tau} \\ &\leqslant \sigma^2\lambda_{\max}(\boldsymbol{V})\|\boldsymbol{X}(\boldsymbol{X}'\boldsymbol{X})^{-1}\boldsymbol{\tau}\|^2 \to 0\end{aligned}$$

即 $\lim\limits_{n\to\infty} \boldsymbol{\tau}'\mathrm{var}(\hat{\boldsymbol{\theta}}|\boldsymbol{X})\boldsymbol{\tau} = 0$。

习题 10.17

假设本章第九节中的假设条件成立，证明：

（1）OLS 估计量 $\hat{\boldsymbol{\theta}}$ 和 GLS 估计量 $\hat{\boldsymbol{\theta}}^*$ 的方差分别为

$$\mathrm{var}(\hat{\boldsymbol{\theta}}|\boldsymbol{X}) = \sigma^2(\boldsymbol{X}'\boldsymbol{X}t)^{-1}\boldsymbol{X}'\boldsymbol{V}\boldsymbol{X}\,(\boldsymbol{X}'\boldsymbol{X})^{-1}$$

$$\mathrm{var}(\hat{\boldsymbol{\theta}}^*|\boldsymbol{X}) = \sigma^2(\boldsymbol{X}'\boldsymbol{V}^{-1}\boldsymbol{X})^{-1}$$

（2）$\mathrm{var}(\hat{\boldsymbol{\theta}}|\boldsymbol{X}) - \mathrm{var}(\hat{\boldsymbol{\theta}}^*|\boldsymbol{X})$ 是半正定的。

证明：

本章第九节中的假设条件是：$\boldsymbol{Y} = \boldsymbol{X}\boldsymbol{\theta}_0 + \boldsymbol{\varepsilon}$，$\boldsymbol{\varepsilon}|\boldsymbol{X} \sim N(0,\ \boldsymbol{V})$。其 OLS 估计量为 $\hat{\boldsymbol{\theta}} = (\boldsymbol{X}'\boldsymbol{X})^{-1}\boldsymbol{X}'\boldsymbol{Y}$。要得到 GLS 估计量 $\hat{\boldsymbol{\theta}}^*$，先对模型 $\boldsymbol{Y}^* = \boldsymbol{X}^*\boldsymbol{\theta}_0 + \boldsymbol{\varepsilon}^*$ 进行 OLS 回归，其中 $\boldsymbol{Y}^* = \boldsymbol{V}^{-\frac{1}{2}}\boldsymbol{Y}$，$\boldsymbol{X}^* = \boldsymbol{V}^{-\frac{1}{2}}\boldsymbol{X}$，$\boldsymbol{\varepsilon}^* = \boldsymbol{V}^{-\frac{1}{2}}\boldsymbol{\varepsilon}$。则有 $\hat{\boldsymbol{\theta}}^* = (\boldsymbol{X}^{*\prime}\boldsymbol{X}^*)^{-1}\boldsymbol{X}^{*\prime}\boldsymbol{Y} = (\boldsymbol{X}'\boldsymbol{V}^{-1}\boldsymbol{X})^{-1}\boldsymbol{X}'\boldsymbol{V}^{-1}\boldsymbol{Y}$。

（1）

$$\begin{aligned}\operatorname{var}(\hat{\boldsymbol{\theta}}) &= \operatorname{var}(\hat{\boldsymbol{\theta}}-\boldsymbol{\theta}_0) = \operatorname{var}\left[(\boldsymbol{X}'\boldsymbol{X})^{-1}\boldsymbol{X}'\boldsymbol{Y}-\boldsymbol{\theta}_0\right] = \operatorname{var}\left[(\boldsymbol{X}'\boldsymbol{X})^{-1}\boldsymbol{X}'(\boldsymbol{X}\boldsymbol{\theta}_0+\boldsymbol{u})-\boldsymbol{\theta}_0\right]\\
&= \operatorname{var}\left[(\boldsymbol{X}'\boldsymbol{X})^{-1}\boldsymbol{X}'\boldsymbol{X}\boldsymbol{\theta}_0+(\boldsymbol{X}'\boldsymbol{X})^{-1}\boldsymbol{X}'\boldsymbol{u}-\boldsymbol{\theta}_0\right] = \operatorname{var}\left[\boldsymbol{\theta}_0+(\boldsymbol{X}'\boldsymbol{X})^{-1}\boldsymbol{X}'\boldsymbol{u}-\boldsymbol{\theta}_0\right]\\
&= \operatorname{var}\left[(\boldsymbol{X}'\boldsymbol{X})^{-1}\boldsymbol{X}'\boldsymbol{u}\right] = (\boldsymbol{X}'\boldsymbol{X})^{-1}\boldsymbol{X}'\operatorname{var}(\boldsymbol{u})\boldsymbol{X}(\boldsymbol{X}'\boldsymbol{X})^{-1}\\
&= (\boldsymbol{X}'\boldsymbol{X})^{-1}\boldsymbol{X}'\boldsymbol{V}\boldsymbol{X}(\boldsymbol{X}'\boldsymbol{X})^{-1}\end{aligned}$$

$$\begin{aligned}\operatorname{var}(\hat{\boldsymbol{\theta}}^*) &= \operatorname{var}\left[(\boldsymbol{X}'\boldsymbol{V}^{-1}\boldsymbol{X})^{-1}\boldsymbol{X}'\boldsymbol{V}^{-1}\boldsymbol{Y}\right] = \operatorname{var}\left[(\boldsymbol{X}'\boldsymbol{V}^{-1}\boldsymbol{X})^{-1}\boldsymbol{X}'\boldsymbol{V}^{-1}(\boldsymbol{X}\boldsymbol{\theta}_0+\boldsymbol{u})\right]\\
&= \operatorname{var}\left[(\boldsymbol{X}'\boldsymbol{V}^{-1}\boldsymbol{X})^{-1}\boldsymbol{X}'\boldsymbol{V}^{-1}\boldsymbol{X}\boldsymbol{\theta}_0+(\boldsymbol{X}'\boldsymbol{V}^{-1}\boldsymbol{X})^{-1}\boldsymbol{X}'\boldsymbol{V}^{-1}\boldsymbol{u}\right]\\
&= \operatorname{var}\left[\boldsymbol{\theta}_0+(\boldsymbol{X}'\boldsymbol{V}^{-1}\boldsymbol{X})^{-1}\boldsymbol{X}'\boldsymbol{V}^{-1}\boldsymbol{u}\right] = \operatorname{var}\left[(\boldsymbol{X}'\boldsymbol{V}^{-1}\boldsymbol{X})^{-1}\boldsymbol{X}'\boldsymbol{V}^{-1}\boldsymbol{u}\right]\\
&= (\boldsymbol{X}'\boldsymbol{V}^{-1}\boldsymbol{X})^{-1}\boldsymbol{X}'\boldsymbol{V}^{-1}\operatorname{var}(\boldsymbol{u})V^{-1}X(\boldsymbol{X}'\boldsymbol{V}^{-1}\boldsymbol{X})^{-1}\\
&= (\boldsymbol{X}'\boldsymbol{V}^{-1}\boldsymbol{X})^{-1}\boldsymbol{X}'\boldsymbol{V}^{-1}\boldsymbol{V}\boldsymbol{V}^{-1}X(\boldsymbol{X}'\boldsymbol{V}^{-1}\boldsymbol{X})^{-1} = (\boldsymbol{X}'\boldsymbol{V}^{-1}\boldsymbol{X})^{-1}\end{aligned}$$

证毕。

（2）因为

$$\begin{aligned}\operatorname{var}(\hat{\boldsymbol{\theta}})-\operatorname{var}(\hat{\boldsymbol{\theta}}^*) &= (\boldsymbol{X}'\boldsymbol{X})^{-1}\boldsymbol{X}'\boldsymbol{V}\boldsymbol{X}(\boldsymbol{X}'\boldsymbol{X})^{-1}-(\boldsymbol{X}'\boldsymbol{V}^{-1}\boldsymbol{X})^{-1}\\
&= (\boldsymbol{X}'\boldsymbol{X})^{-1}\boldsymbol{X}'\boldsymbol{V}\boldsymbol{X}(\boldsymbol{X}'\boldsymbol{X})^{-1}-(\boldsymbol{X}'\boldsymbol{X})^{-1}\boldsymbol{X}'\boldsymbol{X}(\boldsymbol{X}'\boldsymbol{V}^{-1}\boldsymbol{X})^{-1}\boldsymbol{X}'\boldsymbol{X}(\boldsymbol{X}'\boldsymbol{X})^{-1}\\
&= (\boldsymbol{X}'\boldsymbol{X})^{-1}\boldsymbol{X}'\left[\boldsymbol{V}-\boldsymbol{X}(\boldsymbol{X}'\boldsymbol{V}^{-1}\boldsymbol{X})^{-1}\boldsymbol{X}'\right]\boldsymbol{X}(\boldsymbol{X}'\boldsymbol{X})^{-1}\\
&= (\boldsymbol{X}'\boldsymbol{X})^{-1}\boldsymbol{X}'\boldsymbol{V}^{\frac{1}{2}}\left[\boldsymbol{I}-\boldsymbol{V}^{-\frac{1}{2}}\boldsymbol{X}(\boldsymbol{X}'\boldsymbol{V}^{-1}\boldsymbol{X})^{-1}\boldsymbol{X}'\boldsymbol{V}^{-\frac{1}{2}}\right]\boldsymbol{V}^{\frac{1}{2}}\boldsymbol{X}(\boldsymbol{X}'\boldsymbol{X})^{-1}\end{aligned}$$

其中 $\boldsymbol{I}-\boldsymbol{V}^{-\frac{1}{2}}\boldsymbol{X}(\boldsymbol{X}'\boldsymbol{V}^{-1}\boldsymbol{X})^{-1}\boldsymbol{X}'\boldsymbol{V}^{-\frac{1}{2}}$ 是幂等对称矩阵（也即投影矩阵），所以 $\operatorname{var}(\hat{\boldsymbol{\theta}}|X)-\operatorname{var}(\hat{\boldsymbol{\theta}}^*|X)$ 半正定得证。

习题 10.18

假设数据生成过程为

$$Y_i = \boldsymbol{X}_i'\boldsymbol{\theta}_0+\varepsilon_i = \beta_{10}X_{1i}+\beta_{20}X_{2i}+\varepsilon_i,\qquad i=1,\ \cdots,\ n$$

且假设 $\{Y_i,\ \boldsymbol{X}_i,\ \varepsilon_i\}_{i=1}^n$ 相互独立，其中 $\boldsymbol{\theta}_0=(\beta_{10},\ \beta_{20})'$，$\boldsymbol{X}_i=(X_{1i},\ X_{2i})'$，$E(\boldsymbol{X}_i\boldsymbol{X}_i')$ 是非奇异的，并且 $E(\varepsilon_i|\boldsymbol{X}_i)=0$。简单起见，进一步假设 $E(X_{2i})=0$，$E(X_{1i}X_{2i})\neq 0$，且 X_{2i} 不是 X_{1i} 的一个确定性函数，即不存在一个可测函数 $g(\cdot)$，使得 $X_{2i}=g(X_{1i})$。此外，假设 $\beta_{20}\neq 0$。

考虑以下双变量线性回归模型

$$Y_i = \beta_{10} X_{1i} + u_i, \quad i = 1, \cdots, n$$

（1）证明：$E(Y_i|\boldsymbol{X}_i) = \boldsymbol{X}_i'\boldsymbol{\theta}_0 \neq E(Y_i|X_{1i})$，即双变量回归模型中存在遗漏变量 X_{2i}。

（2）证明：如果 $E(X_{1i}) \neq 0$，那么对所有 $\beta_1 \in \boldsymbol{R}$，$E(Y_i|X_{1i}) \neq \beta_1 X_{1i}$，即双变量线性回归模型是 $E(Y_i|X_{1i})$ 的错误设定。

（3）假设 X_{1i} 具有有限四阶矩，X_{2i} 和 ε_i 具有有限二阶矩。双变量线性回归模型的最优最小二乘估计 $\hat{\beta}_1$ 是 β_{10} 的一致估计吗？请解释。

证明：

（1）由于 $E(\varepsilon_i|\boldsymbol{X}_i) = 0$，有

$$E(Y_i|\boldsymbol{X}_i) = E(\boldsymbol{X}_i'\boldsymbol{\theta}_0 + \varepsilon_i|\boldsymbol{X}_i) = \boldsymbol{X}_i'\boldsymbol{\theta}_0 = \beta_{10}X_{1i} + \beta_{20}X_{2i}$$

然而

$$\begin{aligned} E(Y_i|X_{1i}) &= E(\beta_{10}X_{1i} + \beta_{20}X_{2i} + \varepsilon_i|X_{1i}) \\ &= \beta_{10}X_{1i} + \beta_{20}E(X_{2i}|X_{1i}) \end{aligned}$$

因为 $E(X_{1i}X_{2i}) \neq 0$，所以 $E(X_{2i}|X_{1i}) \neq 0$。当 $\beta_{20} \neq 0$ 时，若 $E(X_{2i}|X_{1i}) = X_{i2}$，说明 $X_{2i} = g(X_{1i})$，矛盾。故

$$E(Y_i|X_{1i}) = \beta_{10}X_{1i} + \beta_{20}E(X_{2i}|X_{1i}) \neq \beta_{10}X_{1i} + \beta_{20}X_{2i} = E(Y_i|\boldsymbol{X}_i)$$

即双变量回归模型中存在遗漏变量 X_{2i}。

（2）由（1）可得

$$E(Y_i|X_{1i}) = \beta_{10}X_{1i} + \beta_{20}E(X_{2i}|X_{1i})$$

只需证对于所有 $\beta \in \boldsymbol{R}$，$E(X_{2i}|X_{1i}) \neq \beta X_{1i}$。采用反证法，如果 $E(X_{2i}|X_{1i}) = \beta X_{1i}$，两边同时取期望可得

$$0 = E(X_{2i}) = \beta E(X_{1i})$$

所以 $\beta = 0$，那么 $E(Y_i|X_{1i}) = \beta_{10}X_{1i}$，与（1）矛盾！因此，对于所有 $\beta \in \boldsymbol{R}$，$E(X_{2i}|X_{1i}) \neq \beta X_{1i}$，即双变量线性回归模型是 $E(Y_i|X_{1i})$ 的错误设定。

（3）双变量线性回归模型的最优最小二乘估计 $\hat{\beta}_1$ 不是 β_{10} 的一致估计。在双变量线性回归模型的矩阵形式中，由于 $u = X_2\beta_{20} + \varepsilon_i$，有

$$\hat{\beta}_1 - \beta_{10} = (\boldsymbol{X}_1'\boldsymbol{X}_1)^{-1}\boldsymbol{X}_1'\boldsymbol{Y} - \beta_{10} = (\boldsymbol{X}_1'\boldsymbol{X}_1)^{-1}\boldsymbol{X}_1'(\boldsymbol{X}_1\beta_{10} + \boldsymbol{u}) - \beta_{10}$$

$$= (\boldsymbol{X}_1'\boldsymbol{X}_1)^{-1}\boldsymbol{X}_1'\boldsymbol{u} = (\boldsymbol{X}_1'\boldsymbol{X}_1)^{-1}\boldsymbol{X}_1'(X_2\beta_{20}+\varepsilon_i)$$

$$= \frac{\sum_{i=1}^{n} X_{1i}X_{2i}}{\sum_{i=1}^{n} X_{1i}^2}\beta_{20} + \frac{\sum_{i=1}^{n} X_{1i}\varepsilon_i}{\sum_{i=1}^{n} X_{1i}^2}$$

$$= \frac{\frac{1}{n}\sum_{i=1}^{n} X_{1i}X_{2i}}{\frac{1}{n}\sum_{i=1}^{n} X_{1i}^2}\beta_{20} + \frac{\frac{1}{n}\sum_{i=1}^{n} X_{1i}\varepsilon_i}{\frac{1}{n}\sum_{i=1}^{n} X_{1i}^2}$$

又因为 X_{1i} 具有有限四阶矩，X_{2i} 和 ε_i 具有有限二阶矩，并且数据为 IID，所以

$$\hat{\beta}_1 - \beta_{10} \xrightarrow{\text{p}} \frac{E(X_{1i}X_{2i})}{E(X_{1i}^2)}\beta_{20} + \frac{E(X_{1i}\varepsilon_i)}{E(X_{1i}^2)} = \frac{E(X_{1i}X_{2i})}{E(X_{1i}^2)}\beta_{20} \neq 0$$

即双变量线性回归模型的最优最小二乘估计 $\hat{\beta}_1$ 不是 β_{10} 的一致估计。

习题 10.19

假设数据生成过程为

$$Y_i = \boldsymbol{X}_i'\boldsymbol{\theta}_0 + \varepsilon_i = \beta_{10}X_{1i} + \beta_{20}X_{2i} + \varepsilon_i, \quad i = 1, \cdots, n$$

其中 $\boldsymbol{\theta}_0 = (\beta_{10}, \beta_{20})'$，$\boldsymbol{X}_i = (X_{1i}, X_{2i})'$，并且假设 $\boldsymbol{X}'\boldsymbol{X}$ 为非奇异矩阵，$E(\varepsilon|\boldsymbol{X}) = 0$，以及 $E(\varepsilon\varepsilon'|\boldsymbol{X}) = \sigma^2 I$。OLS 估计量记为 $\hat{\boldsymbol{\theta}} = (\hat{\beta}_1, \hat{\beta}_2)'$。

如果已知 $\beta_{20} = 0$，考虑以下线性回归模型

$$Y_i = \beta_{10}X_{1i} + \varepsilon_i, \quad i = 1, \cdots, n$$

记该双变量回归模型的 OLS 估计量为 $\tilde{\beta}_1$。

比较 $\hat{\beta}_1$ 和 $\tilde{\beta}_1$ 之间的相对效率，即哪一个 β_{10} 的估计量更有效，并给出理由。

解答：

令 $\boldsymbol{X}_1 = (X_{11}, X_{12}, \cdots, X_{1n})'$，$\boldsymbol{X}_2 = (X_{21}, X_{22}, \cdots, X_{2n})'$。根据公式 $\boldsymbol{A}^{-1} = (\det \boldsymbol{A})^{-1}\text{adj}\,\boldsymbol{A}$，在第一个回归模型中，

$$(\boldsymbol{X}'\boldsymbol{X}t)^{-1} = \begin{pmatrix} \boldsymbol{X}_1'\boldsymbol{X}_1 & \boldsymbol{X}_1'\boldsymbol{X}_2 \\ \boldsymbol{X}_2'\boldsymbol{X}_1 & \boldsymbol{X}_2'\boldsymbol{X}_2 \end{pmatrix}^{-1} = (\det \boldsymbol{X}'\boldsymbol{X})^{-1}\begin{pmatrix} \boldsymbol{X}_2'\boldsymbol{X}_2 & -\boldsymbol{X}_1'\boldsymbol{X}_2 \\ -\boldsymbol{X}_2'\boldsymbol{X}_1 & \boldsymbol{X}_1'\boldsymbol{X}_1 \end{pmatrix}$$

其中

$$\det \boldsymbol{X}'\boldsymbol{X} = \boldsymbol{X}_1'\boldsymbol{X}_1\boldsymbol{X}_2'\boldsymbol{X}_2 - (\boldsymbol{X}_1'\boldsymbol{X}_2)^2$$

在第二个回归模型中，$(\boldsymbol{X}'\boldsymbol{X})^{-1} = \dfrac{1}{\boldsymbol{X}_1'\boldsymbol{X}_1}$。由于 $\mathrm{var}(\beta) = \sigma^2(\boldsymbol{X}'\boldsymbol{X})^{-1}$，有 $\mathrm{var}(\hat{\beta}_1) = \sigma^2 \dfrac{\boldsymbol{X}_2'\boldsymbol{X}_2}{\boldsymbol{X}_1'\boldsymbol{X}_1\boldsymbol{X}_2'\boldsymbol{X}_2 - (\boldsymbol{X}_1'\boldsymbol{X}_2)^2}$，$\mathrm{var}(\tilde{\beta}_1) = \sigma^2 \cdot \dfrac{1}{\boldsymbol{X}_1'\boldsymbol{X}_1}$。因此

$$\begin{aligned}\mathrm{var}(\hat{\beta}_1) - \mathrm{var}(\tilde{\beta}_1) &= \sigma^2 \frac{\boldsymbol{X}_2'\boldsymbol{X}_2\boldsymbol{X}_1'\boldsymbol{X}_1 - \left[\boldsymbol{X}_1'\boldsymbol{X}_1\boldsymbol{X}_2'\boldsymbol{X}_2 - (\boldsymbol{X}_1'\boldsymbol{X}_2)^2\right]}{\boldsymbol{X}_1'\boldsymbol{X}_1\left[\boldsymbol{X}_1'\boldsymbol{X}_1\boldsymbol{X}_2'\boldsymbol{X}_2 - (\boldsymbol{X}_1'\boldsymbol{X}_2)^2\right]} \\ &= \frac{\sigma^2(\boldsymbol{X}_1'\boldsymbol{X}_2)^2}{\boldsymbol{X}_1'\boldsymbol{X}_1\left[\boldsymbol{X}_1'\boldsymbol{X}_1\boldsymbol{X}_2'\boldsymbol{X}_2 - (\boldsymbol{X}_1'\boldsymbol{X}_2)^2\right]} \geqslant 0\end{aligned}$$

即一般情况下，$\tilde{\beta}_1$ 更有效；如果 $\boldsymbol{X}_1'\boldsymbol{X}_2 = 0$，两个估计量是相等的。

习题 10.20

考察线性回归模型 $\boldsymbol{Y} = \boldsymbol{X}\boldsymbol{\theta}_0 + \boldsymbol{\varepsilon}$，其中 $\boldsymbol{\varepsilon}|\boldsymbol{X} \sim N(0, \sigma^2\boldsymbol{V})$，$\boldsymbol{V} = V(\boldsymbol{X})$ 是已知 $n \times n$ 维的非奇异矩阵，且 $0 < \sigma^2 < \infty$ 未知。OLS 估计量 $\hat{\boldsymbol{\theta}}$ 是最优线性无偏估计量（BLUE）吗? 请解释。

证明：

根据习题 10.9 和《概率论与统计学》教材定理 10.11，变换模型 $\boldsymbol{Y}^* = \boldsymbol{X}^*\boldsymbol{\theta}_0 + \boldsymbol{\varepsilon}^*$，其中 $\boldsymbol{\varepsilon}^*|\boldsymbol{X} \sim N(0, \sigma^2\boldsymbol{I}_n)$ 后，GLS 估计量 $\hat{\boldsymbol{\theta}}^*$ 是最优线性无偏估计量，而 OLS 估计量 $\hat{\boldsymbol{\theta}}$ 不同于 $\hat{\boldsymbol{\theta}}^*$。事实上

$$\hat{\boldsymbol{\theta}}^* = (\boldsymbol{X}^{*\prime}\boldsymbol{X}^*)^{-1}\boldsymbol{X}^{*\prime}\boldsymbol{Y} = (\boldsymbol{X}'\boldsymbol{V}^{-1}\boldsymbol{X})^{-1}\boldsymbol{X}'\boldsymbol{V}^{-1}\boldsymbol{Y}$$

可以看出，$\hat{\boldsymbol{\theta}}^* = \hat{\boldsymbol{\theta}}$ 当且仅当 $\boldsymbol{V}$ 是正定数量矩阵，即 $\boldsymbol{V} = k\boldsymbol{I}_n$，$k \in \boldsymbol{R}_{>0}$ 是常数。故 OLS 估计量 $\hat{\boldsymbol{\theta}}$ 不是最优线性无偏估计量。

习题 10.21

考察线性回归模型 $\boldsymbol{Y} = \boldsymbol{X}\boldsymbol{\theta}_0 + \boldsymbol{\varepsilon}$，其中 $\boldsymbol{\varepsilon}|\boldsymbol{X} \sim N(0, \sigma^2\boldsymbol{V})$，$\boldsymbol{V} = V(\boldsymbol{X})$ 是已知 $n \times n$ 维非奇异矩阵，且 $0 < \sigma^2 < \infty$ 未知。GLS 估计量 $\hat{\boldsymbol{\theta}}^*$ 定义为变换模型 $\boldsymbol{Y}^* = \boldsymbol{X}^*\boldsymbol{\theta}_0 + \boldsymbol{\varepsilon}^*$ 的 OLS 估计量，其中 $\boldsymbol{Y}^* = \boldsymbol{C}\boldsymbol{Y}$，$\boldsymbol{X}^* = \boldsymbol{C}\boldsymbol{X}$，$\boldsymbol{\varepsilon}^* = \boldsymbol{C}\boldsymbol{\varepsilon}$，$\boldsymbol{C}$ 是因式分解 $\boldsymbol{V}^{-1} = \boldsymbol{C}\boldsymbol{C}'$ 的 $n \times n$ 维非奇异矩阵。变换模型的决定系数 R^2 总是正值吗？请解释。

解答:

根据式 (10.2)，若 $\boldsymbol{X}_t$ 包含截距项即 $X_{0t}=1$ 时

$$0 \leqslant R^2 \leqslant 1$$

反之，如果 $\boldsymbol{X}_t$ 不包含截距项，则式 (10.1) 未必成立。在这种情况下，因为交叉项 $2\sum_{t=1}^{n}(\hat{Y}_t-\bar{Y})e_t$ 可能为负值，故 R^2 可能为负。因此，变换模型的决定系数 R^2 并不总是正值，当 $\boldsymbol{X}_t$ 不包含截距项时，R^2 可能为负值。

习题 10.22

假定 $\boldsymbol{X}'\boldsymbol{X}$ 为非奇异矩阵，且 $\boldsymbol{\varepsilon}|\boldsymbol{X} \sim N(\boldsymbol{0},\ \boldsymbol{V})$，其中 $\boldsymbol{V}=V(\boldsymbol{X})$ 是已知的 $n\times n$ 维有限对称正定矩阵。这里 $\mathrm{var}(\boldsymbol{\varepsilon}|\boldsymbol{X})=\boldsymbol{V}$ 完全已知，没有未知常数 σ^2。定义 GLS 估计量为 $\hat{\boldsymbol{\theta}}^*=(\boldsymbol{X}'\boldsymbol{V}^{-1}\boldsymbol{X})^{-1}\boldsymbol{X}'\boldsymbol{V}^{-1}\boldsymbol{Y}$。

（1）$\hat{\boldsymbol{\theta}}^*$ 是 BLUE 吗?

（2）令 $\boldsymbol{X}^*=\boldsymbol{C}\boldsymbol{X}$，$s^{*2}=\boldsymbol{e}^{*\prime}\boldsymbol{e}^*/(n-p)$，其中 $\boldsymbol{e}^*=\boldsymbol{Y}-\boldsymbol{X}^*\hat{\boldsymbol{\theta}}^*$，$\boldsymbol{C}'\boldsymbol{C}=\boldsymbol{V}^{-1}$。通常的 t 检验和 F 检验定义如下:

$$T^*=\frac{\boldsymbol{R}\hat{\boldsymbol{\theta}}^*-\boldsymbol{r}}{\sqrt{s^{*2}\boldsymbol{R}(\boldsymbol{X}^{*\prime}\boldsymbol{X}^*)^{-1}\boldsymbol{R}'}}，当 J=1 时$$

$$F^*=\frac{(\boldsymbol{R}\hat{\boldsymbol{\theta}}^*-\boldsymbol{r})'\left[\boldsymbol{R}(\boldsymbol{X}^{*\prime}\boldsymbol{X}^*)^{-1}\boldsymbol{R}'\right]^{-1}(\boldsymbol{R}\hat{\boldsymbol{\theta}}^*-\boldsymbol{r})/J}{s^{*2}}，当 J\geqslant 1 时$$

在原假设 H_0：$\boldsymbol{R}\boldsymbol{\theta}_0=\boldsymbol{r}$ 下，它们分别服从 t_{n-p} 和 $F_{J,\ n-p}$ 分布吗？请解释。

（3）现构造两个新的检验统计量:

$$\tilde{T}^*=\frac{\boldsymbol{R}\hat{\boldsymbol{\theta}}^*-\boldsymbol{r}}{\sqrt{\boldsymbol{R}(\boldsymbol{X}^{*\prime}\boldsymbol{X}^*)^{-1}\boldsymbol{R}'}}，当 J=1 时$$

$$\tilde{F}^*=(\boldsymbol{R}\hat{\boldsymbol{\theta}}^*-\boldsymbol{r})'\left[\boldsymbol{R}\left(\boldsymbol{X}^{*\prime}\boldsymbol{X}^*\right)^{-1}\boldsymbol{R}'\right]^{-1}(\boldsymbol{R}\hat{\boldsymbol{\theta}}^*-\boldsymbol{r})，当 J\geqslant 1 时$$

在原假设 H_0：$\boldsymbol{R}\boldsymbol{\theta}_0=\boldsymbol{r}$ 下，这两个检验统计量分别服从什么分布？请解释。

（4）在相同的显著性水平下，$(T^*,\ F^*)$ 和 $(\tilde{T}^*,\ \tilde{F}^*)$ 这两组检验，哪组更为有效，即哪个检验有更大的概率拒绝错误的原假设 H_0：$\boldsymbol{R}\boldsymbol{\theta}_0=r$?

提示：t 分布与标准正态分布 N(0，1) 相比，具有更厚的尾部，因此，在同样的显著性水平下，t 分布将具有更大的临界值。

解答：

（1）首先考虑变换模型 $\boldsymbol{Y}^* = \boldsymbol{X}^*\boldsymbol{\theta}_0 + \boldsymbol{\varepsilon}^*$，其中 $\boldsymbol{Y}^* = \boldsymbol{V}^{-\frac{1}{2}}\boldsymbol{Y}$，$\boldsymbol{X}^* = \boldsymbol{V}^{-\frac{1}{2}}\boldsymbol{X}$，且 $\boldsymbol{\varepsilon}^* = \boldsymbol{V}^{-\frac{1}{2}}\boldsymbol{\varepsilon}$。因此 $\boldsymbol{\theta}_0$ 的 OLS 估计量为

$$\hat{\boldsymbol{\theta}}^* = (\boldsymbol{X}^{*\prime}\boldsymbol{X}^*)^{-1}\boldsymbol{X}^{*\prime}\boldsymbol{Y}^* = (\boldsymbol{X}'\boldsymbol{V}^{-1}\boldsymbol{X})^{-1}\boldsymbol{X}'\boldsymbol{V}^{-1}\boldsymbol{Y}$$

又因为 $\varepsilon|X \sim N(0,\ V)$，有

$$\boldsymbol{\varepsilon}^*|\boldsymbol{X} = \boldsymbol{V}^{-\frac{1}{2}}\boldsymbol{\varepsilon}|\boldsymbol{X} \sim \mathrm{N}(0,\ \boldsymbol{I}_n)$$

因而由《概率论与统计学》教材定理 10.11 可得 $\hat{\boldsymbol{\theta}}^*$ 是 BLUE。

（2）由《概率论与统计学》教材定理 10.7，$T^* \sim t_{n-p}$，$F^* \sim F_{J,\ n-p}$。

（3）由《概率论与统计学》教材推论 10.2 及引理 10.2，$\tilde{T}^* \sim N(0,\ 1)$，$\tilde{F}^* \sim \chi^2_J$。

（4）$(\widetilde{T}^*,\ \widetilde{F}^*)$ 更有效。若 $J = 1$，我们知道 $\tilde{T}^*$ 服从标准正态分布且 T^* 服从学生 t_{n-p} 分布。不失一般性，令 $\alpha = 0.05$，则功效函数

$$\pi_{T^*}(\theta) = P\left[|T^*| > C_{t_{n-p},\ 0.025}\right] = 0.05$$

因为和 $(T^*,\ F^*)$ 相比，t 分布具有更厚重的尾部，因此在同样的显著性水平下，t 分布将具有更大的临界值，即当 H_0 为假时，T^* 将会有更大的概率出现在接受域。由于 σ^2 已知，因此使用总体参数的 $(\widetilde{T}^*,\ \widetilde{F}^*)$ 会比使用样本参数 s^2 的 $(T^*,\ F^*)$ 更有效。

习题 10.23

考察线性回归模型

$$Y_i = \boldsymbol{X}_i'\boldsymbol{\theta}_0 + \varepsilon_i, \quad i = 1,\ \cdots,\ n$$

其中 $\boldsymbol{X}_i$ 是 $p \times 1$ 维回归向量，$\boldsymbol{\theta}_0$ 是 $p \times 1$ 维未知向量，$\{\varepsilon_i\}$ 服从 AR(q) 过程，即

$$\varepsilon_i = \sum_{j=1}^{q} a_j \varepsilon_{i-j} + v_i$$
$$\{v_i\} \overset{\text{IID}}{\sim} N(0,\ \sigma_v^2)$$

假设自回归系数 $\{a_j\}_{j=1}^q$ 已知但 σ_v^2 未知。分别考察 $\{\boldsymbol{X}_t\}$ 与 $\{v_t\}$ 相互独立的静态回归模型和 $\boldsymbol{X}_t$ 包含 Y_i 的一阶滞后项的动态回归模型。

（1）求 $\boldsymbol{\theta}_0$ 的 BLUE 估计量，请解释。

（2）构造原假设 H_0：$\boldsymbol{R}\boldsymbol{\theta}_0 = \boldsymbol{r}$ 下检验统计量，求其在原假设 H_0 下的抽样分布，其中 $\boldsymbol{R}$ 是已知 $J \times p$ 维非随机矩阵，$\boldsymbol{r}$ 是已知 $J \times 1$ 维非随机向量。分别讨论 $J = 1$ 与 $J > 1$ 的情况。

解答：

（1）首先考虑如下的变换线性回归：

$$Y_t - \sum_{j=1}^{q} a_j Y_{t-j} = \left(\boldsymbol{X}_t - \sum_{j=1}^{q} a_j \boldsymbol{X}_{t-j}\right)' \boldsymbol{\theta}_0 + \left(\varepsilon_t - \sum_{j=1}^{q} a_j \varepsilon_{t-j}\right)$$
$$= \left(\boldsymbol{X}_t - \sum_{j=1}^{q} a_j \boldsymbol{X}_{t-j}\right)' \boldsymbol{\theta}_0 + v_t$$

令 $Y_t^* = Y_t - \sum_{j=1}^{q} a_j Y_{t-j}$，$\boldsymbol{X}_t^* = \boldsymbol{X}_t - \sum_{j=1}^{q} a_j \boldsymbol{X}_{t-j}$。回归方程可以写成 $Y_t^* = \boldsymbol{X}_t^{*\prime}\boldsymbol{\theta}_0 + v_t$。令 $\boldsymbol{Y}^* = (Y_{q+1}^*, Y_{q+2}^*, \cdots, Y_n^*)'$，$\boldsymbol{X}^* = (\boldsymbol{X}_{q+1}^*, \boldsymbol{X}_{q+2}^*, \cdots, \boldsymbol{X}_n^*)'$，假设 $n-q >> p$，那么可以得到新的回归方程 $\boldsymbol{Y}^* = \boldsymbol{X}^*\boldsymbol{\theta}_0^* + v$ 的 OLS

$$\hat{\boldsymbol{\theta}}^* = (\boldsymbol{X}^{*\prime}\boldsymbol{X}^*)^{-1}\boldsymbol{X}^{*\prime}\boldsymbol{Y}^*$$

由于 $\{v_i\} \overset{\text{IID}}{\sim} N(0, \sigma_v^2)$ 且和 $\boldsymbol{X}^*$ 独立，由《概率论与统计学》教材定理 10.11，$\hat{\boldsymbol{\theta}}^*$ 是由回归模型 $\boldsymbol{Y}^* = \boldsymbol{X}^*\boldsymbol{\theta}_0 + v$ 得到的关于 $\boldsymbol{\theta}_0$ 的 BLUE。但是因为我们没有使用 $(y_i, \boldsymbol{x}_i')$，$i = 1, \cdots, q$ 时的信息，所以不能确定 $\hat{\boldsymbol{\theta}}^*$ 是否比同时使用 $\{(y_i, \boldsymbol{x}_i')\}_{i=1}^q$ 时得到的其他线性无偏估计量（例如 OLS）更有效。

当 $\boldsymbol{X}_t$ 包含 Y_{t-1} 时，此估计量不是无偏的。因为 v_t 跟 x_s（$s > t$）相关，故

$$E\hat{\boldsymbol{\theta}}^* = \boldsymbol{\theta}_0 + E\left[(\boldsymbol{X}^{*\prime}\boldsymbol{X}^*)^{-1}\boldsymbol{X}^{*\prime}v\right] \neq \hat{\boldsymbol{\theta}}_0$$

但是估计量是一致且渐近有效的。详细讨论请参考 Hong（2020）第四章。

（2）与习题 10.22（2）类似，可以得到以下检验统计量：

$$T^* = \frac{\boldsymbol{R}\hat{\boldsymbol{\theta}}^* - \boldsymbol{r}}{\sqrt{s^{*2}\boldsymbol{R}(\boldsymbol{X}^{*\prime}\boldsymbol{X}^*)^{-1}\boldsymbol{R}'}}，\quad 当 J = 1$$
$$F^* = \frac{(\boldsymbol{R}\hat{\boldsymbol{\theta}}^* - \boldsymbol{r})'\left[\boldsymbol{R}(\boldsymbol{X}^{*\prime}\boldsymbol{X}^*)^{-1}\boldsymbol{R}'\right]^{-1}(\boldsymbol{R}\hat{\boldsymbol{\theta}}^* - \boldsymbol{r})/J}{s^{*2}}，\quad 当 J \geqslant 1$$

其中 $s^{*2} = \boldsymbol{e}^{*\prime}\boldsymbol{e}^*/(n-q-p)$，$\boldsymbol{e}^*$ 为回归模型的残差，即 $\boldsymbol{e}^* = \boldsymbol{Y}^* - \boldsymbol{X}^{*\prime}\hat{\boldsymbol{\theta}}^*$。由 t 检验和 F 检验的定义可知 $T^* \sim t_{n-q-p}$ 且 $F^* \sim F_{J,\ n-q-p}$。

当 X_t 包含 Y_{t-1} 时，上述结论不再成立。此时需要考虑渐近分布。随着 $n \to \infty$，

$$T^* \xrightarrow{\text{d}} N(0, 1)$$

$$JF^* \xrightarrow{\text{d}} \chi_J^2$$

参考文献

洪永淼，2021. 概率论与统计学 [M]. 2 版. 北京：中国统计出版社.

聂灵沼，丁石孙，2021. 代数学引论 [M]. 3 版. 北京：高等教育出版社.

丘维生，2019. 高等代数 [M]. 2 版. 北京：清华大学出版社.

苏良军，2007. 高等数理统计 [M]. 北京：北京大学出版社.

周民强，2018. 实变函数论 [M]. 3 版. 北京：北京大学出版社.

BEHBOODIAN J, 1990. Examples of uncorrelated dependent random variables using a bivariate mixture[J]. The American statistician, 44(3): 218-218.

BILLINGSLEY P, 1995. Wiley series in probability and statistics: probability and measure[M]. New York: John Wiley & Sons, Inc.

BOX G E P, MULLER M E, 1958. A note on the generation of random normal deviates[J]. The annals of mathematical statistics, 29(2): 610-611.

CASELLA G, BERGER R, 2024. Statistical inference[M]. 2nd eds. New York: Chapman and Hall/CRC.

FRIEDEN B R, 1995. Science from fisher information: a unification[M]. Cambridge: Cambridge University Press.

HONG Y, 2020. Foundations of modern econometrics: a unified approach[M]. Singapore: World Scientific Publishing Company.

QUINE M P, 1994. A result of shepp[J]. Applied mathematics letters, 7(6): 33-34.

SHAO J, 2003. Mathematical statistics[M]. New York: Springer.

WHITE H, 1982. Maximum likelihood estimation of misspecified models[J]. Econometrica, 50(1): 1-25.

WHITE H, 1994. Estimation, inference and specification analysis[M]. Cambridge: Cambridge University Press.